·本书系南京水利科学研究院出版基金资助·

高寒复杂条件下混凝土坝新型防护和耐磨材料

钱文勋 白 银 徐雪峰 孙红尧 徐 宁 赵成先 著

U0396348

东南大学出版社
SOUTHEAST UNIVERSITY PRESS
南京

图书在版编目(CIP)数据

高寒复杂条件下混凝土坝新型防护和耐磨材料 / 钱文勋等著. —南京：东南大学出版社,2021.12

ISBN 978 - 7 - 5641 - 9606 - 6

Ⅰ. ①高… Ⅱ. ①钱… Ⅲ. ①寒冷地区-混凝土坝-耐磨材料 Ⅳ. ①TV642

中国版本图书馆 CIP 数据核字(2021)第 144476 号

责任编辑：杨　凡　责任校对：韩小亮　封面设计：王　玥　责任印制：周荣虎

高寒复杂条件下混凝土坝新型防护和耐磨材料

Gaohan Fuza Tiaojian Xia Hunningtuba Xinxing Fanghu He Naimo Cailiao

著　　者：	钱文勋　白　银　徐雪峰　孙红尧　徐　宁　赵成先
出版发行：	东南大学出版社
社　　址：	南京市四牌楼 2 号　　邮编：210096　　电话：025-83793330
责任编辑：	杨　凡
网　　址：	http://www.seupress.com
经　　销：	全国各地新华书店
印　　刷：	江苏凤凰数码印务有限公司
开　　本：	787 mm×1092 mm　1/16
印　　张：	20.5
字　　数：	528 千字
版　　次：	2021 年 12 月第 1 版
印　　次：	2021 年 12 月第 1 次印刷
书　　号：	ISBN 978-7-5641-9606-6
定　　价：	98.00 元

本社图书若有印装质量问题,请直接与营销部联系。电话(传真)：025-83791830

前　言

　　大坝作为水电工程中关键而重要的建筑物,其质量安全和长期耐久性尤为重要。随着我国水利水电工程规模逐渐扩大,一大批梯级电站已经完成建设并投入使用,新时期大坝建设向复杂地质环境地区延伸,尤其是高寒地区,筑坝遇到的技术难题逐渐凸显。世界上高寒地区混凝土坝曾出现过严重事故,可供借鉴的成功经验有限,这将是筑坝技术新的挑战。如何解决高寒复杂条件下混凝土坝高质量建设与长期安全运行,是"十三五"期间国家重点研发计划"水资源高效开发利用"专项的重点关注问题之一。

　　高寒地区混凝土坝存在冻融、腐蚀、冲磨等多种劣化因素,材料抗冻要求高、防蚀压力大、抗冲耐磨难、开裂问题常见、运行期可供维护的时间短,现有材料与技术尚无成熟的应对方案。本书主要针对高寒地区过水建筑物抗冻耐磨混凝土技术、水工混凝土新型纳米抗冲磨涂层、混凝土表面保温抗冰涂料、混凝土表面保温耐候涂料、混凝土表面大面积冻融破坏快速修复等关键技术难题提出相应的应对措施,并给出部分工程应用实例。

　　全书共分8章,主要编写人员有钱文勋、白银、孙红尧、徐雪峰、徐宁、赵成先、曹小武、宁逢伟、张丰、吕乐乐等。其中,第1章主要由钱文勋编写;第2章主要由白银、宁逢伟、张丰、曹小武、吕乐乐编写;第3章主要由徐雪峰编写;第4章由徐雪峰、孙红尧编写;第5章、第6章由孙红尧编写;第7章由徐宁编写;第8章由赵成先编写。书稿完成后由蔡跃波教授进行审阅,并提出了许多宝贵意见,在此表示衷心的感谢! 同时,对参与本书编辑、设计和校对的白延杰博士生,东南大学出版社杨凡等编辑表示感谢!

　　感谢国家重点研发计划项目(课题编号:2018YFC0406702)、南京水利科学研究院出版基金的资助!

　　鉴于作者水平有限,书中难免会有错误和纰漏之处,敬请各位专家和广大读者批评指正。

作者
2021.7

目　　录

第 1 章　绪论 ……………………………………………………………………… 1

　1.1　研究背景 …………………………………………………………………… 1

　1.2　主要研究内容和技术路线 ………………………………………………… 2

　　1.2.1　主要研究内容 ……………………………………………………… 2

　　1.2.2　技术路线 …………………………………………………………… 3

　1.3　关键技术创新与应用 ……………………………………………………… 3

　　1.3.1　关键技术创新 ……………………………………………………… 3

　　1.3.2　工程应用 …………………………………………………………… 4

　参考文献 ………………………………………………………………………… 4

第 2 章　高寒区过水建筑物抗冻耐磨混凝土技术 ……………………………… 5

　2.1　骨料品种对混凝土抗冲耐磨性能的影响 ………………………………… 5

　　2.1.1　配合比及新拌混凝土性能 ………………………………………… 5

　　2.1.2　抗压强度 …………………………………………………………… 5

　　2.1.3　轴拉性能 …………………………………………………………… 7

　　2.1.4　抗冲磨性能 ………………………………………………………… 8

　　2.1.5　抗空蚀性能 ……………………………………………………… 11

　　2.1.6　抗裂性 …………………………………………………………… 12

　2.2　抗压强度等级对混凝土抗冲耐磨性能的影响 ………………………… 15

　　2.2.1　配合比及新拌混凝土性能 ……………………………………… 15

　　2.2.2　抗压强度 ………………………………………………………… 15

　　2.2.3　轴拉性能 ………………………………………………………… 17

　　2.2.4　抗冲磨性能 ……………………………………………………… 17

　　2.2.5　防空蚀性能 ……………………………………………………… 18

　　2.2.6　抗冲击性能 ……………………………………………………… 19

　　2.2.7　抗裂性 …………………………………………………………… 20

　2.3　胶凝材料体积对混凝土抗冲耐磨性能的影响 ………………………… 22

　　2.3.1　配合比及新拌混凝土性能 ……………………………………… 22

　　2.3.2　抗压强度 ………………………………………………………… 22

　　2.3.3　轴拉性能 ………………………………………………………… 24

　　2.3.4　抗冲磨性能 ……………………………………………………… 24

　　2.3.5　防空蚀性能 ……………………………………………………… 26

　　2.3.6　抗冲击性能 ……………………………………………………… 27

　　2.3.7　抗裂性 …………………………………………………………… 28

2.4 粉煤灰掺量对混凝土抗冲耐磨性能的影响 …………………… 33
   2.4.1 配合比及新拌混凝土性能 …………………… 33
   2.4.2 抗压强度 …………………… 35
   2.4.3 轴拉性能 …………………… 36
   2.4.4 抗冲磨性能 …………………… 36
   2.4.5 防空蚀性能 …………………… 37
   2.4.6 抗裂性 …………………… 39
2.5 硅灰掺量对混凝土抗冲耐磨性能的影响 …………………… 41
   2.5.1 配合比及新拌混凝土性能 …………………… 41
   2.5.2 抗压强度 …………………… 43
   2.5.3 轴拉性能 …………………… 43
   2.5.4 抗冲磨性能 …………………… 43
   2.5.5 防空蚀性能 …………………… 44
   2.5.6 抗裂性 …………………… 45
2.6 弹性颗粒对混凝土抗冲耐磨性能的影响 …………………… 48
   2.6.1 配合比及新拌混凝土性能 …………………… 48
   2.6.2 抗压强度 …………………… 50
   2.6.3 轴拉性能 …………………… 50
   2.6.4 抗冲磨性能 …………………… 51
   2.6.5 抗冲击性能 …………………… 52
2.7 纤维增韧对混凝土抗冲耐磨性能的影响 …………………… 53
   2.7.1 配合比及新拌混凝土性能 …………………… 53
   2.7.2 抗压强度 …………………… 55
   2.7.3 轴拉性能 …………………… 55
   2.7.4 抗冲磨性能 …………………… 56
   2.7.5 抗冲击性能 …………………… 57
2.8 冻融与冲磨交替作用下混凝土破坏机理 …………………… 57
   2.8.1 水流冲刷作用下混凝土损伤过程 …………………… 57
   2.8.2 单面冻融循环作用下混凝土损伤过程 …………………… 59
   2.8.3 冻融-冲磨交替作用下混凝土的损伤 …………………… 61
   2.8.4 冻融-冲磨交替作用下混凝土的损伤机理 …………………… 65
2.9 本章小结 …………………… 66
参考文献 …………………… 66

第3章 水工混凝土用新型纳米抗冲磨涂料 …………………… 67
3.1 水工混凝土冲磨破坏及抗冲磨护面材料 …………………… 67
   3.1.1 水工混凝土的冲磨破坏及破坏机理 …………………… 67
   3.1.2 水工混凝土抗冲磨护面材料 …………………… 68
3.2 纳米环氧抗冲磨涂料 …………………… 71
   3.2.1 环氧树脂(EP)及其改性 …………………… 71

3.2.2 纳米材料及纳米涂料 ·· 75
3.2.3 纳米耐磨涂料国内外研究进展 ······························ 81
3.2.4 水工混凝土用纳米耐磨涂料的发展方向 ··············· 81
3.3 纳米粒子在抗冲磨涂料中的分散 ···································· 82
3.3.1 纳米粒子的分散过程 ·· 82
3.3.2 纳米粒子的分散机理 ·· 83
3.3.3 分散效果的表征方式 ·· 85
3.3.4 不同纳米粒子在不同分散剂中的分散效果 ············· 86
3.3.5 分散剂 ·· 88
3.3.6 分散方式 ··· 90
3.3.7 分散介质 ··· 91
3.3.8 纳米粒子含量与分散稳定性 ································· 93
3.3.9 分散效果与树脂基体拉伸强度 ······························ 95
3.3.10 分散效果与树脂基体韧性 ·································· 97
3.3.11 分散效果与树脂基体耐磨性 ······························ 99
3.4 纳米粒子与涂层性能 ·· 105
3.4.1 纳米粒子对底涂层性能的影响 ······························ 105
3.4.2 纳米粒子对面涂层性能的影响 ······························ 109
3.5 纳米环氧耐磨涂层体系的配制 ·· 116
3.5.1 纳米环氧耐磨涂层体系配方 ································· 116
3.5.2 纳米环氧耐磨涂层工业化生产 ······························ 117
3.5.3 纳米耐磨涂层体系主要性能评价 ··························· 118
3.5.4 纳米环氧耐磨涂层涂装工艺 ································· 126
3.5.5 新型纳米环氧耐磨涂层体系综合性能 ···················· 127
3.5.6 工程应用实例 ·· 128
3.6 本章小结 ·· 129
参考文献 ··· 129

第4章 混凝土大坝的保温材料 ·· 138
4.1 保温材料的种类 ··· 138
4.1.1 无机保温材料 ·· 138
4.1.2 有机保温材料 ·· 143
4.1.3 天然保温材料 ·· 152
4.2 保温材料和技术的标准现状 ··· 152
4.3 保温材料的选择 ··· 155
4.3.1 临时保温材料的选择 ·· 155
4.3.2 永久保温材料的选择 ·· 155
4.4 国内水库大坝保温材料应用现状 ····································· 157
4.4.1 水库大坝临时保温抗冻现状 ································· 157
4.4.2 水库大坝永久保温抗冻现状 ································· 158

参考文献 ·· 160

第5章 混凝土大坝保温层表面防护材料 ·············· 161

5.1 混凝土表面防护涂料 ···························· 161
　　5.1.1 涂料的基本概念 ························· 161
　　5.1.2 常用涂料的种类 ························· 162
　　5.1.3 大坝混凝土保温材料表面防护涂料 ········ 168

5.2 混凝土表面防护砂浆 ···························· 173
　　5.2.1 聚合物树脂水泥砂浆的概念 ·············· 173
　　5.2.2 聚合物树脂改性水泥砂浆的基本原理 ······ 173
　　5.2.3 聚合物树脂水泥砂浆的国内研究概况 ······ 175
　　5.2.4 有关聚合物树脂水泥砂浆的标准情况 ······ 176
　　5.2.5 聚合物树脂水泥砂浆的应用 ·············· 178

5.3 混凝土表面有机硅渗透型防护剂 ················ 181
　　5.3.1 有机硅渗透型防护剂的类型 ·············· 181
　　5.3.2 防护原理 ····························· 182
　　5.3.3 有机硅渗透型防护剂的研究及应用现状 ···· 183

5.4 其他防护材料 ································ 189
　　5.4.1 水泥基渗透结晶材料概述 ················ 189
　　5.4.2 水泥基渗透结晶型防水材料的防水机理 ···· 190
　　5.4.3 水泥基渗透结晶型防水材料的物理力学性能 · 190
　　5.4.4 水泥基渗透结晶型防水材料的应用 ········ 192

参考文献 ·· 192

第6章 混凝土大坝表面抗冻防冰破坏保护 ·········· 197

6.1 环境对大坝抗冻防冰材料的作用 ················ 197
　　6.1.1 大气环境对大坝表面抗冻防护材料的作用 ·· 197
　　6.1.2 水位变动区的环境对大坝表面抗冻防护材料的作用 · 201

6.2 混凝土大坝水位变动区保温抗冻措施的研究现状 ·· 204
　　6.2.1 覆盖防护材料 ························· 204
　　6.2.2 在大坝迎水面设置抗冰破坏装置 ·········· 205
　　6.2.3 寒区大坝保温现场调研 ················· 206

6.3 表面防护砂浆的耐久性 ························ 207
　　6.3.1 表面防护砂浆的抗渗性能和抗碳化性能 ···· 207
　　6.3.2 表面防护砂浆的抗冻融性能 ·············· 207
　　6.3.3 表面防护砂浆的耐候性能 ················ 207

6.4 表面防护涂料的耐久性能 ······················ 208
　　6.4.1 涂层老化性能评定方法 ················· 208
　　6.4.2 表面防护有机涂料的耐紫外老化性能 ······ 212
　　6.4.3 表面防护涂料的耐酸性能试验 ············ 215

6.5 有机硅渗透型防护剂的耐久性能 ·············· 215
　6.5.1 有机硅渗透型防护剂的抗碳化性能试验 ·············· 215
　6.5.2 涂敷有机硅渗透型防护剂混凝土抗冻融性能 ·············· 219
　6.5.3 涂敷有机硅渗透型防护剂混凝土耐紫外老化性能 ·············· 224
　6.5.4 涂敷有机硅渗透型防护剂混凝土耐酸性能 ·············· 229
6.6 水泥基渗透结晶防护材料的耐久性能 ·············· 234
　6.6.1 水泥基渗透结晶防护材料抗碳化性能 ·············· 234
　6.6.2 水泥基渗透结晶防护材料抗冻融性能 ·············· 234
参考文献 ·············· 235

第7章 高寒区大坝混凝土表面冻融破坏修复材料与工艺 ·············· 237
7.1 高寒区大坝混凝土表面冻融破坏研究现状 ·············· 237
　7.1.1 冻融破坏机理 ·············· 237
　7.1.2 冻融影响因素 ·············· 238
　7.1.3 冻融劣化模型 ·············· 241
　7.1.4 冻融劣化数值仿真 ·············· 243
7.2 高寒区大坝混凝土表面冻融破坏修复材料 ·············· 243
　7.2.1 普通砂浆或混凝土 ·············· 244
　7.2.2 改性砂浆或混凝土 ·············· 244
　7.2.3 防水保温修复材料 ·············· 245
　7.2.4 本项目防水保温修复材料 ·············· 246
7.3 高寒区大坝混凝土表面冻融破坏修复工艺 ·············· 249
　7.3.1 常规浇筑 ·············· 250
　7.3.2 无模板浇筑 ·············· 250
　7.3.3 真空浇筑 ·············· 251
　7.3.4 喷射浇筑 ·············· 252
7.4 高寒区大坝混凝土表面冻融破坏修复效果与评估 ·············· 252
　7.4.1 工程概况 ·············· 252
　7.4.2 修复方案 ·············· 252
　7.4.3 修复质量控制及检验检测 ·············· 258
参考文献 ·············· 260

第8章 保温抗冻工程应用实例 ·············· 262
8.1 引言 ·············· 262
　8.1.1 国内外碾压混凝土坝发展及研究现状 ·············· 262
　8.1.2 国内外混凝土表面保温应用概况 ·············· 264
8.2 寒冷地区混凝土坝温度控制演算及防裂措施研究 ·············· 265
　8.2.1 KLSK水利枢纽工程所在地的水文、气象特征 ·············· 266
　8.2.2 KLSK水利枢纽工程施工特点 ·············· 266
8.3 当前混凝土坝表面保温材料的比对 ·············· 277

8.3.1 聚氨酯硬质泡沫 ……………………………………………… 277

8.3.2 挤塑聚苯乙烯泡沫塑料板(XPS) ……………………………… 279

8.3.3 模塑聚苯乙烯泡沫塑料板(EPS) ……………………………… 281

8.3.4 聚乙烯泡沫塑料板 ………………………………………… 284

8.3.5 聚乙烯气垫薄膜 …………………………………………… 284

8.3.6 保温被 ……………………………………………………… 284

8.4 寒冷地区混凝土坝的临时保温措施 ………………………………… 284

8.4.1 浇筑间歇期临时保温 ……………………………………… 285

8.4.2 越冬面保温 ………………………………………………… 286

8.5 永久保温的措施 …………………………………………………… 290

8.5.1 XPS 保温板材料在 KLSK 水利枢纽工程碾压混凝土大坝上的应用
……………………………………………………………… 291

8.5.2 喷涂聚氨酯泡沫材料在混凝土大坝上的应用 ………………… 300

8.6 运行期间混凝土大坝的防冰破坏措施 ……………………………… 306

8.6.1 气泡式防冰系统 …………………………………………… 307

8.6.2 流动水防冰系统 …………………………………………… 311

8.6.3 涂刷有机材料防冰拔防冰系统 …………………………… 313

参考文献 …………………………………………………………………… 317

第 1 章　绪论

1.1　研究背景

  21 世纪以来,我国的水利水电工程实现了跨越式发展,建成了一批 300 m 世界级超高混凝土坝。随着大坝和水工混凝土技术的发展,新时期我国的大坝建设向复杂地质和环境条件的地区延伸。高寒地区混凝土筑坝技术是我国坝工技术的短板,世界上高寒地区混凝土坝也出现过严重事故,可供借鉴的成功经验有限,这将是筑坝技术新的挑战。

  大坝作为水电工程中关键而重要的建筑物,其质量安全和长期耐久性尤为重要。如何解决高寒复杂条件下混凝土坝高质量建设与长期安全运行,是"十三五"期间国家重点研发计划"水资源高效开发利用"专项重点关注问题之一。未来我国将在西北严寒地区修建QBT 等特高混凝土坝,在西藏高海拔地区修建叶巴滩等特高坝工程,这些工程的相关技术指标和难度超出了已有经验。

  与气候温和地区相比,高寒地区具有超大温差、极端低温、强辐射、大风、干燥等环境特点,这对大坝混凝土施工和长期耐久性提出了新的要求。冻融、渗透溶蚀、冲磨破坏等是影响水工大坝混凝土耐久性的主要因素,高寒地区气温低、温差大的环境条件,又使得大坝混凝土的保温问题凸显。综合看来,高寒区大坝坝面混凝土保温及防护耐久性问题和大坝泄水建筑物的冻融和磨蚀耦合作用下的耐久性问题也成为制约大坝表面耐久防护的关键所在。

  高寒区大坝混凝土因抗裂设计的要求不得已需考虑表面保温,选择有效、耐久的保温材料是核心[1]。单从保温效果考虑,与混凝土类无机非金属材料相比,有机材料有无可比拟的优势[2-3],但是有机材料防紫外老化性问题突出,且处在高寒区超低温条件下有机保温材料又有冷脆问题,有机保温材料和混凝土坝面无机材料的热相容性问题也是有机保温材料耐久性的关键。工程实践表明,混凝土坝面有机防护材料的耐久性问题有待解决。保温层材料强度一般较低,在上游水库和下游尾水水位变动区,水面结冰和水位变动对保温层会造成冰拔破坏。一旦坝面保温层破坏,大坝混凝土将得不到有效的保温保护,有可能因温度突降而造成大坝混凝土破坏,故针对保温层的抗冰拔技术也需重点考虑。

  泄水建筑物抗冲耐磨问题一直是水工设计的难题,高寒区又存在冻融与磨蚀耦合作用,对混凝土耐久性提出了新挑战。目前,关于混凝土冻融循环破坏的研究较多,也有关于冻融循环与其他因素耦合的相关研究,如冻融循环与氯盐侵蚀耦合、冻融循环与外部荷载耦合等[4-6],但关于冻融循环与冲磨耦合作用的研究较少[7]。抗冲磨混凝土有其自身特点,如强度等级高、体积大,容易产生裂缝,尤其是在温差较大的西北、华北地区,而这些地区冬季气温极低,冻融环境又相对恶劣,因此混凝土需要同时满足高耐磨、高抗裂、高抗冻的要求,这三种要求是相互矛盾的:高耐磨要求混凝土的强度等级高,水胶比低,胶凝材料用量大,抗裂性就会降低;高抗裂要求胶凝材料用量要尽量降低,高抗冻需要提高混凝土的含气量,这二者都会限制混凝土的强度等级,影响混凝土的抗冲磨性能。因此,如何兼顾高耐磨、高抗裂、高抗冻要求,是高寒区抗冲磨混凝土设计的关键。

此外,地处高寒区的大坝混凝土,因气候环境的限制,每年可供施工的时间较短,防护材料必须可实现快速施工或修复,充分发挥防护材料的性能,防护材料成熟度的发展与施工和维护期协调性问题也有待研究解决。

综上,本研究聚焦在高寒复杂条件下混凝土坝防护材料耐久性差的难题,研发高耐候、抗冰拔防护涂料成套技术,冻融与磨蚀耦合条件下抗冲耐磨材料及施工工艺以及高寒复杂条件下冻融破坏修复材料与技术,以解决高寒复杂条件混凝土坝的防护问题。

1.2 主要研究内容和技术路线

1.2.1 主要研究内容

(1)高寒区过水建筑物抗冻耐磨混凝土技术

主要研究冻融与磨蚀耦合作用下混凝土材料劣化破坏机理及抗冲耐磨材料开发。研究冻融与磨蚀耦合作用下混凝土材料劣化失效进程及破坏机理,揭示混凝土孔结构及浆体-骨料界面区微结构对抗冻性和抗冲磨性能的影响规律,研究大温差条件下混凝土温度应力时变规律及防裂机理,研究优化胶凝材料组成、用纳米 SiO_2 改性骨料界面区微结构等措施对混凝土强度、抗裂特性与抗冲磨特性的影响机制,开发适用于高寒地区抗冲磨混凝土的高抗冻耐磨蚀剂 1 种,配制的高抗冻混凝土抗冲磨强度较空白组提高 50% 以上。

(2)抗冲耐磨护面材料开发及施工工艺研究

研究树脂基体中橡胶弹性体作用机制,综合纳米级耐磨填料在树脂基结构中的激发效应,开展纳米抗冲磨涂料及其施工工艺研究,研发树脂基抗磨蚀砂浆和新型纳米抗冲磨涂层两种抗冲耐磨护面材料,与现有涂层材料相比,抗冲磨强度提高 50% 以上;开展室内试验和现场试验,研究抗冲耐磨护面材料施工工艺及质量控制标准,形成施工工法一项。

(3)高寒区大坝混凝土表面保温抗冰材料

针对水位变动区混凝土坝面保温防护材料隔热、防冻融、抗冰拔难以兼顾的问题,基于多层复合材料理论,将疏水有机材料和硅氟类树脂材料相结合,通过分子结构的设计和配方的优化,重点解决涂料的低温柔韧性以及与隔热底材的粘结耐久性问题,研发疏水材料+界面剂+保温材料+防护涂料的环境友好防护涂层体系。该体系中的疏水材料确保保温层局部破损时混凝土仍然能够憎水抗冻融,界面剂使得保温材料与混凝土基体粘结牢固;以弹性体和耐候憎水氟硅元素的引入作为涂层的成膜树脂,提高粘结强度和抗冻性能的同时,改善涂层体系的耐冷热冲击性能。通过室内试验和现场试验,研究该防护涂料的施工工艺与质量控制标准,形成施工工法。

(4)高寒区大坝混凝土表面保温耐候涂层

针对大气环境下保温防护材料在紫外线辐照下粉化、耐久性差等问题,以水性体系和无溶剂体系环境友好型涂料为基础,开展涂料的耐紫外老化性能研究及其与隔热底材附着能力的优化研究,研发大气环境下疏水-隔热-耐候-环境友好一体化防护涂料。通过室内试验和现场试验,研究该防护涂料的施工工艺和质量控制标准,形成施工工法。

（5）高寒复杂条件下混凝土冻融破坏修复材料与技术研究

针对已投入运行的高寒区混凝土坝,研发大面积冻融破坏修复的现浇疏水型高强超轻质永久保温新材料、新结构及配套施工工艺,实现修复材料的高基体粘结强度,提出具有保温-耐久-防火多功能的修复防护结构。研究-45℃低温下修复材料与基底材料的相容性和性能匹配性,解决其与基底材料的粘结问题;研究修复材料强度的快增与其耐久性的一致性;开发大面积冻融破坏的快速修复和冰点下养护技术,在工程中应用后形成施工工法一项。针对溢流面冻融破坏修复问题,研究高强、高弹性、耐冲磨、低收缩、热相容的修复材料以及可拆卸保温结构,形成施工工艺及相应的质量控制标准。研究混凝土保温防渗一体化技术,提出保温防渗一体化设计方法和施工工艺。

1.2.2　技术路线

针对高寒区抗冲耐磨护面材料和技术研发,拟制备混凝土用抗冻耐磨蚀剂,通过优化混凝土中气泡结构、改善骨料界面区性能、提高混凝土抗裂性和防水性,综合提高混凝土抗冻能力和抗冲耐磨能力;采用高性能外加剂与纳米 SiO_2 复配,采用冻融-磨蚀耦合试验方法及温度-应力试验机评价其综合性能,筛选出抗冻耐磨蚀剂配方。

在表面防护涂层新材料研发方面,拟将防护涂层体系设计为疏水材料＋界面剂＋保温材料＋防护涂料,疏水材料确保保温层局部破损时混凝土仍然能够憎水抗冻融,界面剂使得保温材料与混凝土基体粘结牢固;拟用橡胶弹性体和新型层状纳米粒子复合改性抗冻性树脂作为涂层的成膜树脂,提高粘结强度和抗冻性能的同时,改善涂层体系弹性;通过比选性能优异的疏水材料和保温材料,研制性能优异的表面防护涂料,并与目前已应用的材料或技术进行类比优化,最终依托工程开展现场试验。

在高寒复杂条件下混凝土冻融破坏修复材料与技术研究方面,拟采用聚合物喷涂技术对大面积剥落区进行精准加固,再施作防护砂浆,实现剥落部位的快速修复。通过在试验室内模拟大面积表面剥落情况,对比不同喷涂工艺、不同聚合物对表面的加固效果,开发新型表面快速修复材料,建立完整施工工艺。

1.3　关键技术创新与应用

1.3.1　关键技术创新

高寒地区混凝土坝存在冻融、腐蚀、冲磨等多种劣化因素,材料抗冻要求高、防蚀压力大、抗冲耐磨难、开裂问题常见、运行期可供维护的时间短,现有材料与技术尚无成熟的应对方案。针对上述问题,本研究以严寒环境为重点、攻克关键科学问题,基于大气区防光老化和水位变动区抗冰拔的技术要领,研发以疏水-隔热复合为基体混凝土抗冻融屏障内层,辅以外层耐候或抗冰拔的多重保障防护涂料体系;针对抗冲磨混凝土兼顾高寒抗冻的新问题,开发冻融与磨蚀耦合条件下的抗冲耐磨材料,同步解决抗冻、抗冲磨、抗裂问题;提出高寒大面积冻融剥落修复材料与技术,建立大面积剥落缺陷的快速修复工法,开发配套的修复材料。

关键技术创新:研发高寒复杂条件下混凝土坝防护与耐磨系列材料,解决大温差环境下复合材料热相容性问题和冲磨冻融耦合作用下的混凝土坝面防护问题。

(1) 提出冻融与磨蚀耦合条件下抗冲耐磨材料及施工工艺成套技术

混凝土遭受冲磨破坏后,剩余混凝土在抗冻能力方面与原混凝土无明显差异;但混凝土在遭受冻融循环后,结构会变疏松,导致冲磨作用下的磨损量较未经受冻融循环的混凝土大幅下降,冻融循环对混凝土抗冲磨性能有明显影响。

研发的纳米耐磨涂料应用于水工混凝土的抗冲磨保护具有效果好、施工方便、成本低的特点。纳米粒子能将环氧树脂的耐磨性能提高约80%,其机理除银纹效应和界面效应外还有滚珠效应,纳米粒子显著提升了底涂层与混凝土之间及面涂层与面涂层之间的粘结强度,与未经纳米粒子改性的耐磨涂层相比,纳米耐磨涂料可将耐磨涂层的耐磨性能提高64%。

(2) 研发出高耐候、防冰拔防护涂料及施工成套技术

构建了寒冷环境下疏水材料+界面剂+保温材料+防护涂料防护体系。总结了寒冷环境下国内大坝混凝土表面保温抗冻现状,明确了永久保温措施所用的保温材料以喷涂聚氨酯泡沫保温材料和XPS聚苯板为主。通过在分子结构上引入有机硅或有机氟分子,合理分布疏水基团,考虑其在绝热保温材料表面有很好的附着效果和材料本身环境友好,设计出耐低温疏水抗冰拔涂料。研发的有机硅渗透型防护剂能够提高混凝土的抗冻融能力且具有耐紫外老化的能力。

1.3.2 工程应用

研究成果目前已在新疆KLSK水利枢纽坝面修复、北疆引水工程白山嘴引水隧洞修复以及新疆卡拉贝利水利枢纽泄洪洞修复等工程中成功应用。

参考文献

[1] 国家能源局. 水工混凝土表面保温施工技术规范:DL/T 5750—2017[S]. 北京:中国电力出版社, 2017.

[2] 郭继师, 寇福立, 温贵明, 等. 聚氨酯保温技术在北疆某水电站的研究与应用[J]. 水利水电工程设计, 2008(3):46-48.

[3] 梁庆, 李洋波, 施亚运, 等. 严寒地区某碾压混凝土重力坝施工期表面保温措施研究[J]. 水电能源科学, 2017(8):83-86.

[4] Marchand J, Pigeon M, Bager D, et al. Influence of chloride solution concentration on deicer salt scaling deterioration of concrete[J]. ACI Materials Journal, 1999, 96(4):429-435.

[5] 慕儒, 严安, 孙伟. 荷载作用下高强混凝土的抗冻性[J]. 东南大学学报, 1998, 28:140-146.

[6] Sun W, Zhang Y M, Yan H D, et al. Damage and damage resistance of high strength concrete under the action of load and freeze-thaw cycles[J]. Cement and Concrete Research, 1999, 29(9):1519-1523.

[7] 白银, 叶小盛, 刘海祥, 等. 冻融循环与水流冲刷耦合作用下混凝土损伤进程[J]. 水利水电快报, 2019(11):64-69.

第2章 高寒区过水建筑物抗冻耐磨混凝土技术

我国新疆地区、西藏地区植被较少,夏季多雨时会有大量泥沙落石进入大坝库水中,在泄洪、排沙过程中,过水建筑物会遭受严重的冲磨破坏。同时,由于冬季水量少,过水建筑物冬季一般不过水,但由于气温极低、温差大,过水建筑物表面残余水还会结冰,并且反复冻融,对混凝土表面造成冻融损伤。因此,高寒区过水建筑物混凝土设计不仅要考虑抗冲耐磨要求,还要兼顾抗冻要求,更要重视冻融与冲磨之间的相互影响。

本章主要从抗冲耐磨混凝土的配制技术、冻融与冲磨耦合作用机制及损伤机理方面,介绍最新的研究进展。

2.1 骨料品种对混凝土抗冲耐磨性能的影响

主要考察了纯隐晶质玄武岩、混合玄武岩(50%隐晶质玄武岩+50%杏仁状玄武岩)、隐晶质玄武岩粗骨料+灰岩砂、全灰岩骨料共 4 种骨料组合对混凝土性能的影响。包括抗压强度、轴拉强度、极限拉伸值、轴拉弹模、抗冲磨强度和抗空蚀强度的测试,并用温度-应力试验对比了 4 种骨料组合混凝土的相对抗裂性。

2.1.1 配合比及新拌混凝土性能

试验采用嘉华 P·LH42.5 低热水泥,粉煤灰掺量为 30%,硅灰掺量为 5%,设计强度为 $C_{90}60$。灰岩砂细度适中,并且粒形和级配良好,因此用灰岩砂取代玄武岩砂后,单位用水量低了 7 kg/m³,砂率也降低 3%。混凝土配合比见表 2.1,工作性测试结果见表 2.2。

由于除了骨料品种不同以外,胶凝材料组成以及水胶比都相同,所以 4 种骨料组合的配合比凝结时间基本相同。

2.1.2 抗压强度

不同骨料组合的混凝土 3 d、28 d、90 d、180 d 抗压强度测试结果见表 2.3。90 d 抗压强度与 $C_{90}60$ 配制强度要求相差在±1 MPa 以内;28 d 强度均满足或基本满足 C45 配制强度要求;180 d 龄期时全玄武岩组合的 2 组混凝土(YJ、XW)比 90 d 龄期时增长了将近 2 个强度等级,增长 9~10 MPa,接近 $C_{180}70$ 的配制强度要求,但玄灰组合和全灰岩组合的抗压强度增长只有 1~2 MPa,增长很少。这个差异应该与骨料自身强度的差异有关——玄武岩强

表 2.1 使用不同骨料组合的混凝土配合比

编号	骨料品种	水胶比	用水量 (kg/m³)	砂率 (%)	胶材用量 (kg/m³)	水泥 (kg/m³)	粉煤灰 (kg/m³)	硅灰 (kg/m³)	砂 (kg/m³)	小石 (kg/m³)	中石 (kg/m³)	减水剂 (%)	引气剂 (1/万)
YJ	纯隐晶玄武岩	0.32	136	33	425	276	128	21	611	518	776	1.1	2.70
XW	混合玄武岩(50:50)	0.32	136	33	425	276	128	21	611	518	776	1.1	2.70
XH	隐晶玄武岩+灰岩	0.32	129	30	403	262	121	20	551	553	829	1.1	2.65
H	全灰岩	0.32	130	30	406	264	122	20	549	521	783	1.1	2.75

表 2.2 使用不同骨料组合的混凝土的工作性

骨料品种	坍落度 (mm)	含气量 (%)	初凝 (min)	终凝 (min)	和易性评价
纯隐晶玄武岩	83	3.5	534	660	粘度适中,棍度良好,保水性良好,粘聚性良好
混合玄武岩	70	3.0	540	660	粘度适中,棍度良好,保水性良好,粘聚性良好
隐晶玄武岩+灰岩	72	3.0	528	660	粘度适中,棍度良好,保水性良好,粘聚性良好
全灰岩	70	3.2	546	660	粘度适中,棍度良好,保水性良好,粘聚性良好

度高于灰岩,当 90 d 龄期后胶凝材料进一步水化、浆体强度进一步提高时,含灰岩骨料的混凝土受限于灰岩强度,混凝土的强度提高非常有限;而玄武岩骨料混凝土还可继续增长。这也从另外一个角度说明,在这样的配合比条件下,胶凝材料浆体的后期强度增长潜力较大。

表 2.3　不同骨料组合混凝土的抗压强度

配比编号	骨料品种	抗压强度(MPa)			
		3 d	28 d	90 d	180 d
YJ	隐晶质玄武岩	20.5	55.9	67.9	77.1
XW	混合玄武岩	18.0	55.3	68.8	76.8
XH	隐晶＋灰岩	17.0	52.4	66.3	67.2
H	全灰岩	21.5	52.6	66.5	68.2

上述试验结果与溪洛渡导流洞 C40 玄武岩骨料抗冲磨混凝土的强度增长情况吻合。据了解,该混凝土在一年过后钻芯取样时,强度达到了 70 MPa 以上。

28 d 和 90 d 龄期,相同水胶比和胶凝材料组成下,纯隐晶玄武岩骨料与混合玄武岩骨料的抗压强度基本相同,隐晶质玄武岩粗骨料＋灰岩砂与全灰岩骨料组合的抗压强度略低于纯隐晶玄武岩骨料组合。

180 d 龄期时,纯隐晶玄武岩骨料与混合玄武岩骨料的抗压强度基本相同,并且较 90 d 龄期的抗压强度分别增长 10 MPa、9 MPa;但含灰岩的 2 组混凝土(XH、H)的抗压强度相比 90 d 龄期只增加了 1～3 MPa。由于高强混凝土的界面较密实,抗压强度受骨料自身强度影响明显,所以,这首先说明不论是隐晶质玄武岩还是混合玄武岩,其骨料本身强度都明显高于灰岩,掺用或全用灰岩骨料的混凝土后期抗压强度增长的幅度受到限制;其次说明这样的胶凝材料组合在 90 d 之后仍然有大幅度的进一步水化,使得浆体或者浆体-骨料界面进一步明显密实,从而在与适宜的骨料品种结合时获得更高的混凝土强度。

2.1.3　轴拉性能

不同骨料组合的混凝土轴拉强度和极限拉伸值见表 2.4。除隐晶质玄武岩粗骨料＋灰岩砂组合的 28 d 抗拉强度略低外,其他三组的抗拉强度都很接近,没有明显区别。28 d 极限拉伸值的排序是混合玄武岩＞隐晶玄武岩＞隐晶玄武岩＋灰岩＞全灰岩,说明灰岩骨料混凝土抵抗变形的能力较小,这可能与骨料自身的弹模有关:灰岩的平均弹模为 64.3 GPa,隐晶质玄武岩和杏仁状玄武岩的弹模平均值分别为 57 GPa、46 GPa,说明在相同拉应力作用下灰岩骨料的变形要比隐晶质玄武岩或杏仁状玄武岩小,与上述试验结果吻合。

表 2.4　不同骨料组合的混凝土轴拉性能

配比编号	轴拉强度(MPa)		轴拉弹性模量(GPa)		极限拉伸值($\mu\varepsilon$)	
	3 d	28 d	3 d	28 d	3 d	28 d
YJ	3.35	4.35	36.4	47.5	99	110
XW	2.10	4.33	24.9	38.3	82	124

续表 2.4

配比编号	轴拉强度（MPa）		轴拉弹性模量（GPa）		极限拉伸值（×10⁻⁶，με）	
	3 d	28 d	3 d	28 d	3 d	28 d
XH	2.85	3.73	39.0	43.2	84	103
H	3.39	4.33	40.8	49.7	88	97

2.1.4 抗冲磨性能

表 2.5 给出了 90 d、180 d 龄期 4 种骨料组合混凝土的抗冲磨试验结果。可以看出，不管用哪种试验方法，隐晶质玄武岩骨料的抗冲磨性能都是最好的，掺入 50％杏仁状玄武岩的混合玄武岩混凝土的抗冲磨强度与纯隐晶质玄武岩混凝土的基本接近或略低，掺入灰岩后抗冲磨性能变差，全灰岩骨料混凝土的抗冲磨强度最差。

表 2.5 不同骨料组合的混凝土的抗冲磨性能

骨料组合	旋转射流法 [h/(g·cm⁻²)]		高速水下钢球法 [h/(kg·m⁻²)]		水下钢球法 [h/(kg·m⁻²)]
	90 d	180 d	90 d	180 d	90 d
隐晶玄武岩	1.3	3.2	5.0	6.2	19.5
混合玄武岩	1.0	2.6	4.7	6.2	18.8
隐晶＋灰岩	0.74	2.0	4.6	5.8	11.5
全灰岩	0.58	1.9	2.1	4.4	5.9

在旋转射流法试验中，试件表面主要受到悬移质的冲刷作用，典型的试件表面受冲磨后的状态见图 2.1(a)，骨料周边的砂浆被冲刷掉，骨料凸现出来，这种冲磨破坏状态与采用全玄武岩骨料的溪洛渡导流洞边墙 $C_{90}40$ 抗冲磨混凝土过水后的冲磨破坏情况很类似，见图 2.1(b)。此方法下混凝土表面磨损约 $1 \sim 3$ mm，抗冲磨强度受砂浆强度和表面浆体的量影响较大。对于隐晶＋灰岩组合和全灰岩组合骨料混凝土，其砂浆均为灰岩砂浆，抗冲磨强度低于玄武岩砂浆，且还需注意到混凝土配合比中砂浆量以及砂浆中浆体量也有区别。

根据旋转射流法结果，隐晶＋灰岩组合的混凝土 90 d 抗冲磨强度是隐晶玄武岩的57％，180 d 抗冲磨强度是隐晶玄武岩的 62％；全灰岩组合的混凝土 90 d 抗冲磨强度是隐晶玄武岩的 45％，180 d 抗冲磨强度是隐晶玄武岩的 59％。这说明细骨料对抗高速水流悬移质冲磨的影响大于粗骨料的影响。

根据旋转射流法结果，混合玄武岩组合的混凝土 90 d 抗冲磨强度是隐晶玄武岩的77％，180 d 抗冲磨强度是隐晶玄武岩的 81％，说明杏仁状玄武岩骨料的耐磨性不如隐晶质玄武岩。

综上所述，抗悬移质冲磨性能排序为：隐晶玄武岩＞混合玄武岩＞隐晶＋灰岩＞全灰岩。

从 90 d 到 180 d 龄期，旋转射流法抗冲磨强度的提高幅度均较大。结合上文对其间抗压强度发展的分析,虽然含灰岩骨料混凝土的后期抗压强度由于粗骨料强度的限制提高不大,但浆体强度的增长和纯隐晶质玄武岩骨料混凝土是一样的,这再次说明旋转射流法主要取决于表面砂浆和浆体的强度。

 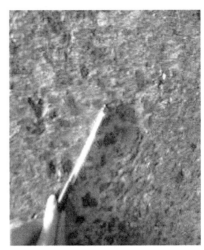

(a) 旋转射流法磨损照片　　　　　　　　(b) 溪洛渡导流洞边墙磨损照片

图2.1　旋转射流法冲磨后试件表面状态与实际工程中混凝土冲磨后表面状态的对比

图2.2　高速水下钢球法与传统水下钢球法磨损深度对比

从图2.2可以看出高速水下钢球法中,试件经48 h冲磨试验后,冲磨深度明显大于传统水下钢球法试验的结果。在高速水下钢球法试验中也采用成型底面进行冲磨试验。由于冲磨深度较大,在此方法下,粗骨料的抗冲磨性能对混凝土抗冲磨强度影响最大。

本课题组曾采用高速水下钢球法对2个试件进行了长达120 h的冲磨试验,发现在最初的20 h内,混凝土试件的磨损率大于在20~120 h之间的磨损率,并且在20~120 h这段时间内,混凝土试件的磨损率基本恒定,见图2.3。图中试验一电机转速为2 500 r/min,所用钢球覆盖试件表面32%,钢球最大粒径30 mm;试验二电机转速5 000 r/min,所用钢球覆盖试件表面25%,钢球最大粒径25 mm。说明高速水下钢球法在20 h以内,混凝土磨损率受到表面效应的影响。

本课题组曾结合"十一五"国家科技支撑计划项目分析了高速水下钢球法与实际工况的

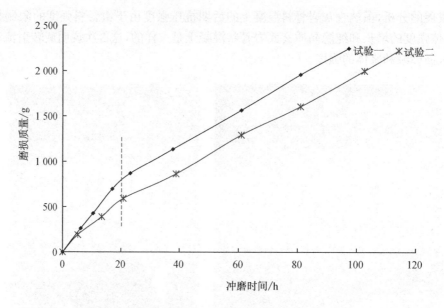

图 2.3　长时间高速水下钢球法冲磨后的试件磨损情况

吻合性。以溪洛渡水电站为例,溪洛渡 6♯导流洞地板钢筋保护层厚度 15 cm,过水时间按 3 年×10 天/年×24 h/天＝720 h 估算,则磨蚀速度为 720 h/15 cm＝48 h/cm,相当于 2.0 h/(kg·m^{-2})。从 2007 年 11 月—2010 年 6 月,经 2008、2009 年洪水,每年洪峰历时按 30 d 计算,2 年×30 天/年×24 h/天＝1 440 h 估算,则磨蚀速度为 1 440 h/15 cm＝96 h/cm,相当于 4.0 h/(kg·m^{-2});若过水时间按 3 年×30 天/年×24 h/天＝2 160 h 估算,则磨蚀速度为 2 160 h/15 cm＝144 h/cm,相当于 6.0 h/(kg·m^{-2})。高速水下钢球法测出的混凝土抗冲磨强度一般在 2～6 h/(kg·m^{-2}),说明本方法所得混凝土抗冲磨强度与实际混凝土冲磨破坏时间接近。从这个意义上讲,高速水下钢球法可以更客观地反映混凝土本体的真实受冲磨状态。

从表 2.5 看出,在高速水下钢球法试验中,混合玄武岩组合的混凝土 90 d 抗冲磨强度是隐晶玄武岩的 94%,180 d 抗冲磨强度相同;隐晶＋灰岩组合的混凝土 90 d 抗冲磨强度是隐晶玄武岩的 92%,180 d 抗冲磨强度是隐晶玄武岩的 94%:上述三种混凝土抗冲磨强度非常接近。全灰岩组合的混凝土 90 d 抗冲磨强度是隐晶玄武岩的 42%,180 d 抗冲磨强度是隐晶玄武岩的 71%,磨后的状态如图 2.4 所示。

这说明采用灰岩粗骨料的混凝土本体抗冲磨性能明显低于采用玄武岩粗骨料,而混合玄武岩与隐晶玄武岩基本接近,且对于混凝土本体抗冲磨性能,粗骨料的影响大于细骨料的影响。这与旋转射流法的情况正好相反。

综上分析,隐晶玄武岩骨料组合与混合玄武岩骨料组合的抗冲磨性能基本相当;隐晶＋灰岩骨料组合的混凝土表面抗悬移质冲磨性能低,混凝土本体抗推移质冲磨性能与隐晶玄武岩相当;全灰岩骨料组合的混凝土表面及本体抗冲磨性能都明显偏低。从抗推移质冲磨角度考虑,应优选隐晶玄武岩、混合玄武岩或玄武岩＋灰岩骨料组合;从抗悬移质冲磨角度考虑,应优选隐晶玄武岩或混合玄武岩骨料组合。

图 2.4　高速水下钢球法全灰岩与隐晶玄武岩冲磨状态对比

2.1.5　抗空蚀性能

空蚀的混凝土试件表面见图 2.5～图 2.8,试件的抗空蚀强度见表 2.6。隐晶玄武岩试件经空蚀后表面出现麻面,但脱落相对较少,质量损失率最小。混合玄武岩与隐晶＋灰岩组合的试件经空蚀后表面很不平整,粗骨料突出,砂浆脱落,质量损失率较大。全灰岩组合的试件经空蚀后表面砂浆脱落较多,但基本保持平整,没有明显的粗骨料突出,质量损失率较小。

图 2.5　纯隐晶玄武岩骨料
混凝土空蚀后的状态

图 2.6　混合玄武岩骨料
混凝土空蚀后的状态

图 2.7　隐晶＋灰岩骨料混　　　　　图 2.8　全灰岩混凝土
凝土空蚀后的状态　　　　　　　　空蚀后的状态

表 2.6　不同骨料组合的 $C_{90}60$ 混凝土 90 d 龄期抗空蚀性能

骨料组合	抗空蚀强度[h/(kg·m^{-2})]	质量损失率(%)
隐晶玄武岩	4.1	0.54
混合玄武岩	2.3	0.88
隐晶＋灰岩	2.4	1.03
全灰岩	3.5	0.61

　　总体而言,隐晶玄武岩骨料组合的抗空蚀强度明显较好。但试验结果并未显示出骨料硬度越大,抗空蚀强度就越高的规律——全灰岩组合的抗空蚀强度仅次于隐晶玄武岩骨料组合。这可能与不同骨料组合情况下发生了不均匀空蚀有关,即在空蚀过程中,净浆或砂浆先被冲磨掉,粗骨料外露所产生的超出设计允许平整度、可引起空蚀破坏的新的凸起和凹坑。对于采用同种硬度骨料的组合,例如隐晶玄武岩、全灰岩,砂浆与粗骨料之间的耐磨性差异较小,混凝土相对均匀,在空蚀过程中,整个表面被更均匀地蚀损,形成的次生表面比较平整,不易引发严重的空蚀。

2.1.6　抗裂性

　　用温度-应力试验法考察纯隐晶、混合玄武岩、隐晶＋灰岩、全灰岩等 4 种骨料组合对混凝土抗裂性的影响。采用温度匹配养护模式,预先设定混凝土温度变化曲线,温控模板中的循环介质依据该曲线控制混凝土试件的中心温度。

　　将浇筑温度、混凝土配合比组成、原材料性能、环境温度、通水冷却制度等参数输入

B4Cast 软件中进行三维仿真计算,得到接近实际工程内部温度变化的曲线,用来对比实际工况下不同配合比之间的抗裂性。模拟实际施工工况和环境条件,采用 B4Cast 计算混凝土内部的温度场。采用模拟实际工况温度曲线进行 TSTM 试验。温度-应力试验的温度-时间、应力-时间曲线如图 2.9、图 2.10 所示,主要开裂评价指标如表 2.7 所示。

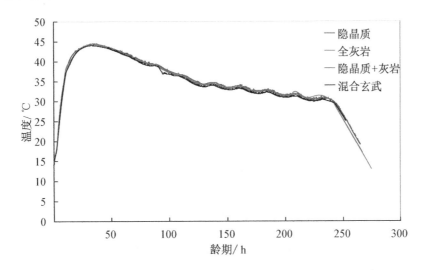

图 2.9 不同骨料组合温度-时间曲线

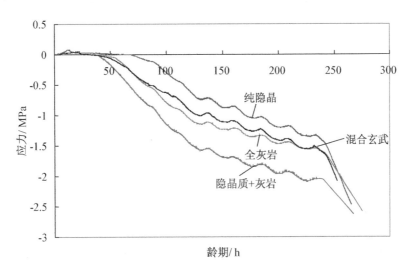

图 2.10 不同骨料组合应力-时间曲线

由图 2.9 可以看出,四种骨料组合的温度历程曲线是相同的,不同的是开裂温度。浇注温度均为 15 ℃左右,入模后即迅速升温,在 32 h 时达到温峰,为 44.8 ℃,23 h～43 h 均在 44 ℃以上,随后模拟通冷却水和自然散热作用下以 2.8 ℃/d 的速率逐渐降温,在约 133 h 时,降温至 33 ℃。随后,由于冷却水流量和水温没有改变,冷却水与周围混凝土的温差减小,冷却效率降低;且混凝土温度与环境温度较接近,受到环境温度的影响。在上述因素共同作用下,混凝土温度呈波浪状继续下降。240 h 时温度约为 30.4 ℃,然后强制其以

0.5 ℃/h 的速率降温至断裂。

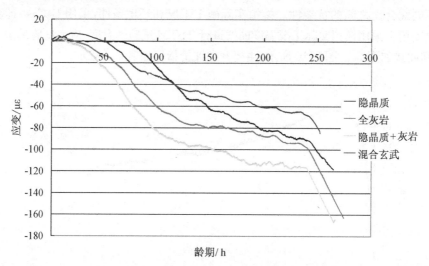

图 2.11 不同骨料组合约束应变-时间曲线

表 2.7 不同骨料组合开裂参数

骨料组合	开裂温降(℃)	开裂应力(MPa)	第二零应力温度(℃)	开裂时间(h)
纯隐晶	25.1	2.47	41.2	265
混合玄武	19.3	2.08	44.0	252
隐晶＋灰岩	27.5	2.63	44.5	267
全灰岩	31.5	2.58	44.2	275

由图 2.10 可以看出,四种配比混凝土的应力历程各不相同,入模后 46 h 内,应力发展极为缓慢,维持在 0 MPa 左右,最大不超过 0.08 MPa,此时混凝土正处于温度上升阶段,由于升温而产生的膨胀压应力基本被应力松弛和混凝土自生体积变形产生的拉应力抵消。46 h 后,转为约束拉应力且不断增大,不同骨料组合的应力增长趋势为隐晶＋灰岩＞全灰岩＝混合玄武＞纯隐晶。234 h 时,不同骨料组合约束应力值的排序为隐晶＋灰岩(2.04 MPa)＞全灰岩(1.60 MPa)＞混合玄武(1.54 MPa)＞纯隐晶(1.34 MPa)。240 h 后,由于强制降温的影响,约束应力发展的斜率变大。

在表 2.7 中分别记录了四种骨料组合的开裂参数,包括开裂温降、开裂应力、第二零应力温度和开裂时间。开裂参数的比较如表 2.8 所示。

表 2.8 开裂参数比较

开裂参数	大小顺序
开裂温降	全灰岩＞隐晶＋灰岩＞纯隐晶＞混合玄武
开裂应力	隐晶＋灰岩＞全灰岩＞纯隐晶＞混合玄武
第二零应力温度	纯隐晶＜混合玄武＜全灰岩＜隐晶＋灰岩
开裂时间	全灰岩＞隐晶＋灰岩＞纯隐晶＞混合玄武

由表2.8可以看出，根据开裂评价的核心指标——开裂温降的大小来评判，在模拟实际工况时，四组不同骨料混凝土中，全灰岩组合的开裂温降最大，抗裂性能最好，其次是隐晶＋灰岩组合，纯隐晶的抗裂性优于混合玄武岩组合。

由不同骨料组合混凝土的标准养护试件的轴拉性能可知，3 d抗拉强度全灰岩组合与隐晶玄武岩基本相当，为3.3 MPa、3.4 MPa，隐晶＋灰岩其次，为2.9 MPa，混合玄武岩抗拉强度最小，为2.1 MPa，因此，混凝土本身的抗力大小为全灰岩＞纯隐晶＞隐晶＋灰岩＞混合玄武岩。

从开裂驱动力的角度来分析，灰岩骨料的热膨胀系数比其他骨料约低30％，因此在同样降温幅度下，混凝土的温度变形明显要小近10％；另一方面，根据表2.4的轴拉性能试验结果，全灰岩骨料混凝土的28 d轴拉弹性模量比其他三种骨料组合混凝土的高4％～32％，这增大了混凝土开裂的驱动力。综合正反两方面的效应，全灰岩骨料组合混凝土开裂驱动力小。

综上所述，全灰岩骨料组合混凝土抵抗开裂的能力强、开裂驱动力小，因此，混凝土的开裂敏感性较低。TSTM抗裂试验结果客观地反映了这一现象。

在强温控措施（最高温度27 ℃）下，混凝土温度的影响较小，影响抗裂性的主要因素是混凝土的力学性能（混凝土本身的抗拉强度大小）、自生体积收缩、应力松弛等。在模拟实际工况（最高温度44.8 ℃）时，温度应力的影响对混凝土的抗裂起主导作用。

2.2　抗压强度等级对混凝土抗冲耐磨性能的影响

主要考察了$C_{90}60$、$C_{90}50$、$C_{90}40$三种强度等级的混凝土的抗冲耐磨性能以及抗裂性能，包括抗压强度、轴拉强度、极限拉伸值、水下钢球法抗冲耐磨性能、高速水下钢球法抗冲耐磨性能、旋转射流法抗冲耐磨性能、冲击韧性、温度-应力试验。

2.2.1　配合比及新拌混凝土性能

采用嘉华 P·LH42.5 低热水泥，粗骨料和细骨料都用隐晶质玄武岩，$C_{90}60$、$C_{90}50$、$C_{90}40$三种强度等级的混凝土配合比见表2.9，工作性能见表2.10。可见，混凝土强度等级从$C_{90}40$提高到$C_{90}60$，水胶比降低0.19、用水量增加 6 kg/m³、胶凝材料用量增加108 kg/m³，拌合物黏性增加。

2.2.2　抗压强度

三种强度等级的混凝土 3 d、28 d、90 d、180 d和365 d抗压强度见表2.11。28 d抗压强度分别达到C45、C40、C30配制强度。90 d抗压强度均满足配制强度要求。

按照本项目原定的试验方案，$C_{90}40$应同时控制其满足$C_{180}60$的强度要求。但从实测结果看，$C_{90}40$在180 d时只能满足$C_{180}55$的强度要求，估计$C_{90}55$才能满足$C_{180}60$的强度要求。到365 d龄期时，原$C_{90}60$强度已接近$C_{365}70$配制强度要求，原$C_{90}50$和$C_{90}40$也均基本达到$C_{365}60$的强度要求。

本系列试验中，$C_{90}50$的180 d、365 d抗压强度反而低于$C_{90}40$，试验结果有异常。从后文更多的试验数据来看，各种配合比的$C_{90}50$的180 d、365 d强度都与本系列试验结果在一个水平上。

表 2.9 不同强度等级的混凝土的配合比

强度等级	水胶比	用水量 (kg/m³)	砂率 (%)	胶材用量 (kg/m³)	水泥 (kg/m³)	粉煤灰 (kg/m³)	硅灰 (kg/m³)	砂 (kg/m³)	小石 (kg/m³)	中石 (kg/m³)	减水剂 (%)	引气剂 (1/万)
C₉₀60	0.32	136	33	425	276	128	21	611	518	776	1.1	2.70
C₉₀50	0.37	134	36	362	235	109	18	690	502	753	1.1	2.70
C₉₀40	0.41	130	36	317	206	95	16	710	527	791	1.1	2.65

表 2.10 不同强度等级的混凝土的工作性

强度等级	坍落度 (mm)	含气量 (%)	初凝 (min)	终凝 (min)	和易性评价
C₉₀60	83	3.5	534	660	粘度适中,稠度适中,保水性良好,粘聚性良好
C₉₀50	65	3.1	426	546	粘度适中,稠度适中,保水性良好,粘聚性良好
C₉₀40	68	3.0	410	540	粘度较小,稠度适中,保水性良好,粘聚性良好

表 2.11　不同强度等级混凝土的抗压强度

强度等级	抗压强度（MPa）				
	3 d	28 d	90 d	180 d	365 d
$C_{90}60$	20.5	55.9	67.9	77.1	77.6
$C_{90}50$	14.1	48.7	58.7	61.2	66.3
$C_{90}40$	14.1	40.8	51.6	62.3	70.0

2.2.3　轴拉性能

不同强度等级的混凝土 3 d、28 d 轴拉强度和极限拉伸值见表 2.12。随着混凝土强度等级的提高，对应的 3 d、28 d 轴拉强度也提高，极限拉伸值也增大，与常规认识一致。说明混凝土强度等级提高，能够承受的拉应力提高，并且能够承受的变形量也增大。

表 2.12　不同强度等级的混凝土轴拉性能

配比编号	轴拉强度（MPa）		轴拉弹性模量（GPa）		极限拉伸值（$\mu\varepsilon$）	
	3 d	28 d	3 d	28 d	3 d	28 d
$C_{90}60$	3.35	4.35	36.4	47.5	99	110
$C_{90}50$	2.02	3.53	28.2	45.0	77	103
$C_{90}40$	1.66	2.93	30.9	48.6	65	73

2.2.4　抗冲磨性能

不同强度等级的混凝土抗冲磨试验结果见表 2.13。

表 2.13　不同强度等级的混凝土的抗冲磨性能

强度等级	旋转射流法 [h/(g·cm^{-2})]			高速水下钢球法 [h/(kg·m^{-2})]			水下钢球法 [h/(kg·m^{-2})]
	90 d	180 d	365 d	90 d	180 d	365 d	90 d
$C_{90}60$	1.3	3.2	4.3	5.0	6.2	7.1	19.5
$C_{90}50$	1.4	2.1	4.1	5.0	6.1	7.0	15.8
$C_{90}40$	1.4	2.3	3.6	4.7	6.5	7.4	14.4

采用高速水下钢球法进行试验时，强度等级对混凝土本体抗推移质冲磨性能影响很小：从 90 d 到 365 d 龄期，$C_{90}60$ 和 $C_{90}50$ 相比，各龄期抗冲磨强度略增；而 $C_{90}40$ 甚至还有稍高一点的迹象。这点结论与一般研究结果很不一样。本系列试验中标准水下钢球法试验结果与一般的研究结论是一致的：混凝土强度等级越高，抗推移质冲磨强度越高。

观察磨损后的试件表面。采用标准的水下钢球法磨过以后，试件表面磨损深度约为 1～5 mm，即只磨到表皮的净浆或砂浆层；采用高速水下钢球法磨过以后，试件表面磨损较多，平均磨损深度约为 10～20 mm（凹坑最大深度有 30 mm），即磨到混凝土的本体，并且磨损比较均匀。

标准的水下钢球法受砂浆强度的影响比较大,即与水胶比或混凝土的强度等级有较大关系;高速水下钢球法可以磨到混凝土本体,其抗冲磨强度主要与骨料的耐磨性、骨料的体积有关。与前面骨料品种的试验结果相比,同为 $C_{90}60$ 强度等级,全灰岩骨料组合的抗冲磨强度(高速水下钢球法)比隐晶玄武岩低 58%,而同样用隐晶玄武岩骨料的 $C_{90}40$ 混凝土仅比 $C_{90}60$ 混凝土低 6%,说明骨料的耐磨性是决定混凝土本体抗冲磨强度的主要因素,其影响远大于强度等级的影响。

但是,又注意到随着龄期的延长,高速水下钢球法测得的混凝土的抗冲磨强度逐渐增大,且增长幅度明显,180 d 比 90 d 的抗冲磨强度分别增加 24%、22%、38%;365 d 比 90 d 分别增长 42%、40%、57%,其中 $C_{90}60$ 的 365 d 抗压强度相比 180 d 基本未增加。

可见,抗推移质冲磨强度随龄期的增幅显著大于抗压强度随龄期的增幅。由此可分析提高抗推移质冲磨强度的技术途径:随着龄期增加,粉煤灰和水泥进一步水化,这将同时改善水泥石本身的密实性、水泥石-粗骨料的界面结合,其中水泥石自身密实性的改善对抗推移质冲磨强度的效果应该较小,这可从强度等级(对应不同的水泥石密实性)对特定龄期的抗推移质冲磨强度的影响较小这一试验现象上推断,因此说明,水泥石-粗骨料界面结合的改善对提高抗推移质冲磨强度很有效,这与硅灰提高混凝土抗冲磨强度的原理是一样的[1]。

采用旋转射流法进行试验时,整体上,随着强度等级的提高,90 d 龄期混凝土表面抗高速水流悬移质冲磨强度略降,180 d 和 d 长龄期抗冲磨强度有所增加。

90 d 龄期时,由于含沙水流速度高达 40 m/s,对混凝土的冲刷作用较强,而此时浆体耐磨性较低,试件表面的浆体都被淘空,并且由于水流中的砂粒只有 0.16~0.63 mm 大小,对粗骨料的磨损作用相对较弱,因此其冲磨效果受混凝土表面浆体的含量影响较大。从试验结果也看出,随着胶材用量的增大($C_{90}40$ 单方胶材用量为 317 kg、$C_{90}50$ 为 362 kg、$C_{90}60$ 为 425 kg),旋转射流法测出的混凝土抗冲磨强度低。林宝玉等早在 1990 年代就得出相似结论,认为圆环法对水泥用量比较敏感,冲磨失重与强度之间没有很好的规律性关系[2]。

180 d 和 365 d 时,砂浆的密实度和强度大幅提高,抗冲刷能力显著改善,此时,砂浆已经不再是薄弱层,其抗冲刷能力与自身强度密切相关,因此表现为随强度等级提高,抗冲磨强度整体提高。

随着龄期的延长,旋转射流法下测得的混凝土表面抗悬移质冲磨强度发展更加明显。这与高速水下钢球法的试验结果相一致,也可认为是水泥石-骨料界面结合的改善对提高抗悬移质冲磨强度很有效。

2.2.5 防空蚀性能

三个强度等级 90 d 龄期抗空蚀强度见表 2.14,空蚀后的状态见图 2.12~图 2.14。$C_{90}60$ 试件经空蚀后表面出现麻面,但粗骨料脱落相对较少;$C_{90}50$ 脱落较多,出现一个骨料掉出后的坑;$C_{90}40$ 试件经空蚀后表面损失较多,有明显的粗骨料脱落、突出;说明混凝土抗空蚀性能对强度等级比较敏感。

表 2.14　不同强度等级混凝土 90 d 龄期抗空蚀性能

配比编号	抗空蚀强度[h/(kg·m^{-2})]
C$_{90}$60	4.1
C$_{90}$50	1.5
C$_{90}$40	1.0

图 2.12　C$_{90}$60 空蚀后的状态　　图 2.13　C$_{90}$50 空蚀后的状态　　图 2.14　C$_{90}$40 空蚀后的状态

2.2.6　抗冲击性能

采用落重法测试了不同强度等级的混凝土的抗冲击性能,结果见表 2.15。强度等级越高,混凝土抗冲击耗能越大。C$_{90}$60 混凝土的抗冲击耗能比 C$_{90}$50 混凝土提高 40%,比 C$_{90}$40 提高一倍多,说明抗冲击性能与其强度密切相关。

表 2.15　不同强度等级的混凝土 90 d 龄期抗冲击性能

强度等级	初裂冲击耗能(kJ)/初裂冲击次数	破坏冲击耗能(kJ)/破坏冲击次数
C$_{90}$60	19.2/870	19.5/885
C$_{90}$50	13.7/622	14.1/642
C$_{90}$40	8.8/400	9.1/414

另一方面,一旦试件在冲击荷载下发生初裂,则很快就会破坏。例如,C$_{90}$60 初裂所需平均耗能 19.2 kJ(冲击次数为 870 次),破坏所需平均耗能为 19.5 kJ(冲击次数为 885 次)。因此,要想提高混凝土抗冲击能力,一方面要提高混凝土强度,另一方面要通过其他措施,提高混凝土的韧性,使其发生初裂以后仍能吸收较多的冲击能量。

2.2.7 抗裂性

应用 B4Cast 仿真软件计算温度历程,采用该温度历程进行温度-应力试验,得到混凝土的应力历程和应变历程。$C_{90}60$、$C_{90}50$、$C_{90}40$ 三种强度混凝土试件的温度-时间曲线、应力-时间曲线、应变-时间曲线如图 2.15、图 2.16、图 2.17 所示,主要开裂评价指标如表 2.16 所示。

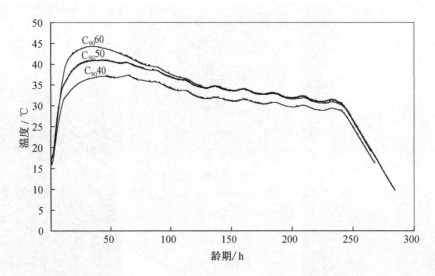

图 2.15 不同强度等级混凝土温度-时间曲线

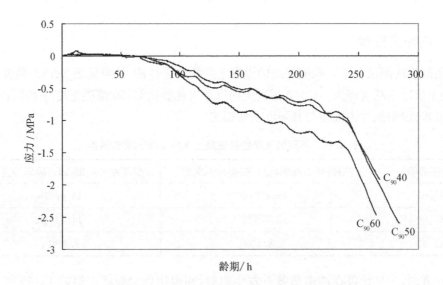

图 2.16 不同强度等级混凝土应力-时间曲线

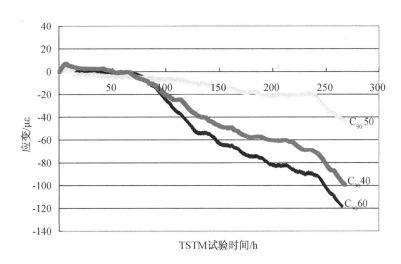

图 2.17　不同强度等级混凝土约束变形-时间曲线

表 2.16　不同强度等级混凝土开裂参数

强度等级	最高温度(℃)	开裂温度(℃)	开裂温降(℃)	开裂应(MPa)	第二零应力温度(℃)	开裂时间(h)
$C_{90}60$	44.3	19.2	25.1	2.47	41.2	265
$C_{90}50$	41.1	9.9	31.2	2.59	40.2	284
$C_{90}40$	37.5	16.3	21.2	1.92	37.0	268

由图 2.15 可以看出,不同设计强度混凝土的温度历程曲线不同。浇注温度均为 16 ℃左右,入模后迅速升温,$C_{90}60$、$C_{90}50$、$C_{90}40$ 分别在 33 h、46 h、65 h 时达到温度最大值,分别为 44.3 ℃、41.1 ℃、37.5 ℃。最高温度的不同源于混凝土胶凝材料含量的不同:三种配比混凝土的单方胶凝材料含量分别为 425 kg、362 kg、317 kg,其中水泥是水化热的最大贡献者,其在三个配比中单方含量分别为 276 kg、235 kg、206 kg。在模拟通冷却水和自然散热的作用下温度逐渐下降;冷却水与周围混凝土的温差逐渐减小,冷却效率降低;且混凝土温度与环境温度逐渐接近,受到环境温度的影响,混凝土温度呈波浪状继续下降。240 h 时温度为(29.6±0.8)℃,然后强制其以 0.5 ℃/h 的速率降温。

由图 2.16 可以看出,入模后 70 h 内,应力发展极为缓慢,维持在 0 MPa 左右,最大压应力不超过 0.08 MPa。混凝土温度上升却不引起较大的压应力,这是由于升温产生的膨胀压应力基本被混凝土自生体积收缩变形产生的拉应力和较大的受压应力松弛抵消。70 h 后,逐渐产生约束拉应力并不断增大,$C_{90}50$ 和 $C_{90}40$ 应力变化较一致,由于 $C_{90}60$ 的弹性模量发展较另两组混凝土快,因此,在降温和自生体积收缩双重作用下,拉应力增幅较大,使得在强制降温前三个配比混凝土的应力已经有了较大差距,240 h 时,$C_{90}60$、$C_{90}50$、$C_{90}40$ 的约束拉应力分别为 1.56 MPa、1.09 MPa、1.12 MPa。强制降温阶段,三个配比的混凝土应力增长幅度显著增大,且斜率绝对值的大小为 $C_{90}60 > C_{90}50 > C_{90}40$,由于降温速率相同,混凝土弹模相差不多,因此,混凝土应力发展的速率与不同混凝土的应力松弛能力及混凝土的热膨胀系数有关。

表 2.16 中分别给出了不同强度等级混凝土的开裂参数,开裂参数的大小顺序比较如表 2.17 所示。

表 2.17 开裂参数比较

开裂参数	大小顺序
开裂温降	$C_{90}50 > C_{90}60 > C_{90}40$
开裂温度	$C_{90}50 < C_{90}40 < C_{90}60$
开裂应力	$C_{90}50 > C_{90}60 > C_{90}40$
第二零应力温度	$C_{90}40 < C_{90}50 < C_{90}60$
开裂时间	$C_{90}50 > C_{90}40 > C_{90}60$

由表 2.17 可以看出,从开裂温降、开裂温度与开裂应力这三个指标的排序上看,$C_{90}50$ 的抗裂性最好。第二零应力温度上 $C_{90}40$ 显示出了优势,这是因为 $C_{90}40$ 的计算最高温度为 37.5 ℃,因此无法就这一因素与其他两组进行比较。开裂时间上,$C_{90}50$ 远超其他两组,且 $C_{90}60$ 与 $C_{90}40$ 相差不多。

因此,综合各项开裂因素以及图表分析,这一系列混凝土配比中 $C_{90}50$ 的抗裂性明显优于其他 2 个强度等级。

这可能是因为 $C_{90}50$ 在水胶比居中的情况下能够保证较大的抗拉强度,而其他两种混凝土均有劣势:$C_{90}60$ 尽管抗拉强度和极限拉伸值较高,但弹性模量高,应力发展快,混凝土易于开裂;$C_{90}40$ 弹模高,且抗拉强度和极限拉伸值均较低,抵抗变形的能力较低;$C_{90}50$ 抗拉强度和极限拉伸值较高,且弹性模量略低。

2.3 胶凝材料体积对混凝土抗冲耐磨性能的影响

主要考察了 $C_{90}60$、$C_{90}50$ 两种强度等级下泵送混凝土与常态混凝土的抗冲耐磨性能以及抗裂性能。

2.3.1 配合比及新拌混凝土性能

采用嘉华 P·LH42.5 低热水泥,粗骨料和细骨料都用隐晶质玄武岩,泵送混凝土和常态混凝土配合比见表 2.18,工作性能见表 2.19。泵送混凝土的单位用水量为 153～155 kg/m³,比常态混凝土的增加 19 kg/m³,胶凝材料用量相应增加 52～59 kg/m³。这与溪洛渡水电站试验阶段 $C_{90}60$ 纯玄武岩骨料泵送抗冲磨混凝土的单位用水量 150(长科院)～155 kg/m³(成勘院)类似。

2.3.2 抗压强度

抗压强度测试结果见表 2.20。常态混凝土与泵送混凝土在 3 d、28 d 时强度基本相同。除 $C_{90}50$ 泵送混凝土的 90 d 强度比设计的配制强度高约 5 MPa 以外,其他 3 组配合比与设计强度比较吻合。

表 2.18　泵送混凝土及常态混凝土的配合比

强度等级	是否泵送	水胶比	用水量 (kg/m³)	砂率 (%)	胶材总量 (kg/m³)	水泥 (kg/m³)	粉煤灰 (kg/m³)	硅灰 (kg/m³)	砂 (kg/m³)	小石 (kg/m³)	中石 (kg/m³)	减水剂 (%)	引气剂 (1/万)
$C_{90}50$	常态	0.37	134	36	362	235	109	18	690	502	753	1.1	2.8
$C_{90}50$	泵送	0.37	153	43	414	269	124	21	780	432	648	1.37	1.0
$C_{90}60$	常态	0.32	136	33	425	276	128	21	611	518	776	1.1	2.7
$C_{90}60$	泵送	0.32	155	40	484	315	145	24	696	436	653	1.37	0.9

表 2.19　泵送混凝土及常态混凝土的工作性对比

强度等级	是否泵送	坍落度 (mm)	含气量 (%)	初凝 (min)	终凝 (min)	和易性评价
$C_{90}50$	常态	65	3.1	426	546	粘度适中,保水性良好,粘聚性良好
$C_{90}50$	泵送	173	3.0	450	570	粘度低,棍度良好,保水性良好
$C_{90}60$	常态	83	3.5	534	660	粘度适中,棍度良好,保水性良好,粘聚性良好
$C_{90}60$	泵送	150	3.0	468	670	粘度低,棍度良好,保水性良好,粘聚性良好

表 2.20　泵送混凝土与常态混凝土的抗压强度表

强度等级	是否泵送	抗压强度（MPa）				
		3 d	28 d	90 d	180 d	365 d
$C_{90}50$	常态	14.1	48.7	56.6	61.2	66.3
$C_{90}50$	泵送	16.2	48.3	62.8	72.0	73.8
$C_{90}60$	常态	20.5	55.9	67.9	77.1	77.6
$C_{90}60$	泵送	21.6	55.9	68.7	79.8	80.7

2.3.3　轴拉性能

由表 2.21 可知，$C_{90}50$ 强度等级下，常态混凝土的 3 d 轴拉强度与泵送混凝土相当，28 d 轴拉强度略高；3 d 弹模比泵送混凝土高 17%，28 d 弹模高 30%；3 d 极限拉伸值常态混凝土小 18 $\mu\varepsilon$，28 d 极限拉伸值相差不大。$C_{90}60$ 强度等级下，常态混凝土的 3 d 轴拉强度比泵送混凝土高 26%，28 d 轴拉强度高 8%；3 d 弹模比泵送混凝土高 33%，28 d 弹模高 26%；极限拉伸值均小 10 $\mu\varepsilon$ 左右。

表 2.21　泵送混凝土与常态混凝土的轴拉性能

强度等级	是否泵送	轴拉强度（MPa）		轴拉弹性模量（GPa）		极限拉伸值（$\mu\varepsilon$）	
		3 d	28 d	3 d	28 d	3 d	28 d
$C_{90}50$	常态	2.02	3.53	28.2	45.0	77	103
$C_{90}50$	泵送	2.09	3.25	24.2	34.7	95	102
$C_{90}60$	常态	3.35	4.35	36.4	47.5	99	110
$C_{90}60$	泵送	2.66	4.01	27.4	37.8	105	121

整体上，和常态混凝土相比，泵送混凝土的轴拉强度稍低、轴拉弹模低 17%～33%、极限拉伸值大 6～18 $\mu\varepsilon$。

2.3.4　抗冲磨性能

常态混凝土与泵送混凝土的抗冲磨试验结果对比见表 2.22。

表 2.22　不同强度等级下常态与泵送混凝土的抗冲磨性能

强度等级	是否泵送	旋转射流法 [h/(g·cm^{-2})]		高速水下钢球法 [h/(kg·m^{-2})]		水下钢球法 [h/(kg·m^{-2})]
		90 d	1 年	90 d	1 年	90 d
$C_{90}50$	常态	1.4	4.1	5.0	7.0	15.8
$C_{90}50$	泵送	1.3	3.6	4.1	6.7	13.7
$C_{90}60$	常态	1.3	4.3	5.0	7.1	19.5
$C_{90}60$	泵送	1.7	3.9	4.5	7.4	16.6

在高速水下钢球法试验中,$C_{90}50$ 和 $C_{90}60$ 强度等级下,90 d 龄期泵送混凝土与常态混凝土的抗冲磨强度相比较低。这一结果与泵送混凝土的浆体含量比常态混凝土多了 14% 是吻合的。

365 d 龄期时,高速水下钢球法测得的 $C_{90}50$ 和 $C_{90}60$ 泵送、常态混凝土抗冲磨强度比较接近。这可能与浆体强度、浆体与骨料界面结合均改善有关,减少了骨料与浆体抗冲磨强度之间的差异。

旋转射流法试验中,90 d 龄期时,$C_{90}50$ 强度等级下,泵送混凝土的表面抗冲磨强度与常态混凝土接近,可能是强度略高带来的正面影响被胶凝材料用量大带来的负面影响抵消;$C_{90}60$ 强度等级下,泵送混凝土比常态混凝土的表面抗冲磨强度显著提高,比较异常。

365 d 龄期时,$C_{90}50$ 强度等级下,旋转射流法测得的泵送混凝土与常态混凝土的表面抗冲磨强度分别比 90 d 龄期时提高 177% 和 193%;$C_{90}60$ 强度等级下,旋转射流法测得的泵送混凝土与常态混凝土的表面抗冲磨强度分别比 90 d 龄期时提高 129% 和 231%。常态混凝土的增长幅度较泵送混凝土高,并且均表现为常态混凝土稍高于泵送混凝土。

试验中观察到泵送混凝土受冲磨后表面仍比较均匀,磨后的砂粒呈密集黑点状;常态混凝土冲磨后表面也比较均匀,但受磨面露出的石子较多,如图 2.18 所示。说明泵送混凝土靠模板面的砂浆量仍显著高于常态混凝土,其抗冲磨能力受砂浆量以及浆体与粗骨料之间的粘结情况影响。常态混凝土粗骨料较多,一旦浆体与粗骨料的粘结发展较高,其抗冲刷能力会显著提升;泵送混凝土表面仍未磨及粗骨料,故界面粘结强度的发展对抗冲磨强度的提高作用没有体现出来。

泵送混凝土　　　　　　　　　　　　　　常态混凝土

图 2.18　泵送混凝土与常态混凝土受旋转射流法冲磨后的状态

溪洛渡水电站所做 5% 硅灰-30% 粉煤灰、0.33 水胶比、玄武岩骨料 $C_{90}50$ 泄洪洞龙落尾段抗冲磨混凝土试验[2],常态混凝土 90 d 水下钢球法抗冲磨强度为 14.2 h/(kg·m^{-2}),泵送混凝土为 13.2 h/(kg·m^{-2}),即常态混凝土略高于泵送混凝土。与本项目采用标准的水下钢球法试验结果类似,但这种方法容易受表面砂浆含量的影响,砂浆含量越多,则越易被冲磨,其抗冲磨强度就相应降低。

溪洛渡水电站对上述混凝土采用 DL/T 5150 圆环法(流速 14.3 m/s)测试的抗含沙水

流冲刷强度,分别为常态混凝土 13.5 h/(g·cm⁻²),泵送混凝土 12.5 h/(g·cm⁻²),也是常态混凝土略高于泵送混凝土,这也与该方法容易受表面砂浆含量影响有关。

综合上述试验结果,泵送混凝土与常态混凝土的本体抗冲磨强度相比在 90 d 龄期时较低、在 1 年长龄期时基本相同,表面抗冲刷性能稍低于常态混凝土。

两种泵送混凝土相比,$C_{90}60$ 比 $C_{90}50$ 的 1 年长龄期抗悬移质冲磨强度提高约 10%,90 d 和 1 年本体抗推移质冲磨强度均提高约 10%,这一趋势与前文强度等级系列的结果一致。

2.3.5 防空蚀性能

$C_{90}60$ 常态和泵送混凝土的抗空蚀强度见表 2.23,空蚀后的状态见图 2.19 和图 2.20。常态混凝土试件经空蚀后表面出现麻面,但脱落相对较少,抗空蚀强度较高;泵送混凝土仅有 1 个有效试件,经空蚀后,表面浆体脱落严重,粗骨料外露较多,抗空蚀强度偏低,这可能与试件成型质量较差有关,该配合比的真实抗空蚀强度应该明显高于本次实测值。

表 2.23 不同骨料组合的混凝土 90 d 龄期抗空蚀性能

配比编号	是否泵送	抗空蚀强度[h/(kg·m⁻²)]
$C_{90}60$	常态	4.1
$C_{90}60$	泵送	2.4(仅 1 个有效试件)
$C_{90}50$	常态	1.5
$C_{90}50$	泵送	2.1

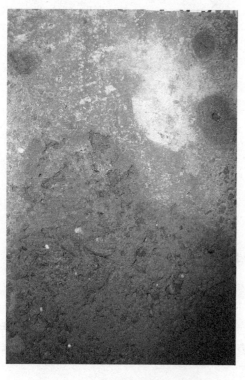

图 2.19 $C_{90}60$ 常态混凝土空蚀后

图 2.20 $C_{90}60$ 泵送混凝土空蚀后

$C_{90}50$ 常态与泵送混凝土经空蚀后表面状态接近,见图 2.21 和图 2.22。常态混凝土有大石子在空蚀后剥落,泵送混凝土抗空蚀强度稍高。

图 2.21　$C_{90}50$ 常态混凝土空蚀后

图 2.22　$C_{90}50$ 泵送混凝土空蚀后

两种泵送混凝土相比,$C_{90}60$ 比 $C_{90}50$ 的抗空蚀强度提高,这一趋势与前文强度等级系列的结果一致,但提高幅度明显小于前文的结果。

2.3.6　抗冲击性能

抗冲击性能试验结果见表 2.24。$C_{90}50$ 强度等级下,泵送混凝土的初裂冲击耗能比常态混凝土高 93%,破坏冲击耗能高 89%;$C_{90}60$ 强度等级下,泵送混凝土的初裂冲击耗能比常态混凝土高 131%,破坏冲击耗能高 129%。说明泵送混凝土的抗冲击性能明显优于常态混凝土。

表 2.24　泵送混凝土与常态混凝土 90 d 龄期抗冲击性能

强度等级	是否泵送	初裂冲击耗能 kJ/初裂冲击次数	破坏冲击耗能 kJ/破坏冲击次数
$C_{90}50$	常态	13.7/622	14.1/642
$C_{90}50$	泵送	26.4/1 198	26.7/1 211
$C_{90}60$	常态	19.2/870	19.5/885
$C_{90}60$	泵送	44.4/2 016	44.7/2 027

2.3.7 抗裂性

常态混凝土与泵送混凝土的干缩结果见图 2.23 和图 2.24。

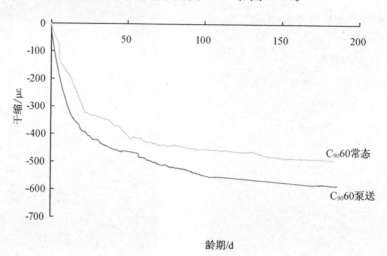

图 2.23　$C_{90}60$ 常态混凝土与 $C_{90}60$ 泵送混凝土干缩对比

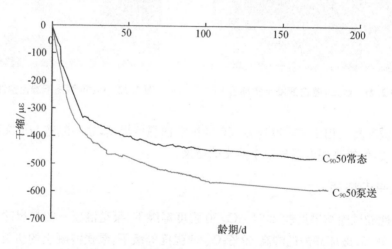

图 2.24　$C_{90}50$ 常态混凝土与 $C_{90}50$ 泵送混凝土干缩对比

在 $C_{90}60$ 强度等级下,180 d 龄期时,常态混凝土的干缩率为 489 $\mu\varepsilon$,泵送混凝土的干缩率为 581 $\mu\varepsilon$。泵送混凝土胶材总量为常态混凝土的 1.14 倍,180 d 收缩率为常态混凝土的 1.19 倍。在此胶凝材料体系下,每公斤胶凝材料总量每增加 1 kg,干缩增加约 1.3～1.4 $\mu\varepsilon$,干缩基本与胶材总量成正比。

在 $C_{90}50$ 强度等级下,180 d 龄期时,常态混凝土的干缩率为 480 $\mu\varepsilon$,泵送混凝土的干缩率为 591 $\mu\varepsilon$。泵送混凝土胶材总量也为常态混凝土的 1.14 倍,180 d 收缩率为常态混凝土的 1.21 倍。在此胶凝材料体系下,胶凝材料总量每增加 1 kg,干缩增加约 1.2 $\mu\varepsilon$,干缩基本与胶材总量成正比。

溪洛渡水电站泄洪洞抗冲磨混凝土试验阶段[2]的 $C_{90}60$ 泵送混凝土所用配合比的水胶

比为 0.33,胶材总量 469 kg,其 180 d 收缩值为 448 $\mu\varepsilon$,每公斤胶材约产生干缩 1.0 $\mu\varepsilon$,比本次试验 $C_{90}60$ 泵送混凝土低约 20%。

溪洛渡 $C_{90}60$ 泵送混凝土的 180 d 干缩率比 $C_{90}60$ 常态混凝土高约 16%,与本项目试验结果(约 20%)接近。

另外,就强度等级对干缩的影响而言,$C_{90}50$ 常态混凝土与 $C_{90}60$ 常态混凝土相比,180 d 干缩率分别为 480 $\mu\varepsilon$ 和 489 $\mu\varepsilon$,很接近;$C_{90}50$ 泵送混凝土与 $C_{90}60$ 泵送混凝土相比,180 d 干缩率分别为 591 $\mu\varepsilon$ 和 581 $\mu\varepsilon$,也比较接近;可见这 2 个强度等级对干缩无明显影响。溪洛渡使用低热水泥的 $C_{90}50$ 常态混凝土与 $C_{90}60$ 常态混凝土的 180 d 干缩分别为 346 $\mu\varepsilon$、352 $\mu\varepsilon$,也比较接近。

自生体积变形试验结果见图 2.25 和图 2.26,均为收缩型。

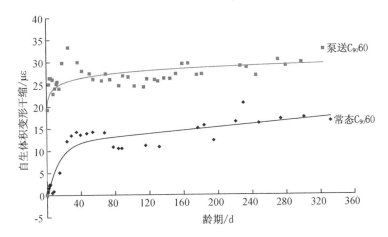

图 2.25　$C_{90}60$ 泵送与常态混凝土自生体积变形(正值为收缩)

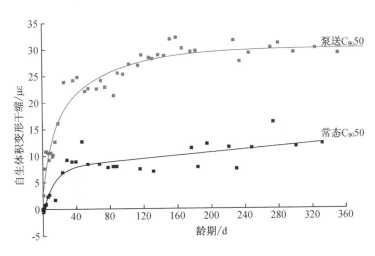

图 2.26　$C_{90}50$ 泵送与常态混凝土自生体积变形(正值为收缩)

泵送或常态 $C_{90}60$ 配合比 1 年自生体积变形值分别为 27 $\mu\varepsilon$、16 $\mu\varepsilon$。二者的差异主要产生在 1 d 内——泵送混凝土 1 d 内的自生体积变形发展迅速,达到 19 $\mu\varepsilon$,大于常态混凝土。

泵送或常态 $C_{90}50$ 配合比 1 年自生体积变形值分别为 30 $\mu\varepsilon$、11 $\mu\varepsilon$。就强度等级对自生体积变形的影响而言，$C_{90}50$ 和 $C_{90}60$ 的差别只有不到 5 $\mu\varepsilon$。

绝热温升的试验结果见图 2.27、图 2.28。入模温度为（20±1）℃，混凝土比热容取值为 0.96 kJ/(kg·℃)，拟合公式见表 2.25。

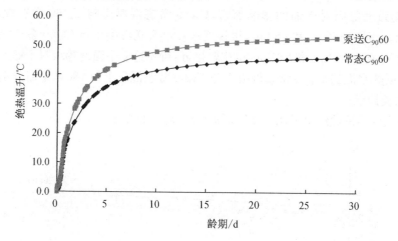

图 2.27　$C_{90}60$ 常态混凝土与 $C_{90}60$ 泵送混凝土绝热温升对比

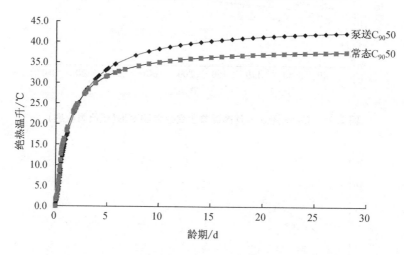

图 2.28　$C_{90}50$ 常态混凝土与 $C_{90}50$ 泵送混凝土绝热温升对比

表 2.25　常态混凝土与泵送混凝土绝热温升拟合结果

强度等级	是否泵送	拟合最终温升（℃）	绝热温升拟合公式	相关系数 R^2
$C_{90}50$	常态	39.2	$T=\dfrac{39.16t}{1.177+t}$	0.98
$C_{90}50$	泵送	44.8	$T=\dfrac{44.84t}{1.714+t}$	0.98
$C_{90}60$	常态	48.9	$T=\dfrac{48.93t}{1.833+t}$	0.98
$C_{90}60$	泵送	55.8	$T=\dfrac{55.77t}{1.672+t}$	0.97

可以看出,泵送混凝土的胶材用量增多导致绝热温升增加比较明显:$C_{90}50$ 或 $C_{90}60$ 强度等级下,泵送混凝土比常态混凝土绝热温升分别高 5.6 ℃、6.9 ℃。这个结果与 2 种混凝土的胶材用量差异正好对应,相当于每增加 10 kg 胶材,绝热温升增加了 1.4 ℃。

就强度等级对绝热温升的影响而言,$C_{90}50$ 常态比 $C_{90}60$ 常态胶材用量低 63 kg,绝热温升低 9.7 ℃,每 10 kg 胶材降低 1.5 ℃ 绝热温升;$C_{90}50$ 泵送比 $C_{90}60$ 泵送胶材用量低 70 kg,绝热温升低 11.0 ℃,每 10 kg 胶材降低 1.6 ℃ 绝热温升,与上述数值接近。

锦屏一级水电站抗冲磨混凝土采用中热水泥,水胶比 0.26～0.31,粉煤灰掺量 0～20%,每增加 10 kg/m³ 胶材,绝热温升增加 0.7～1.6 ℃[3]。因此用泵送工艺浇筑截面比较大的抗冲磨混凝土部位时,将会产生较大的温度梯度,需要引起注意。

用温度-应力试验法考察模拟实际工况下泵送混凝土与常态混凝土的抗裂性。$C_{90}50$、$C_{90}60$ 两种强度等级下常态混凝土与泵送混凝土试件的温度-时间曲线、应力-时间曲线如图 2.29～图 2.32 所示,主要开裂评价指标如表 2.26 所示。

表 2.26 常态和泵送混凝土开裂参数

强度等级	是否泵送	开裂温降(℃)	开裂应力(MPa)	第二零应力温度(℃)	开裂温度(℃)	开裂时间(h)
$C_{90}50$	常态	31.2	2.59	40.2	9.9	284
$C_{90}50$	泵送	27.9	2.21	44.9	17.5	269
$C_{90}60$	常态	27.6	2.65	45.3	18.2	267
$C_{90}60$	泵送	24.5	2.95	49.2	26.4	251

由图 2.29、图 2.30 可以看出,混凝土入模后迅速升温,$C_{90}50$、$C_{90}60$ 两种强度等级下常态混凝土与泵送混凝土在 28～32 h 时达到温度最大值,分别为 41.1 ℃、45.4 ℃、45.8 ℃、50.9 ℃。可知 $C_{90}60$ 泵送混凝土的温峰值最高,这是由于 $C_{90}60$ 泵送混凝土单方胶凝材料含量最大,为 484 kg,另外三种配比混凝土的单方胶凝材料含量分别为 362 kg、414 kg、425 kg,其中水泥是水化热的最大贡献者,其在四个配比中单方含量分别为 235 kg、269 kg、276 kg、315 kg。$C_{90}50$ 泵送和 $C_{90}60$ 常态的单方胶凝材料和水泥含量相差不多,最高温度只相差 0.4 ℃。在采取通冷却水和自然散热的作用下温度逐渐下降。四个配合比在 240 h 时温度为 30.3±0.9 ℃,然后强制以 0.5 ℃/h 的速率降温。

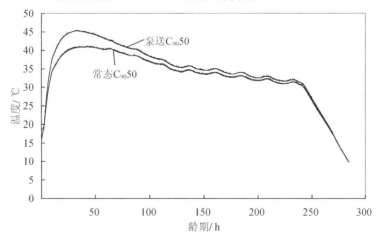

图 2.29 $C_{90}50$ 常态和泵送混凝土温度-时间曲线

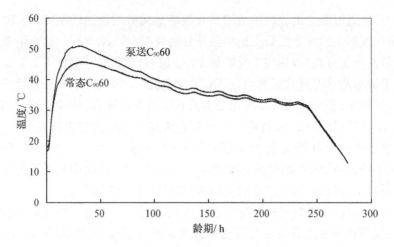

图 2.30 $C_{90}60$ 常态和泵送混凝土温度-时间曲线

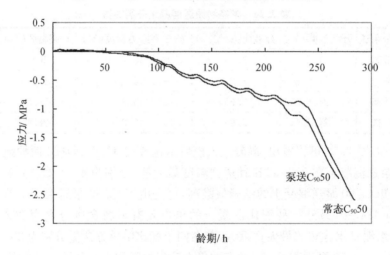

图 2.31 $C_{90}50$ 常态和泵送混凝土应力-时间曲线

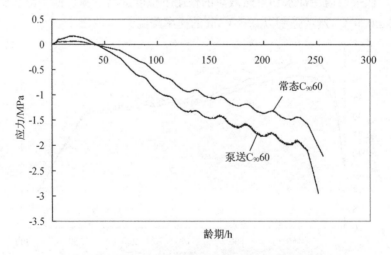

图 2.32 $C_{90}60$ 常态和泵送混凝土应力-时间曲线

由图 2.31、图 2.32 可以看出,对 $C_{90}50$ 混凝土,常态和泵送混凝土入模后 68 h 内,应力发展极为缓慢,维持在 0 MPa 左右,最大压应力均为 0.04 MPa。混凝土温度上升却不引起较大的压应力,应该是由于升温产生的膨胀压应力基本被混凝土自生体积变形产生的拉应力和较大的受压应力松弛抵消。68 h 后,约束拉应力逐渐产生并不断增大,泵送混凝土较常态混凝土应力变化稍快,可能是前者的温度下降较后者快引起的。240 h 时,常态和泵送的约束拉应力分别为 0.97 MPa、1.23 MPa,泵送的高出 20% 以上。强制降温阶段,两配比混凝土的应力增长幅度显著增大,且斜率相同。

对 $C_{90}60$ 混凝土,常态和泵送混凝土在 43 h 内有膨胀压应力,最大压应力值分别为 0.07 MPa、0.17 MPa,泵送的略高,这与其温升高有关。43 h 后,两种混凝土几乎同时到达第二零应力温度,混凝土由受压状态转为受拉状态,之后约束拉应力不断增大,且泵送混凝土拉应力发展速度较快,这主要是因为过了温峰之后,泵送混凝土的降温速率大于常态混凝土。此后,泵送混凝土的拉应力发展速率一直高于常态混凝土。在 130 h 后,泵送混凝土应力发展的速率基本保持与常态混凝土一致。240 h 后进入强制降温阶段,混凝土应力快速发展,到 251 h 时,泵送混凝土试件断裂,267 h 时常态混凝土试件断裂。

表 2.26 给出了不同强度混凝土的开裂参数,开裂参数的大小顺序比较如表 2.27 所示。

表 2.27　不同强度的泵送或常态混凝土开裂参数比较

强度等级	$C_{90}50$	$C_{90}60$
开裂温降	常态>泵送	常态>泵送
开裂应力	常态>泵送	泵送>常态
第二零应力温度	常态<泵送	常态<泵送
开裂时间	常态>泵送	常态>泵送

由表 2.26 可以看出,$C_{90}50$ 强度等级下,常态混凝土与泵送混凝土相比,开裂温降大 3.3 ℃,开裂温度低 7.6 ℃,开裂时间晚 15 h,第二零应力温度低 4.7 ℃,开裂应力大 0.38 MPa。以上各项指标均表明,常态混凝土的抗裂性较好。

$C_{90}60$ 强度等级下,常态混凝土与泵送混凝土相比,开裂温降大 3.1 ℃,开裂温度低 8.2 ℃,开裂时间晚 16 h,第二零应力温度低 3.9 ℃,开裂应力小 0.30 MPa。从整体上看,常态混凝土的抗裂性较好。

综上所述,$C_{90}50$ 和 $C_{90}60$ 强度等级下,均表现为常态混凝土的抗裂性较好。

与强温控措施工况相比,模拟实际温度历程的工况充分考虑了泵送混凝土胶凝材料用量大对抗裂性的综合影响,因此其结论更具有参考意义。

对于两种泵送混凝土,$C_{90}50$ 的开裂温降比 $C_{90}60$ 的多了 3.4 ℃,开裂温度低了 8.9 ℃,说明 $C_{90}50$ 的抗裂性明显优于 $C_{90}60$。该结论与前文强度等级系列的结果一致。

2.4　粉煤灰掺量对混凝土抗冲耐磨性能的影响

考察了在 $C_{90}50$ 强度等级下,粉煤灰掺量分别为 20%、30%、40%、50% 时混凝土的性能。

2.4.1　配合比及新拌混凝土性能

试验采用嘉华 P·LH42.5 低热水泥,硅灰掺量 5%,粉煤掺量分别为 20%、30%、40%、50%,骨料为纯隐晶质玄武岩。混凝土配合比及工作性见表 2.28、表 2.29。

表 2.28 不同粉煤灰掺量下混凝土的配合比

配比编号	水胶比	用水量 (kg/m³)	砂率 (%)	胶凝材料 (kg/m³)	水泥 (kg/m³)	粉煤灰 (kg/m³)	硅灰 (kg/m³)	砂 (kg/m³)	小石 (kg/m³)	中石 (kg/m³)	减水剂 (%)	引气剂 (1/万)
C_{90}50-20%	0.40	136	37	340	255	68	17	720	512	767	1.1	2.6
C_{90}50-30%	0.37	134	36	362	235	109	18	690	502	753	1.1	2.8
C_{90}50-40%	0.35	135	34	385	212	154	19	639	518	777	1.1	3.1
C_{90}50-50%	0.29	134	31.5	462	208	231	23	564	512	768	1.1	3.4

表 2.29 不同粉煤灰掺量下混凝土的工作性

配比编号	坍落度 (mm)	含气量 (%)	初凝时间 (min)	终凝时间 (min)	和易性评价
C_{90}50-20%	72	2.9	460	568	粘度稍大,棍度适中,保水性良好,粘聚性良好
C_{90}50-30%	65	3.1	426	546	粘度适中,棍度适中,保水性良好,粘聚性良好
C_{90}50-40%	79	3.8	390	540	粘度适中,棍度适中,保水性良好,粘聚性良好
C_{90}50-50%	75	3.3	370	530	粘度适中,棍度适中,保水性良好,粘聚性良好

在提高粉煤灰掺量时,为了满足强度要求,需要适当降低水胶比。为了避免影响工作性,适当减少了砂率,并微调单位用水量。

粉煤灰掺量由 20% 增加至 40% 时,每增加 10%,水胶比降低 0.02～0.03,由于减水剂掺量和用水量基本固定,水泥用量减少 20～23 kg/m³,但胶凝材料增加 22～23 kg/m³。不过当粉煤灰掺量从 40% 进一步增加至 50% 时,水胶比猛降了 0.06,至 0.29 的较低值;水泥用量只减少了 4 kg/m³,胶凝材料却猛增了约 80 kg/m³,高达 462 kg/m³。类似现象在对锦屏一级大坝混凝土进行高掺量粉煤灰混凝土试验时也曾观察到,之后通过水化机理分析揭示:当粉煤灰掺量增加到 50% 左右时,胶凝材料的水化度明显降低,只能通过大幅度减少水胶比、降低孔隙率来保证强度。

粉煤灰每增加 10%,为了达到相近的含气量,引气剂要增加 0.2～0.3/万。但由于粉煤灰的减水作用和粉煤灰密度显著小于水泥而带来的浆体体积的增加,在水胶比明显下降的情况下,无需增加用水量(甚至可以略微降低用水量)和减水剂用量,也可达到相近的坍落度。

有研究者认为,高掺量粉煤灰混凝土的触变性很强,即在泵送压力、振捣棒振动等剪切力作用下的粘度低、流动性好;而坍落度作为一种静态试验,不能评价高掺量粉煤灰混凝土的触变性;如果采用可客观评价混凝土触变性的工作性试验方法,则应该可以显著减少高掺量粉煤灰混凝土的用水量和相应的浆体体积,从而获得更优的配合比。这值得进一步的研究。

粉煤灰每增加 10% 时,通过降低水胶比,混凝土的初凝时间反而缩短 20～30 min,终凝时间也稍有缩短,没有出现一般担心的凝结时间延长的问题。

2.4.2　抗压强度

各粉煤灰掺量下混凝土的抗压强度见表 2.30。

表 2.30　不同粉煤灰掺量下混凝土的抗压强度

配比编号	抗压强度(MPa)				
	3 d	28 d	90 d	180 d	365 d
$C_{90}50\text{-}20\%$	12.4	52.9	59.0	63.1	65.9
$C_{90}50\text{-}30\%$	14.1	48.7	58.7	61.2	66.3
$C_{90}50\text{-}40\%$	12.4	48.2	56.3	62.3	62.5
$C_{90}50\text{-}50\%$	13.0	45.2	59.5	61.0	75.2

3 d 龄期时,通过调整水胶比,粉煤灰掺量从 20% 增加至 50% 时,3 d 强度变化不大,在 12.4～14.1 MPa 内。即当粉煤灰掺量达到 50%,通过降低水胶比,3 d 抗压强度不会明显下降。但由于一般脱模时间不到 1 d,1 d 强度是否仍然满足脱模要求,本次没有进行试验。

28 d 龄期时,随着粉煤灰掺量的增大,28 d 强度略有降低,分别达到 C45、C40、C40、C35 的配制强度。

90 d 龄期时,整体上,粉煤灰掺量越高,抗压强度较 28 d 增幅越大,分别增长约 6 MPa、10 MPa、8 MPa、14 MPa,强度基本接近,与设计配制强度相差 ±1 MPa。

180 d 龄期时,四个掺量下强度很接近,在 61.0～63.1 MPa 之间;较 90 d 龄期的增幅整体上未出现随粉煤灰掺量增加而增加的趋势,分别增长约 4 MPa、3 MPa、6 MPa、2 MPa,平均增长 4 MPa,增幅约 7%。

365 d 龄期时,强度较 180 d 的增幅整体上随粉煤灰掺量增加而增加,分别增长约 3 MPa、5 MPa、0 MPa、14 MPa,但显然 40% 掺量下的强度测值偏低,50% 掺量下的强度测值偏高,平均增长 5 MPa,增幅约 8%。

从 28 d 到 90 d、365 d,整体上,随着粉煤灰掺量的增加,抗压强度增幅稍有增加。

2.4.3 轴拉性能

3 d 龄期时,整体上,随着粉煤灰掺量的增大,混凝土的轴拉强度略有降低,轴拉弹模明显下降,极限拉伸值无趋势性变化,这对抗裂有利。

28 d 龄期时,整体上,粉煤灰掺量对混凝土的轴拉强度、弹性模量及极限拉伸值基本没有影响,见表 2.31。

表 2.31　不同粉煤灰掺量下混凝土的轴拉性能

配比编号	轴拉强度(MPa)		轴拉弹性模量(GPa)		极限拉伸值($\mu\varepsilon$)	
	3 d	28 d	3 d	28 d	3 d	28 d
$C_{90}50-20\%$	2.18	3.20	36.2	37.4	76	107
$C_{90}50-30\%$	2.02	3.53	28.2	45.0	77	103
$C_{90}50-40\%$	1.86	3.42	26.2	39.0	75	108
$C_{90}50-50\%$	1.91	3.35	28.2	37.5	71	108

2.4.4 抗冲磨性能

不同粉煤灰掺量下混凝土 90 d 龄期的抗冲磨强度见表 2.32。

表 2.32　不同粉煤灰掺量下混凝土的抗冲磨性能

配比编号	高速圆环法 [h/(g·cm^{-2})]			高速水下钢球法 [h/(kg·m^{-2})]			水下钢球法 [h/(kg·m^{-2})]
	90 d	180 d	365 d	90 d	180 d	365 d	90 d
$C_{90}50-20\%$	1.2	2.26	3.96	4.9	6.0	7.7	12.9
$C_{90}50-30\%$	1.4	2.1	4.10	5.0	6.1	7.0	15.8
$C_{90}50-40\%$	1.3	2.1	4.35	4.5	6.1	7.8	16.8
$C_{90}50-50\%$	1.1	2.05	3.96	5.6	6.6	8.3	18.6

在高速水下钢球法试验中,90 d、180 d、365 d 的抗冲磨强度基本都随着粉煤灰掺量的增加而稍有增加,未见随着粉煤灰掺量增加抗冲磨强度下降的趋势。

180 d 龄期时,20%、30%、40%、50% 掺量下用高速水下钢球法测得的混凝土抗冲磨强度比 90 d 龄期时分别增长 22%、16%、36%、18%;365 d 龄期时,比 90 d 龄期分别增长

57%、40%、73%、51%。未见后期抗推移质冲磨强度增长幅度随着粉煤灰掺量的提高而明显提高。

可见,抗推移质冲磨强度随龄期的增幅显著大于抗压强度随龄期的增幅,这与前文强度系列的试验结果一致,也可归因于随着龄期的增长,水泥石-骨料界面结合的改善对提高抗冲耐磨强度很有效。这一点在接下来分析的旋转射流法试验结果中更加明显。

90 d 和 180 d 龄期时,在旋转射流法试验中,粉煤灰掺量从 20% 增加至 50%,整体呈现粉煤灰掺量越大、胶凝材料越多、抗冲磨强度越低的趋势。这应该归因于旋转射流法受胶凝材料用量影响比较大。

90 d 龄期采用旋转射流法冲磨最初 1 h 时(整个冲磨过程为 4 h),20%、30%、40%、50% 对应的抗冲磨强度分别为 1.0 h/(g·cm^{-2})、0.79 h/(g·cm^{-2})、0.74 h/(g·cm^{-2})、0.62 h/(g·cm^{-2}),对应的平均冲磨深度为 0.5～0.7 mm,被冲磨掉的主要是表面的净浆皮和细砂浆。由此可见,抗悬移质冲磨强度受胶材用量影响更明显。

365 d 龄期时,在旋转射流法试验中,粉煤灰掺量从 20% 增加至 50%,除了 50% 掺量一组之外,整体呈现粉煤灰掺量越大、抗悬移质冲磨强度越高的趋势。该批试验每组试件的组内偏差较小。该趋势与后文分别使用低热或中热水泥、粉煤灰掺量分别为 30% 或 40% 的 C$_{90}$60 常态混凝土试验系列所得趋势相反。

180 d 龄期时,20%、30%、40%、50% 掺量下用旋转射流法测得的混凝土抗冲磨强度比 90 d 龄期时分别增长 82%、54%、66%、93%;365 d 龄期的抗冲磨强度比 90 d 龄期分别增长 219%、204%、248%、274%。进一步说明粉煤灰和水泥继续水化所带来的净浆和砂浆密实性、水泥石-骨料界面结合的改善,对于混凝土表面抗悬移质冲磨很有利。

2.4.5　防空蚀性能

20%、30%、40%、50% 粉煤灰掺量下空蚀后的混凝土试件表面见图 2.33～图 2.36,试件的抗空蚀强度见表 2.33。随着粉煤灰掺量增加,抗空蚀强度基本呈现增加的趋势,这可能与水胶比降低、浆体密实度提高、水泥石-骨料界面结合改善有关。掺 40% 粉煤灰的混凝土抗空蚀强度偏低,可能与试件尺寸的偏差有关,因试件表面受空蚀面积较其他组大。

表 2.33　不同粉煤灰掺量下混凝土 90 d 龄期抗空蚀性能

配比编号	抗空蚀强度[h/(kg·m^{-2})]
C$_{90}$50-20%	1.2
C$_{90}$50-30%	1.5
C$_{90}$50-40%	1.0
C$_{90}$50-50%	4.9

图 2.33　C_{90}50-20%混凝土空蚀后状态

图 2.34　C_{90}50-30%混凝土空蚀后状态

图 2.35　C_{90}50-40%混凝土空蚀后状态

图 2.36　C_{90}50-50%混凝土空蚀后状态

另外,抗空蚀强度试验的波动性比较大,对试件表面的平整度、表面质量有较高要求。50％下的抗空蚀强度特别高,可能与该掺量下胶凝材料用量显著高于另外三个配合比有关。50％掺量下试件表面富浆,在 8 h 的空蚀试验中,还没有石子裸露掉出,质量损失偏小,因此该抗空蚀强度不一定客观。

2.4.6　抗裂性

应用 B4cast 仿真软件计算温度历程,并将温度历程导入温度-应力试验机,得出混凝土的应力历程和应变历程。$C_{90}50$ 强度等级下,粉煤灰掺量分别为 20％、30％、40％ 和 50％ 时混凝土试件的温度-时间曲线、应力-时间曲线、应变-时间曲线如图 2.37～图 2.39 所示,主要开裂评价指标如表 2.34 所示。其中粉煤灰掺量 20％ 的一组的应力曲线在强制快速降温阶段斜率变缓,与其他试验都不同,怀疑是试件产生了微裂纹造成应力释放,因此,其开裂评价指标应比直接测到的结果差。

表 2.34　不同粉煤灰掺量开裂参数比较

配比编号	开裂温降（℃）	开裂应力（MPa）	第二零应力温度（℃）	开裂温度（℃）	开裂时间（h）
20％FA	＜45.5	＜2.67	39.4	＞−4.9	＜314
30％FA	30.5	2.14	39.3	10.0	281
40％FA	33.5	2.51	39.0	6.7	285
50％FA	38.4	2.69	38.3	4.6	293

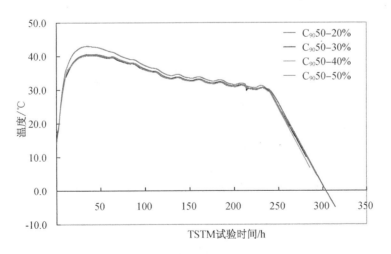

图 2.37　不同粉煤灰掺量温度-时间曲线

由图 2.37 可以看出,不同粉煤灰掺量混凝土的温度历程曲线不同。浇注温度均为 16 ℃ 左右,入模后迅速升温,在 34～38 h 时温度达到最大值,粉煤灰掺量 20％、30％、40％、50％ 时的温峰分别为 40.6℃、40.5℃、40.3℃、43.1 ℃,可以看出粉煤灰掺量为 20％、30％、40％ 的温度历程基本相同,温峰相差极小,掺量为 50％ 的温峰值较其他配比高 2.6 ℃ 左右。

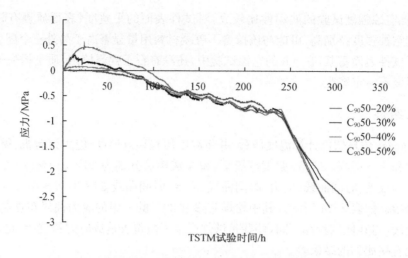

图 2.38 不同粉煤灰掺量应力-时间曲线

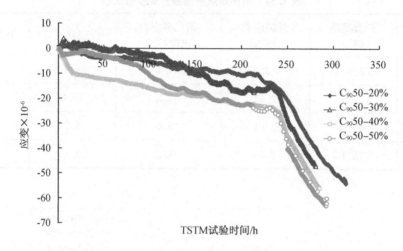

图 2.39 不同粉煤灰掺量主试件应变-时间曲线

这与混凝土胶凝材料组成和用量有关:粉煤灰掺量为 20%、30%、40%、50%时,混凝土的单方胶凝材料用量分别为 340 kg、362 kg、385 kg、462 kg;在温度应力试验进行到约 36 h(也即达到最高温度的时间)时相应成熟度下的水化热分别为 202 kJ/kg、163 kJ/kg、142 kJ/kg、142 kJ/kg,简单计算得到此时胶凝材料放热量为 $69.7×10^3$ kJ、$59.0×10^3$ kJ、$54.7×10^3$ kJ、$65.6×10^3$ kJ;随粉煤灰掺量增加,骨料体积含量降低,混凝土比热容减小,相应的比热容分别按照 0.98 kJ/(kg·℃)、0.96 kJ/(kg·℃)、0.94 kJ/(kg·℃)、0.92 kJ/(kg·℃)估算,并采用混凝土的实测密度,则混凝土绝热温升分别约为 28 ℃、25 ℃、23 ℃、29 ℃。可见这样估算得到的温峰排序和采用 B4Cast 软件考虑通水冷却和自然散热进行有限元计算得到的温峰排序是一致的。

由图 2.38 可以看出,入模后即产生膨胀压应力,20%和40%粉煤灰产生的膨胀压应力较小,分别为 0.01 MPa 和 0.08 MPa。50%粉煤灰的膨胀压应力最大,为 0.54 MPa,其次是30%粉煤灰的混凝土,最大膨胀压应力为 0.3 MPa,这说明用粉煤灰取代部分水泥后,能够减少自收缩变形,形成较大的膨胀压应力。

随着温度下降,膨胀压应力也缓慢减小,最大膨胀压应力的大小影响着由压应力转为约束拉应力的时间,例如 50％粉煤灰的膨胀压应力最大,其转为约束拉应力的时间也最晚,为 93 h。

随后约束拉应力不断增大,四个配比混凝土的应力曲线走向基本一致。240 h 时,20％、30％、40％、50％粉煤灰的约束拉应力分别为 0.91 MPa、0.81 MPa、0.76 MPa、0.99 MPa。

表 2.34 中分别给出了四种粉煤灰掺量混凝土的开裂参数,包括开裂温降、开裂应力、第二零应力温度、开裂温度和开裂时间。开裂参数的比较如表 2.35 所示。

表 2.35　开裂参数比较

开裂参数	大小顺序
开裂温降	$C_{90}50 - 20％ > C_{90}50 - 50％ > C_{90}50 - 40％ > C_{90}50 - 30％$
开裂应力	$C_{90}50 - 50％ > C_{90}50 - 20％ > C_{90}50 - 40％ > C_{90}50 - 30％$
第二零应力温度	$C_{90}50 - 50％ < C_{90}50 - 40％ < C_{90}50 - 30％ < C_{90}50 - 20％$
开裂时间	$C_{90}50 - 20％ > C_{90}50 - 50％ > C_{90}50 - 40％ > C_{90}50 - 30％$

由表 2.35 分析粉煤灰掺量分别为 30％、40％、50％时混凝土的抗裂评价参数,可知开裂温降、开裂应力、第二零应力温度和开裂时间按照抗裂性由高到低排序,均为 $C_{90}50 - 50％$ > $C_{90}50 - 40％ > C_{90}50 - 30％$。不同掺量粉煤灰混凝土的抗裂性优劣排序为 $C_{90}50 - 50％ > C_{90}50 - 40％ > C_{90}50 - 30％$。在 30％～50％掺量范围,粉煤灰掺量增加 10％,开裂温降增大 3～5 ℃。因此,在同强度的条件下,当粉煤灰掺量超过 20％时,随着掺量的提高,混凝土的抗裂性逐渐改善。

20％粉煤灰混凝土的开裂温降大于 50％粉煤灰混凝土,抗裂性最优。这一点是出乎意料的。这可能与在从浇筑开始只持续了 14 d 左右的温度应力试验中,大掺量粉煤灰的混凝土强度发展不如 20％低掺量充分有关。

2.5　硅灰掺量对混凝土抗冲耐磨性能的影响

在 $C_{90}60$、$C_{90}50$ 两个强度等级下,考察硅灰掺量从 5％提高到 8％对常态混凝土性能的影响。

2.5.1　配合比及新拌混凝土性能

试验采用嘉华 P·LH42.5 低热水泥,粉煤灰掺量为 30％,骨料为纯隐晶玄武岩。按照 90 d 龄期强度等级设计,硅灰掺量提高后,水胶比提高了 0.01,用水量微增 1 kg/m³,胶凝材料用量相应减小 7～10 kg/m³。混凝土配合比和工作性见表 2.36 和表 2.37。

由表可见,硅灰掺量增加,在用水量微增 1 kg/m³ 的情况下,减水剂掺量需要微增 0.1％,引气剂用量可以不变,这样可保持同样的工作性。拌合中未发现混凝土的黏性有明显变化。混凝土初凝和终凝时间均缩短近半小时。

表 2.36 不同硅灰掺量下混凝土的配合比

配比编号	强度等级	水胶比	用水量 (kg/m³)	砂率 (%)	胶凝材料 (kg/m³)	水泥 (kg/m³)	粉煤灰 (kg/m³)	硅灰 (kg/m³)	砂 (kg/m³)	小石 (kg/m³)	中石 (kg/m³)	减水剂 (%)	引气剂 (1/万)
C50-5	C₉₀50	0.37	134	36	362	235	109	18	690	502	753	1.1	2.8
C50-8	C₉₀50	0.38	135	37	355	220	107	28	710	504	757	1.1	2.7
C60-5	C₉₀60	0.32	136	33	425	276	128	21	611	518	776	1.1	2.7
C60-8	C₉₀60	0.33	137	35	415	257	125	33	648	503	754	1.2	2.7

表 2.37 不同硅灰掺量下混凝土的工作性

配比编号	和易性评价	坍落度 (mm)	含气量 (%)	初凝时间 (min)	终凝时间 (min)
C50-5	粘度适中,保水性良好,粘聚性良好	65	3.1	426	546
C50-8	粘度适中,保水性良好,粘聚性良好	60	3.1	396	528
C60-5	粘度适中,保水性良好,粘聚性良好	66	3.5	534	660
C60-8	粘度适中,保水性良好,粘聚性良好	75	3.0	510	624

2.5.2　抗压强度

不同硅灰掺量下混凝土的抗压强度见表 2.38。与设计配制强度的差异均在 1 MPa 以内，90 d 强度基本满足配制强度要求；180 d 时，$C_{90}50$ 配合比基本达到 C55～C60 的强度要求，$C_{90}60$ 配合比基本达 C70 强度要求；365 d 时，$C_{90}50$ 配合比强度增加了 5 MPa 左右，达到 C60 的强度要求，$C_{90}60$ 配合比强度几乎没有增长。

表 2.38　不同硅灰掺量下混凝土的抗压强度

配比编号	强度等级	硅灰掺量	抗压强度（MPa）				
			3 d	28 d	90 d	180 d	365 d
C50-5	$C_{90}50$	5%	14.1	48.7	56.6	61.2	66.3
C50-8	$C_{90}50$	8%	14.3	48.3	57.5	66.9	71.8
C60-5	$C_{90}60$	5%	20.5	55.9	67.9	77.1	77.6
C60-8	$C_{90}60$	8%	19.2	56.2	66.1	75.2	74.5

2.5.3　轴拉性能

硅灰掺量从 5% 增加到 8%，混凝土的轴拉强度、弹性模量及极限拉伸值见表 2.39。

表 2.39　不同硅灰掺量下混凝土的轴拉性能

配比编号	强度等级	硅灰掺量	轴拉强度（MPa）		轴拉弹性模量（GPa）		极限拉伸值（$\times 10^{-6}$，$\mu\varepsilon$）	
			3 d	28 d	3 d	28 d	3 d	28 d
C50-5	$C_{90}50$	5%	2.02	3.53	28.2	45.0	77	103
C50-8	$C_{90}50$	8%	1.91	3.45	28.3	33.9	78	129
C60-5	$C_{90}60$	5%	3.35	4.35	36.4	47.5	99	110
C60-8	$C_{90}60$	8%	2.50	3.59	25.9	35.1	98	121

在 $C_{90}50$ 强度等级下，和掺 5% 硅灰的混凝土相比，掺 8% 硅灰的混凝土 3 d 和 28 d 轴拉强度基本相同，28 d 轴拉弹模明显降低、极限拉伸值明显增大。

在 $C_{90}60$ 强度等级下，和掺 5% 硅灰的混凝土相比，掺 8% 硅灰的混凝土 3 d 和 28 d 轴拉强度、轴拉弹模均明显降低，28 d 极限拉伸值增大。

2 个强度等级下，硅灰掺量增加后，3 d 的极限拉伸值都没有增加，28 d 极限拉伸值的增加都比较明显，这可能与硅灰在 28 d 后增加了水泥石-骨料界面结合有关。

在更高强度等级下，硅灰掺量增加导致受拉力学性能下降。该试验结果若能重复，则可能与低水胶比下高硅灰掺量混凝土的自生体积收缩较大有关。

2.5.4　抗冲磨性能

不同硅灰掺量下混凝土的抗冲磨试验结果见表 2.40。

表 2.40 不同硅灰掺量下混凝土的抗冲磨性能

配比编号	强度等级	硅灰掺量	旋转射流法 $[h/(g \cdot cm^{-2})]$			高速水下钢球法 $[h/(kg \cdot m^{-2})]$			水下钢球法 $[h/(kg \cdot m^{-2})]$
			90 d	180 d	1 年	90 d	180 d	1 年	90 d
C50-5	$C_{90}50$	5%	1.4	2.1	4.1	5.0	5.8	7.0	15.8
C50-8	$C_{90}50$	8%	2.0	2.7	4.1	5.3	5.8	7.5	16.9
C60-5	$C_{90}60$	5%	1.3	3.2	4.3	5.0	6.2	7.1	19.5
C60-8	$C_{90}60$	8%	2.0	2.7	4.3	5.7	6.1	9.1	20.6

90 d 龄期时,把硅灰的掺量由 5% 提高到 8%,旋转射流法试验中反映出来的混凝土表面抗悬移质冲磨强度显著提高:2 个强度等级下均提高约 50%。

1 年龄期时,不管是 $C_{90}50$ 强度等级还是 $C_{90}60$ 强度等级,硅灰掺量 5% 和掺量 8% 对混凝土表面抗悬移质冲磨强度无明显影响。

上述结果表明,硅灰掺量提高对 90 d 龄期时混凝土表面抗悬移质冲磨强度有明显提高,但对长龄期性能无明显影响。这可能是因为硅灰的火山灰反应在 90 d 龄期已经基本完成,之后对水泥石-骨料界面结合不能产生进一步的改善。

90 d 龄期和 180 d 龄期时,整体看,$C_{90}50$、$C_{90}60$ 两个强度等级下,硅灰掺量 5% 与 8% 对混凝土本体抗推移质冲磨强度无明显影响;到 1 年时,$C_{90}50$、$C_{90}60$ 两个强度等级下硅灰掺量提高到 8% 使混凝土本体抗推移质冲磨强度分别提高 7% 和 28%。

对于硅灰掺量 8% 的两种强度等级的混凝土,$C_{90}60$ 与 $C_{90}50$ 相比,前者的各龄期抗悬移质冲磨强度整体上略高,本体抗推移质冲磨强度稍高,这与前文强度等级系列的结论一致。

2.5.5 防空蚀性能

$C_{90}50$、$C_{90}60$ 强度等级掺 5% 和 8% 硅灰的混凝土空蚀后的试件表面见图 2.40～图 2.43,试件的抗空蚀强度见表 4.59。4 组试件的组内平行性都较好。

图 2.40 C60-5 混凝土空蚀后状态　　　　图 2.41 C60-8 混凝土空蚀后状态

图 2.42　C50-5 混凝土空蚀后　　　　图 2.43　C50-8 混凝土空蚀后

$C_{90}60$ 和 $C_{90}50$ 强度等级下,硅灰掺量从 5% 增加到 8%,对混凝土抗空蚀性能无改善。

对于硅灰掺量 8% 的两种混凝土,$C_{90}60$ 与 $C_{90}50$ 相比,抗空蚀强度提高 2 倍多,见表 2.41。这与前文强度等级系列的结论一致。

表 2.41　不同硅灰掺量下混凝土 90 d 龄期抗空蚀性能

配比编号	抗空蚀强度[h/(kg·m⁻²)]
C50-5	1.5
C50-8	1.5
C60-5	4.1
C60-8	3.9

2.5.6　抗裂性

用温度-应力试验法考察强度等级为 $C_{90}60$、$C_{90}50$ 时,硅灰掺量分别为 5%、8% 的混凝土的抗裂性。不同硅灰掺量下混凝土试件的温度-时间曲线、应力-时间曲线如图 2.44~图 2.47 所示,主要开裂评价指标如表 2.42 所示。

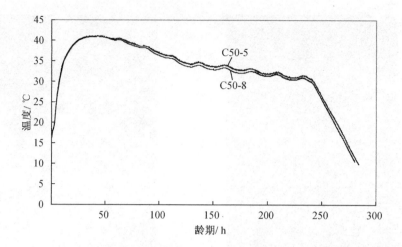

图 2.44　不同硅灰掺量下 $C_{90}50$ 混凝土温度-时间曲线

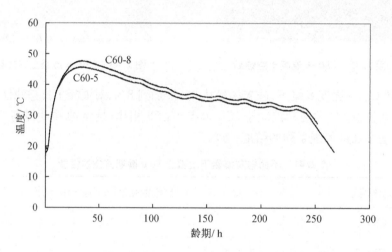

图 2.45　不同硅灰掺量下 $C_{90}60$ 混凝土温度-时间曲线

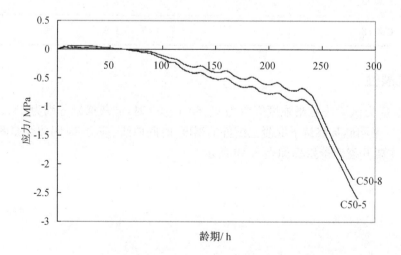

图 2.46　不同硅灰掺量下 $C_{90}50$ 混凝土应力-时间曲线

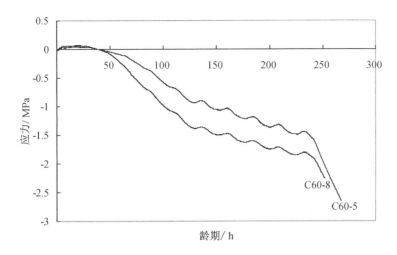

图 2.47　不同硅灰掺量下 $C_{90}60$ 混凝土应力-时间曲线

表 2.42　不同强度等级下不同硅灰掺量混凝土的开裂参数

配比编号	强度等级	开裂温降(℃)	开裂应力(MPa)	第二零应力温度(℃)	开裂温度(℃)	开裂时间(h)
C50-5	$C_{90}50$	31.2	2.59	40.2	9.9	284
C50-8	$C_{90}50$	30.6	2.25	39.7	10.5	280
C60-5	$C_{90}60$	27.6	2.65	45.3	18.2	267
C60-8	$C_{90}60$	20.4	2.26	47.3	27.4	252

由图 2.44、图 2.45 可以看出,混凝土入模后即迅速升温,C50-5、C50-8、C60-5 和 C60-8 的混凝土在 34 h 左右达到温峰,分别为 41.1 ℃、41.0 ℃、45.8 ℃、47.8 ℃,可知掺加 5％和 8％硅灰对温峰影响不大,主要是因为混凝土单方胶凝材料用量相差不多。假设粉煤 灰水化的折算系数为 0.30、硅灰的水化折算系数为 1.1,则 C50-5、C50-8、C60-5 和 C60-8 的折算单方水泥用量为 288 kg/m³、283 kg/m³、338 kg/m³ 和 331 kg/m³。240 h 时温度为 (31.1±0.5) ℃,然后强制其以 0.5 ℃/h 的速率降温。

由图 2.46、图 2.47 可以看出,$C_{90}50$ 强度等级下,硅灰掺量分别为 5％和 8％的 C50-5、 C50-8 混凝土入模后 68 h 内,应力发展极为缓慢,维持在 0 MPa 左右,最大压应力不超过 0.06 MPa,混凝土温度上升未引起较大的应力变化。68 h 后,约束拉应力逐渐产生并不断 增大,C50-5 混凝土较 C50-8 混凝土应力变化稍快,这与 5％硅灰掺量混凝土的弹性模量大 于 8％硅灰掺量的混凝土有关(见表 2.39)。240 h 时,C50-5、C50-8 的约束拉应力分别为 0.97 MPa、0.79 MPa。强制降温阶段,两配比的应力增长幅度显著增大。

$C_{90}60$ 强度等级下,硅灰掺量分别为 5％和 8％的 C60-5、C60-8 混凝土在 40 h 内有膨 胀压应力,最大压应力值分别为 0.07 MPa、0.05 MPa。40 h 后转为约束拉应力并不断增 大,C60-8 混凝土应力增大较快,这与其温度下降速度稍快是分不开的。240 h 时,C60-5、 C60-8 混凝土的约束拉应力分别为 1.56 MPa、1.89 MPa,相差较大。强制降温阶段,两配比 的应力增长幅度显著增大。

表 2.42 给出了不同强度等级下不同硅灰掺量混凝土的开裂参数,开裂参数的大小顺序比较如表 2.43 所示。

表 2.43 不同强度等级下不同硅灰掺量混凝土的开裂参数比较

强度等级	$C_{90}50$	$C_{90}60$
开裂温降	C50-5>C50-8	C60-5>C60-8
开裂应力	C50-5>C50-8	C60-5>C60-8
第二零应力温度	C50-8<C50-5	C60-5<C60-8
开裂时间	C50-5>C50-8	C60-5>C60-8

由表 2.42 可以看出,$C_{90}50$ 强度等级下,C50-5 与 C50-8 相比,开裂温降大 0.6 ℃,开裂应力大 0.34 MPa,第二零应力温度低 0.5 ℃,开裂时间晚 4 h。硅灰掺量 5% 的抗裂性稍好。

表 2.39 的混凝土轴拉性能试验数据表明,C50-5 和 C50-8 在 3 d 时的轴拉强度、弹性模量和极限拉伸值基本相同,即在早龄期这两种混凝土的抗力基本相同。比较两种混凝土的开裂驱动力可知:C50-5 与 C50-8 的温度过程线几乎重叠,在骨料等原材料相同的情况下,混凝土热膨胀系数几乎相同,温度应力差别不大;由于 C50-8 硅灰掺量较 C50-5 高 3%,C50-8 的自生体积收缩要大于 C50-5,因此,C50-5 的开裂驱动力略小于 C50-8。

$C_{90}60$ 强度等级下,C60-5 与 C60-8 相比,开裂温降大 7.2 ℃,开裂应力大 0.39 MPa,第二零应力温度低 2.0 ℃,开裂时间晚 15 h。C60-5 的抗裂能力明显高于 C60-8。

综上所述,在模拟实际工况下的温度-应力试验结果表明,在 $C_{90}50$ 和 $C_{90}60$ 两种强度等级下,5% 硅灰掺量混凝土抗裂性均优于 8% 硅灰掺量的混凝土。

对于硅灰掺量 8% 的两种混凝土,$C_{90}50$ 的开裂温降比 $C_{90}60$ 多了 10.2 ℃,开裂温度低了 16.9 ℃,说明 $C_{90}50$ 的抗裂性显著优于 $C_{90}60$。该结论与前文强度等级系列的结果一致。

2.6 弹性颗粒对混凝土抗冲耐磨性能的影响

主要考察了不同细度、不同掺量的弹性颗粒材料等体积取代细骨料对混凝土性能的影响。

2.6.1 配合比及新拌混凝土性能

试验采用嘉华 P·LH42.5 低热水泥,粉煤灰掺量为 30%,硅灰掺量为 5%,粗细骨料均为隐晶质玄武岩,配合比及拌合物性能见表 2.44 和表 2.45。

以前文强度等级系列试验中的 $C_{90}60$ 混凝土配合比为基准,弹性颗粒材料按 16% 和 24% 等体积取代砂。

由于掺入弹性颗粒材料后坍落度明显降低,因此单位用水量上调为 140 kg/m³,此时坍落度只有 40 mm 左右,但混凝土工作性能良好,试件成型时振捣密实需要的时间与基准配比基本相同,均在 13~14 s 左右。

表 2.44 掺弹性颗粒材料的纯隐晶玄武岩骨料抗冲磨混凝土的配合比

配比编号	颗粒材料细度(目)	颗粒材料掺量(vol.%)	水胶比	用水量(kg/m³)	砂率(%)	胶凝材料(kg/m³)	水泥(kg/m³)	粉煤灰(kg/m³)	硅灰(kg/m³)	砂(kg/m³)	小石(kg/m³)	中石(kg/m³)	减水剂(%)	引气剂(1/万)
C$_{90}$60	/	0	0.32	136	33	425	276	128	21	611	518	776	1.1	2.7
R28-16	28	16	0.32	140	33	437	284	131	22	508	511	766	1.1	2.7
R28-24	28	24	0.32	140	33	437	284	131	22	458	511	766	1.1	2.7
R40-16	40	16	0.32	140	33	437	284	131	22	508	511	766	1.1	2.7
R40-24	40	24	0.32	140	33	437	284	131	22	458	511	766	1.1	2.7

表 2.45 掺弹性颗粒材料的纯隐晶玄武岩骨料抗冲磨混凝土的工作性

配比编号	和易性评价	坍落度(mm)	含气量(%)	初凝时间(min)	终凝时间(min)
C$_{90}$60	粘度适中,棍度良好,保水性良好,粘聚性良好	83	3.5	534	660
R28-16	粘度低,棍度良好,保水性良好,粘聚性良好。容易振捣密实	43	3.0	540	660
R28-24	粘度低,棍度良好,保水性良好,粘聚性良好。容易振捣密实	40	3.0	540	660
R40-16	粘度低,棍度良好,保水性良好,粘聚性良好。容易振捣密实	45	3.0	—	—
R40-24	粘度低,棍度良好,保水性良好,粘聚性良好。容易振捣密实	40	3.0	—	—

2.6.2 抗压强度

不同细度的弹性颗粒材料混凝土的抗压强度见表 2.46。与同水胶比的混凝土相比，掺入弹性颗粒材料后混凝土抗压强度会有所下降。90 d 龄期时，等体积取代 16% 的细骨料后，掺 28 目或 40 目弹性颗粒材料的混凝土抗压强度均接近 $C_{90}45$ 的要求，二者相差 2%；等体积取代 24% 的细骨料后，两种细度的弹性颗粒混凝土抗压强度均接近 $C_{90}35$ 的要求，二者相差 6%。

表 2.46　不同细度及掺量的弹性颗粒材料纯隐晶玄武岩骨料混凝土抗压强度

配比编号	弹性颗粒材料细度（目）	弹性颗粒材料体积掺量（代砂，%）	抗压强度（MPa）			
			3 d	28 d	90 d	180 d
$C_{90}60$	/	0	20.5	55.9	67.9	77.1
$C_{90}50$	/	0	14.1	48.7	58.7	61.2
$C_{90}40$	/	0	14.1	40.8	51.6	62.3
R28-16	28	16	14.0	38.8	53.8	52.7
R28-24	28	24	13.0	35.5	44.7	46.2
R40-16	40	16	15.8	43.1	52.6	51.4
R40-24	40	24	12.7	38.5	42.0	41.7

180 d 龄期时，2 种细度、2 种掺量下的弹性颗粒材料混凝土抗压强度与 90 d 的相比基本未增长。可能是由于弹性颗粒材料的弹性模量与混凝土相差较多，水泥石后期强度的发展对这种两相材料的强度改善作用不明显。

为了便于比较，除给出同水胶比的空白配合比 $C_{90}60$ 相关性能外，强度等级相近、不掺弹性颗粒材料的 $C_{90}50$、$C_{90}40$ 配合比的性能（引自前文强度等级系列试验）也一并给出。

2.6.3 轴拉性能

掺入 28 目或者 40 目的弹性颗粒材料后，混凝土的轴拉强度、轴拉弹性模量和极限拉伸值见表 2.47。

表 2.47　不同细度及掺量的弹性颗粒材料纯隐晶玄武岩骨料混凝土轴拉性能

配比编号	弹性颗粒材料细度（目）	弹性颗粒材料代砂体积掺量（%）	轴拉强度（MPa）		轴拉弹性模量（GPa）		极限拉伸值（$\times10^{-6}$，$\mu\varepsilon$）	
			3 d	28 d	3 d	28 d	3 d	28 d
$C_{90}60$	/	0	3.35	4.35	36.4	47.5	99	110
$C_{90}50$	/	0	2.02	3.53	28.2	45.0	77	103
$C_{90}40$	/	0	1.66	2.93	30.9	48.6	65	95
R28-16	28	16	2.14	3.30	26.6	32.2	95	123

配比编号	弹性颗粒材料细度(目)	弹性颗粒材料代砂体积掺量(%)	轴拉强度(MPa)		轴拉弹性模量(GPa)		极限拉伸值($\times 10^{-6}$, $\mu\varepsilon$)	
			3 d	28 d	3 d	28 d	3 d	28 d
R28-24	28	24	2.06	3.23	22.1	27.8	109	136
R40-16	40	16	2.04	3.46	24.5	30.2	92	135
R40-24	40	24	2.06	3.25	19.8	28.8	115	132

轴拉强度均低于同水胶比的空白组,并且 28 目、40 目的两种细度弹性颗粒材料在 16%、24% 的体积掺量下的 3 d 轴拉强度基本相同,比同水胶比的 $C_{90}60$ 配合比低 1/3;28 d 时低 1/4 左右,与 $C_{90}50$ 接近,但高于 $C_{90}40$,即弹性颗粒材料对轴拉强度的影响比对抗压强度的影响少。

掺 16% 弹性颗粒材料的混凝土极限拉伸值,3 d 龄期时,比同水胶比的 $C_{90}60$ 配合比略低,比强度等级相近的 $C_{90}50$ 配合比高 20% 左右,比 $C_{90}40$ 配合比高 40% 多;28 d 龄期时,比同水胶比的 $C_{90}60$ 高 12%～23%,比强度等级相近的 $C_{90}50$ 高 19%～31%,比 $C_{90}40$ 高 29%～42%。

掺 24% 弹性颗粒材料的混凝土极限拉伸值,3 d 龄期时,比同水胶比的 $C_{90}60$ 配合比降低 10% 多,比强度等级相近的 $C_{90}50$ 配合比高 40% 多,比 $C_{90}40$ 配合比高 70% 左右;28 d 龄期时,比同水胶比的 $C_{90}60$ 高 20% 多,比强度等级相近的 $C_{90}50$ 高 30% 左右,比 $C_{90}40$ 高 40% 左右。

可见,掺入弹性颗粒材料后,各龄期混凝土极限拉伸值比同强度等级的混凝土显著提高,28 d 龄期比同水胶比的混凝土也明显提高,混凝土承受变形的能力明显改善。

所试验的弹性颗粒材料 2 种细度对混凝土极限拉伸值的影响不显著。

16% 掺量下,3 d 轴拉弹模比 $C_{90}60$ 降低 30% 左右,28 d 轴拉弹模降低 1/3 左右;24% 掺量下,3 d、28 d 轴拉弹模均比 $C_{90}60$ 降低 40% 左右。

从上述分析可以看出,弹性颗粒材料对混凝土的抗压强度影响明显,相应地轴拉强度也会下降,但影响幅度小于对抗压强度的影响;混凝土的极限拉伸值明显提高、轴拉弹模显著下降,即混凝土承受变形的能力会大幅提高。

2.6.4 抗冲磨性能

掺弹性颗粒材料后,混凝土的抗冲磨性能见表 2.48。

表 2.48 不同弹性颗粒材料掺量下纯隐晶质玄武岩骨料抗冲磨混凝土的 90 d 龄期抗冲磨性能

配比编号	弹性颗粒材料细度(目)	代砂体积掺量(%)	旋转射流法 [h/(g·cm^{-2})]	高速水下钢球法 [h/(kg·cm^{-2})]	水下钢球法 [h/(kg·cm^{-2})]
$C_{90}60$	/	0	1.3	5.0	19.5
$C_{90}50$	/	0	1.4	5.0	15.8
$C_{90}40$	/	0	1.4	4.7	14.4
R28-16	28	16	1.4	5.9	23.9

配比编号	弹性颗粒材料细度（目）	代砂体积掺量（％）	旋转射流法 $[h/(g \cdot cm^{-2})]$	高速水下钢球法 $[h/(kg \cdot cm^{-2})]$	水下钢球法 $[h/(kg \cdot cm^{-2})]$
R28-24	28	24	1.5	4.4	15.8
R40-16	40	16	1.7	4.8	21.5
R40-24	40	24	2.0	4.4	15.8

在 90 d 龄期旋转射流法试验中，$C_{90}60$ 组混凝土的表面抗悬移质冲磨强度从多组不同配合比的试验数据看，都在 $1.2 \sim 1.3\ h/(g \cdot cm^{-2})$ 之间，而掺不同细度、不同掺量弹性颗粒材料的 $C_{90}45 \sim C_{90}35$ 混凝土的抗冲磨强度都在 $1.4 \sim 2.0\ h/(g \cdot cm^{-2})$ 之间。28 目的弹性颗粒材料在 16％、24％掺量下混凝土的抗悬移质冲磨强度比空白配合比 $C_{90}60$ 分别提高约 $0.1\ h/(g \cdot cm^{-2})$、$0.2\ h/(g \cdot cm^{-2})$，40 目的弹性颗粒材料在 16％、24％掺量下混凝土的抗悬移质冲磨强度比空白配合比 $C_{90}60$ 分别提高 $0.4\ h/(g \cdot cm^{-2})$、$0.7\ h/(g \cdot cm^{-2})$。因此，掺入弹性颗粒材料可以提高混凝土表面抗悬移质冲磨强度，且看起来颗粒越细，效果越好。

掺入 16％～24％的弹性颗粒材料后，虽然混凝土的抗压强度等级从 $C_{90}60$ 降低到 $C_{90}45 \sim C_{90}35$，降低了 $15 \sim 25$ MPa，但混凝土中的砂浆抗悬移质冲磨能力得到显著改善，能够抵抗较高流速下含沙水流对砂浆的剥蚀作用。即采用弹性颗粒材料时不用高强混凝土就可获得更好的抗悬移质冲磨效果。

在高速水下钢球法试验中，掺入 16％的 28 目弹性颗粒材料后，混凝土本体的抗冲磨性能提高 18％；掺入 16％的 40 目弹性颗粒材料后，混凝土本体抗冲磨性能无明显变化；不管是 28 目还是 40 目的弹性颗粒材料，在 24％掺量下均使混凝土本体的抗冲磨强度下降 12％。上述结果说明：适当掺入合适细度的弹性颗粒材料可以明显改善混凝土本体抗推移质冲磨性能；但弹性颗粒材料掺量过大，对混凝土抗推移质冲磨性能也有不利影响。

综合上述两种试验方法的结果可以看出，28 目、40 目的弹性颗粒材料在 16％、24％掺量下都可以提高混凝土表面抗悬移质冲磨性能，且掺量提高效果更明显；28 目的弹性颗粒材料在 16％掺量下对混凝土本体抗推移质冲磨性能有明显改善，但 40 目弹性颗粒材料在 16％掺量下对混凝土本体抗推移质冲磨性能无明显影响；28 目、40 目的弹性颗粒材料在 24％掺量下都会降低混凝土本体的抗推移质冲磨性能。

2.6.5 抗冲击性能

掺弹性颗粒材料后的隐晶玄武岩骨料混凝土的抗冲击韧性试验结果见表 2.49。

表 2.49 不同弹性颗粒材料掺量下纯隐晶玄武岩骨料混凝土的抗冲击性能

配比编号	初裂冲击耗能(kJ)/初裂冲击次数	破坏冲击耗能(kJ)/破坏冲击次数
$C_{90}60$	19.2/870	19.5/885
$C_{90}50$	13.7/622	14.1/642
$C_{90}40$	8.8/400	9.1/414

配比编号	初裂冲击耗能(kJ)/初裂冲击次数	破坏冲击耗能(kJ)/破坏冲击次数
R28-16	15.5/704	15.9/720
R28-24	6.7/303	6.9/315
R40-16	13.3/604	13.7/623
R40-24	16.5/750	16.9/768

如前所述,混凝土冲击破坏耗能对抗压强度比较敏感。强度等级高的混凝土,抗冲击破坏耗能高。由于掺入弹性颗粒材料后混凝土的抗压强度比同水胶比的混凝土下降 10~15 MPa,因此弹性颗粒材料的掺入会使混凝土抗冲击性能下降。28 目的弹性颗粒材料在 16%、24%掺量下,抗初裂冲击能耗和抗破坏冲击能耗分别降低 20%、52%;40 目的弹性颗粒材料在 16%、24%掺量下,抗初裂冲击能耗和抗破坏冲击能耗分别降低 30%、19%。

但若与抗压强度相近的 $C_{90}50$ 混凝土相比,掺入 16%的 28 目、40 目弹性颗粒材料抗冲击韧性分别提高 13%、-3%;掺入 24%的 28 目、40 目弹性颗粒材料,混凝土抗冲击韧性分别提高-2%、68%。

综上所述,掺入弹性颗粒材料对混凝土的强度影响较大,进而导致抗冲击韧性降低。

2.7　纤维增韧对混凝土抗冲耐磨性能的影响

主要考察了在以 $C_{90}50$、$C_{90}60$ 为基准混凝土的条件下,单掺或者混杂掺加 PVA 有机粗纤维、PVA 微纤维、改性聚酯粗纤维后对混凝土性能的影响。

2.7.1　配合比及新拌混凝土性能

试验以常态 $C_{90}60$ 和 $C_{90}50$ 作为基准混凝土,采用嘉华 P·LH42.5 低热水泥,粉煤灰掺量为 30%,硅灰掺量为 5%,骨料为纯隐晶玄武岩,按体积百分数外掺纤维。因掺入纤维后坍落度会降低,因此在减水剂掺量不变的情况下,适当提高了单位用水量。

其中 PVA 微纤维的体积掺量为 0.1%,改性聚酯粗纤维(长度 38 mm)的体积掺量为 0.5%,在以 $C_{90}60$ 为基准混凝土时混杂纤维[PVA 微纤维 0.1% + PVA 粗纤维(35 mm) 0.5%]混凝土中粗纤维偏多,因此在以 $C_{90}50$ 为基准混凝土时,混杂纤维改为 PVA 微纤维 0.1% + PVA 粗纤维(35 mm)0.3%。配比见表 2.50。

混凝土工作性测试结果见表 2.51。微纤维掺入后易分散,且分散均匀,对工作性无明显影响;粗纤维掺入后混凝土坍落度有所下降,但是拌合物工作性良好,易振捣成型。混杂纤维掺入后混凝土坍落度下降明显,但易振捣成型。可见虽然在掺入粗纤维或混杂纤维后已经增加了 4~6 kg 单位用水量,但坍落度降低还是比较明显,看来需要增加减水剂用量,或者采用能够反映混凝土触变性的试验方法评价纤维混凝土的工作性。

表 2.50　掺不同纤维后混凝土的配合比

配比编号	强度等级	纤维品种及体积掺量	水胶比	用水量(kg/m³)	砂率(%)	胶凝材料(kg/m³)	水泥(kg/m³)	粉煤灰(kg/m³)	硅灰(kg/m³)	纤维用量(kg/m³)	砂(kg/m³)	小石(kg/m³)	大石(kg/m³)	减水剂(%)	引气剂(1/万)
C50		/	0.37	134	36	362	235	109	18	0	690	502	753	1.1	2.8
FW50		PVA微纤维0.1%		140	35	379	246	114	19	1.28	659	511	766	1.1	2.8
FC50	C₉₀50	聚酯粗纤维0.5%		140	35	379	246	114	19	6.4	656	508	763	1.1	2.8
FH50		PVA粗0.3%+PVA微0.1%		140	35	379	246	114	19	1.28 微纤维+3.84 粗纤维	659	511	766	1.1	2.8
C60		/	0.32	136	33	425	276	128	21	0	611	518	776	1.1	2.7
FW60		PVA微纤维0.1%		142	33	443	288	133	22	1.28	598	507	761	1.1	2.7
FC60	C₉₀60	聚酯粗纤维0.5%		140	33	437	284	131	22	6.4	599	508	762	1.1	2.7
FH60		PVA粗0.5%+PVA微0.1%		142	33	443	288	133	22	1.28 微纤维+6.4 粗纤维	597	506	760	1.1	2.7

表 2.51　掺不同纤维后混凝土的工作性

配比编号	和易性评价	坍落度(mm)	含气量(%)
C₉₀50	粘度适中,棍度良好,保水性良好,粘聚性良好	65	3.1
FW50	粘度适中,棍度良好,保水性良好,粘聚性良好	70	3.0
FC50	粘度适中,较难插捣,保水性良好,粘聚性良好	40	3.1
FH50	粘度适中,难于插捣,保水性良好,粘聚性良好	20	3.4
C₉₀60	粘度适中,棍度良好,保水性良好,粘聚性良好	83	3.5
FW60	粘度适中,棍度良好,保水性良好,粘聚性良好	65	3.2
FC60	粘度适中,较难插捣,保水性良好,粘聚性良好	50	3.0
FH60	粘度适中,难于插捣,保水性良好,粘聚性良好	25	2.7

2.7.2　抗压强度

掺纤维后混凝土抗压强度见表 2.52。掺入微纤维对混凝土抗压强度没有明显影响;单独掺入 0.5% 改性聚酯粗纤维,90 d 抗压强度下降 5%～10%;掺入混杂纤维,90 d 抗压强度下降 3%～7%。

表 2.52　掺纤维后混凝土的抗压强度

配合比编号	抗压强度(MPa)	
	28 d	90 d
C₉₀50	48.7	58.7
FW50	50.7	63.3
FC50	45.3	56.2
FH50	44.4	54.2
C₉₀60	55.9	67.9
FW60	55.6	67.2
FC60	49.5	57.1
FH60	53.5	66.0

2.7.3　轴拉性能

掺入纤维后,混凝土的轴拉强度、弹性模量及极限拉伸值见表 2.53。掺入体积分数 0.1% 的 PVA 微纤维或 0.5% 的改性聚酯粗纤维后,混凝土轴拉强度、轴拉弹模整体上有所降低,极限拉伸值整体上未增加。掺入混杂纤维后,混凝土轴拉强度、轴拉弹模、极限拉伸值整体上无趋势线变化。测试时观察到纤维混凝土试件在拉断后仍能承受一定的拉力,试件不是脆断,而是缓慢拉断。

表 2.53 掺纤维后混凝土的轴拉性能

配比编号	轴拉强度（MPa）		轴拉弹性模量（GPa）		极限拉伸值（×10⁻⁶，$\mu\varepsilon$）	
	3d	28d	3d	28d	3d	28d
$C_{90}50$	2.02	3.53	28.2	45.0	77	103
FW50	2.10	3.22	29.4	40.8	77	101
FC50	2.11	3.12	28.9	37.0	75	102
FH50	2.13	3.58	30.3	38.3	76	106
$C_{90}60$	3.35	4.35	36.4	47.5	99	110
FW60	2.45	4.23	30.0	43.8	86	116
FC60	2.60	3.93	33.4	39.6	91	117
FH60	2.53	4.32	35.1	42.4	90	118

在溪洛渡、锦屏一级[3]等水电工程的大坝混凝土施工中，在应力复杂部位普遍掺加了体积分数0.1%的PVA微纤维，向家坝抗冲磨混凝土试验中也研究了掺加PVA微纤维的效果，成都勘测设计研究院（成勘院）、长江科学院（长科院）、中国水利水电科学研究院（中国水科院）及相关施工单位的有关试验资料均显示PVA微纤维可增加百分之几的轴拉强度和极限拉伸值、降低百分之几的轴拉弹模。

但经了解，在昆明勘测设计研究院（昆明院）完成的老挝南乌江二级、我国阿海等水电站的多批抗冲磨混凝土试验中，整体上并未显示出PVA微纤维的作用。

2.7.4 抗冲磨性能

掺不同纤维的混凝土抗冲磨强度见表2.54。

表 2.54 掺纤维后混凝土的 90 d 抗冲磨性能

配比编号	旋转射流法[h/(g·cm⁻²)]	高速水下钢球法[h/(kg·m⁻²)]	水下钢球法[h/(kg·m⁻²)]
$C_{90}50$	1.4	5.0	15.8
FW50	1.2	4.8	11.6
FC50	1.2	4.2	9.6
FH50	1.3	4.1	10.3
$C_{90}60$	1.3	5.0	19.5
FW60	1.2	5.3	16.8
FC60	1.2	4.6	14.0
FH60	1.3	3.5	13.7

旋转射流法试验中，在2个强度等级下，不管是单掺PVA微纤维、聚酯粗纤维，还是PVA粗、微纤维混杂，对混凝土表面抗高速水流悬移质冲刷性能均没有改善，反而会略有下降。

高速水下钢球法试验中，在2个强度等级下，单掺PVA微纤维对混凝土本体的抗推移质冲磨强度整体上无改善,掺入粗纤维或者混杂纤维都会使混凝土本体的抗推移质冲磨强度下降,尤其是混杂纤维。

成勘院、长科院结合溪洛渡所得的试验结果[2]认为,掺加 0.1 %(体积分数)的同一个厂家的 PVA 微纤维后,水下钢球法抗推移质冲磨强度提高约 10%。其结论与本项目结果的差异可能与本项目增加了掺纤维混凝土的胶凝材料体积有关。

2.7.5　抗冲击性能

抗冲击性能试验结果见表 2.55。掺入微纤维后,混凝土的抗冲击性能大大提高:$C_{90}50$ 强度等级下,掺 PVA 微纤维的混凝土初裂冲击耗能提高 21%,破坏冲击耗能提高 21%;但掺混杂纤维的混凝土初裂冲击耗能降低 7%,破坏冲击耗能降低 7%。

表 2.55　掺纤维后混凝土的抗冲击性能

配比编号	初裂冲击耗能 kJ/初裂冲击次数	破坏冲击耗能 kJ/破坏冲击次数
$C_{90}50$	13.7/622	14.1/642
FW50	16.6/754	17.0/770
FC50	6.8/308	7.0/317
FH50	12.8/579	13.1/593
$C_{90}60$	19.2/870	19.5/885
FW60	21.4/970	22.8/1 033
FC60	7.6/343	7.9/358
FH60	13.4/608	13.8/628

$C_{90}60$ 强度等级下,掺 PVA 微纤维的混凝土初裂冲击耗能提高 11%,破坏冲击耗能提高 17%;但掺混杂纤维的混凝土初裂冲击耗能降低 30%,破坏冲击耗能降低 29%。

可见掺入微纤维后,混凝土的抗冲击性能显著提高,这对混凝土抵抗推移质冲撞破坏是有好处的。掺入粗纤维后,抗冲击性能反而明显降低。这个现象可能是试验条件造成的假象:对于试验所用的粗纤维长度 35~38 mm 而言,抗冲击性能所用的试件尺寸过小,直径只有 150 mm,厚度只有 63 mm。如果大幅度增加试件尺寸,粗纤维的效果估计会变得比较明显。

2.8　冻融与冲磨交替作用下混凝土破坏机理

2.8.1　水流冲刷作用下混凝土损伤过程

实验室内的冲磨试验是在封闭空间进行的,冲磨过程中也会发热,因此无法直接用冰块或冰屑作为冲磨介质。为了尽可能地模拟携带冰块、冰屑等悬浮介质的水流对混凝土的冲磨作用,在水流中掺入适量的砂替代冰块或冰屑。

冲磨试验结果见图 2.48、图 2.49 和图 2.50,C40~C55 不同强度等级的混凝土在水流冲磨作用下的质量损失比较接近,差异在 15% 以内。这与冲磨作用的特征有关:冲磨作用的过程主要体现在冲磨介质逐步剥削混凝土表面的浆体,骨料逐渐外露,磨到一定的程度后,出现骨料脱落的现象,如图 2.50 所示。经过多次冲磨后,混凝土表面的砂浆已经剥落,粗骨料大量外露。不同强度等级的混凝土,一方面胶凝材料用量随着强度等级提高而增加,易被磨掉的部分增加,另一方面水泥石自身的强度也随之提高。最终结果为 C40~C55 混凝土冲磨掉的质量比例非常接近。

从冲磨作用下混凝土质量损失的历程来看,在前 3 h,混凝土的磨损速率明显较快,斜率要大于 3 h 以后。说明最开始混凝土表面的浆体比例较大,冲磨时的剥落量较大;一旦表面浆体剥落后,混凝土骨料大面积暴露,而骨料的耐磨性要大于浆体的耐磨性,此时磨损导致的质量损失下降。与图 2.50 观察到的现象一致:冲磨作用下,混凝土的质量损失主要来源于由表及里的浆体逐渐剥落。

表 2.56 为冲磨后试件质量损失及质量损失率。从量值上观察,经过 5 个小时的冲磨,混凝土的质量损失均在 200~230 g,平均每小时磨掉 40~46 g。

表 2.56 冲磨后试件质量损失及质量损失率

冲磨时间（h）	质量损失（g）			质量损失率（%）		
	C40	C50	C55	C40	C50	C55
0	0.0	0.0	0.0	0.0	0.0	0.0
0.5	35.0	28.4	39.3	0.4	0.3	0.5
1.0	52.4	49.9	61.6	0.6	0.6	0.7
1.5	79.8	76.9	92.4	1.0	0.9	1.1
2.0	97.3	88.2	101.0	1.2	1.0	1.2
2.5	130.0	118.0	130.0	1.6	1.4	1.6
3.0	164.0	148.2	160.8	2.0	1.8	1.9
3.5	170.1	152.7	164.4	2.1	1.8	2.0
4.0	199.0	178.2	191.0	2.4	2.1	2.3
4.5	210.5	190.4	203.6	2.6	2.3	2.4
5.0	223.3	200.3	213.1	2.7	2.4	2.5

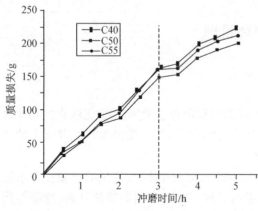

图 2.48 混凝土试件冲磨质量损失

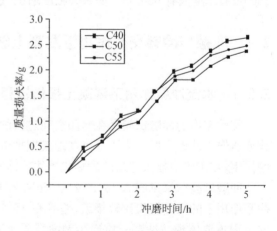

图 2.49 混凝土试件冲磨质量损失率

图 2.50 冲磨后混凝土的表面

2.8.2 单面冻融循环作用下混凝土损伤过程

冻融循环作用下,混凝土的破坏主要表现为表皮的脱落和结构的疏松,这一点与水流冲刷是不一样的。因为水流冲刷只能冲及混凝土的表面,对混凝土内部没有影响,而冻融循环过程中,混凝土整体温度都会降低和升高,所有孔隙内部的水都会结冰膨胀,只不过由于混凝土的传热较慢,内外略有细微差别。

为了测试混凝土表面剥落和内部损伤的情况,同时采用质量损失和相对动弹模作为混凝土损伤评价指标。

从图 2.51 和图 2.52 可以看出,在单面冻融循环作用下,C40 混凝土的剥落量一直增加,经 80 次冻融循环累积损失 324 g,而 C50、C55 混凝土经过同样的冻融循环后质量损失只有 40 g 左右,抗冻融循环能力明显好于低强度等级的 C40 混凝土。从图 2.54 也可以看出,混凝土内部的疏松程度与表面质量损失情况趋势一致,也说明在含气量相当的前提下,提高混凝土的强度等级对于改善混凝土的抗冻性效果明显。

表 2.57 冻融循环后混凝土质量损失及质量损失率

冻融次数	质量损失(g)			质量损失率(%)		
	C40	C50	C55	C40	C50	C55
0	0.0	0.0	0.0	0.00	0.00	0.00
8	41.8	0.9	3.9	0.51	0.01	0.05
16	50.0	0.7	1.7	0.61	0.01	0.02
24	62.6	4.3	3.1	0.76	0.05	0.04
32	78.2	10.3	7.6	0.95	0.12	0.09
40	109.9	16.6	15.6	1.33	0.20	0.19
48	140.2	16.6	12.4	1.70	0.20	0.15

冻融次数	质量损失（g）			质量损失率（%）		
	C40	C50	C55	C40	C50	C55
56	180.4	20.5	12.5	2.19	0.24	0.15
64	214.5	23.8	16.7	2.61	0.28	0.20
72	263.2	29.9	22.0	3.20	0.35	0.26
80	324.5	46.6	38.6	3.94	0.55	0.46

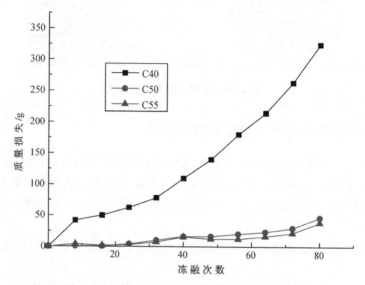

图 2.51 冻融循环作用下混凝土质量损失进程

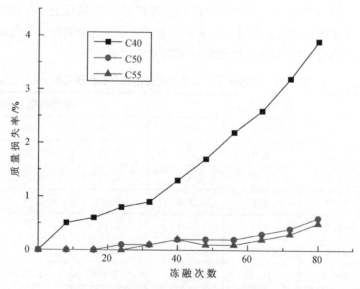

图 2.52 冻融循环作用下混凝土质量损失率

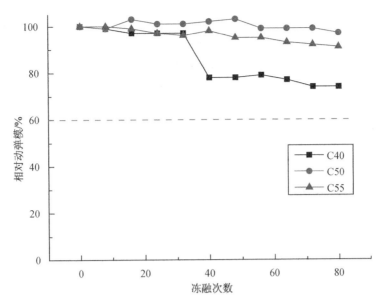

图 2.53　冻融循环作用下混凝土相对动弹模损伤进程

图 2.54　冻融循环作用下混凝土破坏的表面形貌

表 2.57 为冻融循环后混凝土的质量损失及质量损失率。从量值上观察，经过 80 个循环的冻融，C40 混凝土质量损失 324 g，C50、C55 混凝土质量损失约 40 g 左右；质量损失率都小于 5％，损失最大的 C40 混凝土约为 3.9％。从图 2.53 可以看出，相对动弹模均大于 60％，最低的 C40 混凝土的相对动弹模为 74％。

2.8.3　冻融-冲磨交替作用下混凝土的损伤

按照冲磨 0.5 h＋冻融 8 次进行冻融-冲磨耦合作用试验，单面冻融循环与水流冲刷耦合作用下，混凝土的损伤进程见图 2.55。在双重侵蚀作用下，混凝土表面有较大的剥落：C40 混凝土经过 10 次耦合作用，累计进行了 5 h 冲磨和 80 次单面冻融循环，表面剥落质量已经达到约 740 g，而经历同样历程的 C50 和 C55 混凝土剥落质量均在 370 g 左右，质量损失的量值远远大于单独冲磨或者单独冻融循环时的值(见表2.58)。

值得注意的是,耦合作用下混凝土的质量损失并不等于单独冲刷与单独冻融作用的加和,见图2.56~图2.58。以C40混凝土为例,耦合作用下质量损失达到740 g,而单独冲刷作用(223 g)与单独冻融作用(325 g)的加和是548 g,高出35%;再如C50混凝土,耦合作用下质量损失353 g,比两个单独作用加和247 g高出43%。同样,C55混凝土在耦合作用下质量损失383 g,比两个单独作用加和252 g高出52%。

耦合作用下的质量损失率见图2.59,相对动弹模见图2.60。C40混凝土的质量损失率已经超过冻融循环判据5%,高至9%,相对动弹模也超过判据60%,低至52%;C50、C55混凝土的质量损失率也都达到了4%,相对动弹模降至68%、75%。比单独冻融循环时的数值下降较多。

耦合作用下典型的破坏表面见图2.61,混凝土表面大量的浆体在冻融、冲刷联合作用下被剥落,石子裸露,损失严重。由于混凝土表面凹凸不平,用放大倍数太高的扫描电镜或者其他显微设备观测时,由于景深不够,不能观测到形貌特征,只能采用500倍的显微镜观测。单独冲刷作用下的混凝土表面微观结构见图2.62,混凝土骨料周边与水泥石(水泥浆体硬化体)的粘结界面完好,浆体部分剥落,骨料裸露,骨料表面磨损后呈较光滑的状态。单独冻融循环作用下混凝土表面微观结构见图2.63,混凝土骨料周边与水泥石的粘结界面有较大的间隙,表面整体有较明显的结冰痕迹,部分浆体剥落,骨料裸露,骨料表面保持原始的骨料外形,未见磨损光滑的现象。冻融-冲刷耦合作用下的混凝土表面微观结构见图2.64,混凝土骨料周边与水泥石的粘结界面间隙变大,有明显的结冰痕迹,部分浆体剥落,骨料裸露,骨料表面呈磨损后的光滑状态。

上述数据说明,冲刷作用与冻融循环耦合作用可能发生了相互促进,混凝土在冻融环境中,微结构在结冰压力的直接作用下变疏松,而冲刷作用又可以将疏松的浆体冲掉。

表2.58　冻融冲磨耦合作用下混凝土质量损失及质量损失率

冲磨时间+冻融次数	质量损失(g)			质量损失率(%)		
	C40	C50	C55	C40	C50	C55
0	0	0	0	0.0	0.0	0.0
0.5 h+8 次	33	35	32	0.4	0.4	0.4
1 h+16 次	149	90	96	1.8	1.1	1.1
1.5 h+24 次	255	141	156	3.1	1.7	1.9
2 h+32 次	299	158	175	3.6	1.9	2.1
2.5 h+40 次	342	179	196	4.2	2.1	2.3
3 h+48 次	447	247	265	5.4	3.0	3.1
3.5 h+56 次	508	264	279	6.2	3.2	3.3
4 h+64 次	588	297	313	7.1	3.5	3.7
4.5 h+72 次	652	319	339	7.9	3.8	4.0
5 h+80 次	739	353	383	9.0	4.2	4.5

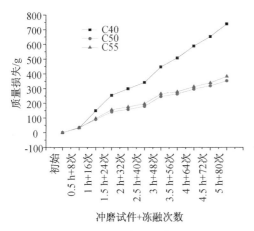

图 2.55　冻融-冲刷耦合作用下
混凝土损伤进程

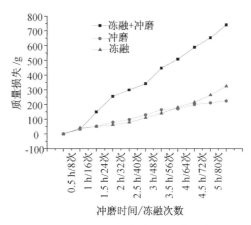

图 2.56　C40 混凝土在三种侵蚀
环境下的质量损失

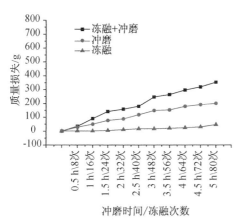

图 2.57　C50 混凝土在三种侵蚀
环境下的质量损失

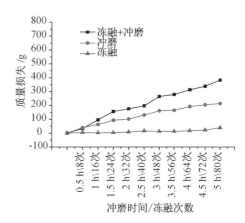

图 2.58　C55 混凝土在三种侵蚀
环境下的质量损失

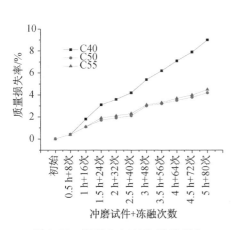

图 2.59　混凝土在冻融-冲刷耦合
作用下的质量损失率

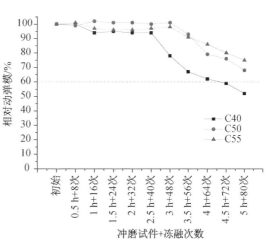

图 2.60　混凝土在冻融-冲刷耦合
作用下的相对动弹模

图 2.61　冻融-冲磨耦合作用下混凝土表面破坏状态

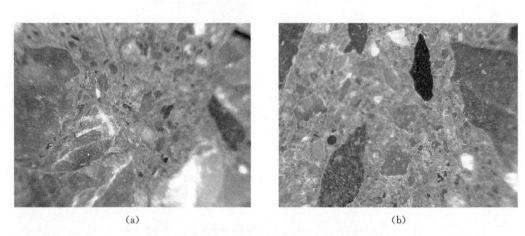

（a）　　　　　　　　　　　　　　　　　　（b）

图 2.62　混凝土受单独冲磨作用后的表面状态

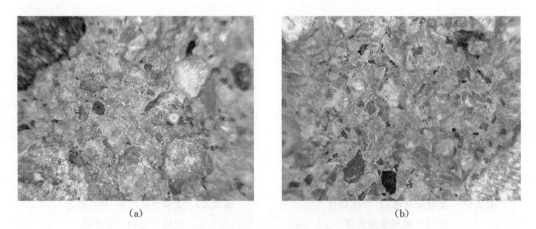

（a）　　　　　　　　　　　　　　　　　　（b）

图 2.63　混凝土受单独冻融循环作用后的表面状态

 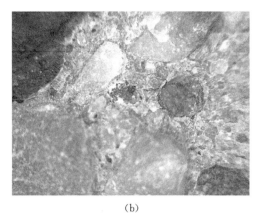

(a) (b)

图 2.64 冻融-冲刷耦合作用下混凝土表面微观结构

2.8.4 冻融-冲磨交替作用下混凝土的损伤机理

对比分析了单独冲磨作用下每冲磨 0.5 h 的平均磨损质量和冻融-冲磨耦合作用下冻融后每冲磨 0.5 h 的平均磨损质量,如图 2.65 所示。不经受冻融循环的混凝土试件,单独冲磨 0.5 h 的平均质量损失在 20 g 左右,经受冻融循环后,再冲磨 0.5 h 的平均质量损失在 32～39 g 左右,提升幅度明显。说明混凝土经过冻融循环后,在结冰压力的作用下,结构变得疏松,在冲磨作用下更容易剥落,即冻融对冲磨破坏的促进作用显著。

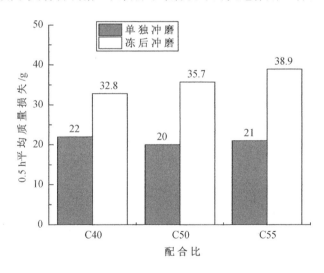

图2.65 单独冲磨 0.5 h 和冻融后冲磨 0.5 h 平均质量损失

对比分析了单独冻融作用下每 8 次循环的平均质量损失和冻融-冲磨耦合作用下冲磨后每 8 次冻融循环的平均质量损失,如图 2.66 所示,二者没有明显的差别,说明冲磨作用只能作用在混凝土的表面,除了磨掉的部分,其余的混凝土仍然质地坚硬密实,在继续受冻时并没有明显的破坏加剧。

因此,混凝土在冻融-冲磨耦合作用下损伤加剧的主要原因是冻融作用促进了冲磨作用,冻融导致结构疏松,使得混凝土表面在冲磨作用下更容易剥落。

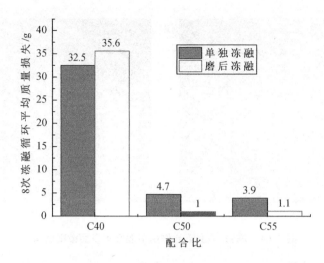

图 2.66　单独冻融 8 次和冲磨后冻融循环 8 次平均质量损失

2.9　本章小结

针对抗冲磨混凝土配制技术,系统介绍了骨料品种、抗压强度等级、胶凝材料体积、粉煤灰掺量、硅灰掺量、弹性颗粒、纤维增韧等因素对混凝土工作性、抗压强度、抗拉强度、弹性模量、抗冲磨强度(水下钢球法、高速水下钢球法、旋转射流法)、抗空蚀强度(文丘里管法)、抗冲击强度(落重法)、抗裂性(温度-应力法)的影响。结果表明,混凝土对不同的悬移质冲磨、推移质冲磨、冲击、空蚀的敏感性不同。对于不同类型的水工建筑物,应根据服役环境下主要的冲磨破坏类型选择对应的试验方法和改善混凝土性能的措施,要区别对待。

研究了冻融与冲磨交替作用下混凝土的损伤破坏机制,结果表明,混凝土遭受冲磨破坏后,剩余混凝土在抗冻能力方面与原混凝土无明显差异;但混凝土在遭受冻融循环后,结构会变疏松,导致冲磨作用下的磨损量较未经受冻融循环的混凝土大幅下降,即冻融循环对混凝土抗冲磨性能有明显影响。

参考文献

[1] 林宝玉,等. 三峡工程抗冲磨混凝土配制技术及改性机理研究[R]. 南京水利科学研究院,1998.

[2] 林宝玉,单国良. 大坝混凝土耐久性问题研究:水工混凝土抗冲磨、抗气蚀耐久性研究[R]. 南京水利科学研究院材料结构所,1991.

[3] 李光伟,肖延亮. 锦屏一级水电站抗冲耐磨混凝土试验总结报告[R]. 中国水电顾问集团成都勘测设计研究院,2010.

第3章 水工混凝土用新型纳米抗冲磨涂料

3.1 水工混凝土冲磨破坏及抗冲磨护面材料

3.1.1 水工混凝土的冲磨破坏及破坏机理

水工泄水混凝土建筑物受高速挟砂水流冲刷及推移质撞击冲磨,遭受严重破坏,是水利水电建设中有待解决的重大问题之一,我国运行中的大坝泄水建筑物有70%以上由于高速含砂水流的冲刷磨损和空蚀作用,存在不同程度的冲磨破坏问题[1]。图3.1是某水电站5♯导流洞经过1年过流运行后的破坏情况,其导流洞底板混凝土磨蚀深度最大达到20 cm。

图3.1 某水电站导流洞破坏状态

高速水流对泄水建筑物的破坏主要有三种形式:冲磨、空蚀和水力冲刷[2]。冲磨和空蚀均发生在泄流部位混凝土表面,而且冲磨破坏往往诱发空蚀。冲磨破坏可分为推移质破坏和悬移质破坏,挟带悬移质和推移质的高速水流对泄水建筑物的冲磨剥蚀破坏(某些情况下还同时存在或诱发空蚀破坏)是无法避免的。与推移质冲磨破坏相比,悬移质冲磨破坏相对缓慢,但随时间推移将越来越严重,并随混凝土表面不平整度加大,水流条件逐渐恶化,诱导空蚀破坏,在冲磨和空蚀双重作用下加速对泄水建筑物的破坏,当发展到一定程度,就会诱发大面积水力冲刷破坏。

泄水建筑物混凝土的受力破坏是由于混凝土在硬化过程中产生了许多微裂缝和孔隙等缺陷,当外力作用于混凝土时就在上述缺陷部位产生较大的集中应力而形成裂缝,随着裂缝的发展、连通,形成较大的破裂面乃至整体破坏。水泥石与集料的界面是混凝土的薄弱环节[3],当外界磨蚀力大于界面区材料的结合力时,材料表层将从薄弱处剥离,进而逐渐发展到大面积破坏。一般情况下混凝土中的水泥石抗磨蚀性能相对较差,磨蚀破坏的作用力首先破坏混凝土表面的水泥石。新露出的水泥石又继续被冲蚀形成凹坑,集料则逐渐凸出。在集料的凸起程度不太明显时,集料的磨蚀速度小于水泥石,并对水泥石的磨蚀起一定的保护作用。但随着集料凸出程度的增加,受磨蚀的作用力不断加大,磨蚀速度也随之增加。同时,水泥石受磨蚀的作用力随集料凸出程度的增加而减小,直到集料的磨蚀破坏作用与水泥石相接近时,集料与水泥石的磨蚀速度趋于平衡,混凝土的不平整度也趋于稳定[4]。当水泥石与集料的抗磨蚀性能相差悬殊时,集料与水泥石的磨蚀破坏难以趋于平衡,混凝土凹凸不平的程度将加剧,可能诱发气蚀破坏[5],使集料所承担的磨蚀破坏作用力不断增加,最终脱离母体而被水流冲走。因此混凝土的抗磨蚀性能不仅决定于水灰比,还取决于集料和水泥石的抗磨蚀性能及其所占的比例[6]。

3.1.2　水工混凝土抗冲磨护面材料

目前主要从两个方面来应对冲刷磨损和空蚀对泄水混凝土建筑物的破坏:一方面是提高混凝土材料本身的抵抗能力,如高强混凝土、高性能混凝土[7]、硅粉抗冲磨混凝土[8-9]、真空脱水混凝土[10];另一方面是研究开发混凝土表面抗冲磨护面材料,如衬砌钢板、高强砂浆、高分子护面材料等。

研究者[11]曾在黄河三门峡工程排沙底孔进行了以悬移质为主的抗磨蚀性能试验研究。试验结果表明,各种材料的抗磨蚀性能从优到劣依次为:辉绿岩铸石板、环氧砂浆、高强混凝土、高强砂浆、普通钢板。在四川石棉二级水电站冲砂闸进行了以推移质为主的抗冲蚀性能试验研究。试验结果表明,各种材料的抗冲蚀性能从优到劣依次为:普通钢板、环氧砂浆、高强砂浆、高强混凝土、辉绿岩铸石板。该研究结果表明抗冲磨护面材料抵抗悬移质和推移质的能力是不一样的,衬砌钢板抵抗推移质的破坏效果最好,但抵抗悬移质的能力最差,高分子护面材料(环氧砂浆)在抵抗悬移质或推移质方面都优于高强砂浆,表现出较好的抗冲磨性能。上述研究没有将高分子护面材料中的耐磨涂料纳入试验比较范围。

高分子护面材料因施工方便、成本低、效果好、后期维修容易且维修成本低,得到了迅速的发展,其耐冲磨性能约是钢铁类材料和水泥类材料的5～20倍[12]。高分子抗冲磨护面材料包括纯高分子材料和有机无机复合材料,按照材料成分的不同,主要分为聚合物砂浆、喷涂弹性体、抗冲耐磨涂料三种类型。

1)聚合物砂浆

聚合物砂浆是由聚合物与水泥砂浆相互改性而成的特种砂浆,聚合物和水泥共同组成胶结料,与普通水泥砂浆相比,具有更好的密实性、防水性、抗渗性、粘结性等性能[13]。聚合物改性水泥砂浆的作用机理较复杂,比较一致的观点认为聚合物在水泥砂浆表面成膜,并填充了水泥砂浆中的空隙,提高了砂浆的密实性[14-16]。除此以外,还有观点认为聚合物影响了水泥的水化进程,王涛[17]借助扫描电镜研究发现聚合物的存在延缓了水泥的水化速度,改善了硬化浆体的毛细孔结构。也有研究者[18]认为聚合物起到了界面改性剂的作用,消除了界面结构薄弱区,阻止了砂浆中微裂纹的发展。

用于聚合物水泥基复合材料的聚合物种类很多,可分为水溶性聚合物、液体聚合物和聚合物水分散体三大类。水溶性聚合物有甲基纤维素(CMC)、羟丙基甲基纤维素(HPC)、聚乙烯醇(PVA)、聚丙烯酰胺(PAM)等;液体聚合物有不饱和聚酯、环氧树脂和酚醛树脂等;聚合物水分散体又分为橡胶胶乳、树脂乳液及混合分散体三类。橡胶胶乳包括天然橡胶乳液(NR)和合成橡胶胶乳,如氯丁橡胶(PCR)、丁苯橡胶(SBR)、丁腈橡胶(NBR)、聚丁二烯橡胶(BR)等;树脂乳液包括热塑性树脂乳液和热固性树脂乳液,如聚丙烯酸酯(PAE)、聚醋酸乙烯酯(PVAC)、聚偏二氯乙烯(PVDC)、聚乙烯醋酸乙烯酯(EVA)及环氧树脂乳液、不饱和聚酯乳液等[19]。用于水利工程抗冲磨保护的主要是环氧树脂砂浆(简称环氧砂浆)和丙烯酸酯乳液砂浆(简称丙乳砂浆)。

(1) 环氧砂浆

环氧砂浆通常由环氧树脂、固化剂、增韧剂、稀释剂及填料组成。我国自1956年开始研制环氧树脂,1958年开始工业化生产,到1963年新安江电厂率先将环氧树脂砂浆应用于电站溢流坝面的抗冲磨、抗气蚀保护层,面积达3 860 m²[20]。环氧砂浆的优点是强度高、与混凝土的粘结力大、耐磨性能好,环氧砂浆抗气蚀性能比C40混凝土提高了6~8倍[21]。缺点是粘度大不易施工,最重要的是环氧砂浆与混凝土的线性热膨胀系数不一致[22],而环氧树脂本身又是脆性材料,难以反复承受温度变化时产生的应力,导致环氧砂浆护面材料开裂、空鼓、脱落。由此看来,单纯提高环氧砂浆的耐磨性能而不改善其抗开裂性能,则环氧砂浆抗冲磨护面的综合效果难以有很大的提高。研究人员主要通过改善环氧砂浆的韧性或弹性来提高其抗开裂性能,方法有多种,如改善固化体系、新型增韧材料、弹性树脂改性环氧树脂等。买淑芳[23]在普通环氧砂浆中加入ZRJ增韧剂,制成海岛结构环氧砂浆,断裂韧性提高9~20倍,抗高速含砂水流冲磨强度提高46%。张涛[24]开发了活性稀释增韧剂,并对固化体系进行了改性,研制的NE-Ⅱ环氧砂浆的抗冲磨强度达到7.0 (h·m²)/kg,该产品在小浪底进水塔、紫坪铺导流洞、三峡工程部分泄洪坝段得到应用。

环氧砂浆的发展方向:

(a) 降低线性热膨胀系数或提高抵抗因与混凝土线性热膨胀系数不一致而开裂的能力;

(b) 改善施工性能:开发新型环氧树脂,在不降低力学性能的前提下降低环氧砂浆的粘度;

(c) 提高环保性:采用水性环氧树脂,利用废橡胶、塑料作为耐磨填料;

(d) 环氧砂浆功能化:利用高分子合成技术,在环氧树脂上接枝功能官能团,以获得某些特殊性能,如接入硅硅键以提高耐老化性能。

(2) 丙乳砂浆

丙乳砂浆由聚丙烯酸酯乳液(简称丙乳)、水泥、砂及适量水组成,适用于工业建筑、码头、桥梁、水闸、大坝等水工建筑物的局部修补和整体护面保护。与普通水泥砂浆相比,丙乳砂浆抗裂性能好,抗冻、抗渗性能有很大提高。南京水利科学研究院最早于20世纪80年代初开始研究聚丙烯酸酯乳液[25-27]。丙乳砂浆的技术已非常成熟[28],在水工结构上的应用已被各方所认可,丙乳砂浆在三峡工程坝段进水口[29]、潘家口水库溢流面[30]、泄洪隧洞[31]等工程中已成功应用。与环氧砂浆相比,丙乳砂浆施工方便、成本低、无毒无污染,但耐磨性通常略低于环氧树脂砂浆。

目前研究人员的工作重点是对聚丙烯酸酯乳液的改性,如在合成时引入苯乙烯类单体,可以明显降低成本、提高耐水性和机械强度,引入有机硅单体,则可以提高乳液的耐候耐老化性能。孔祥明[32]利用环境扫描电子显微镜研究苯丙乳液与水泥水化产物之间的作用,研究表明,乳液聚合物粒子在水泥颗粒表面迅速被吸附,砂浆的力学性能得到显著提高。Wong[33]用苯丙乳液改性水泥砂浆后,其韧性和耐磨性均有提高。陈忠奎[34]采用后交联技术,在滴加有机硅单体前调节反应体系的 pH 值,控制有机硅氧烷的水解,合成硅含量高达30%的自交联硅丙乳液。对该乳液进行交联度测定、红外光谱和粒径分析,证实了交联反应的发生。性能测试表明,提高硅含量极大地增强了聚合物的稳定性、耐水性、耐溶剂性和热稳定性。

虽然苯丙乳液砂浆的成本明显低于纯丙乳液砂浆,但由于苯丙乳液中引入了刚性苯环,影响了分子链的柔韧性和伸展性。硅丙乳液虽然提高了耐水耐候性能,但耐磨性能没有得到进一步优化,而成本高于纯丙乳液。所以尽管苯丙乳液和硅丙乳液在工业建筑涂料等领域已得到广泛应用,但目前用于水工混凝土建筑物抗冲磨护面保护的仍然以纯丙乳液为主。

2) 喷涂弹性体

喷涂聚脲弹性体技术是国内外近 20 年来,继高固体分涂料、水性涂料、光固化涂料、粉末涂料等低(无)污染涂装技术之后,为适应环保需求而研制开发的一种新型无溶剂、无污染的环保施工技术[35]。喷涂弹性体包括聚氨酯弹性体(SPU)、聚氨酯(脲)[SPU(A)]、聚脲(SPUA)。聚氨酯弹性体由异氰酸酯组分、端羟基树脂、扩链剂、催化剂组成,聚氨酯(脲)由异氰酸酯组分、端羟基树脂、端氨基树脂、扩链剂、催化剂组成,聚脲由异氰酸酯组分、端氨基树脂、扩链剂组成。聚脲是在聚氨酯弹性体基础上发展起来的,改进了聚氨酯中的异氰酸酯易与空气中水分起反应而发泡的缺点。SPUA 的性能远远优于 SPU 或 SPU(A)的性能,而材料成本也相应高出很多。

1995 年,海洋化工研究院黄微波等人在国内率先开展喷涂聚脲弹性体技术的研究与开发[36],此后多家单位开展此项研究,并将其应用于水利水电工程的抗冲磨保护。2004 年,喷涂聚脲弹性体技术首次在尼尔基水利水电工程侧墙混凝土抗冲磨保护中得到应用[37]。此后新安江大坝溢流面、怀柔水库西溢洪道、曹娥江大闸闸底板[38]、黄河龙口水利枢纽底孔[39]等水利水电工程都采用了喷涂弹性体进行抗冲磨保护。

喷涂聚脲弹性体的优点[40]是施工效率高;可在任意形状工作面施工;施工条件要求低,对温度、湿度无特殊要求;100%固含,对环境影响小;具有较好的抗冲磨和防腐性能。缺点[41]是与混凝土基材的粘结强度不够理想,特别是在潮湿混凝土表面;对喷涂设备要求高;成本太高,聚脲弹性体的材料成本是聚合物砂浆材料成本的 3 倍以上。

目前喷涂聚脲弹性体的研究重点一是提高聚脲弹性体与混凝土基材的粘结性能,主要通过研发性能优异的界面剂来提高粘结强度,目前研发的界面剂大多属于环氧树脂类或改性环氧树脂类[42-43],仍然利用了环氧树脂粘结力高的特性。二是尽量降低喷涂聚脲的生产成本[44]。除此之外,作为行业主管部门应规范喷涂弹性体的使用,避免出现用聚氨酯或聚氨酯(脲)来冒充聚脲的行为,以利于喷涂弹性体行业的健康发展。

3) 抗冲耐磨涂料

涂料是一种涂覆在被保护对象表面并能形成牢固附着的连续薄膜的配套性工程材料,通常是以树脂或油脂为主,添加或不添加颜料、填料,用有机溶剂或水调制而成的黏稠液体[45]。

耐磨涂料属于涂料中的特种功能性涂料,对成膜树脂和填料有特殊要求。用于耐磨涂料的成膜树脂通常有环氧树脂、丙烯酸树脂、聚氨酯树脂、有机硅树脂、不饱和聚酯树脂及几种树脂相互改性而成的复合树脂。由丙烯酸树脂、有机硅树脂、不饱和聚酯树脂合成的耐磨涂料常用于家具、汽车等行业,水利水电工程中所用耐磨涂料的树脂一般以聚氨酯树脂和环氧树脂为主。聚氨酯树脂具有较好的耐磨性能,但因其存在硬度太低,附着力较差的缺点,有时不能充分发挥其性能优势[46]。环氧树脂与混凝土或金属的粘结力大;具有较好的耐水、耐酸、耐碱性能;来源丰富成本相对较低;与其他树脂改性容易,所以环氧树脂及改性环氧树脂是水利水电工程上耐磨涂料用较为合适的成膜树脂。耐磨涂料用填料有金刚砂、石英砂、刚玉、玻璃鳞片和陶瓷等具有高硬度的材料。

　　环氧耐磨涂料在水利水电工程中已有许多成功的应用[47-48]。新疆乌鲁瓦提水利枢纽冲沙洞、发电洞、泄洪洞于1999年采用由南京水利科学研究院研制的FS型抗冲耐磨涂料进行抗冲耐磨保护,施工面积达1万多平方米,经10年的运行,受保护混凝土表面完好[49]。浙江省慈溪市三八江十塘闸系钢筋混凝土结构中,为了阻止水流对结构的冲磨破坏和碳化腐蚀,于2002年采用改性环氧类耐磨涂料对闸面板、闸底板、胸墙、翼墙等构件进行抗冲耐磨护面保护[50]。

　　尽管环氧耐磨涂料具有众多优点,但由于环氧树脂本身具有性较脆的不足,在应用过程中也存在一些问题,如层间粘结力低、与混凝土的粘结性能和抗冲磨性能还不是很理想,因而环氧耐磨涂料在泄水建筑物上的进一步应用受到了限制,环氧耐磨涂料的发展要求必须对环氧树脂进行改性[51-52]。

3.2　纳米环氧抗冲磨涂料

3.2.1　环氧树脂(EP)及其改性

　　环氧树脂[53](epoxy resin,简称EP)是在分子结构中含有两个或两个以上环氧基的低分子聚合物,在适当的固化剂(curing reagent)存在下能够形成三维交联网络固化物。1933年德国首先在实验室研制成功,由于原料等问题,实际上在1947年EP才在美国开始工业化应用。1980年代以后,其用途得到迅猛扩展,发展非常迅速,品种不断增多,主要品种有酚醛型环氧树脂、多官能环氧树脂、含卤素的阻燃型环氧树脂、聚烯烃型环氧树脂、脂肪族环氧树脂等。目前90%以上的环氧树脂是由双酚A(DPP)与环氧氯丙烷(ECH)反应制得的双酚A二缩水甘油醚(DGEBA)。其结构通式见图3.2。

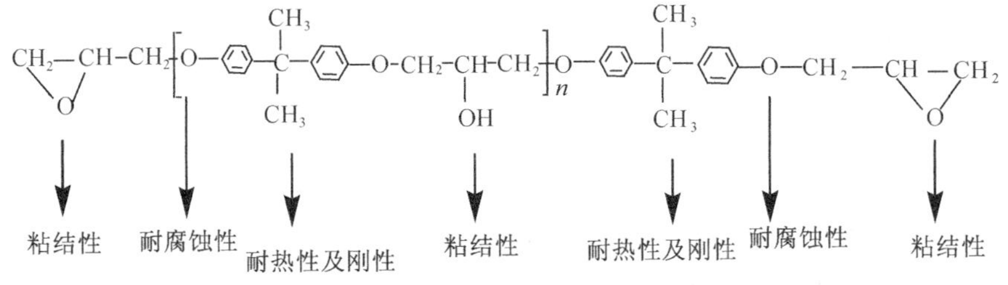

图3.2　EP分子结构式

1) 环氧树脂的特性

环氧树脂具有众多优良性能,已成为各工业领域中不可缺少的基础材料[54]。

(1) 粘结强度高,粘结应用面广

环氧树脂的结构中具有羟基(—OH)、醚键和(—〈〉—O—CH₂—)活性极大的环氧基他们使环氧树脂的分子和 相邻界面产生电磁吸附或化学键,尤其是环氧基在固化剂作用下发生交联聚合反应生成三向网状结构的大分子,分子本身有了一定的内聚力,因此环氧树脂的粘结性特别强,它与许多非金属材料(玻璃、部分混凝土、木材)的粘结强度往往超过材料本身的抗拉强度。

(2) 收缩率低

环氧树脂的固化主要是依靠环氧基的开环加成聚合,因此固化过程不产生低分子物,环氧树脂本身具有仲羟基,再加上环氧基固化过程产生的部分残留羟基,它们的氢键缔合作用使分子排列紧密,因此环氧树脂是热固性树脂中固化收缩率最低的品种之一。

(3) 稳定性好

固化后的环氧树脂主链是醚键和苯环,三向交联结构致密又封闭,因此它既耐酸又耐碱及多种介质,性能优于酚醛树脂和聚酯树脂。

(4) 电绝缘性好

固化后的环氧树脂吸水率低,不再具有活性基团和游离的粒子,环氧树脂固化交联物作为封装材料时,交联结构限制了极性基团的极化,介电损耗小,因此具有优良的电绝缘性。

(5) 较高的机械强度

固化后的环氧树脂具有很强的内聚力,而分子结构致密,所以它的机械强度相对高于酚醛树脂和聚酯树脂。

(6) 良好的加工性

固化前的环氧树脂是热塑性的,在树脂的软化点以上温度范围内环氧树脂和固化剂、助剂、填料有良好的混溶性,在固化过程中没有低分子物质放出,可以在常压下成型。因此操作十分方便,不需要过分高的技术和设备。

2) 环氧树脂的固化

固化剂(curing agent)又称为硬化剂(hardene agent),是热固性树脂必不可少的固化反应助剂,对于环氧树脂来说,固化剂品种繁多。环氧树脂的固化反应主要发生在环氧基上,由于诱导效应,环氧基上的氧原子存在较多的负电荷,其末端的碳原子上则留有较多的正电荷,因而亲电试剂、亲核试剂都以加成反应的方式使之开环聚合[55]。

(1) 脂肪族胺及其改性加成物

脂肪族多元胺含有高度活泼的氢,是强亲核试剂,在室温下就能打开环氧树脂的环氧基,短时间内就可凝胶使之固化。由于它们早在环氧树脂发现之前就已经大量生产了,所以它们是环氧树脂应用最早、研究最多、发展最快的固化剂。目前固化剂生产厂家很多,产品质量较稳定,性价比较高。胺类固化剂的固化机理如下:

伯胺与环氧基反应使之开环生成仲胺:

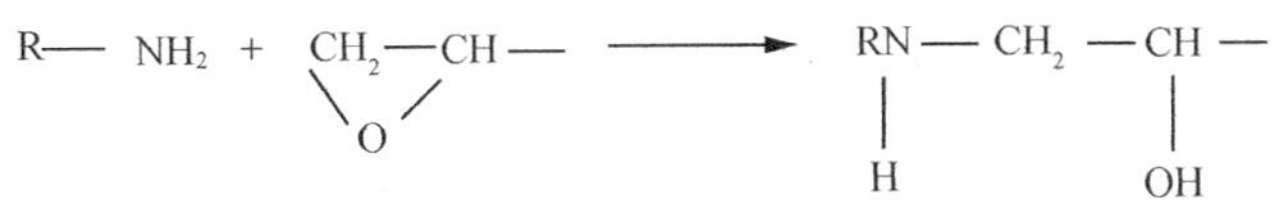

$$R-NH_2 + CH_2-CH- \longrightarrow RN-CH_2-CH-$$

仲胺继续与环氧基反应生成叔胺：

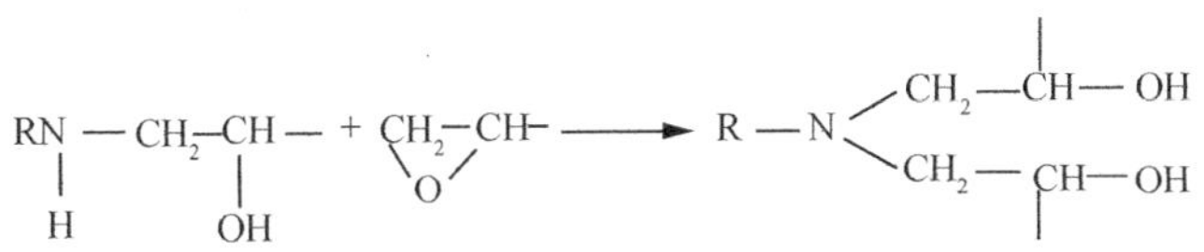

$$RN-CH_2-CH- + CH_2-CH- \longrightarrow R-N$$

仲胺与叔胺分子中的羟基与环氧基起醚化反应：

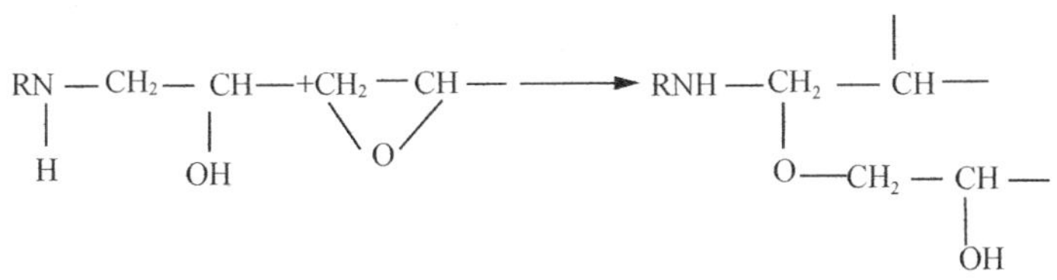

$$RN-CH_2-CH- + CH_2-CH- \longrightarrow RNH-CH_2-CH-$$

由于醚键的诱导效应,环氧基上的氧原子有较多的负电荷,末端碳原子上则有较多的正电荷,因此它可以被叔环开环,进一步引起阴离子加成聚合反应,最后生成三向交联网状分子结构。

低分子量脂肪族多元胺毒性较大,目前已很少使用,而经改性的加成物分子量增大,沸点和粘度也增高,挥发物少,已经能够达到无毒级。

（2）芳香族胺及其改性体

芳香族胺类固化剂在分子结构中都含有热稳定性好的苯环,其固化物的耐热性、耐药品性、机械强度都较好。但它们大多是固态,使用时必须加热熔融和加热固化,未改性的芳香族胺毒性大。

（3）酸酐

环氧树脂和多元酸反应速度很慢,由于不能生成高交联度产物,因而多元酸不能作为固化剂使用,而环氧树脂与酸酐在高温下则能较快地反应。酸酐固化剂的优点是使用期长,对皮肤刺激性小;固化反应慢,放热量小,收缩率低;产物的耐热性高;产物的机械强度、电性能优良。酸酐固化剂的缺点是固化温度要求高,一般在 80 ℃ 以上。

（4）咪唑

咪唑类化合物作为环氧树脂固化剂及固化促进剂具有很好的热稳定性和耐化学性,它们的固化行为和叔胺相似,是阴离子型催化聚合,适宜在中等温度下固化反应。

（5）高分子预聚体

某些带有氨基、酚羟基、羧酸基等活性基团的高分子预聚体广泛用作环氧树脂固化剂。例如聚酰胺、酚醛树脂、氨基树脂、端羧基聚酯,它们在使环氧树脂固化的同时较多地赋予固化体系本身的性能。

（三）环氧树脂的改性

环氧树脂具有良好的粘结性能、力学性能、耐溶剂性、电绝缘性和较高的机械强度、固化收缩率小等优点，被广泛应用在航空、航天、化土、电子技术、交通运输等领域[56-58]。但由于固化后的环氧树脂是交联密度较高的三向网状结构体，主链的运动非常困难，因此它的浇注体冲击强度较低，其黏后剂的剥离强度较小。环氧树脂涂料的柔韧性较低，在冷热温度急剧变化时会因形变、应力集中造成开裂，这些都影响了环氧树脂的应用[59-61]。所以单一的环氧树脂很少有使用价值，必须对其进行改性。

环氧树脂的改性一直是该领域研究的重点，已取得了丰硕成果[62]，是环氧树脂能够在涂料、黏后剂、集成电路模塑料等领域广泛应用的基础。改性的方向有耐湿热性改性、增韧增强改性、电性能改性、耐磨改性、耐老化性改性等，这些性能之间又往往是相互关联的，如韧性和强度的改善有利于耐磨性能的提高。目前研究最多的是环氧树脂的韧性、强度及耐磨性能的改性。

改性环氧树脂的常用方法是通过在组分中添加增塑剂、增韧剂以及共混合金。利用纳米技术改性环氧树脂是近年来的一个新的研究热点[63]。

（1）增塑剂增韧环氧树脂

增塑剂最早应用于 PVC 工业，对 PVC 的韧性增强非常有效。环氧树脂的增塑剂是在 PVC 增塑剂的基础上发展而来的。主要品种有邻苯二甲酸酯类和磷酸酯类，如邻苯二甲酸二丁酯[$C_6H_4(CO_2C_4H_9)_2$]、磷酸三苯酯[$(C_6H_5O)_3PO$]。经增塑剂改性后的环氧树脂柔韧性、冲击强度和极限伸长率都有所提高，但提高幅度有限，而拉伸强度、玻璃化温度等性能则有很大的降低。虽然研究者在寻找新型增塑剂方面做了大量的研究工作，但结果并不令人满意。主要原因是长碳链的邻苯二甲酸酯类和磷酸酯类产品与环氧树脂相容性差，在固化过程中增塑剂会从环氧树脂连续相中离析出来，影响其增韧效果。

（2）增韧剂增韧环氧树脂

增韧剂与增塑剂的主要区别在于增韧剂能与环氧树脂或环氧树脂固化剂反应，增韧剂的主要品种有环氧类和非环氧类增韧剂。环氧类增韧剂的分子结构中有环氧基团，与环氧树脂有较好的相容性，代表产品有聚丙二醇二缩水甘油醚、侧链型环氧树脂，侧链越长，增韧效果越好，但固化速度、机械强度随之降低。非环氧类增韧剂的代表产品是聚硫橡胶，聚硫橡胶中的 HS—基能与环氧基团反应提高环氧树脂固化产物的韧性。

（3）共混合金增韧环氧树脂

共混合金是指高分子弹性体与环氧树脂形成海岛状结构，环氧树脂为连续相的海结构，高分子弹性体为非连续相的岛结构。主要产品有活性端基丁腈橡胶/环氧树脂共混合金、活性端基封端聚醚砜/环氧树脂合金、聚砜/环氧树脂合金、聚氨酯/环氧合金。杨军[64]以 2,4-甲苯二异氰酸酯和蓖麻油为原料，合成了聚氨酯预聚体，使用该聚氨酯预聚体对环氧树脂进行改性，合成了聚氨酯改性环氧树脂耐磨涂料。应用最多的是液体丁腈橡胶，液体丁腈橡胶主要有端羧基（CTBN），端氨基（ATBN）和端羟基（HTBN）[65]。Garima 等[66]用液体端羧基橡胶和环氧树脂制得共混合金再用芳香胺进行固化，所得产品呈现两相的形态，液体丁腈橡胶分散在环氧树脂连续相中，随液体丁腈橡胶含量的增加，断裂韧性提高，而抗张强度降低。Chikhi 等[67]用液体丁腈橡胶 ATBN 改性环氧树脂，所得合金的玻璃化转变温度、拉伸模量、断裂应力都有所降低。

（4）纳米粒子改性环氧树脂

在环氧树脂中添加增塑剂等技术手段在提高环氧树脂柔韧性的同时或多或少降低了环

氧树脂的耐热性、力学性等性能,且韧性提高的幅度也有限[68-69]。利用纳米粒子特有的性能,采用纳米粒子改性环氧树脂不仅能大幅度提高环氧树脂的柔韧性能,同时能使强度得到很大的提高[70-71]。

纳米粒子改性环氧树脂的特点是只需要极少量的纳米粒子(一般为环氧树脂质量的1%~10%),改性体的性能就能得到明显改善,已成为环氧树脂改性研究的重点。用于环氧树脂改性的纳米粒子常用的有纳米 SiO_2、纳米 TiO_2、纳米 Al_2O_3、纳米 $CaCO_3$、黏土、碳纳米管等。纳米粒子不同,环氧树脂的改性侧重点也不同,应根据需要改性的方向合理选择纳米粒子。

3.2.2 纳米材料及纳米涂料

1)纳米材料

纳米材料(nano materials)指纳米粒子与纳米固体。纳米粒子指 $1\sim100$ nm 的微粒,一般含有几千到几万个原子。纳米粒子与一般超细粒子是完全不同的,市面上使用的超细粒子材料是微米级的粒子($1\ \mu m=1\ 000$ nm)。纳米固体是指将纳米粒子压制烧结成的三维凝聚态材料。

纳米粒子和由它组成的纳米固体有如下特点[72]。

(1)小尺寸效应

当纳米微晶的尺寸与光波波长、传导电子的得布罗意波长、超导的相干长度或透射深度等的物理特征尺寸相当或比它们更小时,周期性的边界条件将被破坏,从而出现声、光、热、电和磁等特性的小尺寸效应。

(2)表面与界面效应

纳米粒子的粒度越小,其比表面积越大,表面原子的比例也就越高。这些表面原子的特点是配位数不足,存在未饱和键,因此特别容易吸附其他原子,或与其他原子发生化学反应。表面原子的几何构型、自旋构型、原子间相互作用力与电子能谱都不同于一般的固体材料,这就是纳米粒子的表面与界面效应。

(3)量子尺寸效应

粒子的尺寸减小时,费米能级附近的电子能级由准连续性能级变为离散能级。对于大块物体,由于所含总电子数趋于无穷大,则其能级间距趋于零,从而形成准连续能级。对于纳米粒子,所含总电子数少,能级间距不再趋于零,从而形成分立的能级。如果粒子尺寸小到使分立的能级间距大于热能、磁能和光子能量等特征能量,则表现出与宏观物体不同的新特征,这就是纳米粒子的量子尺寸效应。

(4)宏观量子隧道效应

纳米粒子的一些宏观物理量也表现出与隧道相关的效应。

纳米复合材料(nanocomposites)是指在由不同组分构成的复合体系中有一个或多个组分至少有一维以纳米尺寸(≤100 nm)均匀分散在另一组分的基体中,这类复合体系也被人称为杂化材料(hybridmaterials)。

从基体与分散相的粒径大小关系看,纳米复合应是纳米-纳米、纳米-微米的复合。具体到纳米材料改性涂料领域,纳米复合材料主要是纳米材料与颜料(纳米级、微米级)的复合,纳米材料与高聚物乳液的复合,以及纳米粉体材料与表面修饰材料的复合。

纳米复合材料的研究极大地促进了材料学科的飞速发展。纳米复合材料从复合组分的类别来看,主要包括有机-无机纳米复合材料、无机-无机纳米复合材料;从纳米复合材料所涉及的领域来看,主要包括纳米陶瓷复合材料,纳米金属复合材料,纳米高聚物复合材料,纳米功能、智能复合材料,纳米仿生复合材料。具体涉及涂料领域,研究最多的是纳米聚合物复合材料,即高聚物乳液的功能化;纳米-无机、有机颜料复合材料,及颜料与色浆的功能化;纳米-无机粒子、纳米-有机高分子化合物(偶联剂带有活性基团的高分子化合物)复合材料,即纳米材料的表面改性及表面修饰。

2) 纳米涂料

涂料是与国民经济产业部门配套的工程材料。宇宙与海洋开发、航空航天、新能源与可再生能源、环境保护、生化、信息、新材料等高科技产业的发展,人民生活水平的提高,对涂料提出了更高的性能要求。尽管涂料工作者坚持不懈地努力以应对挑战,但涂料性能的改进速度还是远远落后于社会发展的需要。纳米技术发展之前,为解决涂料的一些弊病,涂料工作者总是利用改进成膜物结构、成膜物共混、精心选择填料、采用不同品质的颜料、使用特殊助剂、改变配方中颜料体积浓度、改进被涂物的表面前处理和施工应用技术等传统方法。毫无疑问,这些方法对所有普通问题的改进是有益的,但改进幅度不大,效果并不理想。新形势要求涂料某些性能要有大幅度的提高,由于纳米材料有奇特效应,只有利用纳米技术,才可以使涂料产品达到质的飞跃。如普通的耐磨涂料能够满足汽车、家具等领域耐磨保护的要求,但不能满足高速挟沙石水流下混凝土建筑物的抗冲耐磨保护。仅依靠传统的方法对原有耐磨涂料进行改进,抗冲耐磨性能提高有限,难以达到要求。依靠纳米技术,采用纳米粒子对其进行改性,才能期待耐磨涂料性能得到质的提高。

(1) 纳米材料改进涂料性能的机理[73]

(a) 高表面能大大增加了与涂料各组分链接、交联、重组的概率

随着纳米粒子的直径减小,其比表面积和表面原子数比例增大,同时粒子表面能随粒径减小而增大。这种高表面能由于表面原子缺少近邻配位的原子,极不稳定,并且具有强烈的与其他原子结合的能量,组分发生物理化学反应的巨大驱动力也是纳米粒子具有奇特表面效应、能多方面改进涂料性能的前提,如果以合适方式引入涂料并与其他组分相容、协同作用,则对涂料性能改进会产生特殊效果。

(b) 相界面体积分数极大提高是纳米复合涂料获得高性能的前提

纳米材料在多元的涂料体系中具有奇特效应的另一个原因是其界面层的体积分数随粒径降低而明显增加。界面层材料体积分数成为复合涂层的主要组成部分,这些界面层材料具有与各自的本体材料不同的性能,是纳米复合涂料具有惊人改进性能的重要前提。

(c) 优良的紫外线屏蔽性

有些纳米粒子对 400 nm 以下的 UV 辐射有很好的屏蔽作用,能很好地提高复合涂料耐候的耐久性能。

(2) 纳米涂料应用领域[74-76]

(a) 纳米耐磨涂料

通过改进涂膜的致密性、物理机械性能和交联点密度,使得涂层的韧性和硬度都得到成倍地增加,从而提高涂层的耐摩擦性和冲击性。

(b) 纳米隐身涂料

纳米隐身涂料主要应用于军事装配,也可应用于重要的民用设施。可使被涂装表面在

受到雷达波、红外、紫外等光波照射时，表现出与背景环境相同的特征，从而达到隐身的目的。纳米隐身涂料又可分为防雷达波隐身涂料、防可见光隐身涂料、防激光隐身涂料、防紫外光隐身涂料、防红外光隐身涂料等。

（c）纳米耐核辐射涂料

耐核辐射涂料主要用于核电站次级回路中需要核辐射保护的各种设备上，耐核辐射涂料不能含有经辐射会转变为放射性的元素。可用于耐核辐射涂料的纳米粒子有纳米钛白、纳米石墨、纳米氧化铬等。

（d）纳米示温涂料

结晶有机化合物具有在某一特定温度下由不透明的固态转变为透明的液态这一特性。在涂料中加入该种纳米级结晶有机化合物，固化后表现为白色，当温度达到该结晶有机化合物的熔融温度时，晶体结构遭到破坏，晶点做无规则的运动，变为透明的液态，涂层颜色发生明显的变化。

（e）纳米光学、电学涂料

纳米稀土材料具有优异的光、电、磁等性能，在涂料中添加纳米稀土材料可制成纳米发光涂料。用于纳米导电涂料的纳米粒子有纳米碳黑等纳米碳系材料、纳米金属粉或金属丝、纳米金属氧化物等。

3）纳米耐磨涂料

耐磨涂料的耐磨性实际指涂膜抵抗摩擦、侵蚀的一种能力，与涂膜的许多性能有关，包括硬度、耐划伤性、内聚力、拉伸强度、弹性模量和韧性等。在高硬度的耐磨涂料中添加纳米相，可显著提高涂层的硬度和耐磨性，并具有较高的韧性。如纳米 SiO_2、SiC、Al_2O_3 等具有比表面积大、硬度高、抗磨、化学稳定性好的特点，只要在涂料中少量加入，就可显著提高涂料的耐磨性。采用纳米技术对树脂进行增韧增强改性，提高涂层的综合性能，是抗冲耐磨涂料发展的一个重要方向[77]。纳米粒子具有小尺寸效应、表面效应，与树脂复合后，纳米粒子填充于树脂分子结构中，起到润滑作用，当受到外力冲击时，引发微裂纹，吸收大量冲击能，所以对树脂又起到了增韧的作用。一般认为涂膜的韧性对其耐磨性的影响大于涂膜硬度对其耐磨性的影响。

4）常用于制造纳米耐磨涂料的几种纳米粒子

（1）nanoSiO$_2$

nanoSiO$_2$ 为无定型态，白色粉末，无毒，无味，具有很大的比表面积，分子呈三维网状结构（见图3.3），颗粒表面有大量不同键合状态的羟基和不饱和残键，可以与材料中的基体形成较强的键合作用，经表面改性的 nanoSiO$_2$ 可以与多种材料复合，nanoSiO$_2$ 与基体之间的界面作用较大。复合材料中的 nanoSiO$_2$ 既继承了普通二氧化硅优良的填充性，又使复合材料具有更加优异的性能，因此 nanoSiO$_2$ 可用来制备各种树脂、涂料、催化剂载体等。nanoSiO$_2$ 已实现规模化生产，原材料来源方便。

（2）nanoAl$_2$O$_3$

Al_2O_3，俗称刚玉，具有很高的硬度，在自然界中，其硬度仅次于金刚石。nanoAl$_2$O$_3$ 有多种晶型，用作耐磨填料的一般是 α 型，该 nanoAl$_2$O$_3$ 呈白色蓬松粉末状态，比表面积$\geqslant$ 50 m^2/g。具有耐高温的惰性，但不属于活性氧化铝，几乎没有催化活性；耐热性强，成型性好，晶相稳定，硬度高，尺寸稳定性好，可广泛应用于各种塑料、橡胶、陶瓷、耐火材料等产品

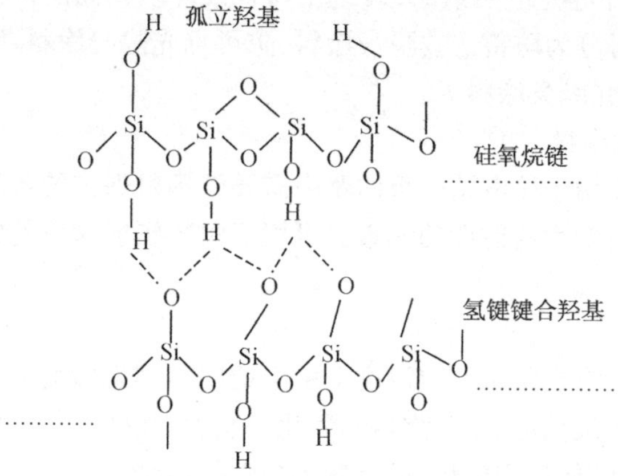

图 3.3　nanoSiO$_2$ 分子结构

的补强增韧。由于 α 相 nanoAl$_2$O$_3$ 也是性能优异的远红外发射材料，作为远红外发射和保温材料被应用于化纤产品和高压钠灯中。此外，α 相 nanoAl$_2$O$_3$ 电阻率高，具有良好的绝缘性能，可应用于 YGA 激光晶的主要配件和集成电路基板中。

（3）nanoSiC

SiC 又称金刚砂，是最早的人造磨料，强度介于刚玉和金刚石之间。SiC 的工业制法是用优质石英砂和石油焦在电阻炉内炼制，炼得的碳化硅块经破碎、酸碱洗、磁选和筛分或水选制成各种粒度的产品。纳米级 SiC 纯度高，粒径小，分布均匀，比表面积大，表面活性高，松装密度低，具有极好的力学、热学、电学和化学性能，即具有高硬度、高耐磨性、良好的自润滑、高热传导率、低热膨胀系数及高温强度大等特点。

（4）nanoZrO$_2$

nanoZrO$_2$ 导热系数、热膨胀系数、摩擦系数低，化学稳定性高，抗蚀性能优良，尤其具有抗化学侵蚀和微生物侵蚀的能力，硬度略小于 nanoAl$_2$O$_3$，韧性优于 nanoAl$_2$O$_3$，大量用于制造耐火材料、研磨材料、陶瓷颜料和锆酸盐等。表 3.1 给出了常用制造耐磨涂料的四种纳米粒子。

表 3.1　常用于制造耐磨涂料的四种纳米粒子

	晶形	粒径（原生粒子）/nm	外观颜色
nanoSiO$_2$	球形	20	白色蓬松体
nanoAl$_2$O$_3$	α 相	40	白色粉体
nanoSiC	—	60	灰绿色粉体
nanoZrO$_2$	单斜	60	白色粉体

5）纳米粒子与环氧树脂的复合方法

纳米粒子与环氧树脂的复合方法主要有插层复合法、溶胶凝胶复合法和共混复合法。

（1）插层复合法

自然界中存在一些具有层状纳米结构的无机物，其结构呈层状组成，层与层之间存在空隙，每一层及层间距离都在纳米级，如碳纳米管[78-79]、纳米黏土等。将环氧树脂插层到该类无机物片层中进行原位聚合,利用反应时释放的大量热量瓦解层状结构,使无机物达到纳米级与环氧树脂复合,这就是插层复合法。Ha[80]将环氧树脂插层到经改性的蒙脱土中,得到的复合材料弹性模量和抗张强度都有很大提高。严小生[81]等运用插层聚合的方法制备了蒙脱土聚苯胺复合材料,并对其表征。然后将复合材料加入环氧树脂中,以聚酰胺树脂作为固化剂,制备复合环氧涂料。通过 XRD 分析表明制备的复合材料中蒙脱土被完全剥离,同时 FT-IR 分析表明聚苯胺与蒙脱土存在相互作用,涂层力学性能测试表明复合材料各项力学性能均得到提高,电化学阻抗谱(EIS)表明蒙脱土/聚苯胺/环氧树脂表现出优异的耐腐蚀性能。Peter[82]将环氧树脂融入经十八胺盐改性过的蒙脱土,在 80 ℃下搅拌均匀,加入固化剂,研究蒙脱土用量与力学性能的关系,当蒙脱土用量为环氧树脂量的 5% 时,力学性能达到最佳值。

(2) 溶胶凝胶复合法

溶胶凝胶技术是制备材料的湿化学方法中的一种重要方法,是指金属有机或无机化合物经过溶液、溶胶、凝胶固化,再经热处理得到氧化物或其他化合物固体的方法。近些年来研究人员将溶胶凝胶技术应用于纳米粒子改性环氧树脂的研究中并取得了一定的成果,其主要原理是将环氧树脂与烷氧基金属或金属盐的前驱物溶解于共溶剂中,在催化剂作用下,前驱物发生水解、缩合等反应,由溶液经溶胶再凝胶固化,得到纳米粒子改性环氧树脂杂化材料。

刘丹[83]将环氧树脂与不同剂量的偶联剂混合,升温至 80 ℃反应 2 h 后,冷却至 60 ℃,加入一定量的 TEOS 和共溶剂,在搅拌状态下滴加氨水,60 ℃下搅拌 4 h,脱水得到透明改性环氧树脂体系,然后加入一定剂量固化剂及促进剂,脱泡后 60 ℃固化 3 h,即得纳米 SiO_2/环氧树脂杂化材料。当 TEOS 质量分数为 3%,偶联剂为 2% 时,杂化材料拉伸强度和弯曲强度分别提高 9% 和 10%。SEM 分析发现,杂化材料的断口形貌有明显的波纹状,表现为韧性断裂。牟其伍[84]用溶胶-凝胶法制备环氧树脂/纳米 SiO_2 复合材料,研究了在脱除溶剂以及反应副产物过程中温度和表面改性剂对纳米 SiO_2 粒子的分散性及固化后样品力学性能的影响。研究表明纳米 SiO_2 的引入对环氧树脂的力学性能有一定的提高,随着体系溶剂脱除温度的升高纳米粒子的团聚明显,加入表面改性剂能够阻止纳米粒子的团聚,硅烷偶联剂 KH550 比表面活性剂能够更好地阻止纳米粒子的团聚,表面活性剂的加入会使纳米复合材料的力学性能有一定程度的下降。Wang[85]采用溶胶凝胶技术制备 SiO_2 改性环氧树脂,研究了复合体系的流变性能和力学性能,流变性有明显改善,而固化后体系的力学性能无明显改善。

(3) 共混复合法

共混复合法是将纳米粒子表面修饰后直接分散于环氧树脂中,纳米粒子中的羟基等活性基团与环氧树脂中的环氧基等基团发生反应,形成纳米级的复合体系。共混复合法有物理共混和化学共混,已成为研究的重点[86-88]。李蕾[89]用钛酸酯偶联剂对纳米碳酸钙进行改性,经改性过的碳酸钙与环氧树脂在三辊机中碾磨,在 35 ℃下加入固化剂,研究其力学性能。纳米碳酸钙经表面处理后,填充到环氧树脂体系中,使环氧树脂拉伸强度提高 39%、弯曲弹性模量增加 52.9%、冲击强度提高 68.6%。冲击断面 SEM 照片分析结果表明,改性纳米碳酸钙在环氧树脂中能够均匀分散,并在纳米碳酸钙和其周围的基体界面相中出现大量银纹,从而提高了复合材料的抗冲击强度。汤戈[90]利用超声分散法将纳米氧化铝粉末加入环氧树脂中,利用磨损失重法评价了环氧树脂复合材料的耐磨性能,通过扫描电镜观察了纳米粉末在环氧树脂中的分散情况,确定了较优的纳米 Al_2O_3 添加量,图 3.4 和图 3.5 是汤戈研究得到的纳米 Al_2O_3 掺量为 10% 和 30% 时的 SEM 照片。图 3.4 中纳米 Al_2O_3 均匀分散于环氧树脂中,图 3.5 中纳米 Al_2O_3 有团聚现象。从磨损试验的结果来看也是掺量为 10% 时达到最优,于是得到纳米 Al_2O_3 的最优掺量为 10%。刘竞超[91] 把已烘干脱水的纳米 SiO_2 加入含偶联剂的丙酮溶液中,然后用超声波处理 30 min。将该溶液和环氧树脂搅拌混合均匀后脱除溶剂,升温至 130 ℃,使偶联剂与环氧树脂和纳米 SiO_2 反应 1 h。冷却后,加入化学计量的固化剂,混合均匀,抽空脱气后浇入涂有脱膜剂并预热好的钢模中,升温固化完全冷却脱膜,所得板材用于各种性能测试。结果表明纳米 SiO_2 均匀地分散在环氧树脂基体中,有效地改善了环氧树脂的力学性能,并且材料的耐热性也有所提高。

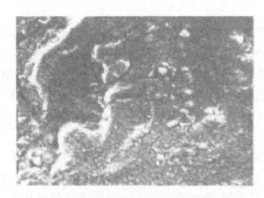 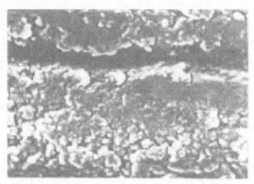

图 3.4　10%nanoAl₂O₃ 改性环氧树脂 SEM　　　图 3.5　30%nanoAl₂O₃ 改性环氧树脂 SEM

插层法得到的纳米/环氧树脂复合材料分散均匀,但技术复杂,可供插层选择的无机物种类有限。溶胶凝胶复合法得到的材料均匀性好,其均匀度甚至可以达到分子或原子级水平,缺点是处理时间过长、制品有时易开裂[92],操作复杂。共混复合法具有原材料来源广、改性成本低、改性工艺简单、利于工业化生产等特点。

6) 纳米粒子的分散方法

纳米粒子的分散方式有机械分散[93]、超声空化分散[94]、酯化反应分散[95]、分散剂分散[96] 等方式。机械分散和超声空化分散属于物理分散,酯化反应法分散、分散剂分散属于化学分散,如将物理分散与化学分散相结合,则能取得更好的分散效果。纳米粒子在环氧树脂中均匀而稳定的分散既是纳米改性环氧树脂研究的难点又是重点。影响纳米粒子稳定分散的因素较复杂,有溶液 pH 值、存在介质、空间位阻、双电层厚度等要素。Antonie[97] 研究表明溶液 pH 值对纳米粒子分散稳定性有显著的影响。Serge[98] 研究认为空间位阻作用是影响纳米粒子稳定分散的主要作用。Mange[99] 研究了电位值对纳米粒子稳定分散的影响。Siffert[100] 根据 DLVO 理论研究了双电层厚度对粒子稳定性的影响。

7) 纳米耐磨涂料的表征方法

表征纳米粒子在环氧树脂中分散效果的方法有流变法[101]、显微镜法[102] 和粒度分布法[103]。流变法是用分散体系的粘度变化情况来判别体系的稳定程度,即分散性,流变法的优点是快速,缺点是不能直接观察分散体系的状态。显微镜法是采用扫描电镜、透射电镜、高分辨透射电镜等手段,制样后观察分散前后的样品即可比较出分散性好坏。粒度分布测量法是指在等同实验条件下,分别测量分散前后的粒度分布,通常分散后的粒度较小,分布较窄,说明分散效果好。目前绝大多数采用的是显微镜法。

3.2.3　纳米耐磨涂料国内外研究进展

近年来纳米耐磨涂料的研究已成为涂料领域研究的热点之一,得到快速发展[104]。Bernd[87]利用纳米 Al_2O_3 对环氧树脂进行增韧改性,研究纳米粒子掺量与磨损率的关系,发现在 2%(体积分数)时,耐磨性最好。巩强[105]用纳米 Al_2O_3 为填料,对其进行表面亲油改性后,分散于羟基丙烯酸树脂或聚酯树脂中。制备出含纳米 Al_2O_3 的透明耐磨涂料,在羟基丙烯酸树脂涂料中添加 5%质量分数的纳米 Al_2O_3,涂膜的耐磨性提高了 66%。刘福春[106]将纳米 SiO_2 先配成浓缩浆,然后由该浓缩浆制成纳米氧化硅复合环氧涂料和聚氨酯涂料,纳米氧化硅占漆膜干膜总重量的 20%,纳米复合聚氨酯漆膜与普通聚氨酯漆膜失重比为 0.66(失重越小,耐磨性越高),纳米复合环氧漆膜与普通环氧漆膜失重比为 0.76。王昉[107]将分散剂 DP-983、纳米 Al_2O_3 和稀释剂混合、搅拌均匀后,放入盛有玻璃微珠的容器中,振荡 30 min 后,制成纳米 Al_2O_3 分散浆,再制成丙烯酸纳米 Al_2O_3 复合涂料,纳米 Al_2O_3 添加量为 2%,750 g 负荷 500 转下该涂膜的失重为 0.002 3 g,与未掺纳米粒子的丙烯酸涂料相比,耐磨性提高 200%。王毅[108]选择了一种非离子型的表面活性剂作为纳米 TiO_2 在醇酸涂料中的分散剂,当纳米 TiO_2 掺量为 4%时,耐磨性提高非常明显。CN102504681A[109]介绍了一种纳米汽车涂料,用硬脂酸钠对纳米 Al_2O_3 进行表面处理,硬脂酸钠的羧基与纳米 Al_2O_3 表面的羟基进行脱水反应,将纳米 Al_2O_3 由亲水性转变为疏水性,按 1%的含量加入聚氨酯中,在 140 ℃下固化,得到一种耐磨、耐冲击附着力好的高级汽车用纳米耐磨涂料。CN101284957A[110]介绍了一种纳米夜光耐磨路标涂料。南京工业大学赵石林等研制的纳米透明耐磨涂料应用于树脂片,耐磨性提高 5 倍以上。杭州微微纳米技术有限公司依托中国科学院,专业生产纳米 Al_2O_3,通过与涂料油漆厂家长期合作,推出纳米耐磨涂料添加剂系列产品。

美国 Nanophase Technologies 公司将纳米 Al_2O_3 与透明清漆混合,制得的纳米耐磨涂料耐磨性提高 4 倍,该纳米 Al_2O_3 透明涂料可广泛应用于透明塑料、高抛光的金属表面及木材等材料表面。Triton System 公司用纳米陶土与聚合物树脂制得的纳米透明耐磨涂料应用于飞机座舱盖的耐磨保护。SD 公司直接将纳米 SiO_2 及纳米金属氧化物溶胶用于耐磨透明涂料 SILVUE 系列产品,这种涂料还可以防紫外光和防雾化,已成功用于汽车、飞机、建筑物的玻璃及其他透明度和耐磨性要求高、环境苛刻的场所。美国空军实验室材料与制造处所研制的超韧纳米复合涂料应用于战斗机发动机的抗冲耐磨保护。德国 Chrysler 公司研制出一种纳米透明漆,可以在喷涂后的汽车车身上形成一层致密的网状结构,其中含有许多微小陶瓷颗粒,当车身与其他物体发生碰撞时,其防止刮痕出现的性能比传统汽车漆好4 倍以上。

3.2.4　水工混凝土用纳米耐磨涂料的发展方向

泄水建筑物遭受挟砂水流的冲磨破坏已成为水利水电工程中的一个重要问题,严重的甚至会威胁结构的安全和使用寿命。在现有的抗冲磨护面材料中,环氧耐磨涂料无疑具有施工方便、耐磨性能好、后期维修简便等诸多优点。但随着一批高水头大流量泄水建筑物的问世,普通环氧耐磨涂料由于本身固有的一些缺点,已不能满足泄水建筑物对耐磨护面材料提出的更高要求,必须对环氧树脂和环氧耐磨涂料进行增韧、增强、耐磨等方面的改性。利用纳米粒子对环氧树脂进行改性是一种新型的改性方法,已成为环氧树脂研究领域的热点之一,并取得了众多成果。然而,若想将纳米改性环氧树脂技术应用于泄水建筑物的抗冲磨保护,还有许多问题有待深入研究。

（1）一般情况下纳米粒子能均匀分散于环氧树脂中都有一个最高掺量,高于这一最高掺量,纳米粒子容易团聚。现有的文献给出的最高掺量差别较大,主要原因是不同的研究人员研究的体系不同,鲜有文献对同一体系中不同纳米粒子的最高掺量进行讨论。

（2）现有的文献中有不少采用分散剂来提高纳米粒子的分散性能,但对于环氧树脂体系,分散剂的选择及其适应性的探讨有待深入。

（3）文献中用于改性环氧树脂的常用纳米粒子有 SiO_2、Al_2O_3、SiC、TiO_2 等,此外是否有更优的纳米粒子适用于环氧树脂的耐磨改性。

（4）目前的研究成果多是采用单一纳米粒子改性环氧树脂,采用多种纳米粒子组合改性的效果值得探讨。

（5）纳米粒子增强增韧或提高环氧树脂耐磨性能大多有一个最优掺量,高于或低于这一最优掺量,性能都会降低。但鲜有文献讨论不同纳米粒子的最优掺量与均匀分散时最高掺量的关联性。

（6）纳米粒子对环氧耐磨涂层性能的影响,现有的研究大多集中于纳米粒子对作为浇筑体的环氧树脂性能的影响,而纳米粒子对环氧树脂耐磨涂层性能影响的研究极少。

3.3　纳米粒子在抗冲磨涂料中的分散

纳米粒子既不是长程有序的晶体,也不是短程有序的非晶体,而是一种长短程都无序的类气体结构。随着粒径减小,表面原子所占比例显著增加,处于表面的原子与处于晶体内部的原子所受力场有很大的不同。内部原子受力来自周围原子的对称价键力和来自稍远原子的远程范德华力,受力对称,其价键是饱和的。表面原子受力为与其邻近的内部原子的非对称价键力和其他原子的远程范德华力,受到的作用力不对称,其价键是不饱和的,有与外界原子键合的倾向[111]。宏观表现为纳米粒子极易团聚沉降,所以纳米抗冲磨涂料保证优异性能的前提条件是纳米粒子必须均匀分散于成膜树脂基体中。

由于用于制造水工混凝土抗冲磨涂料最适宜的成膜树脂是环氧树脂,所以本章以环氧树脂为例,讨论不同纳米粒子在成膜树脂中的分散问题。

3.3.1　纳米粒子的分散过程

所有粉末在应用过程中都不可避免地遇到分散的问题。特别是随着粉末尺寸的微细化,粉体往往并非以初级粒子的形式存在,而是形成具有一定结构的团聚体。这种结构形式的存在给粉体的后序加工带来了诸多困难。粉体的分散性已经成为粉体应用过程中最为重要的性能指标之一。

粉体在介质中分散可分为三个基本过程,即润湿过程、分散解团聚过程和稳定化过程[112]。实际上,这几个过程几乎是同时发生的,只是为了讨论方便才将它们分开。

1) 润湿过程

润湿过程是指粉体表面吸附液态介质,气/固界面被液/固界面所取代的过程。分散介质对粉体表面的润湿程度是影响粒子分散状态的重要因素,润湿性好,一般稳定性就比较好。润湿情况的好坏可以用接触角 θ 来表示,其中接触角 θ 可以用杨氏公式进行计算:

$$\cos\theta = (\gamma_s - \gamma_{sl})/\gamma_l$$

其中 γ_s 为固体粉末的表面张力,γ_{sl} 为粉末/液体之间的界面张力,γ_l 为液体的表面张力。对于确定的固体粉末及液态介质来说,γ_s 及 γ_l 不变,减小 θ 的唯一办法是降低 γ_{sl}。这一操作可以通过添加润湿分散剂,改变固/液界面状态而实现。

2) 分散解团聚过程

分散解团聚过程是指通过外加机械力(剪切、挤压等)作用,利用球磨、砂磨、平磨、辊轧、高速搅拌、超声分散等手段将粉末团聚体打开,使粉体平均粒径下降的过程。粉体破碎的理想状态是全部变成初级粒子,但在实际应用体系中,这种状态是很难实现的。在粉体的常规分散过程中,粉体粒径因破碎逐步变小,表面积逐步增加。破碎粉体的机械能部分地传递给了新生表面,从而使粉体表面能上升。由于表面能的上升在热力学上是不稳定的,因此粒子又有重新团聚的倾向。最终破碎与团聚达到平衡状态,使分散体系获得一定的粒径分布。在分散体系中引入润湿分散剂可以改变这一过程的平衡常数,使粒子粒径朝小的方向变化,并往往使粒径分布变窄。

3) 稳定化过程

稳定化过程是指经机械破碎后的粉体在外力消失后仍然保持稳定悬浮状态的过程,其特征是粒子不重新团聚,维持已经获得的粒径及粒径分布。分散体系不出现结块、沉降或悬浮现象。

影响分散体系稳定性的因素有很多,其中主要包括表面自由能、奥氏熟化作用、范德华吸引力、重力(或浮力)作用、布朗运动、表面电荷、表面吸附层等。前四者为分散体系的失稳因素,后两者为分散体系的稳定化因素。而布朗运动对分散体系具有双重作用。一方面布朗运动会导致颗粒之间相互碰撞,给颗粒之间的重新团聚提供机会,另一方面布朗运动会使粒子扩散,减弱重力(或浮力)作用所产生的浓度差。分散体系对外所表现出来的稳定性是上述所有因素共同作用的结果。由于粉末在介质中形成分散体系后属热力学不稳定体系,因此这里所说的稳定性是指分散体系在动力学上的稳定性,是一个相对的概念。评价一个分散体系的稳定化程度与分散体系的应用要求密切相关。

3.3.2 纳米粒子的分散机理

纳米粒子分散在液相中,分散行为较为复杂,目前能被大家认同的分散机理主要有双电层静电稳定理论、空间位阻稳定理论和空缺稳定机理。

1) 双电层静电稳定理论(DLVO 理论)[113]

双电层静电稳定理论是第一个分散稳定理论,由苏联学者 Derjaguin 和 Landau 以及荷兰学者 Verway 和 Overbeek 分别独立地在 20 世纪 40 年代提出,故又称 DLVO 理论。该理论主要讨论了胶体粒子表面电荷与稳定性的关系。静电稳定指粒子表面带电,在其周围会吸引一层相反的电荷,形成双电层(electrical double layers),通过产生静电斥力实现体系的稳定。

静电稳定指粒子表面带电,在其周围会吸附一层相反的电荷,形成双电层,通过产生静电斥力实现体系的稳定,如图 3.6 所示。根据 DLVO 理论,带电胶粒之间存在着两种相互作用势能即双电层静电排斥能 V_R 和范德华吸引能 V_A,分散体系总的势能 V_T 为两者之和,即

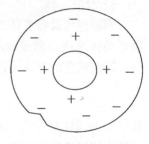

$$V_T = V_R + V_A$$

图 3.6　微粒表面双电层

当两个离子趋近而离子氛还没重叠时,粒子间并无排斥作用;当离子相互接近到离子氛发生重叠时,处于重叠区中的离子浓度显然较大,破坏了原来电荷分布的对称性,引起离子氛中的电荷重新分布,即离子从浓度较大区间向未重叠区间扩散,使带正电的离子受到斥力作用而相互脱离,这种斥力是通过粒子间距离表示的。当两个这样的粒子发生碰撞时,在它们之间产生了斥力,从而使粒子保持分离状态,如图 3.7 所示。

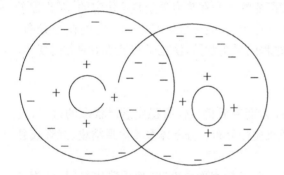

图 3.7　微粒表面离子氛重叠

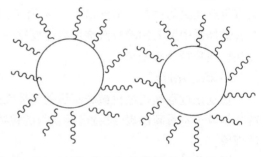

图 3.8　空间位阻稳定示意图

2) 空间位阻稳定理论[114]

DLVO 理论对水介质和部分非水介质的粒子分散体系是适用的,但对另一部分非水介质中粒子的分散则不适用。如有些加入高分子化合物的粒子非水分散体系,尽管静电排斥力几乎为零,但分散体系非常稳定。Heller、Pugh 和 Warrden 等分别在 20 世纪 50 年代针对高分子聚合物的吸附对粒子分散体系的作用提出了空间位阻稳定机理,如图 3.8 所示。其主要原理是通过加入高分子聚合物,使其一端的官能团与粒子发生吸附,另一端高分子链则伸向介质中,形成阻挡层,阻挡粒子之间的碰撞、聚集和沉降。为防止粒子发生吸引,阻挡层应至少大于 10 nm。吸附斥力大小取决于高分子链的尺寸、吸收密度和构象。当两个吸附有高分子聚合物的粒子相互靠近,距离小于吸附层厚度的二倍时,会引起体系的熵变,从而使 Gibbs 自由能变化。

$$\Delta G = \Delta H - T\Delta S$$

空间位阻稳定理论有两大类。一类是以统计学为根据的熵稳定理论。该理论假设粒子吸附层具有弹性而不能相互渗透。当吸附层被压缩后,作用区内聚合物链段的构象熵减小,使 ΔG 增大,因而产生斥力势能,起到了稳定作用。另一类是以聚合物溶液的统计热力学为

根据的渗透斥力(或混合热斥力)稳定理论。渗透斥力假设吸附层可以重叠,吸附层重叠后,重叠区内的聚合物浓度增加,使重叠区出现过剩的化学位,由此产生渗透斥力位能,使空间斥力势能增大,粒子分散变得稳定。

3) 空缺稳定机理[115]

由于颗粒对聚合物产生负吸附,在颗粒表面层聚合物浓度低于溶液的体相浓度。这种负吸附现象导致颗粒表面形成一种空缺层,当空缺层发生重叠时就会产生斥力能或吸引能,使物系的位能曲线发生变化。在低浓度溶液中,吸引占优势,胶体稳定性下降,在高浓度溶液中,斥力占优势,胶体稳定。由于这种稳定是依靠空缺层形成的,故称空缺稳定机理。分散剂由于能显著改变悬浮微粒的表面状态和相互作用而成为研究的焦点,分散剂在悬浮液中吸附在微粒表面,提高微粒的排斥势能进而阻止微粒的团聚。

3.3.3 分散效果的表征方式

目前没有明确的评价纳米粒子在溶剂(有机或水)中分散效果的方法,大多研究者[116-118]利用电镜技术研究纳米粒子在环氧树脂体系中的分散效果,根据照片判断是否有团聚。这种方法的优点是能看到纳米级粒子的分布状况,缺点是缺少总体的概念,并且试验周期过长,有研究者或生产技术人员若想在试验初期大批量地筛选则很难实现。

最直观和简单的方法是利用沉降高度法来表征纳米粒子在溶剂中及环氧树脂系统中的分散效果,具体的方法是将分散过的液体倒入试管中,静置一段时间观测纳米粉体的沉降情况。以上层清液的高度代表沉降高度,沉降越多,上层清液越多,分散效果越差;经过时间越长沉降越少,上层清液越少,则分散效果越好。如图 3.9 所示,左侧试管中已有大量沉降,上层黄色清液较多,右侧试管中没有明显沉降,通过比较,可以清楚地看出右侧样品的分散性明显优于左侧样品,这种方法具有效率高、直观性强的优点。

图 3.9　沉降高度法示意图

3.3.4 不同纳米粒子在不同分散剂中的分散效果

不同纳米粒子在不同情况下的分散效果见表3.2～表3.9。

表 3.2 nanoSiO$_2$在不同分散剂及掺量下的分散性效果

分散剂种类	分散剂掺量(%)	1 h 清液高度(mm)	2 h 清液高度(mm)	24 h 清液高度(mm)
—	0	38	45	75
分散剂1	5	29	41	72
	10	0	0	0
	15	0	0	0
	20	0	0	0
分散剂2	5	33	37	70
	10	0	0	0
	15	0	0	0
	20	0	0	0
分散剂3	5	36	49	78
	10	35	44	75
	15	37	56	76
	20	52	66	78

表 3.3 nanoAl$_2$O$_3$在不同分散剂及掺量下的分散性效果

分散剂种类	分散剂掺量(%)	1 h 清液高度(mm)	2 h 清液高度(mm)	24 h 清液高度(mm)
—	0	39	43	76
分散剂1	5	11	18	70
	10	12	15	64
	15	0	0	8
	20	0	0	9
分散剂2	5	13	18	75
	10	12	15	68
	15	0	0	8
	20	0	0	7
分散剂3	5	40	49	77
	10	13	38	75
	15	13	37	75
	20	39	47	77

表 3.4　nanoSiC 在不同分散剂及掺量下的分散性效果

分散剂种类	分散剂掺量(%)	1 h 清液高度(mm)	2 h 清液高度(mm)	24 h 清液高度(mm)
—	0	56	75	82
分散剂 1	5	55	75	80
	10	45	63	82
	15	38	39	72
	20	21	34	67
分散剂 2	5	54	68	80
	10	55	59	83
	15	36	38	78
	20	23	36	69
分散剂 3	5	57	73	80
	10	55	59	81
	15	55	58	80
	20	53	59	80

表 3.5　nanoZrO$_2$ 在不同分散剂及掺量下的分散性效果

分散剂种类	分散剂掺量(%)	1 h 清液高度(mm)	2 h 清液高度(mm)	24 h 清液高度(mm)
—	0	36	45	78
分散剂 1	5	13	15	71
	10	12	15	64
	15	0	0	8
	20	0	0	7
分散剂 2	5	16	17	74
	10	15	17	60
	15	0	0	9
	20	0	0	7
分散剂 3	5	37	49	78
	10	32	36	77
	15	32	37	77
	20	33	39	73

表 3.6　nanoAl$_2$O$_3$在不同分散方式下的分散性效果

分散方式	1 h 清液高度(mm)	24 h 清液高度(mm)
电磁搅拌	68	80
超声空化	39	81
电磁搅拌＋超声空化	10	76
电磁搅拌＋超声空化＋分散剂	0	8

表 3.7　nanoSiO$_2$在不同分散方式下的分散性效果

分散方式	1 h 清液高度(mm)	24 h 清液高度(mm)
电磁搅拌	56	78
超声空化	33	77
电磁搅拌＋超声空化	5	75
电磁搅拌＋超声空化＋分散剂	0	0

表 3.8　nanoSiO$_2$在 EP 中的分散性效果

分散剂种类	分散剂掺量(%)	1 h 清液高度(mm)	24 h 清液高度(mm)
分散剂 1	10	0	0
分散剂 2	10	0	26

表 3.9　nanoAl$_2$O$_3$在 EP 中的分散性效果

分散剂种类	分散剂掺量(%)	1 h 清液高度(mm)	24 h 清液高度(mm)
分散剂 1	15	0	0
分散剂 2	15	0	28

3.3.5　分散剂

分散剂 1 和分散剂 2 属于偶联剂类,分散剂 3 属于电解质类,分散剂 1 和分散剂 2 的区别是末端官能团不同。从结果来看,除纳米 SiC 外,分散剂 1 和分散剂 2 对其余三种纳米粒子都有很好的分散稳定性,而分散剂 3 对四种纳米粒子都没有明显的分散效果,如图 3.10 所示,图中分散剂的用量是各分散剂最佳效果时的用量,静置时间为 24 h。根据前述分散过程和分散机理,分散剂 1 和分散剂 2 属于偶联剂类,偶联剂具有两性结构,其分子结构中的一部分基团可与纳米粒子表面的各种官能团反应,形成强有力的化学键,另一部分基团可与有机高聚物发生某些化学反应或物理缠绕,发挥空间位阻效应。经偶联剂处理既抑制了微粒本身的团聚,又增加了纳米微粒在有机介质中的可溶性,使其能较好地分散在有机体中,偶联剂分散的主要作用机理是空间位阻作用。分散剂 3 属于电解质类分散剂,如前所述,纳米微粒在液体中的分散分为润湿、分散解团聚及微粒稳定化 3 个阶段。要使液体润湿固体,必须控制液体在固体表面上的铺展系数大于零。电解质类分散剂的作用是以离子形式吸附于纳米微粒表面,降低固/液和液/气两界面张力,一旦液体润湿粒子,则粒子逐渐分散。同种电荷之间的静电斥力导致纳米粒子间排斥能增大,有利于分散的稳定,所以电解质类分散剂的主要机理是双电层静电稳定机理。但是本实验的四种纳米粒子分散都是在丙酮溶剂中进行的,由于体系的介电常数较低,电解质的电性势垒对于体系分散作用的贡献极微小,所以分散剂 3 没有明显的分散效果。

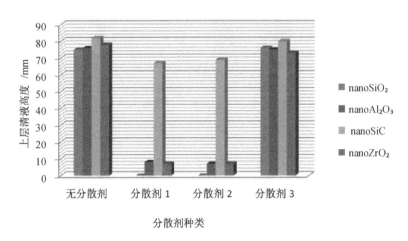

图 3.10　分散剂种类对纳米粒子分散效果的影响

同种分散剂,对于不同的纳米粒子,分散剂发挥分散作用的最低用量并不相同,如分散剂 1,对于 nanoSiO$_2$ 最低用量是 10%,而对于 nanoAl$_2$O$_3$ 和 nanoZrO$_2$ 最低用量是 15%,低于最低用量时无明显分散效果,如图 3.11 所示。分散剂 2 的情况与分散剂 1 类似,见图 3.12。偶联剂类分散剂真正起作用的是在溶液中形成单分子吸附层的那部分分子,过多地使用分散剂不仅提高成本,还起不到分散效果。理论上的最佳用量是在纳米粒子表面达到单分子层吸附所需的用量,但实际应用中这一最佳用量与通过计算得到的 100% 覆盖时的用量往往是不同的,所以需要通过试验来确定。由图 3.11 和图 3.12 得出对 nanoSiO$_2$ 分散剂的最佳用量是 10%,对 nanoAl$_2$O$_3$ 和 nanoZrO$_2$ 分散剂的最佳用量是 15%。

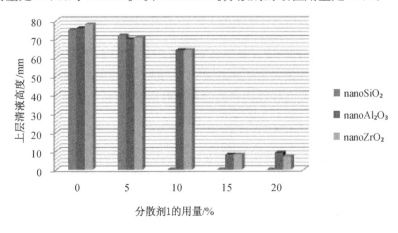

图 3.11　分散剂 1 的用量与分散效果的关系

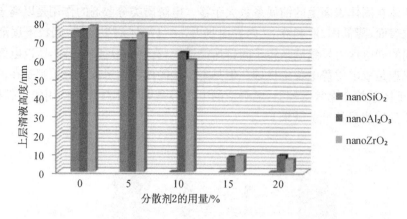

图 3.12　分散剂 2 的用量与分散效果的关系

3.3.6　分散方式

纳米微粒极易产生自发聚集,表现出强烈的团聚特性,纳米粒子能否表现出纳米级材料特有的性能关键在于在体系中是否能均匀分散,而分散方法对分散结果有着重要的影响,纳米粉体的分散方法可分为物理分散和化学分散。

1) 物理分散

物理分散方法主要有机械分散法、超声波分散法和高能处理法。

(1) 机械分散法

机械分散是一种简单的物理分散,主要借助外界剪切力或撞击力等机械能,使纳米粒子在介质中分散。事实上,这是一个非常复杂的分散过程,是通过对分散体系施加机械力引起体系内物质的物理、化学性质变化以及伴随的一系列化学反应来达到分散目的,这种特殊的现象称为机械化学效应。机械搅拌分散的具体形式有研磨分散、胶体磨分散、球磨分散、空气磨分散、机械搅拌等。在机械搅拌下,纳米微粒的特殊表面结构容易产生化学反应,形成有机化合物支链或保护层,使纳米微粒更易分散。该方法属于机械力强制性解团聚方法,团聚微粒尽管在强制剪切力下解团聚,但微粒间的吸附引力犹存,解团聚后又可能迅速团聚长大。

(2) 超声波分散法

超声波分散是将需要处理的微粒悬浮体直接置于超声场中,用适当频率和功率的超声波加以处理,是降低纳米微粒团聚的一种有效方法,其作用机理被认为与空化作用有关。利用超声空化产生的局部高温、高压或强冲击波和微射流等,可较大幅度地弱化纳米微粒间的纳米作用能,有效地防止纳米微粒团聚而使之充分分散。

(3) 高能处理法

高能处理法是利用高能粒子作用,在纳米微粒表面产生活性点,增加表面活性,使其易与其他物质发生化学反应或附着,对纳米微粒表面进行改性进而达到分散的目的。高能粒子包括电晕、紫外线、微波、等离子体射线等。

2) 化学分散

纳米微粒在介质中的分散是一个分散与团聚的动态平衡。尽管物理方法可以较好地实现纳米微粒在介质中的分散,但一旦外界作用力停止,粒子间由于分子间力又会相互聚集。而采用化学分散,通过改变微粒表面性质,使微粒与液相介质、微粒与微粒间的相互作用发生变化,增强微粒间的排斥力,将产生持久抑制絮凝团聚的作用。

化学分散方法主要有酯化反应法、分散剂法。

纳米耐磨涂料的配制一般采用物理分散与化学分散相结合的方法,物理分散中采用机械分散与超声空化分散相结合。如果是少量的实验室试配,那么机械分散在试验初期建议采用电磁搅拌的分散方式,在试验后期建议采用高速分散机,因为高速分散机要求的样品分散量较多,前期实验量大会造成很大的材料浪费,而电磁搅拌只要很少的样品分散量就可进行。如果是大批量生产,机械分散可直接采用高速分散机分散。

电磁搅拌和超声空化单独使用时,都能起到一定的分散效果,但效果均不理想,相比较而言,电磁搅拌在短时间内比超声空化有更好的分散效果,如图 3.13 所示。这是因为电磁搅拌高速分散是利用外界强剪切能强行打开团聚的纳米粒子,对大的团聚体效果较好,但对小团聚体效果就差些。超声空化分散是利用一定频率内的超声波具有波长短、能量集中、近似直线传播的特点,降低纳米粒子的表面能,打开团聚体[119],纳米粒子表面活性基团与分散剂发生化学反应,使其不容易再次团聚,所以其效果优于单独的高速分散,尤其是对小的团聚体。但超声空化时间不宜过长,否则刚形成的化学键又会被再次打断[120-121],一般超声空化时间以 30 分钟左右为宜[122-123]。分别经电磁搅拌和超声空化单独处理后,静置 24 小时,两种液体中粉体的沉降高度又基本相等,如图 3.14 所示。这是因为高速分散和超声空化所起的作用都是物理作用,体系没有增加官能团之间的键合,分散只是临时的。而加入适宜的分散剂后再经过高速分散和电磁搅拌,情况完全得到改变,如图 3.14 所示中经电磁搅拌、超声空化和分散剂共同作用后,nanoSiO$_2$ 没有任何分层,而 nanoAl$_2$O$_3$ 也仅有微小的分层。

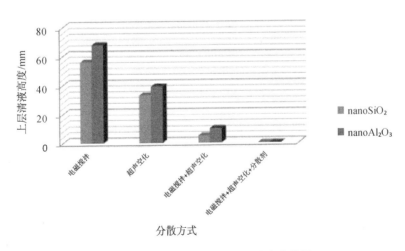

图 3.13 不同分散方式 1 h 后的分散效果

3.3.7 分散介质

在丙酮溶剂体系中,分散剂 1 与分散剂 2 的分散行为相似,只要达到最低掺量,都有很好的分散效果,但在环氧树脂体系中情况就有所不同。

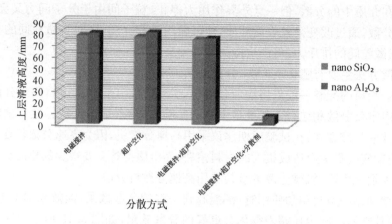

图 3.14 不同分散方式 24 h 后的分散效果

如图 3.15 所示，nanoSiO₂/EP 体系中分散剂 1 仍有很好的分散效果，而分散剂 2 有较大的分层。图 3.16 是 nanoAl₂O₃/EP 体系，情况与 nanoSiO₂/EP 体系相类似。

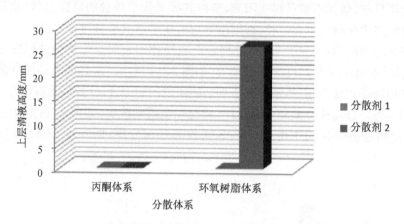

图 3.15 分散剂在不同介质体系中对 nanoSiO₂ 分散效果的影响

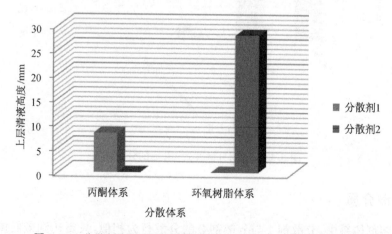

图 3.16 分散剂在不同介质体系中对 nanoAl₂O₃ 分散效果的影响

分散剂 1 与分散剂 2 有相类似的分子结构,其结构通式如下:

$$(Y-R)_n-Si-X$$

其中:Y——有机功能基团,与有机物发生化学反应;

　　R——有机功能架桥基团,不参与化学反应;

　　X——烷氧基团,分解后与纳米粒子中的羟基等功能官能团形成氢键等化学键。

分散剂 1 和分散剂 2 中的 X 为 $(CH_3O)_3$,其与环氧树脂作用的机理如下:

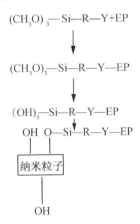

分散剂 1 与分散剂 2 的区别是分子结构中 Y 基团不同,分散剂 1 中 Y 为 $NH_2-CH_2-CH_2-$,分散剂 2 中 Y 为 $CH_2=C(CH_3)-CO-O-CH_2-CH_2-CH_2-$,分散剂 1 中的仲胺基容易与环氧树脂中的环氧基起反应,分散剂 2 中碳碳双键则不易与环氧基起反应。所以在环氧树脂为连续相时,分散剂 1 比分散剂 2 具有更好的分散效果,分散剂 1 分散后的 $nanoAl_2O_3/EP$ 如图 3.17 所示,是均匀的乳白色浆状体。

图 3.17　分散剂 1 分散后的 $nanoAl_2O_3/EP$ 复合物

3.3.8　纳米粒子含量与分散稳定性

环氧树脂体系中纳米粒子达到理想分散效果时纳米粒子占环氧树脂的最大质量百分含量称为纳米粒子的最高掺量,高于这一最高掺量,纳米粒子发生团聚的概率明显增加。各项性能指标如耐磨性等达到最优时纳米粒子占环氧树脂的最大质量百分含量称为最优掺量。从前述的文献来看,不同的研究者得到的纳米粒子的最高掺量和最优掺量都不尽相同,且差别较大,可能的原因是纳米粒子所在的体系不同,采用的分散方式、分散剂种类及用量、其他填料的影响等都有所不同。本章分别研究 nanoSiO₂、nanoAl₂O₃、nanoZrO₂ 在环氧树脂体系中的最高掺量,为后续的最优掺量研究提供依据,结果见表 3.10。

表 3.10 纳米粒子含量对分散效果的影响

体系	纳米粒子掺量(%)	1 h 清液高度(mm)	24 h 清液高度(mm)
nanoSiO₂-EP	1	0	0
	3	0	35
	5	0	75
	7	0	78
nanoAl₂O₃-EP	1	0	6
	3	0	8
	5	0	43
	7	23	66
nanoZrO₂-EP	1	0	6
	3	0	7
	5	0	7
	7	18	59

注:表中纳米粒子的掺量是指纳米粒子占环氧树脂的质量百分含量(以下同)。

由表 3.10 可见,nanoSiO₂ 在本体系中掺量为 1% 时分散均匀,当掺量达到 3% 时,24 小时体系出现较大的分层,可见 nanoSiO₂ 在本体系中的最高掺量为 1%,nanoAl₂O₃ 和 nanoZrO₂ 的最高掺量分别为 3% 和 5%。由此可见,即使在相同的体系下,不同的纳米粒子具有不同的最高掺量,这可能与纳米粒子的粒径及表面特性等因素相关。

图 3.18 是不同含量的纳米粒子改性环氧树脂后的 SEM,照片(a)是 1%nanoSiO₂ 改性环氧树脂所得的复合体系,纳米粒子均匀分散于环氧树脂基体中,(b)中 nanoSiO₂ 含量增加到 5%,可见已经形成较多的针状团聚体。(c)和(d)都是 nanoAl₂O₃ 改性环氧树脂,(c)中 nanoAl₂O₃ 含量为 3%,而(d)中 nanoAl₂O₃ 含量为 7%,(c)中 nanoAl₂O₃ 能均匀分散,(d)中 nanoAl₂O₃ 有较多团聚。5% 的 nanoZrO₂ 大多能均匀分散于环氧树脂基体中(e),继续增加 nanoZrO₂ 到 7% 就会出现团聚(f)。SEM 结果与采用沉降高度法观测到的宏观分散性能基本一致。

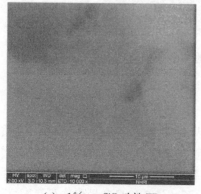
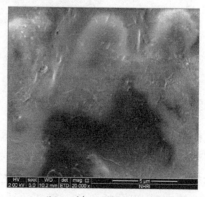

(a) 1%nanoSiO₂ 改性 EP   (b) 5%nanoSiO₂ 改性 EP

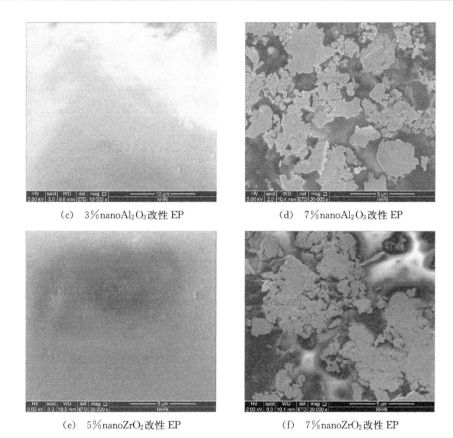

（c）　3%nanoAl₂O₃改性 EP　　　　　（d）　7%nanoAl₂O₃改性 EP

（e）　5%nanoZrO₂改性 EP　　　　　（f）　7%nanoZrO₂改性 EP

图 3.18　不同含量的纳米粒子改性环氧树脂的分散效果 SEM

3.3.9　分散效果与树脂基体拉伸强度

1）试验方法

将纯环氧树脂及经纳米粒子改性过的环氧树脂溶解于丙酮中，与 T31 固化剂混合后倒入自制的模具中，24 小时后取出，用专用刀具切成哑铃形试片（图 3.19），常温固化 7 天，60 ℃下固化 5 小时，待其完全固化后，用如图 3.19 所示拉力机进行拉伸试验，拉伸速率 10 mm/min。

图 3.19　拉伸试验用试　　　　　图 3.20　拉伸试验

2) 试验结果与分析

试验结果见表 3.11,表中拉伸强度值为 5 个平行试验测值的平均值。

表 3.11　拉伸性能试验结果

体系	纳米粒子掺量(%)	拉伸强度(MPa)
纯 EP	0	35.6
nanoSiO$_2$-EP	1	57.8
	3	49.1
	5	33.1
	7	32.5
nanoAl$_2$O$_3$-EP	1	46.7
	3	57.5
	5	52.1
	7	29.6
nanoZrO$_2$-EP	1	44.1
	3	54.6
	5	58.2
	7	36.2

通常情况下纯环氧树脂浇铸体的拉伸强度在 45 MPa 左右,本次试验中纯环氧树脂固化后的拉伸强度为 35.6 MPa(见表 3.11),略低于浇铸体的拉伸强度。这是由于本次试验的目的是研究纳米粒子对用作耐磨涂层的环氧树脂性能的影响,正常情况下涂料中有溶剂,为了更接近于实际状况,拉伸试验过程中没有专门脱除溶剂而是靠自然挥发,可能是挥发不够完全导致纯环氧树脂的拉伸强度略有降低。由于所有的试验都在同一情况下进行,所以这对研究纳米粒子对环氧树脂拉伸强度的作用没有影响。由表 3.11 可见,加入 3 种纳米粒子后,拉伸强度都有提高,随着纳米粒子含量的增加,拉伸强度都呈现先增加后减少的趋势。由图 3.21 可见,分别加入三种纳米粒子后,环氧树脂复合体系拉伸强度能达到的最大值很

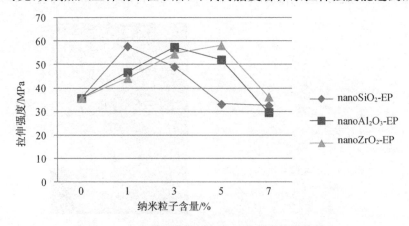

图 3.21　纳米粒子掺量对复合材料拉伸性能的影响

接近,分别为 57.8 MPa、57.5 MPa 和 58.2 MPa,提高幅度分别为 62.4%、61.5% 和 63.5%。但达到最大值时的掺量各不相同,纳米 SiO_2 在掺量为 1% 时就达到最大值,而纳米 Al_2O_3 和纳米 ZrO_2 分别在掺量 3% 和 5% 时达到最大值。达到最大值后继续增加纳米粒子的掺量,复合材料的拉伸性能均下降。纳米粒子的掺量为 7% 时,$nanoSiO_2-EP$ 和 $nanoAl_2O_3-EP$ 的拉伸强度都已低于纯环氧树脂的拉伸强度,$nanoZrO_2-EP$ 复合材料的拉伸强度也已与纯环氧树脂的接近。

3.3.10　分散效果与树脂基体韧性

1) 试验方法

环氧树脂性较脆,一般不直接作为工程材料,对环氧树脂的改性研究较早,采用纳米粒子改性环氧树脂韧性是近年来环氧树脂改性研究的热点[124-125]。李朝阳[126]在环氧树脂中加入 $nanoSiO_2$ 得到 $nanoSiO_2-EP$ 复合材料的断裂应力大于屈服应力,如图 3.22 所示,表明为韧性断裂,环氧树脂的韧性得到了改善。

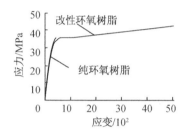

图 3.22　改性前后 EP 的应力

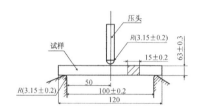

图 3.23　环氧树脂浇铸体弯曲

评价纳米粒子改性环氧树脂韧性效果的方法现在一般采用的是测试复合材料的弯曲强度[127-128],采用该方法得到的评价结果并不一致,多数人认为经纳米粒子改性后的环氧树脂复合体系的弯曲强度显著提高[129-130],也有人认为加入纳米粒子后环氧树脂弯曲强度反而会降低[131]。这可能的原因是试验条件不同,采用的纳米粒子粒径及种类不同,得到的结果也就不一致。弯曲强度试验方法主要用来评价环氧树脂浇铸体抗弯曲的能力,试验示意图见图 3.23,该方法并不适合用于评价涂料涂膜柔韧性的指标。

圆柱弯曲试验法最适宜用来评价纳米粒子对环氧树脂柔韧性的改善,圆柱弯曲试验法由 12 根不同直径的圆柱体组成,如图 3.24 所示,最小直径 2 mm,最大直径 32 mm,圆柱弯曲试验如图 3.25 所示。

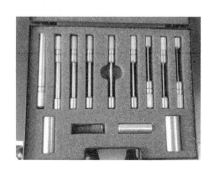

图 3.24　圆柱弯曲试验器

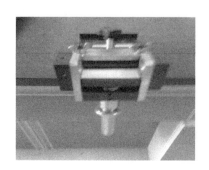

图 3.25　圆柱弯曲试验

试验前先制作试样,把纯环氧树脂或经改性过的环氧树脂与溶剂、固化剂混合后涂刷于马口铁片上,于常温下放置10天,待其充分固化后进行试验。试验时将规定直径的圆柱体插入试验器的孔中,马口铁片试样加载至试验器上,转动把手使马口铁片试样绕圆柱体旋转,柔韧性好的样品不会出现裂纹,柔韧性差的试样表面马上出现裂纹,能经受的圆柱体直径越小,样品柔韧性越好。

2)试验结果与分析

固化剂分别采用聚酰胺650和T31,圆柱弯曲试验结果见表3.12。

表 3.12　圆柱弯曲试验结果

体系	纳米粒子掺量(%)	柔韧性(mm)	
		650 固化	T31 固化
纯 EP	0	25	>32
nanoSiO$_2$-EP	1	2	4
	3	2	4
	5	5	12
	7	6	16
nanoAl$_2$O$_3$-EP	1	12	16
	3	2	4
	5	2	5
	7	3	5
nanoZrO$_2$-EP	1	13	16
	3	7	4
	5	2	4
	7	3	5

表3.12中,纯环氧树脂在T31固化下经最大直径圆柱体(ϕ32 mm)试验,表面仍有开裂现象,表明纯环氧树脂柔韧性很差。经聚酰胺650固化的环氧树脂相对于T31固化的环氧树脂柔韧性有所提高,但仍只有25 mm,说明采用合适的固化剂能提高环氧树脂的柔韧性,但只依靠固化剂,柔韧性提高幅度有限。分别经三种纳米粒子改性后的纳米粒子环氧树脂复合体系的柔韧性均有显著的提高,且随粒子含量的增加,柔韧性向好的方向发展,达到一定含量后,柔韧性又都有下降的趋势,见图3.26及图3.27;固化剂采用聚酰胺650时,三种纳米环氧复合体系的柔韧性都由25 mm增韧到2 mm,固化剂采用T31时,三种纳米环氧复合体系的柔韧性由大于35 mm增韧到4 mm,增韧幅度明显。柔韧性发展的趋势与前述分散性试验中纳米粒子在环氧树脂体系中的分散效果较一致,与复合材料强度的改善趋势也有相似的地方。不同的是拉伸性能试验中,当纳米粒子含量超过最优值时,拉伸强度显著下降;而在柔韧性试验中,当纳米粒子含量超过最优值时,柔韧性有变差的趋势,但不是急剧恶化。

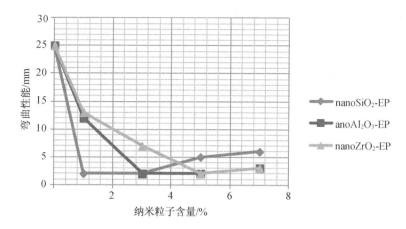

图 3.26　650 固化下纳米粒子含量对复合材料柔韧性的影响

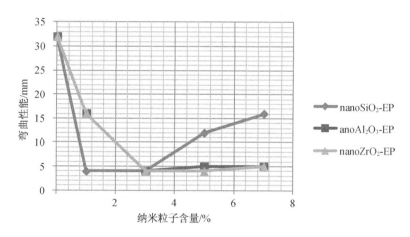

图 3.27　T31 固化下纳米粒子含量对复合材料柔韧性的影响

3.3.11　分散效果与树脂基体耐磨性

只要在树脂中加入少量的纳米粒子就能显著提高树脂的耐磨性能[132-133]，CN101643612A[134]公开了一种耐磨纳米涂料，在环氧树脂聚酰胺体系中加入 0.5%～3% 的纳米碳化硅，能大大提高基材的防水、耐腐蚀和耐磨性能，该涂料可用于金属结构表面。CN1821326A[135]在环氧树脂中加入 3%～6% 平均粒径 30～50 nm 的氧化钛，采用月桂酸钠作表面活性剂，月桂酸钠的用量为纳米粒子的 1%～10%，可制得高耐磨耐腐蚀的纳米环氧富锌涂料。CN1821325A[136]在普通环氧沥青中加入 2%～15% 的经有机表面活性剂包覆处理的纳米粒子，制得纳米耐磨环氧沥青修补涂料，涂膜的抗划伤性能和耐腐蚀性能得到显著提高。Shi[137]在环氧树脂中加入体积分数 0.24% 预先经聚合物接枝改性的纳米氧化铝，所得材料的磨损率比未经改性的材料的磨损率降低了 97%，同时弯曲模量和弯曲强度得到了提高。

1）试验方法

Zhang[138]根据德国标准介绍了一种纳米改性树脂浇铸体耐摩擦性能的试验方法，如图 3.28 所示，在样品上施加一固定压力 F，钢质圆环按一定速度转动，达到规定转动距离 L 后停止,测定样品的质量损失 Δm,计算磨损率 W_S,其中 ρ 是样品的密度。

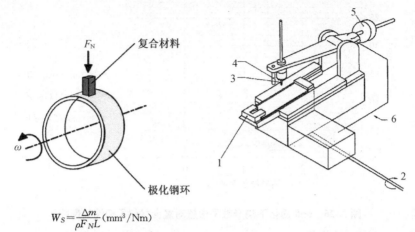

$$W_S = \frac{\Delta m}{\rho F_N L}(\text{mm}^3/\text{Nm})$$

图 3.28　钢质圆环法耐磨性测试　　　**图 3.29　漆膜耐划痕试验法**

　　Zhang 利用该方法测得经纳米粒子和其他常规填料改性后的环氧树脂的最优磨损率为 3.2×10^{-7} mm³/Nm,与纯环氧树脂相比,磨损率降低了约 100 倍。该方法测试精度较高,要求样品具有一定的厚度,比较适合浇铸体磨损率的测试,纳米耐磨涂料一般只有几百微米的厚度,并不适合采用此种方法。

　　GB/T 9279—2015 规定了一种漆膜耐划痕试验法,图 3.29 是该方法示意图。试验时以指针能够划破漆膜表面的最小载荷为漆膜耐划痕性能好坏的评价标准,载荷越大,漆膜耐划痕性能越好,该方法操作方便,但耐划痕性能不能完全反应漆膜的耐磨性能。

　　GB/T 1768—2006 采用旋转橡胶砂轮法进行耐磨性试验,实验前先制作试样,把纯环氧树脂或经改性过的环氧树脂与溶剂、固化剂混合后涂刷于玻璃片上,如图 3.30 所示,于常温下放置 10 天以上,待用。实验时先称取试样的初始重量,精确至 0.1 mg,然后将玻璃片试样安装于磨耗仪上,如图 3.31 所示,接上吸尘装置,设置荷载及转数,到达规定转数后自动停机,取下试样再次称量,两次的质量差就是该试样在该荷载及转数下的失重,失重量越小,耐磨性越好。

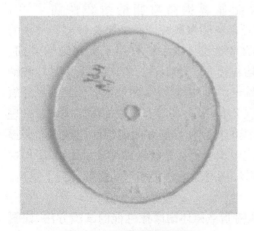

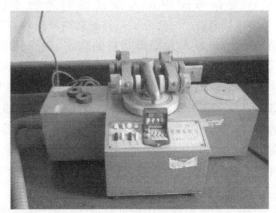

图 3.30　耐磨试验用试样　　　　**图 3.31　耐磨试验用磨耗仪**

2）试验结果与分析

三种纳米粒子单独改性环氧树脂时对环氧树脂耐磨性的影响见表 3.13，表中的磨损失重是在 500 克载荷 1 000 转下的平均失重。

表 3.13　纳米粒子含量对 EP 耐磨性的影响

体系	纳米粒子掺量（%）	磨损失重（g）
纯 EP	0	0.109 4
nanoSiO$_2$-EP	1	0.052 4
	3	0.036 8
	5	0.039 6
	7	0.045 2
nanoAl$_2$O$_3$-EP	1	0.805 0
	3	0.059 6
	5	0.029 9
	7	0.033 1
nanoZrO$_2$-EP	1	0.876 0
	3	0.047 5
	5	0.030 1
	7	0.036 1

表 3.13 表明三种纳米粒子的加入都能显著降低环氧树脂的磨损失重，即提高了环氧树脂的耐磨性能。随着纳米粒子含量的增加，磨损失重都有先降低后增加的趋势，说明对耐磨性能来说，纳米粒子都存在一个最优掺量范围，低于或高于这一最优掺量，耐磨性都会相对降低。不同的纳米粒子最优掺量不尽相同，nanoSiO$_2$ 的最优掺量为 3%，nanoAl$_2$O$_3$ 的最优掺量为 5%，nanoZrO$_2$ 的最优掺量为 5%。不同的纳米粒子达到最优掺量时的耐磨性能也不相同，nanoSiO$_2$ 在 3% 时的最小磨损失重为 0.036 8 g，与纯环氧树脂的磨损失重 0.109 4 g 相比，磨损失重为纯环氧树脂的 0.336 倍；nanoAl$_2$O$_3$ 在 5% 时的最小磨损失重为 0.029 9 g，磨损失重为纯环氧树脂的 0.273 倍；nanoZrO$_2$ 在 5% 时的最小磨损失重为 0.030 1 g，磨损失重为纯环氧树脂的 0.275 倍。由此可见，三种纳米粒子单独使用时，提高耐磨性能效果最好的是 nanoAl$_2$O$_3$，随后分别是 nanoZrO$_2$ 和 nanoSiO$_2$。

三种纳米粒子单独使用时都能提高环氧树脂的耐磨性能，如果将几种纳米粒子结合使用复合改性环氧树脂，效果如何还没有文献报道。但在陶瓷及陶瓷涂层领域常将 Al$_2$O$_3$ 和 ZrO$_2$ 结合使用[139]，也有将 SiO$_2$、Al$_2$O$_3$ 和 ZrO$_2$ 复合改性来提高其综合性能[140]。本书尝试用 nanoSiO$_2$、nanoAl$_2$O$_3$ 和 nanoZrO$_2$ 来复合改性环氧树脂耐磨性能，由前面的试验知道 nanoAl$_2$O$_3$ 和 nanoZrO$_2$ 提高环氧树脂的最优掺量为 5%～7%，所以控制三种纳米粒子总含量为环氧树脂质量的 5%～7%。同时由前面的试验知道 nanoSiO$_2$ 的最优掺量低于 nanoAl$_2$O$_3$ 和 nanoZrO$_2$ 的最优掺量，所以控制 nanoSiO$_2$ 的含量为 1%，改变 nanoAl$_2$O$_3$ 和 nanoZrO$_2$ 含量，试验结果见表 3.14，表中的磨损失重是在 500 g 载荷 1 000 转下的平均失重。

表 3.14 复掺 nanoSiO$_2$/Al$_2$O$_3$/ZrO$_2$ 对 EP 耐磨性的影响

体系	纳米粒子掺量(%)	磨损失重(g)
nanoSiO$_2$/Al$_2$O$_3$/ZrO$_2$-EP	1%SiO$_2$+2%Al$_2$O$_3$+2%ZrO$_2$	0.024 0
	1%SiO$_2$+2%Al$_2$O$_3$+3%ZrO$_2$	0.023 5
	1%SiO$_2$+2%Al$_2$O$_3$+4%ZrO$_2$	0.028 7
	1%SiO$_2$+3%Al$_2$O$_3$+1%ZrO$_2$	0.024 6
	1%SiO$_2$+3%Al$_2$O$_3$+2%ZrO$_2$	0.022 3
	1%SiO$_2$+3%Al$_2$O$_3$+3%ZrO$_2$	0.027 9
	1%SiO$_2$+4%Al$_2$O$_3$+1%ZrO$_2$	0.026 3
	1%SiO$_2$+4%Al$_2$O$_3$+2%ZrO$_2$	0.028 4

比较表 3.13 和表 3.14,三种纳米粒子复合改性环氧树脂的耐磨性能明显优于其单独改性环氧树脂时的耐磨性能,纳米粒子总含量为 5%~6% 时耐磨性较好,尤以纳米粒子总含量为 6%,nanoSiO$_2$:nanoAl$_2$O$_3$:nanoZrO$_2$=1:3:2 时,耐磨性能最好,此时的磨损失重为 0.022 3 g,约为纯环氧树脂的 0.204 倍,即耐磨性提高约 80%。

为了研究纳米粒子对环氧树脂耐磨特征的影响,试验了掺不同纳米粒子的环氧树脂磨损失重随磨损时间的变化,结果见表 3.15,表中的磨损失重是 500 g 载荷不同转数下的平均失重。

表 3.15 磨损失重随磨损时间的变化

体系	转数(转)	磨损失重(g)
纯 EP	100	0.010 4
	200	0.022 8
	400	0.047 6
	600	0.067 0
	800	0.089 6
	1 000	0.109 4
nanoSiO$_2$-EP 掺量:3%	100	0.013 1
	200	0.022 4
	400	0.030 1
	600	0.034 5
	800	0.036 1
	1 000	0.036 8
nanoAl$_2$O$_3$-EP 掺量:5%	100	0.009 9
	200	0.018 3
	400	0.024 7

续表 3.15

体系	转数(转)	磨损失重(g)
nanoAl$_2$O$_3$-EP 掺量:5%	600	0.027 4
	800	0.029 3
	1 000	0.029 9
nanoZrO$_2$-EP 掺量:5%	100	0.010 2
	200	0.018 4
	400	0.025 3
	600	0.027 8
	800	0.029 1
	1 000	0.030 1
nanoSiO$_2$/Al$_2$O$_3$/ZrO$_2$-EP 掺量:1%SiO$_2$+3%Al$_2$O$_3$+2%ZrO$_2$	100	0.006 6
	200	0.010 6
	400	0.016 5
	600	0.020 1
	800	0.021 8
	1 000	0.022 3

由表 3.15 可见,随着磨损时间的增加,磨损失重逐渐增大。但磨损失重增加的幅度不同,如图 3.32~图 3.36 所示。纯环氧树脂磨损失重与磨耗时间近似呈线性关系,表明纯环氧树脂涂层内部各层间抵抗磨损的能力是一致的。而纳米粒子/环氧树脂复合涂层磨损失重与磨损时间呈曲线关系,表明随磨损时间的增加,相同时间内的磨损失重量逐渐减少。该结果与刘福春[141]的研究结果有类似,图 3.37 是刘福春的研究结果。刘福春的研究中纯环氧树脂磨损失重与磨损时间也近似呈线性关系,而经纳米粒子改性后的环氧树脂复合材料

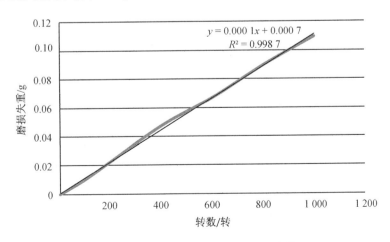

图 3.32　纯 EP 磨损失重与磨损时间的关系

的磨损失重与时间也呈曲线关系。但不同的是,刘福春的研究中纳米改性环氧复合材料的磨损失重与时间呈抛物线状,符合下式的关系:

$$y = 1.145\,15 + 0.006\,02x - 8.292\,75 \times 10^{-8}x^2$$

而本书研究中经多种纳米材料改性后的环氧树脂磨损失重与磨损时间都呈近似 4 次项关系,如图 3.37。

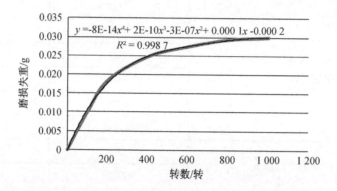

图 3.33 nanoAl$_2$O$_3$-EP 磨损失重与磨损时间的关系

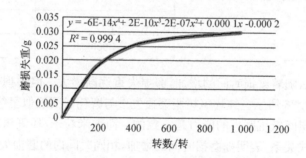

图 3.34 nanoZrO$_2$-EP 磨损失重与磨损时间的关系

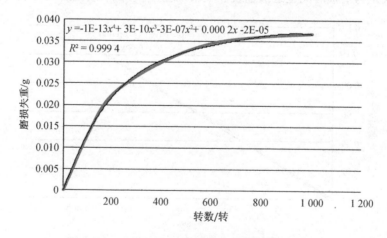

图 3.35 nanoSiO$_2$-EP 磨损失重与磨损时间的关系

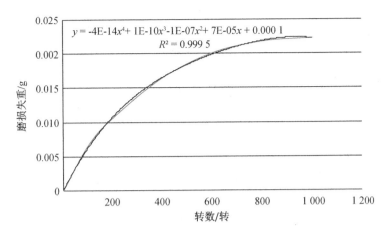

图 3.36 nanoSiO$_2$/Al$_2$O$_3$/ZrO$_2$-EP 磨损失重与磨损时间的关系

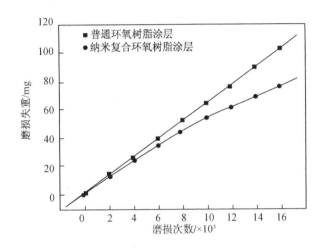

图 3.37 磨损失重与磨损时间的关系

3.4 纳米粒子与涂层性能

混凝土表面尤其是高寒地区混凝土表面耐磨涂层保护应该由底涂层加面涂层组成,底涂层的基本功能是作为面涂层与基材间的中间层,提高整个涂层与基材间的粘结强度。面涂层的基本功能是抗冲击、耐磨,户外条件下应用还需考虑耐老化,海洋环境下应用还需考虑耐盐雾。由于底涂层和面涂层的功能不同,纳米粒子对底涂层和面涂层影响的侧重点也不同。

3.4.1 纳米粒子对底涂层性能的影响

底涂层一般由成膜树脂、溶剂、颜料等其他助剂和固化剂组成,底涂层最重要的性能指标是耐酸耐碱性能和与基材的粘结性能。经过上一节的试验研究,用纳米粒子改性环氧树脂,其柔韧性、强度和耐磨性可以得到显著提高。另外,有研究表明在环氧树脂中掺入纳米粒子能提高环氧树脂黏后剂与玻璃纤维间的粘结强度[142]。通常情况下底涂层的渗透性和高固含量是矛盾的,固含量越高,粘度越大,渗透性越差;固含量越小,粘度越小,渗透性越好。采用液体呋喃树脂改性能够解决这一矛盾,液体呋喃树脂在固化前是粘度较小的液体,可作为环氧树脂的溶剂,渗入混凝土内部后可参与固化反应,成为固体。同时液体呋喃树脂具有优异的耐酸耐碱性能,能提高涂层的防腐蚀能力。

1) 试验用原材料

(1) 环氧树脂:E44,工业品,无锡蓝星石油化工有限责任公司。

(2) 纳米粒子:nanoSiO₂,原生粒子粒径 20 nm;nanoAl₂O₃,原生粒子粒径 40 nm;nanoZrO₂,原生粒子粒径 60 nm,南京埃普瑞纳米材料有限公司。

(3) 分散剂:偶联剂类。

(4) 液体呋喃树脂:以糠醛和丙酮为原料在催化剂作用下制得。

呋喃树脂(furan resin)是指以具有呋喃环的糠醇和糠醛为原料合成的树脂,其在强酸作用下固化为不溶、不熔的固形物,种类有糠醇树脂、糠醛树脂、糠酮树脂等。糠醛和丙酮合成的呋喃树脂具有如图 3.38 所示的分子结构特点,由于呋喃树脂分子结构中含有稳定的呋喃环,因而具有良好的耐酸、耐碱、耐溶剂性能,除此之外,呋喃树脂在固化前粘度较小。

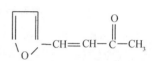

图 3.38　糠酮呋喃树脂分子结构

(5) 其他助剂:固化剂、表面活性剂、溶剂、分散剂。

2) 底涂层配制方法

先制备纳米粒子改性环氧树脂,根据第二章的研究结果,采用三种纳米粒子复合改性环氧树脂,nanoSiO₂、nanoAl₂O₃ 和 nanoZrO₂ 的比例分别为环氧树脂质量的 1％、3％和 2％。称取纳米粒子于加有分散剂的丙酮溶液中,电磁搅拌 60 分钟,超声空化 30 分钟,加入比例量的环氧树脂,80 ℃、回流条件下电磁搅拌 40 分钟,冷却制得 nanoSiO₂/Al₂O₃/ZrO₂-EP 复合树脂,以下简称 nano-EP 复合树脂。继续加入液体呋喃树脂、其他助剂,高速分散 10 分钟,制得 nano-EP 耐磨底涂 A 组分,简称底涂,使用时与 B 组分固化剂按比例混合即可。固化后得到的涂膜称为底涂层。

3) 纳米粒子对底涂层耐酸耐碱性能的影响

混凝土表面经受冲磨破坏的同时一般都伴随有水体及环境中腐蚀介质的腐蚀破坏,涂料的耐酸耐碱性能是衡量涂料防腐蚀性能好坏的一个重要指标。另外,由于混凝土自有的较强碱性对作用于其表面的涂料具有不利的侵蚀作用,所以混凝土表面耐磨涂层对耐酸耐碱性能提出了更高的要求。评价涂层耐酸耐碱性能的试验方法一般是将该涂料涂装于标准钢板试片表面,待其充分固化后浸泡于相应的酸溶液或碱溶液中,经过规定时间取出试片,观察其表面是否有锈点、鼓泡、脱落等情况。浸泡溶液分别采用饱和氢氧化钠溶液和 10％～30％盐酸溶液。

固定 70％的固含量不变,改变液体呋喃树脂与 nano-EP 复合树脂的组成比例,涂装于混凝土试块表面,另外选择一组未经改性的环氧树脂做对比试验。由于底涂不含颜填料,且大部分渗入混凝土内部,所以涂层较薄,为了能全部封盖住混凝土表面,试验时底涂涂 2 道。涂装完毕室温固化 10 天,分别浸泡于碱溶液和酸溶液中,试验温度 35 ℃,试验结果见表 3.16 和表 3.17。

表 3.16　nano-EP/液体呋喃树脂组成比例对底涂耐碱性能的影响

成膜树脂		饱和氢氧化钠溶液 30 天	饱和氢氧化钠溶液 90 天
EP		无变化	涂层剥落
nano-EP/呋喃树脂	100/0	无变化	少量鼓泡
	80/20	无变化	少量鼓泡
	60/40	无变化	无变化
	40/60	无变化	无变化
	20/80	无变化	无变化

表 3.17　nano-EP/液体呋喃树脂组成比例对底涂耐酸性能的影响

成膜树脂		10% 盐酸溶液 30 天	30% 盐酸溶液 30 天
EP		涂层脱落,混凝土表面疏松剥落	涂层脱落,混凝土表面疏松剥落
nano-EP/呋喃树脂	100/0	涂层脱落,混凝土表面疏松剥落	涂层脱落,混凝土表面疏松剥落
	80/20	涂层完好	鼓泡
	60/40	涂层完好	涂层颜色变浅,其他完好
	40/60	涂层完好	涂层颜色变浅,其他完好

环氧树脂中没有酯基,有部分醚键,所以其有一定的耐酸耐碱性能,但不是很好。表 3.16 中纯环氧树脂固化后浸泡在氢氧化钠溶液中 30 天无变化,而 90 天时涂层就有剥落。表 3.17 中纯环氧树脂保护的混凝土试块在经历 30 天酸溶液腐蚀后不仅涂层脱落,且混凝土本体都有疏松脱落现象。与纯环氧树脂相比,nano-EP 复合树脂的耐碱性能有明显改善,饱和氢氧化钠溶液 90 天试验后只有少量鼓泡,没有涂层脱落,说明纳米粒子提高了环氧树脂的耐碱性能,原因是纳米粒子提高了涂层的致密性[143-144]。但 nano-EP 复合树脂的耐酸性能没有得到改善,30 天盐酸溶液腐蚀后的破坏情况与纯环氧树脂的破坏情况相似,说明纳米粒子并不能提高环氧树脂的耐酸性能。呋喃树脂中主要是呋喃环和烃,能耐强酸和强碱,加入 20% 的呋喃树脂,耐酸耐碱性能得到很大的改进,但还不能满足 90 天饱和氢氧化钠溶液和 30 天 30% 盐酸溶液的侵蚀。继续增加呋喃树脂的量,达到 40% 以上时,耐酸耐碱性能进一步增强,能满足 90 天饱和氢氧化钠溶液和 30 天 30% 盐酸溶液的侵蚀。

4) 纳米粒子对底涂层与混凝土粘结性能的影响

底涂与混凝土之间具有良好的粘结是整个涂层体系与混凝土结合的基础,也是涂层耐磨特性能否发挥的前提,目前研究漆膜附着力的方法主要有划圈法和拉开法。

划圈法是将涂料涂刷于马口铁片表面,待其干燥后经划圈法试验仪上的针画圈,按圆滚线划痕范围漆膜完整性评定漆膜附着力等级,1 级最好,8 级最差,见图 3.39 及图 3.40。划圈法的优点是试验方法简单,试验周期短,缺点是只能定性描述,不能得到定量的数据,而且只能用于室内试验。

拉开法是将涂料涂装于底材上,待其干燥后采用如图 3.41 所示的拉接头在拉力试验机上进行试验,直至拉开。拉开法能得到定量的数据,缺点是操作复杂,只能在实验室进行,不能现场测试。

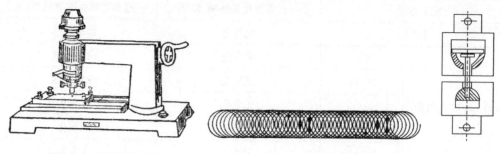

| 图 3.39 划圈法仪器 | 图 3.40 划圈法试样 | 图3.41 拉开法连接头试验 |

以上两种方法不太适用于涂层与混凝土间附着力的测定,本书参照 ASTM D7234 的试验方法,采用直接拉脱法。直接拉脱法是将涂料直接涂刷在铝合金拉头的一端,拉头的另一端与混凝土表面相粘,待其固化后,用手持式拉拔仪进行试验,直至涂层破坏,本书采用 Proceq SA Switzerland 公司 Z16 型拉拔仪,试验示意图见图 3.42。直接拉脱法的优点是能直观反映涂层与混凝土间的粘结情况,精确度高,操作方便。

(a) 粘结强度测试仪

(b) 涂装有底涂的混凝土表面

(c) 粘结金属拉拔头

(d) 测试

图 3.42 直接拉脱法测试

按照固含量 70%,nano-EP/液体呋喃树脂＝60/40,改变 nano-EP 中纳米粒子的含量(纳米粒子占 EP 的质量百分数),根据上一节的试验结果,纳米粒子的组成为 nanoSiO$_2$/

$nanoAl_2O_3/nanoZrO_2＝1/3/2$,结果见表 3.18。

表 3.18　纳米粒子对底涂层粘结性能的影响

nano 粒子含量(%)	粘结强度(MPa)					平均粘结强度(MPa)
0	1.7	1.5	1.8	1.5	1.8	1.7
3	1.8	1.6	2.0	2.1	1.9	1.9
6	2.2	2.4	2.2	1.9	2.1	2.2
9	1.5	1.3	1.5	1.4	1.3	1.4

由表 3.18 可见,纳米粒子的加入能提高底涂层与混凝土的粘结强度,纳米粒子含量为 6%时,粘结强度为 2.2 MPa,与未掺纳米粒子的底漆相比,粘结强度提高了 29%。当纳米粒子含量超过一定值时,过量的纳米粒子对粘结强度产生不利影响。

纳米粒子提高底涂层与混凝土之间粘结强度的机理主要有三个方面:(1)纳米粒子比表面积大,表面层原子处于能量的不稳定状态,极易与基材表面结合,另外纳米粒子分子中含有的活性基团也有利于粘结强度的提高。(2)银纹效应,与纳米粒子提高环氧树脂强度及韧性机理类似,当受到外界拉拔应力时,纳米粒子引导产生的微裂纹吸收了大部分的能量,使得底涂层抵抗拉拔力的能力增强。(3)界面效应,分散相的纳米粒子与连续相的环氧树脂之间形成结合良好的界面层,对拉拔应力的传递起到很好的作用。

3.4.2　纳米粒子对面涂层性能的影响

面涂层一般与底涂层采用相同的成膜树脂,这样有利于面涂层与底涂层之间附着力的提高。由上一节的研究结果可知,与未经改性的环氧树脂相比,经纳米粒子改性后的环氧树脂的耐磨性能提高了 80%。但那是在环氧树脂本体中获得的结果,没有其他填料的参与。泄水建筑物用抗冲耐磨涂料不同于家具、汽车用耐磨涂料,一般都有微米级耐磨填料的参与,这种情况下纳米粒子是否还能大幅度提高耐磨涂层的耐磨性能需做进一步的研究。面涂层除应具备优良的耐磨性能外,还应具有很好的层间附着力、硬度、冲击强度等性能,某些部位(如溢流面)使用时还需考虑耐久性能。本节重点研究 $nanoSiO_2$、$nanoAl_2O_3$ 和 $nanoZrO_2$ 对面涂层的上述性能是否有影响及其中的一些规律性问题。

1)试验用原材料

(1)环氧树脂:E44,工业品,无锡蓝星石油化工有限责任公司。

(2)纳米粒子:$nanoSiO_2$,原生粒子粒径 20 nm,$nanoAl_2O_3$,原生粒子粒径 40 nm,$nanoZrO_2$,原生粒子粒径 60 nm,南京埃普瑞纳米材料有限公司。

(3)液体呋喃树脂:自制,以糠醛和丙酮为原料在催化剂作用下制得。

(4)分散剂。

(5)耐磨填料:SiC,80~120 目,山东;玻璃鳞片,100~125 目,河北;云母粉,100~125 目,湖北。

(6)其他填料:滑石粉。

(7)其他助剂:流平剂、防沉剂、消泡剂。

2）面涂配制方法

取部分液体呋喃树脂对耐磨填料和其他填料进行润湿，待用，在余下的液体呋喃树脂中加入分散剂，按比例加入 nanoSiO$_2$、nanoAl$_2$O$_3$ 和 nanoZrO$_2$，电磁搅拌 60 分钟，超声空化 30 分钟，加入比例量的 EP，80 ℃、回流条件下电磁搅拌 40 分钟，冷却，加入经润湿过的填料及其他助剂，三辊机研磨，高速分散，制得 nano-EP/SiC 耐磨面涂 A 组分（简称面涂），使用时与 B 组分固化剂按比例混合即可。固化后得到的涂膜称为面涂层。

3）面涂层耐磨性能的主要影响因素

面涂层是涂层体系抵抗外界冲磨的主要承担者，影响面涂层耐磨性能的因素较多，纳米粒子的含量、树脂组成比例、微米级耐磨填料的种类及耐磨填料的含量都影响其耐磨性能。采用正交试验方法进行耐磨性试验，试验采用三因子三水平全析因 L$_9$(3^3) 正交表，如表 3.19，试验结果见表 3.20。

表 3.19　L$_9$(3^3) 正交表

编号	A	B	C
1	1	1	1
2	1	2	2
3	1	3	3
4	2	1	2
5	2	2	3
6	2	3	1
7	3	1	3
8	3	2	2
9	3	3	1

表 3.20　耐磨性正交试验与极差分析

编号	nano 粒子含量（%）	nano-EP/液体呋喃树脂	SiC 含量（%）	磨损失重（g）
1	2	80/20	5	0.031 4
2	2	60/40	15	0.014 5
3	2	40/60	25	0.013 6
4	6	80/20	15	0.008 4
5	6	60/40	25	0.005 1
6	6	40/60	5	0.014 5
7	10	80/20	25	0.014 7
8	10	60/40	15	0.009 6
9	10	40/60	5	0.021 3
K$_1$	0.059 5	0.054 5	0.067 2	

编号	nano 粒子含量(%)	nano-EP/液体呋喃树脂	SiC 含量(%)	磨损失重(g)
K_2	0.028	0.029 2	0.032 5	
K_3	0.045 6	0.049 4	0.033 4	
R	0.031 5	0.025 3	0.034 7	

由表 3.20 可见,SiC 含量的极差为 0.034 7,纳米粒子含量的极差为 0.031 5,nano-EP/液体呋喃树脂的极差为 0.025 3,不考虑因子间交互影响时,三种因子对耐磨性的影响强弱依次为 C、A、B,即 SiC 含量、纳米粒子含量、nano-EP/液体呋喃树脂。对因子 SiC 含量来说,K_2 与 K_3 值相接近,说明 SiC 含量在 15% 至 25% 变化时,对面涂层耐磨性能影响不大。

4) 纳米粒子对面涂层耐磨性能的影响

(1) 试验结果与分析

纳米粒子对环氧树脂耐磨性能的影响在上一节已做过详细研究,结论是在环氧树脂中只要加入少量纳米粒子就能显著提高其耐磨性能。旋转橡胶砂轮法(荷载 500 g、转数 1 000 转)磨损失重由 0.109 4 g 降低为 0.022 3 g,当 nanoSiO$_2$、nanoAl$_2$O$_3$ 和 nanoZrO$_2$ 都加入时,适宜的掺量为环氧树脂质量的 6% 左右。纳米耐磨面涂层中加入了 SiC,填料与树脂之间的界面区域有了变化,需要重新研究确定纳米粒子对面涂层耐磨性能的影响。

EP/液体呋喃树脂＝60/40,耐磨填料为微米级 SiC,掺量为总质量的 20%,纳米粒子包括 nanoSiO$_2$、nanoAl$_2$O$_3$、nanoZrO$_2$,试验条件为荷载 1 000 g、转数 1 300 转,试验结果见表 3.21。

比较纳米粒子对面涂层耐磨性能的影响(表 3.21)与纳米粒子对环氧树脂耐磨性的影响(表 3.13),相同之处是随着纳米粒子含量的增加,磨损失重降低,即耐磨性能提高,磨损失重达到最小值后再增加纳米粒子含量,磨损失重不再降低,甚至会提高。三种纳米粒子单独使用时都能提高环氧树脂或面涂层的耐磨性能,且 nanoSiO$_2$：nanoAl$_2$O$_3$：nanoZrO$_2$＝1：3：2 混合使用时对耐磨性能的提高效果最好,这与纳米粒子对环氧树脂的影响也是一致的。不同之处有三点,一是达到最优性能时的掺量有所不同,纳米粒子对环氧树脂耐磨性能的影响中最优掺量为 3%～6%,而纳米粒子对面涂层耐磨性能的影响中最优掺量为 6%～8%,原因是部分纳米粒子填充于微米级的 SiC 中。二是在纳米粒子改性环氧树脂中加入少量纳米粒子耐磨性能就有明显提高,而在纳米粒子改性面漆耐磨性能中,纳米粒子掺量在 2% 以下时,耐磨性能没有明显改善,原因也是微米级的 SiC 更加突出在涂层表面,纳米级的粒子填充于碳化硅的颗粒间,量太少起不到明显的效果。三是表 3.13 纳米粒子对环氧树脂的耐磨改性中,磨损失重最大降低幅度由 0.109 4 g 降低为 0.022 3 g,降低 80%,即耐磨性能提高 80%,而在表 3.21 中纳米粒子对面涂层耐磨性能的影响中,磨损失重最多由 0.013 4 g 减少至 0.004 8 g,最大降低幅度 64%,即耐磨性提高 64%,与纳米粒子对环氧树脂的耐磨改性相比,耐磨性提高幅度有所降低。

表 3.21　纳米粒子对面涂层耐磨性能的影响

nano 粒子种类	nano 粒子掺量(%)	磨损失重(g)
—	0	0.013 4

nano 粒子种类	nano 粒子掺量(%)	磨损失重(g)
nanoSiO$_2$	2	0.013 2
	4	0.011 4
	6	0.006 3
	8	0.006 7
	10	0.009 3
nanoAl$_2$O$_3$	2	0.013 3
	4	0.012 5
	6	0.005 4
	8	0.005 2
	10	0.009 7
nanoZrO$_2$	2	0.013 6
	4	0.012 1
	6	0.006 2
	8	0.005 6
	10	0.009 5
nanoSiO$_2$：Al$_2$O$_3$：ZrO$_2$＝1：3：2	2	0.013 5
	4	0.012 1
	6	0.004 9
	8	0.004 8
	10	0.008 8

（2）纳米粒子提高面涂层耐磨性能的机理

（a）涂层活性增强

nanoSiO$_2$/Al$_2$O$_3$/ZrO$_2$ 加入面涂层中以后使涂层的活性提高，很容易与基材表面结合，并且能提高结合强度，有利于耐磨性能的提高[145]。

（b）作为耐磨主体

nanoSiO$_2$/Al$_2$O$_3$/ZrO$_2$ 突出于涂膜表面，且纳米颗粒均匀分布，当涂膜承受摩擦时，实质摩擦部分为 nanoSiO$_2$/Al$_2$O$_3$/ZrO$_2$，涂膜被保护免遭或少遭摩擦，从而延长了涂膜的使用周期。

（c）界面效应

nanoSiO$_2$/Al$_2$O$_3$/ZrO$_2$ 的加入使得作为连续相的环氧树脂与作为分散相的填料之间形成一稳定的界面区，该界面区分子与周围分子间作用力增强，能传递外界的摩擦力。

（d）银纹效应

当受到外界摩擦时，分散于环氧树脂中的 nanoSiO$_2$/Al$_2$O$_3$/ZrO$_2$ 引发微裂纹，这些微裂纹不会成为导致涂层破坏的大裂纹,又能吸收大量的外界能量,传递应力。同时银纹效应和界面效应都能改善耐磨涂层的强度和韧性,这对耐磨性能的提高是非常有利的。

（e）滚珠效应

滚珠效应示意图如图 3.43 所示,nanoSiO$_2$/Al$_2$O$_3$/ZrO$_2$ 如一个个滚珠一样填充于环氧树脂基体和微米级的 SiC 之间,当受到摩擦时表面的部分滑动摩擦变成滚动摩擦,大大降低了摩擦系数,提高了耐磨性能。同时 nanoSiO$_2$、Al$_2$O$_3$、ZrO$_2$ 之间存在粒径差,分别为 20 nm、40 nm 和 60 nm,小粒径的纳米粒子填充于大粒径纳米粒子的空隙之间,更有利于滚珠效应的发挥,界面也得到更好的改善。

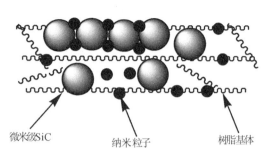

微米级SiC　　　纳米粒子　　　树脂基体

图 3.43　滚珠效应示意图

5）纳米粒子对面涂层粘结性能的影响

起耐磨保护或防腐蚀保护的涂层一般厚度都在 200 μm 以上,底涂层几乎全部渗入混凝土基材内部,涂层的厚度依靠面涂层来提高,面涂层一般要涂装两道以上。所以面涂层的粘结性能主要是指面涂层与底涂层间的层间粘结性能和面涂层与面涂层间的层间粘结性能。研究纳米粒子对面涂层粘结性能的影响也是指纳米粒子对这两方面性能的影响。试验时,nanoSiO$_2$、nanoAl$_2$O$_3$、nanoZrO$_2$ 的比例仍然按 1∶3∶2,耐磨填料为碳化硅,含量为 20%,改变纳米粒子占环氧树脂的质量百分数,制得各种纳米粒子含量的面涂层。试样制作时以混凝土为基材,底涂一道,面涂两道,试验结果见表 3.22 及图 3.44。

表 3.22　纳米粒子含量与粘结面破坏形式

nano 粒子含量（%）	编号	破坏部位
0	1	涂层间（面漆-面漆）
	2	涂层间（面漆-面漆）
	3	涂层间（面漆-面漆）
4	1	涂层间（面漆-面漆）
	2	涂层间（面漆-面漆）
	3	涂层间（面漆-面漆）
6	1	混凝土表层
	2	涂层与混凝土间
	3	混凝土表层
8	1	混凝土表层
	2	混凝土表层
	3	混凝土表层
10	1	涂层间（面漆-面漆）
	2	涂层间（面漆-面漆）
	3	涂层间（面漆-面漆）

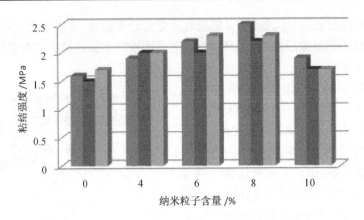

图 3.44 纳米粒子含量对面涂层粘结性能的影响

图 3.44 中,对每一种纳米粒子含量进行三组平行试验,从图上看来,各组之间存在误差,但总体趋势是随着纳米粒子含量的增加,粘结强度提高,到一极值后再增加纳米粒子含量粘结强度不再增加,反而会有所降低。未经纳米粒子改性的涂层体系与混凝土的粘结强度在 1.5~1.7 MPa 之间(图 3.44),破坏都发生在面涂层与面涂层之间(表 3.22),没有发生在面涂层与底涂层之间,说明该体系面涂层与面涂层间的层间结合是最薄弱环节。这是由于液体呋喃树脂固化成膜后表面非常光滑和坚硬,这对耐磨性的提高是非常有利的,能够减小摩擦力,但对粘结强度来说是不利的,因为坚硬光滑的表面不利于层与层之间的分子迁移缠绕,易造成层间剥离。加入 4% 的纳米粒子后,层间粘结强度有所提高,这是因为表面层间的纳米粒子之间能形成很强的范德华力,有利于分子间的迁移和缠绕,但此时破坏仍发生在面涂层与面涂层之间。当纳米粒子含量增加到 6%~8% 时,涂层间的粘结强度得到进一步提高,为 2.2~2.4 MPa。此时破坏部位主要发生在混凝土表层,说明涂层内部的粘结强度已大于混凝土表层本体的抗拉强度。继续增加纳米粒子含量,纳米粒子间发生团聚的几率大大增加,反而会降低层间粘结强度。

6) 纳米粒子对面涂层耐久性能的影响

泄水建筑物中很多部位直接暴露于大气环境中,这就要求面涂层具有较好的耐老化性能,某些海洋环境下的泄水建筑物面涂层还应具有较好的耐盐雾性能。众所周知,环氧树脂的耐老化性能和耐盐雾性能都较差,这也从很大程度上限制了环氧耐磨涂料在一些场合的推广应用。纳米粒子是否能提高环氧耐磨涂层的耐老化性能和耐盐雾性能是本研究需要研究的问题,如果答案是肯定的,那么这为环氧类涂层耐老化性能或耐盐雾性能的改善开辟了一个新的途径,也大大提高了环氧耐磨涂层在泄水建筑物中的应用范围。

评价涂层耐老化性能或耐盐雾性能的方法一般采用自然气候条件下直接暴露法和人工加速试验法,直接暴露法耗时太长,一般需要几年以上的时间,这里选择人工加速紫外老化试验和人工加速盐雾试验作为评价面涂层耐久性能的方法。

表 3.23 中所用的纳米粒子仍然是 nanoSiO$_2$、nanoAl$_2$O$_3$、nanoZrO$_2$,各纳米粒子间的比例为 nanoSiO$_2$:nanoAl$_2$O$_3$:nanoZrO$_2$=1:3:2。结果显示,只要加入 4% 以上的纳米粒子组合,涂层的耐盐雾性能和耐紫外老化性能会得到明显的改善。与其他性能试验有所差别的是,当纳米粒子含量达 10% 时,涂膜仍具有很好的耐盐雾及老化性能,未见有明显的性能下降。纳米粒子提高涂膜耐老化性能的机理是纳米粒子吸收、屏蔽和反射紫外光或红外

光[146]，如 nanoSiO$_2$对于波长在 400 nm 以内的紫外线吸收率高达 70％以上，对于波长在 800 nm 以内的红外线，反射率也可达 70％以上。另外，纳米粒子额外增加了涂膜的交联点[147]，使涂膜更加致密，也有利于对光的屏蔽和阻止含氯离子盐雾对涂膜的渗透。

表 3.23　纳米粒子与面涂层耐久性能

nano 粒子含量（％）	编号	3 000 h 盐雾	500 h 紫外
0	1	锈点、鼓泡	粉化、严重变色
	2	锈点、鼓泡	粉化、严重变色
	3	锈点、鼓泡	粉化、严重变色
4	1	无变化	轻微变色
	2	无变化	轻微变色
	3	无变化	轻微变色
6	1	无变化	轻微变色
	2	无变化	轻微变色
	3	无变化	轻微变色
8	1	无变化	轻微变色
	2	无变化	轻微变色
	3	无变化	轻微变色
10	1	无变化	轻微变色
	2	无变化	轻微变色
	3	无变化	轻微变色

7) 纳米粒子对面涂层硬度和耐冲击性能的影响

硬度和冲击强度也是衡量涂膜耐磨性能好坏的一个指标，一般来说，硬度越高，耐磨性越好，但单纯提高涂膜的硬度往往又会带来涂膜韧性的下降，这样又会降低涂膜的耐磨性能。冲击强度是涂膜抵抗外界冲击的能力，是硬度、韧性、附着力等综合性能的体现，一般冲击强度越高，涂膜抗冲击磨损能力越强。表 3.24 中未经纳米粒子改性时，在没有其他增塑剂的情况下，选用合适的固化剂，环氧树脂涂膜的冲击强度能达到 40 cm，铅笔硬度为 2H。随着液体呋喃树脂的比例增加，涂膜的铅笔硬度提高，而冲击强度有所降低。经 8％ nanoSiO$_2$/nanoAl$_2$O$_3$/nanoZrO$_2$（三种纳米粒子的质量比为 1∶3∶2）改性后，涂膜的铅笔硬度没有明显改变，而涂膜的冲击强度得到很大的改善。当液体呋喃树脂在树脂中的含量超过 30％时涂膜仍具有很好的冲击强度，说明 nanoSiO$_2$/nanoAl$_2$O$_3$/nanoZrO$_2$的加入能提高涂膜的抗冲击性能。

表 3.24　纳米粒子对面涂层硬度和耐冲击性能的影响

nano 粒子含量（％）	nano-EP/液体呋喃树脂	铅笔硬度（H）	冲击强度（cm）
0	100/0	2	40
	90/10	5	40
	80/20	5	40

nano 粒子含量(%)	nano-EP/液体呋喃树脂	铅笔硬度(H)	冲击强度(cm)
0	70/30	6	30
	60/40	7	30
	50/50	7	20
8	100/0	4	50
	90/10	5	50
	80/20	6	50
	70/30	6	50
	60/40	7	50
	50/50	7	50

3.5 纳米环氧耐磨涂层体系的配制

3.5.1 纳米环氧耐磨涂层体系配方

nano-EP 耐磨涂层配方分为 nano-EP 耐磨底涂配方和 nano-EP 耐磨面涂配方,分别见表 3.25 及表 3.26。

表 3.25 nano-EP 耐磨底涂配方

原料	质量分数(%)	备注
E44 环氧树脂	42	江苏三木化工股份有限公司
呋喃树脂	28	自制
nanoSiO$_2$	0.42	南京
nanoAl$_2$O$_3$	1.26	南京
nanoZrO$_2$	0.84	南京
分散剂	0.38	上海九邦化工有限公司
表面活性剂	0.2	上海九邦化工有限公司
消泡剂	0.02	常州市科源化工有限公司
复合溶剂	26.88	自制

表 3.26 nano-EP 耐磨面涂配方

原料	质量分数(%)	备注
E44 环氧树脂	36	江苏三木化工股份有限公司
呋喃树脂	24	自制
nanoSiO$_2$	0.48	南京

续表 3.26

原料	质量分数(%)	备注
nanoAl$_2$O$_3$	1.44	南京
nanoZrO$_2$	0.96	南京
分散剂	0.43	上海九邦化工有限公司
SiC	20	山东
消泡剂	0.02	常州市科源化工有限公司
其他助剂	16.67	

3.5.2　纳米环氧耐磨涂层工业化生产

1) 耐磨底涂的生产

设备:反应釜(1~5 t)、高速分散机(1~5 t,转速:500~3 000 r/min)、超声发生仪(10~200 kHz)。

图例:

反应釜　　　　　　高速分散机　　　　　　超声发生仪

流程图:

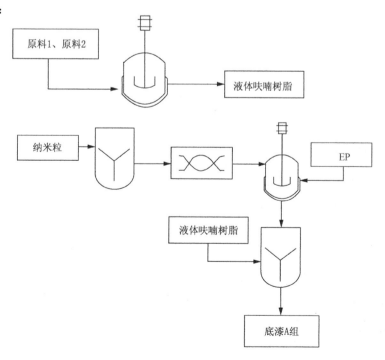

图 3.45　底涂生产工艺流程图

2) 耐磨面涂的生产

设备:高速分散机(1～5 t)、超声发生仪(10～200 kHz)、三辊机、砂磨机。

图例:

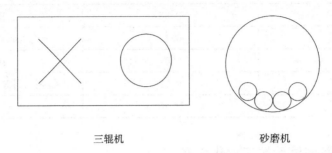

三辊机 砂磨机

流程图:

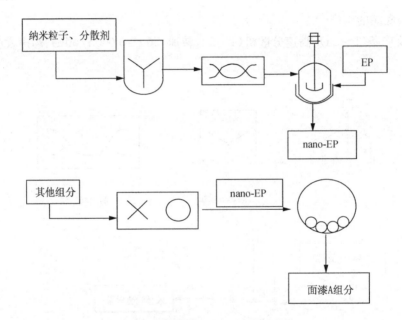

图 3.46 面涂生产工艺流程图

3.5.3 纳米耐磨涂层体系主要性能评价

1) 涂层体系与混凝土基材的粘结

试件制作:以混凝土为基材,混凝土配合比见表 3.27,达到养护时间后进行表面处理,然后涂装 nano-EP 耐磨底涂,表干后涂装 nano-EP 耐磨面涂,待第一道面涂表干后涂装第二道面涂,用湿膜规控制涂膜厚度,确保干膜总厚度约 $150～200~\mu m$。自然干燥 10 天后进行粘结性能试验,试验结果见表 3.28。

表 3.27 混凝土配合比

强度等级	水胶比	水 (kg/m³)	水泥 (kg/m³)	粉煤灰 (kg/m³)	硅灰 (kg/m³)	砂 (kg/m³)	小石 (kg/m³)	中石 (kg/m³)	减水剂 (%)	引气剂 (1/万)
C₉₀60	0.32	136	276	128	21	611	518	776	1.1	2.7

表 3.28　涂层体系与混凝土的粘结性能

测点编号	粘结强度（MPa）	测点破坏界面情况
1	1.8	混凝土表层
2	2.4	涂层与胶层之间
3	1.6	混凝土表层
4	1.5	混凝土表层
5	2.0	混凝土表层
6	1.5	混凝土表层
7	2.7	部分混凝土表层,部分涂层与混凝土之间
8	2.3	涂层与胶层之间
9	2.5	部分混凝土表层,部分涂层与混凝土之间
10	1.6	混凝土表层

评价涂层与混凝土的粘结性能不能仅仅看粘结强度值,还要结合测点的破坏界面情况一并考虑。拉拔试验时,破坏部位十分重要。当破坏部位发生在混凝土表层或涂层与胶层之间时,此时测得的粘结强度不能代表涂层的粘结强度,只能说明涂层的粘结强度大于或等于该数值。如表 3.28 中测点 1 的粘结强度为 1.8 MPa,此时破坏发生在混凝土表层,表明该测点涂层与混凝土的粘结强度在 1.8 MPa 以上。试验中表层混凝土的抗拉强度不完全一致,有的在 1.5 MPa 时混凝土表层就脱开,有的在 2.4 MPa 时混凝土表层还完好无损。当破坏部位发生在涂层内部或涂层与混凝土之间,该数值能真实代表涂膜与混凝土之间的实际粘结强度。试验结果表明,耐磨涂层体系与混凝土的粘结强度在 2.3～2.7 MPa 之间。纳米粒子对底涂性能的影响试验中得到底涂与混凝土的平均粘结强度为 2.2 MPa,纳米粒子对面涂性能的影响试验中得到面涂的层间粘结强度为 2.3 MPa,这之间并不矛盾,因为粘结强度的测试带有一定的离散性,不可能每次测试都完全一致。

2) 涂层体系的抗渗性能

本节所得到的 nano-EP 耐磨涂层体系可用于一般性要求的混凝土表面耐磨保护,也可用于使用条件苛刻的混凝土表面耐磨保护,如水利工程中的坝面、水闸、泄洪洞等,这些部位经常伴随有一定的水压,要求表面保护涂层具有一定的抗渗性能。

试件制作:先成型标准规定尺寸的圆柱形试块,见图 3.47。在标准养护室养护完成后,涂刷 nano-EP 耐磨底涂 1 道,nano-EP 耐磨面涂 2 道,自然干燥 10 天后进行测试,试验方法按 JTS/T 236—2019 中混凝土抗渗性试验进行。试验结果表明,涂刷有 nano-EP 耐磨涂层的混凝土试块能经受 0.5 MPa 水压,在该水压下,涂层与混凝土粘结牢固,涂层无开裂、鼓泡、脱落等现象。

3) 涂层体系耐盐雾性能

nano-EP 耐磨涂层体系如应用于海洋环境中,耐盐雾性能是评价其耐久性的一个重要指标。

试验方法:按照 GB/T 1771—2017《色漆和清漆耐中性盐雾的测定》进行。

（a） 试验用试块

（b） 抗渗试验仪

（c） 涂装

（d） 试验中，涂装面朝下

图 3.47　耐磨涂层体系抗渗试验

试件制作：在纳米粒子对面涂层性能的影响试验中采用的是 70 mm×150 mm×1 mm 钢板，因为比对试验一次需要制作的试件很多，而盐雾箱空间有限，只能采用尺寸较小的钢板。现在要考查混凝土涂层体系耐盐雾性能，采用 150 mm×150 mm×150 mm 混凝土试块，涂装 nano-EP 耐磨底涂 1 道，表干后涂装 nano-EP 耐磨面涂 2 道，自然干燥 10 天后进行试验。

试验设备：美国 Q-LAB 产 Q-FOG 盐雾腐蚀试验仪，见图 3.48。

图 3.48　美国 Q-LAB Q-FOG 盐雾腐蚀试验仪

试验条件:喷雾溶液用分析纯氯化钠溶解于去离子水中配制而成,浓度为 50 g/L,用分析纯盐酸及氢氧化钠溶液调整 pH 为 6.5～7.2,控制箱内温度为(35±2) ℃,采用连续喷雾方式。

试验结果:经过 3 000 h 试验,无鼓泡、锈点、开裂、脱落、变色,表明 nano-EP 耐磨涂层体系具有很好的耐盐雾腐蚀性能,与应用于大气环境下的氟树脂耐候涂料[148]耐盐雾性能相当。

4) 涂层体系耐紫外老化性能

试验方法:参照 GB/T 1865—2009《色漆和清漆　人工气候老化和人工辐射曝露滤过的氙弧辐射》进行。

试验设备:美国 Q-LAB Corporation 产 QUV/SPRAY 老化仪,见图 3.49。

试件制作:老化仪空间有限,容纳不下混凝土试块,只能采用 70 mm×150 mm×1 mm 钢板,涂层体系采用 1 道底涂,2 道面涂。

试验条件:辐照 8 小时,冷凝 4 小时,箱内温度控制辐照 60 ℃,冷凝 50 ℃。每隔 100 小时检查试片,除外观检查外,测试其光泽度和色度,光泽度试验采用英国 sheen 公司的 REF260 三角度微型光泽度计,见图 3.49,色度试验采用日本美能达公司的 CR-10 便携式色差仪,见图 3.51。结果见表 3.29 和表 3.30。

图 3.49　美国 Q-LAB QUV 老化试验仪

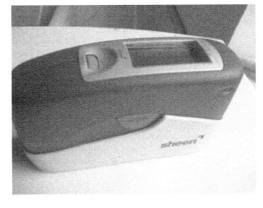

图 3.50　英国 sheen ref260 三角度光泽度仪

图 3.51　日本美能达色差仪

表 3.29 涂层体系紫外老化光泽度变化

试验时间	试件编号	测试点光泽度					失光率
		1	2	3	4	5	
0	1	80.3	80.3	80.3	80.3	80.4	—
	2	80.4	80.4	80.3	80.3	80.3	—
	3	80.4	80.5	80.4	80.3	80.3	—
100 h	1	73.5	73.6	73.5	73.5	73.6	8.4
	2	73.6	73.6	73.6	73.4	73.4	8.5
	3	73.6	73.5	73.4	73.4	73.4	8.6
200 h	1	71.7	71.8	71.8	71.9	71.8	10.6
	2	71.8	71.7	71.8	71.8	71.7	10.7
	3	71.6	71.8	71.9	71.7	71.8	10.7
300 h	1	69.2	69.3	69.4	69.3	69.3	13.7
	2	69.3	69.3	69.3	69.4	69.3	13.7
	3	69.3	69.2	69.4	69.3	69.3	13.8
400 h	1	67.1	67.1	67.1	67.2	67.2	16.4
	2	67.3	67.2	67.3	67.2	67.3	16.3
	3	67.2	67.2	67.2	67.3	67.3	16.3
500 h	1	64.4	64.3	64.3	64.3	64.4	19.9
	2	64.3	64.2	64.3	64.1	64.3	20.0
	3	64.4	64.3	64.2	64.3	64.1	20.1

表 3.30 涂层体系紫外老化色差变化

试验时间	试件编号	测试点色差 ΔE					ΔE 平均值
		1	2	3	4	5	
100 h	1	1.7	1.7	1.8	1.8	1.7	1.7
	2	1.7	1.8	1.6	1.7	1.6	
	3	1.6	1.7	1.8	1.8	1.8	
200 h	1	2.6	2.5	2.5	2.5	2.6	2.5
	2	2.5	2.6	2.6	2.6	2.5	
	3	2.5	2.6	2.6	2.5	2.4	
300 h	1	3.4	3.3	3.1	3.3	3.4	3.4
	2	3.4	3.3	3.3	3.5	3.5	
	3	3.5	3.6	3.5	3.5	3.4	

试验 时间	试件 编号	测试点色差 ΔE					ΔE 平均值
		1	2	3	4	5	
400 h	1	4.9	4.8	4.8	4.9	4.8	4.8
	2	4.7	4.7	4.8	4.7	4.8	
	3	4.9	4.9	4.9	4.7	4.7	
500 h	1	5.5	5.6	5.4	5.6	5.6	5.6
	2	5.5	5.7	5.4	5.4	5.3	
	3	5.6	5.8	5.6	5.9	5.5	

试验结果表明，500 h 紫外光老化试验后，涂层无锈点、鼓泡、开裂、粉化，表 3.29 及表 3.30 表明 nano-EP 耐磨涂层体系失光率为 20%，色差为 5.6，按照 GB/T 1766—2008《色漆和清漆　涂层老化的评级方法》，涂层失光等级为 2 级轻微失光，色差等级为 2 级轻微变色，破坏等级为 0 级无可见破坏。众所周知，普通环氧树脂的耐老化性能较差，经纳米粒子改性后的环氧涂层具有较好的耐紫外老化性能，可以作为户外涂料使用。

5）涂层体系抗冲磨性能

（1）旋转橡胶砂轮法

旋转橡胶砂轮法是研究涂膜耐磨性的最常规方法，选择了两种市售耐磨涂料与 nano-EP 耐磨涂层体系做平行试验。两种市售耐磨涂料中一种是经纳米二氧化硅改性的纳米改性耐磨涂料，称之为耐磨涂料 1；另一种是由常规耐磨填料组成的非纳米类耐磨涂料，称之为耐磨涂料 2。试验方法按 GB/T 1768—2006《色漆和清漆　耐磨性的测定　旋转橡胶砂轮法》进行，可以通过调整砝码重量和砂轮转数来控制实验条件，试验结果见表 3.31。

表 3.31 中市售的耐磨涂料 1 在 1 000 g，1 300 转下磨损失重是 0.027 9 g，而 nano-EP 耐磨涂层体系在同条件下的磨损失重是 0.004 8 g，仅是市售耐磨涂料的 0.17 倍，是市售耐磨涂料 2 的 0.03 倍。

表 3.31　涂层体系耐磨性能

涂料名称	涂料种类	磨损失重(g)	试验条件
nano-EP 耐磨 涂层体系	纳米改性类	0.004 8	1 000 g，1 300 转
		0.001 2	750 g，500 转
耐磨涂料 1	纳米改性类	0.027 9	1 000 g，1 300 转
		0.009 6	750 g，500 转
耐磨涂料 2	普通	0.143 5	1 000 g，1 300 转
		0.025 9	750 g，500 转

（2）高速水下钢球法

水下钢球法用于测定混凝土表面受水下高速流动介质磨损的相对抗力，评价混凝土表面的相对抗磨性能。《水工混凝土试验规程》（DL/T 5150—2017）中的混凝土抗冲磨试验

（水下钢球法）规定了转轴转速为 1 200 r/min，为了模拟实际工况中高速水流对混凝土的磨损，采用高速水下钢球法（试验设备见图 3.52），提高电机转速为 4 000 r/min，提高速度后的近底水流速度约 3.8 m/s，钢球组合为 30 mm 钢球 8 颗、25.4 mm 钢球 17 颗、19.1 mm 钢球 33 颗、12.7 mm 钢球 62 颗，共 120 颗钢球，钢球覆盖试件表面 45%。高速水下钢球法对混凝土的冲磨效率比常规水下钢球法提高约 3～5 倍，已逼近实际工况。试验选取一种市售混凝土耐磨涂料做对比试验，经 24 小时高速冲磨试验，试验结果的比对如图 3.53 所示。

图 3.52　高速水下钢球法试验设备

　　试验用试块的混凝土配合比同表 3.27，养护 90 天后涂装 nano-EP 耐磨底涂一道，表干后涂装 nano-EP 耐磨面涂二道，干膜厚度约 200 μm。

　　图 3.53 中(b)是试验后的市售耐磨涂料试样，只剩中间一小块，其余部分都已破坏。(d)是 nano-EP 耐磨涂层体系，经高速冲磨试验后尽管表面留有明显的磨痕，但涂层基本完好。

　　(3) 高速圆环法

　　圆环法是比较混凝土或砂浆在含砂水流冲刷下的抗冲磨性能。为了模拟某些水利工程中高速水流下的冲磨破坏行为，参照 DL/T 5207—2005《水工建筑物抗冲磨防空蚀混凝土技术规范》的附录 A 中提出的水砂磨损机试验方法，建立了高速圆环法，使含砂水流速度在 25～60 m/s 范围内可调。原规范中规定含砂水流速度为 28.8 m/s，标准含砂率为 3.0%，根据前期试验的结果，选择水流速度为 40 m/s，含砂率为 7%，在该流速和含砂率下，冲磨效率达到最大。试验选取一种市售混凝土耐磨涂料做对比试验，试验设备如图 3.54 所示，试验结果如图 3.55 所示。

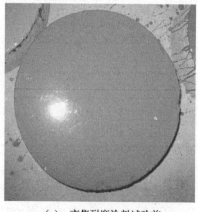 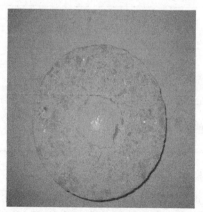

(a)　市售耐磨涂料试验前　　　　　　　(b)　市售耐磨涂料试验后

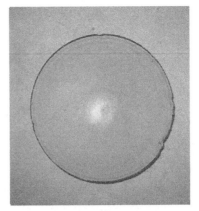

（c） 纳米抗冲磨涂料试验前 　　　　　（d） 纳米抗冲磨涂料试验后

图 3.53　水下钢球法试验结果

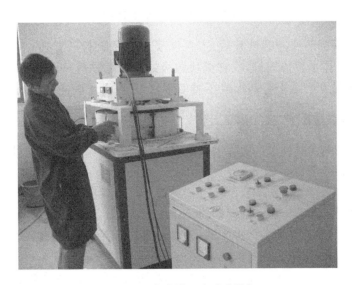

图 3.54　高速圆环法试验设备

（a） 市售耐磨涂料试验前 　　　　　（b） 市售耐磨涂料试验后

（c）纳米抗冲磨涂料试验前　　　　　（d）纳米抗冲磨涂料试验后

图 3.55　高速圆环法试验结果

经 1 小时高速圆环法冲磨试验后，市售混凝土耐磨涂料已有超过 50% 的涂层脱落，nano-EP 耐磨涂层体系整体完好，仅在试块边缘处有少量脱落，可能的原因是两块试块在拼装过程中无法做到完全平整而形成了类似错台，在遭受水砂冲磨时成为薄弱部位。

3.5.4　纳米环氧耐磨涂层涂装工艺

涂装工艺是影响涂料性能的关键因素之一，良好合理的涂装工艺能够使涂料的各项性能得到充分的发挥。

1）涂装方法

涂料可供选择的涂装方法一般有刷涂、滚涂、空气喷涂。刷涂的优点是漆料容易渗透进混凝土表面的细孔，缺点是涂装效率太低、漆膜表面易留有刷痕。滚涂较刷涂施工方便、效率高，缺点是一些边缘部位及细孔深处不易刷到。空气喷涂涂装效率最高、涂层质量稳定，但损耗大，且空气压力一般为 0.3～0.6 MPa，不适用于某些无溶剂厚浆型涂料，对于一般的无溶剂厚浆型涂料可采用高压无气喷涂，压力可达 14～17 MPa。

nano-EP 耐磨底涂可以选择采用刷涂、滚涂或喷涂。对于 nano-EP 耐磨面涂，由于其中的 SiC 极易磨损由合金钢制作的喷嘴，且属于无溶剂厚浆型涂料，所以不适用空气喷涂或高压无气喷涂，只能选择刷涂或滚涂。

2）混凝土表面干燥状况的影响

一般涂料施工要求混凝土充分干燥，约需混凝土浇筑完毕至少 30 天以上，研究混凝土基材干燥状况对涂层性能的影响有助于在保证质量的前提下加快施工进度，节约成本，又好又快地完成任务。选择了三种状况进行试验：干燥混凝土（混凝土养护后晾干）、潮湿混凝土（混凝土养护完后继续在水中浸泡 24 小时，取出后将表面浮水擦掉，表面仍为潮湿状）、有水混凝土（凝土养护完后继续在水中浸泡 24 小时，取出后在表面有浮水的状况下直接涂装），nano-EP 耐磨底涂一道，表干后 nano-EP 耐磨面涂两道，干膜厚度约 200 μm。结果见表 3.32。

表 3.32　混凝土表面状况对粘结强度的影响

基材	附着力（MPa）
干燥混凝土	2.3～2.7
潮湿混凝土	2.1～2.7
有水混凝土	0.7～1.0

由表 3.32 可见，nano-EP 耐磨涂层体系可以在潮湿表面施工，这对于工期紧的项目非常重要。一般涂料要求混凝土浇筑完毕 30 天才能施工，这是因为含水率过高，一方面湿气的析出会把基层内部的碱带至表面，另一方面会影响涂层与混凝土的粘结强度。而 nano-EP 耐磨底涂是耐碱腐蚀的，又能在湿表面固化，所以整个耐磨涂层体系可以在混凝土浇筑完毕一星期左右就可施工。

3）涂装间隔的控制

涂装间隔是影响涂层性能的重要因素之一，主要影响涂层的外观及涂层与涂层之间或涂层与混凝土之间的粘结强度，进而影响耐磨保护的年限。控制涂装间隔的依据是涂膜的干燥程度，耐磨涂料涂膜的干燥可分为表干、实干和完全固化过程。表干是指涂膜从可流动状态干燥到用手指轻触涂膜不感到发黏的过程；实干是指用手指轻按涂膜，在涂膜上不留有指痕的状态；完全固化是指基料树脂已交联成网状结构的状态，在这种状态下用手指强压涂膜也不会残留痕迹。耐磨涂料涂装应控制在前一道涂层表干与实干之间涂装下一道涂层，不可等涂膜完全固化后再涂装，因为涂膜完全固化时已基本不含活性基团，与新刷的涂膜很难再发生化学螯合，从而影响层间粘结强度，易造成层间剥离现象。涂装间隔过短则会出现回黏等现象，也会影响粘结强度及涂膜外观。表 3.33 所述固化时间可作为现场技术人员参考所用，应该指出的是涂膜的干燥时间与现场状况密切相关，如温度、湿度、风速、气压等，必须根据现场的实际气候状况来决定涂装间隔。

表 3.33　涂层体系涂膜干燥时间

		−5 ℃	0 ℃	15 ℃	25 ℃	35 ℃
nano-EP 耐磨底涂	表干(h)	18	12	8	4	1
	实干(h)	30	28	26	24	20
	完全固化(h)	5	3	3	2	2
nano-EP 耐磨面涂	表干(h)	24	18	12	8	5
	实干(h)	50	48	30	26	24
	完全固化(d)	7	4	3	3	2

3.5.5　新型纳米环氧耐磨涂层体系综合性能

nanoSiO$_2$/Al$_2$O$_3$/ZrO$_2$-EP 耐磨涂层体系的综合性能见表 3.34。

表 3.34　涂层体系综合性能

项目	性能	备注
与干燥混凝土粘结强度（MPa）	2.3～2.7	
与潮湿混凝土粘结强度（MPa）	2.1～2.7	
抗冲击性能（cm）	50	
柔韧性（mm）	≤2	
耐磨性（g）	0.004 8	1 000 g,1 300 转
硬度（H）	≥7	
抗渗性	不渗水、不脱落	0.5 MPa 水压
耐紫外光老化 500 h	无生锈、粉化、鼓泡、脱落	失光 2 级,色差 2 级,破坏 0 级
耐盐雾 3 000 h	无生锈、粉化、鼓泡、脱落	
耐碱性	无变化	饱和 NaOH 溶液 90 d

3.5.6　工程应用实例

nano-EP 耐磨涂层体系在以下工程上已得到示范应用。

（1）新疆乌鲁瓦提水利枢纽

乌鲁瓦提水利枢纽工程位于新疆维吾尔自治区南部的和田县境内,是一座具有灌溉、防洪、发电、生态保护等综合效益的大Ⅱ型水利建设项目。其泄洪洞、发电洞和冲沙洞的混凝土表面均采用纳米环氧耐磨涂层保护,涂层起到了很好的保护效果。

（2）南京高淳蛇山抽水泵站凝土表面耐磨保护

具体见图 3.56。

图 3.56　南京高淳蛇山抽水泵站

3.6 本章小结

纳米耐磨涂料应用于水工混凝土的抗冲磨保护具有效果好、施工方便、成本低的特点。本章介绍了纳米耐磨涂料研制和生产过程中的一些关键技术问题,如纳米粒子的分散方式、分散效果的表征技术、分散剂的选择依据、纳米粒子的掺量等。

(1)评价纳米粒子分散效果时,沉降高度法具有直观明了、操作方便、结论可靠的优点,其结果与采用 SEM 表征分散效果的结果一致。

(2)电磁搅拌、超声空化和分散剂相结合的分散方法相对于各分散方法单独使用时具有更好的分散效果。

(3)选择分散剂种类时,对于溶剂体系,应采用依靠空间位阻作用达到稳定分散的偶联剂类分散剂。对于溶剂型环氧树脂体系,选用分子结构中具有能与环氧树脂中的环氧基或羟基等基团发生化学反应的官能团的偶联剂类分散剂效果更好。

(4)不同的纳米粒子在环氧树脂中能均匀分散的最高掺量不同,$nanoSiO_2$、$nanoAl_2O_3$ 和 $nanoZrO_2$ 的最高掺量分别为 1%、3% 和 5%。超过这一最高掺量,团聚明显增多。

(5)纳米粒子能提高环氧树脂的耐磨性能。$nanoSiO_2 - EP$、$nanoAl_2O_3 - EP$、$nanoZrO_2 - EP$ 的磨损失重分别为未经改性环氧树脂磨损失重的 0.336、0.273、0.275,按照 $nanoSiO_2 / nanoAl_2O_3 / nanoZrO_2 = 1/3/2$ 改性的环氧树脂磨损失重为未经改性环氧树脂磨损失重的 0.204,即耐磨性能提高约 80%。纳米粒子提高环氧树脂耐磨性的机理除银纹效应和界面效应外还有滚珠效应。三种纳米粒子复掺比单掺对环氧树脂耐磨性的改善更有效的机理是复掺时由于纳米粒子粒径不同,粒子间相互填充,界面效应和滚珠效应更加有效,另外,各纳米粒子的性能优势得到充分发挥。纳米粒子提高环氧树脂的最优掺量高于其在环氧树脂中分散时的最高掺量。

(6)纳米粒子能提高耐磨涂层体系的耐碱性能、抗冲击性能、耐盐雾性和耐紫外老化性能。但不能提高涂层的耐酸性能,有微米级耐磨填料存在时,纳米粒子也不能提高涂层的硬度。

(7)纳米粒子能提高底涂层与混凝土之间及面涂层与面涂层之间的粘结强度,与未经纳米粒子改性的耐磨涂层相比,复掺 $nanoSiO_2 / nanoAl_2O_3 / nanoZrO_2$ 后,底涂层与混凝土之间的粘结强度由 1.7 MPa 提高至 2.2 MPa,面涂层与面涂层之间的粘结强度由 1.5～1.7 MPa 提高至 2.2～2.4 MPa。

(8)纳米粒子能提高耐磨涂层的耐磨性能,与未经纳米粒子改性的耐磨涂层相比,复掺环氧树脂质量 6%～8% $nanoSiO_2 / nanoAl_2O_3 / nanoZrO_2$ 的耐磨涂层的耐磨性能提高 64%。

参考文献

[1] 张四平.水工抗冲磨混凝土原材料选用分析[J].山西水利科技,2007(3):63-64.
[2] 马少华.泄水建筑物抗冲磨材料选择[J].黑龙江水专学报,2008,35(3):44-47.
[3] 王述银.界面性能对混凝土磨蚀的影响[J].长江科学院院报,1994,11(1):69-74.
[4] 黎思幸,练继建.泄水建筑物抗磨蚀混凝土材料的研究[J].水利水电技术,2001,32

(12):62-63.

[5]李浩平,李峰. 挟沙水流对混凝土的冲磨机理研究及冲磨试验机研发[J]. 机械研究与应用. 2011(2):37-40.

[6]Laplante P, Aitcin P, Vézina D. Abrasion resistance of concrete[J]. Journal of Materials in Civil Engineering, 1991,3(1):19-28.

[7]单国良,蔡跃波,余熠,等. 掺硅粉、粉煤灰海工高性能混凝土示范工程应用[J]. 水运工程, 2003(9):5-7.

[8]林宝玉,单国良,蔡跃波. NSF 剂在水口水电站船闸工程中的应用[J]. 水力发电, 1995(4):32-34.

[9]王磊,何真,杨华全,等. 硅粉增强混凝土抗冲磨性能的微观机理[J]. 水利学报, 2013,44(1):111-118.

[10]欧阳幼龄,张燕迟,陈迅捷,等. 真空脱水工艺改善混凝土抗冲磨性能试验研究[J]. 建筑材料学报,2013,16(5):829-833.

[11]张涛黄,俊玮,丁清杰. 水工泄水建筑物抗冲磨机理及新型抗冲磨材料的研究与应用[C]//第二届全国水下泄水建筑物安全及抗冲磨新材料开发新技术应用论文集, 2010.

[12]蒋元,韩素芳. 混凝土工程病害与修补加固[M]. 北京:海洋出版社,1996.

[13]Etsuo A, Jun S. Composite mechanism of polymer modified cement[J]. Cement and Concrete Research, 1995,25(1):127-135.

[14]Sujata K, Bijen J M, Jennings H M, et al. The evolution of the microstructure in styrene acrylate polymer-modified cement pastes at the early stage of cement hydration[J]. Advanced Cement Based Materials,1996,3(3/4):87-93.

[15]Ollitrault-Fichet R, Gauthier C, Clamen G, et al. Microstructural aspects in a polymer-modified cement [J]. Cement and Concrete Research, 1998, 28 (12): 1687-1693.

[16]Ohama Y. Principle of latex modification and some typical properties of latex-modified mortars and concretes[J]. ACI Materials Journal, 1987,84(6):511-518.

[17]王涛,许仲梓. 环氧水泥砂浆的改性生机理[J]. 南京化工大学学报, 1997,19(2):26-32.

[18]王茹,王培铭. 聚合物改性水泥基材料性能和机理研究进展[J]. 材料导报, 2007,21(1):93-96.

[19]刘大智,储洪强,蒋林华. 关于聚合物改性水泥砂浆研究的思考[J]. 材料导报,2008, 22(S3):279-281.

[20]买淑芳,陈肖蕾,姚斌. 环氧砂浆涂层老化状况研究与弹性环氧材料的开发[J]. 大坝与安全, 2004(5):20-23.

[21]张涛,徐尚治. 新型环氧树脂砂浆在水电工程中的应用[J]. 热固性树脂, 2001,16(6):26-28.

[22]曹恒祥,殷保合. 新型环氧砂浆在小浪底工程的论证与应用[J]. 水利水电技术, 2001,32(5):31-34.

［23］买淑芳,方文时,杨伟才,等. 海岛结构环氧树脂材料的抗冲磨试验研究[J]. 水利学报,2005,36(12):1498-1502.

［24］张涛. NE-Ⅱ环氧砂浆的研制及其在水电工程上的应用[J]. 水利水电施工,2007(3):94-96.

［25］林宝玉,卢安琪. 新型修补、防渗、防腐材料-丙烯酸酯共聚乳液水泥砂浆[J]. 水力发电,1987(5):43-45.

［26］单国良,蔡跃波,林宝玉. 丙烯酸酯共聚乳液水泥砂浆作为修补加固防腐新材料的应用[J]. 工业建筑,1995,25(12):32-36.

［27］蔡跃波,林宝玉,单国良. 碾压砼坝上游面防渗湿喷工艺改进[J]. 水利水运科学研究,1997(2):171-176.

［28］徐雪峰. 病害混凝土水闸的修补加固技术[J]. 中国水利,2010(5):65-66.

［29］王保法,窦立刚. 丙乳砂浆在三峡工程中的试验研究与应用[J]. 青海水力发电,2004(1):62-64.

［30］张云岐. 丙乳砂浆在潘家口水库溢流面修补中的应用[J]. 水利水运科学研究,1998(S1):79-85.

［31］李遇春,皋祥,陈贫元. 丙乳砂浆在泄洪隧洞加固工程中的应用[J]. 山西建筑,2011,72(2):215-216.

［32］孔祥明,李启宏. 苯丙乳液改性砂浆的微观结构与性能[J]. 硅酸盐学报,2009,37(1):107-114.

［33］Wong W G,Fang P,Pan J K. Dynamic properties iMPact toughness and abrasiveness of polymer-modified pastes by using nondestructive tests[J]. Cement and Concrete Research,2003,33(9):1371-1374.

［34］陈忠奎,范慧俐,康立训,等. 高硅含量自交联硅丙乳液的合成及性能研究[J]. 涂料工业,2004,34(12):15-18.

［35］黄微波. 喷涂聚脲弹性体技术[M]. 北京:化学工业出版社,2005.

［36］黄微波,王宝柱,陈酒姜,等. 喷涂聚脲弹性体技术的发展历程[J]. 现代涂料与涂装,2004(4):9-12.

［37］孙志恒. 喷涂聚脲弹性体技术在水利水电工程中的应用[J]. 上海涂料,2009(5):38-41.

［38］孙红尧,王家顺,林军,等. 喷涂弹性体涂料在水闸基础桩工程上的应用[J]. 人民长江,2007,38(2):41-42.

［39］吴守伦,张茂盛,强浩明. 新型抗冲磨材料聚脲弹性体在龙口工程的应用[J]. 水利建设与管理,2008(5):20-21.

［40］黄微波,土宝柱,徐德喜. 喷涂聚脲弹性体[J]. 弹性体,2000,10(3):28-33.

［41］孙志恒. SK柔性抗冲磨防渗涂料及其工程应用[C]//第二届全国水下泄水建筑物安全及抗冲磨新材料开发新技术应用论文集,2010.

［42］吴怀国. 喷涂聚脲弹性体与潮湿混凝土基材粘结性能研究[J]. 粘结,2005,26(2):47-48.

［43］韩练练. 聚氨酯(聚脲)弹性体抗冲耐磨材料在水工泄水建筑物上的应用研究[J]. 西

北水电，2009(3)：33-37.

[44] 汪家铭. 新型涂装材料聚脲弹性体的发展与应用[J]. 化工文摘，2009(5)：24-27.

[45] 周学良. 涂料[M]. 北京：化学工业出版社，2002.

[46] 刘国杰. 特种功能性涂料[M]. 北京：化学工业出版社，2002.

[47] 冯俊，黄涛，王得龙. 环氧耐磨防腐涂料的研制及在三峡工程中的应用[J]. 现代涂料与涂装，2008,11(3)：20-21.

[48] 周明，邱益军，韩东辉，等. FS型抗冲耐磨涂料的研制及其在水利水电工程中的应用[J]. 水利水运工程学报，2003(1)：34-38.

[49] 徐雪峰，杨长征，邱益军，等. 水工泄水建筑物耐磨涂层护面工艺探讨[J]. 水利水电技术，2003,34(6)：21-23.

[50] 徐雪峰，施猛杰，胡迪春. 水工泄水建筑物抗冲耐磨涂料的研究[J]. 化学建材，2003,19(2)：15-16.

[51] Horiuchi S, Street A C, Ougizawa T, et al. Fracture toughness and morphology study of ternary blends of epoxy, poly(ether sulfone) and acrylonitrile-butadiene rubber[J]. Polymer, 1994,35(24)：5283-5292.

[52] Clive B B, Clara M C, Isabelle Q. Phase separation of poly(Ether sulfore)in epoxy resin[J]. Polymer, 1994,35(2)：353-359.

[53] 王德中. 环氧树脂生产与应用[M]. 北京：化学工业出版社，2001.

[54] 陈平，王德中. 环氧树脂及其应用[M]. 北京：化学工业出版社，2004.

[55] 陈平，刘胜平. 环氧树脂[M]. 北京：化学工业出版社，1999.

[56] 李晓靓，柴春鹏，李昌峰. 非等温DSC法研究甲壳型液晶PBPCS改性环氧树脂的固化动力学[J]. 高分子学报，2013(9)：1190-1196.

[57] Lin S T, Huang S K. Thermal degradation study of siloxane dgeba epoxy copolymers[J]. European Polymer Journal, 1997,33(3)：365-373.

[58] Skourlis T P, McCullough R L. An experimental investigation of the effect of prepolymer molecular weight and stoichiometry on thermal and tensile properties of epoxy resins[J]. Journal of Applied Polymer Science, 1996,62(3)：481-490.

[59] 颜正义，游长江，李瑶. 环氧树脂增韧改性的研究进展[J]. 广州化学，2009,34(1)：59-64.

[60] 常鹏善，左瑞霖，王汝敏，等. 一种液晶环氧增韧环氧树脂的研究[J]. 高分子学报，2002(5)：682-684.

[61] 游长江，颜正义，曾一铮，等. 废胶粉/空心玻璃微珠改性环氧树脂的结构与性能[J]. 高分子材料科学与工程，2011,27(5)：116-119.

[62] 欧召阳，马文石，潘慧铭. 环氧树脂改性研究新进展[J]. 中国胶粘剂，2001,10(2)：41-44.

[63] 李媛媛，戴红旗，雷文. 无机纳米粒子增韧环氧树脂研究进展[J]. 造纸科学与技术，2012,31(2)：52-58.

[64] 杨军，宋洁，李天虎. 聚氨酯改性环氧树脂耐磨涂料的研制[J]. 电镀与涂饰，2006(6)：27-30.

［65］ 熊艳丽,王汝敏,郑刚,等. 环氧树脂增韧改性研究进展［J］. 中国胶粘剂,2005,14 (7):27-32.

［66］ Garima T, Deepak S. Effect of carboxyl-terminatedpoly(butadiene-co-acrylonitrile) (CTBN) concentration on thermal and mechanical properties of binary blends of diglycidyl ether of bisphenol-A (DGEBA) epoxy resin［J］. Materials Science and Engineering A, 2007,443(1/2):262-269.

［67］ Chikhi N, Fellahi S, Bakar M. Modification of epoxy resin using reactive liquid (ATBN) rubber［J］. European Polymer Journal,2002,38(2):251-264.

［68］ Shin S M, Shin D K, Lee D C. Toughening of epoxy resins with aromatic polyesters ［J］. Applied Polymer Science, 2000,78(14):2464-2473.

［69］ Byung C K, Sang W P, Dai G L. Fracture toughness of the nano-particle reinforced epoxy composite［J］. Composite Structures,2008,86(1/2/3):69-77.

［70］ Liu W, Hoa S V, Pugh M, et al. Fracture toughness and water uptake of high-performance epoxy/nanoclay nanocomposites ［J］. Composites Science and Technology, 2005,65(15/16):2364-2373.

［71］ Shi Q, Wang L, Yu H J, et al. A novel epoxy resin/CaCO_3 nanocomposite and its mechanism of toughness improvement ［J］. Macromolecular Materials and Engineering,2006,291(1):53-58.

［72］ 刘国杰. 纳米材料改性涂料［M］. 北京:化学工业出版社,2008.

［73］ 张秀之. 纳米涂料的制备及应用［M］. 北京:化学工业出版社. 2013.

［74］ 耿启金,王西奎,国伟林. 纳米涂料的研究进展［J］. 山东建材,2003,24(4):27-30.

［75］ 孙巨福,戴宇均,汪鹏程. 纳米涂料的研究现状［J］. 安徽化工,2013,39(4):20-22.

［76］ 许华胜,蒋正武,陈德棉. 我国纳米涂料的研究进展与产业化现状［J］. 材料导报, 2006,20(S1):2-4.

［77］ Wetzel B, Haupert F, Friedrich K, et al. IMPact and wear resistance of polymer nanocomposites at low filler content［J］. Polymer Engineering and Science,2002,42 (9):1919-1927.

［78］ Sandler J, Shaffer M S P, Prasse T, et al. Development of a dispersion process for carbon nanotubes in an epoxy matrix and the resulting electrical properties［J］. Polymer, 1999,40(21):5967-5971.

［79］ Martin C A, Sandler J K W, Shaffer M S P, et al. Formation of percolating networks in multi-wall carbon nanotube-epoxy composites［J］. Composites Science and Technology, 2004,64(15):2309-2316.

［80］ Ha S R, Ryu S H, Park S J, et al. Effect of clay surface modification and concentration on the tensile performance of clay/epoxy nanocomposites ［J］. Materials Science and Engineering A, 2007,448(1/2):264-268.

［81］ 严小生,万勇,李为立. 新型复合环氧涂料的制备及其性能研究［J］. 江苏科技大学学报, 2011,25(2):131-135.

［82］ Peter B, Nandika S, Teresa D, et al. Epoxy＋montmorillonite nanocomposite:

effect of composition on reaction kinetics[J]. Polymer Engineering and Science, 2001,41(10):1794-1802.

［83］刘丹,贺高红,孙杰. 溶胶-凝胶法制备纳米 SiO_2/环氧树脂杂化材料[J]. 热固性树脂, 2008,23(4):19-21.

［84］牟其伍,赵玉顺,林涛. 溶胶-凝胶法制备环氧树脂/纳米 SiO_2 复合材料中纳米粒子的分散性研究[J]. 材料导报,2007,21(S1):209-211.

［85］Wang X, Li J, Long C F. Rheological modification of epoxy resins with nano silica prepared by the Sol-Gel process[J]. Chinese Journal of Polymer Science, 1999,17 (3):253-257.

［86］Avella M, Errico M E, Martuscelli E. Preparation methodologies of polymer matrix nanocomposites[J]. Applied Organometallic Chemistry, 2001,15(5):435-439.

［87］Bernd W, Frank H, Zhang M Q. Epoxy nanocomposites with high mechanical and tribological performance[J]. Composites Science and Technology, 2003, 63(14): 2055-2067.

［88］Ng C B, Schadler L S, Siegel R W. Synthesis and mechanical properties of TiO_2-epoxy nanocomposites[J]. Nanostructured Materials, 1999,12(1-4):507-510.

［89］李蕾,陈建峰,邹海魁,等. 纳米碳酸钙作为环氧树脂增韧材料的研究[J]. 北京化工大学学报,2005,32(2):1-5.

［90］汤戈,王振家,马全友,等. 纳米 Al_2O_3 粉末改善环氧树脂耐磨性的研究[J]. 热固性树脂,2002,17(1):4-8.

［91］刘竞超,李小兵,张华林,等. 纳米二氧化硅增强增韧环氧树脂的研究[J]. 胶体与聚合物,2000,18(4):15-17.

［92］黄传真,艾兴,侯志刚,等. 溶胶-凝胶法的研究和应用现状[J]. 材料导报,1997,11 (3):8-9.

［93］鹿海军,梁国正,马晓燕,等. 外力辅助分散作用下环氧树脂黏土纳米复合材料中黏土的微观结构与解离机理研究[J]. 高分子学报,2005(5):714-719.

［94］李媛媛,戴红旗,万丽. 纳米 TiO_2 对环氧树脂表面施胶剂的增韧效果[J]. 南京林业大学学报(自然科学版),2012,36(1):105-109.

［95］Li H Y, Zhang Z S. Synthesis and characterization of modified epoxy resins by silicic acid tetraethyl ester and nano-SiO_2[J]. Transactions of Tianjin University, 2004,10(2):104-108.

［96］杨函,朱丽慧,黄清伟. 纳米碳化硅在环氧树脂中的分散工艺研究[J]. 热固性树脂, 2013,28(1):46-48.

［97］Van Dyk A C, Heyns A M. Dispersion stability and photo-activity of rutile (TiO_2) powders[J]. Journal of Colloid and Interface Science, 1998,206(2):381-391.

［98］Serge C, Robert J. Effectiveness of block copolymers as stabilizers for aqueous titanium dioxide dispersions of a high solid content[J]. Progress in Organic Coatings, 2000,40(1/2/3/4):21-29.

［99］Mange F, Couchot P, Foissy A, et al. Effects of sodium and calcium ions on the aggregation of titanium dioxide, at high pH, in aqueous dispersions[J]. Journal of Colloid and Interface Science, 1993,159(1):58-67.

[100] Siffert B, Jada A, Eleli L. Stability calculations of TiO_2 nonaqueous suspensions: thickness of the electrical double layer[J]. Journal of Colloid and Interface Science, 1994,167(2):281-286.

[101] 陈敬中,刘剑洪,孙学良,等. 纳米材料科学导论[M]. 北京:高等教育出版社,2010.

[102] Wang X Y, Zhang Z S, Li H Y, et al. Synthesis of modified epoxy resin undercoat for resistor by nano-SiO_2[J]. Transactions of Tianjin University, 2006,12(3):193-198.

[103] 曹国忠,王颖. 纳米结构和纳米技术:合成、性能及应用[M]. 北京:高等教育出版社,2012.

[104] 成建强,姜秀杰,冷晓飞,等. 纳米耐磨涂料的国内外研究概况[J]. 上海涂料,2013,51(5):29-31.

[105] 巩强,曹红亮,赵石林. 纳米 Al_2O_3 透明耐磨复合涂料的研制[J]. 涂料工业,2004(2):6-9.

[106] 刘福春,韩恩厚,柯伟. 纳米氧化硅复合环氧和聚氨酯涂料耐磨性与耐蚀性研究[J]. 腐蚀科学与防护技术,2009,21(5):433-438.

[107] 王昉,姜兆华. 实用新型耐磨丙烯酸/纳米 Al_2O_3 复合涂料[J]. 新型建筑材料,2005(6):44-46.

[108] 王毅,李瑛,王福会,等. 纳米 TiO_2 在醇酸涂料中的分散及涂层耐磨性研究[C]//纳米材料和技术应用进展——全国第三届纳米材料和技术应用会议论文集,2003.

[109] 李伟,王晖,王寰. 一种高强度、高耐磨的溶剂型纳米汽车面漆:CN102504681A[P]. 2016-06-20.

[110] 张明德. 一种夜光纳米道路交通路标线涂料及其制备方法:CN101284957A[P]. 2008-10-15.

[111] 曹茂盛. 纳米材料导论[M]. 哈尔滨:哈尔滨工业大学出版社,2001.

[112] 高濂,孙静,刘阳桥. 纳米粉体的分散及表面改性[M]. 北京:化学工业出版社,2003.

[113] 傅献彩. 物理化学[M].4 版. 北京:高等教育出版社,1993.

[114] 李凤生. 粉体技术[M]. 北京:国防工业出版社,2000.

[115] Ying K L, Hsieh T E. Dispersion of nanoscale $BaTiO_3$ suspensions by a combination of chemical and mechanical grinding/mixing processes[J]. Journal of Applied Polymer Science,2007,106(3):1550-1556.

[116] Yang L J, Jin H F, Yuan L. Blood coMPatibility of nano-hydroxyapatite dispersed using various agents[J]. Wuhan University Journal of Natural Sciences, 2010,15(4):350-354.

[117] 张斌,张会,孙明明,等. 纳米氧化铝改性环氧树脂性能研究[J]. 化学与粘合,2009,31(5):15-18.

[118] 郭文录,王文明,国晓军,等. 纳米 TiO_2 水分散体系稳定性的研究[J]. 应用化工,

2009,38(2):267-269.

[119] Sauter C, Emin M A, Schuchmann H P, et al. Influence of hydrostatic pressure and sound amplitude on the ultrasound induced dispersion and deagglomeration of nanoparticles[J]. Ultrasonics Sonochemistry, 2008,15(4):517-523.

[120] 沈家瑞,贾德民. 聚合物共混物与合金[M]. 广州:华南理工大学出版社,1999.

[121] West R D, Malhotra V M. Rupture of nanoparticle agglomerates and formulation of Al_2O_3-epoxy nanocomposites using ultrasonic cavitation approach: effects on the structural and mechanical properties[J]. Polymer Engineering and Science, 2006,46 (4):426-430.

[122] Mahfuz H, Uddin M F, Rangari V K, et al. High strain rate response of sandwich composites with nanophased cores[J]. Applied Composite Materials, 2005,12(3/ 4):193-211.

[123] Yasmin A, Luo J J, Daniel I M. Processing of expanded graphite reinforced polymer nanocomposites[J]. Composites Science and Technology, 2006,66(9):1182-1189.

[124] 陈宪宏,林明,陈振华. 多壁碳纳米管功能化及其增韧环氧树脂的研究[J]. 材料导报, 2007,21(S1):121-123.

[125] 刘兴重,刘小贝,周林涛. 聚乙二醇柔性间隔基纳米 SiO_2 增韧环氧树脂性能研究[J]. 武汉科技大学学报, 2008,31(2):186-188.

[126] 李朝阳,邱大健,谢国先,等. 纳米 SiO_2 增韧改性环氧树脂的研究[J]. 材料保护, 2008,41(4):21-23.

[127] Sui G, Zhong W H, Liu M C, et al. Enhancing mechanical properties of an epoxy resin using "liquid nano-reinforcements"[J]. Materials Science and Engineering: 2009,A 512(1/2):139-142.

[128] Liu H Y, Wang G T, Mai Y W , et al. On fracture toughness of nano-particle modified epoxy[J]. Composites Part B: Engineering, 2011,42(8):2170-2175.

[129] Bernd W, Patrick R, Frank H, et al. Epoxy nanocomposites fracture and toughening mechanisms[J]. Engineering Fracture Mechanics, 2006,73(16):2375-2398.

[130] 余志伟,葛金龙,周春为. 纳米粘土增韧环氧树脂的研究[J]. 塑料科技, 2005(4): 5-7.

[131] Nielsen L, Landel R. Mechanical properties of polymers and composites[M]. New York: Marcel Dekker INC, 1994.

[132] Kishore, Kumar K. Sliding wear studies in epoxy containing alumina powders[J]. High Temperature Materials and Processes, 1998,17(4):271-274.

[133] Li T, Chen Q, Schadler L S, et al. Scratch behavior of nanoparticle Al_2O_3-filled gelatin films[J]. Polymer Composites, 2002,23(6):1076-1086.

[134] 周武艺. 防水防腐耐磨纳米涂料、其制备和使用方法及应用:CN101643612A[P]. 2010-02-10.

[135] 钟庆东,施利毅,方建辉,等. 一种耐磨耐腐蚀纳米复合环氧富锌涂料的制备方法: CN1821326A[P]. 2006-08-23.

[136] 钟庆东,施利毅,方建辉,等. 一种耐磨耐腐蚀纳米复合环氧沥青修补材料的制备方法:CN1821325A[P]. 2006-08-23.

[137] Shi G, Zhang M Q, Rong M Z, et al. Sliding wear behavior of epoxy containing nano-Al$_2$O$_3$ particles with different pretreatments[J]. Wear, 2004,256(11/12):1072-1081.

[138] Zhang Z, Breidt C, Chang L, et al. Enhancement of the wear resistance of epoxy:short carbon fibre,graphite, PTFE and nano-TiO$_2$[J]. Composites Part A:Applied Science and Manufacturing, 2004,35(12):1385-1392.

[139] 徐利华,方中华,沈志坚,等. ZrO$_2$ 增韧 Al$_2$O$_3$-TiC 系陶瓷复合材料的力学性能及其耐磨性能[J]. 硅酸盐通报, 1995(2):12-16.

[140] 田秀淑,张光磊,王黔平,等. 溶胶-凝胶法制备 Al$_2$O$_3$-SiO$_2$-ZrO$_2$ 复合膜的成膜工艺研究[J]. 中国陶瓷, 2006,42(5):14-17.

[141] 刘福春,韩恩厚,柯伟. 纳米氧化硅复合环氧和聚氨酯涂料耐磨性与耐蚀性研究[J]. 腐蚀科学与防护技术, 2009,21(5):433-438.

[142] 吕晓敏,孙志杰,李敏,等. 多壁碳纳米管/玻璃纤维/环氧树脂界面粘结特性研究[J]. 玻璃钢/复合材料, 2012(1):24-28.

[143] 唐毅,章应霖,张建强. 纳米 Al$_2$O$_3$/SiO$_2$ 对电站高温耐磨涂料性能影响的研究[J]. 电力建设, 2001,22(10):65-68.

[144] 张立德,牟季美. 纳米材料和纳米结构[M]. 北京:科学出版社,2001.

[145] 童忠良. 纳米功能涂料[M]. 北京:化学工业出版社,2009.

[146] Yan R, Wu H, Ma S N, et al. Ultraviolet shielding property of crylic acid resin filled with nano-SiO$_2$[J]. Journal of Central South University of Technology, 2005,12(2):226-229.

[147] Chisholm N, Mahfuz H, Rangari V K, et al. Fabrication and mechanical characterization of carbon/SiC-epoxy nanocomposites[J]. Composite Structures, 2005,67(1):115-124.

[148] 孙红尧,杨争,徐雪峰,等. 混凝土结构桥梁的防腐蚀设计研究[J]. 重庆交通大学学报, 2013,32(S1):746-751.

第4章 混凝土大坝的保温材料

水泥的水化反应是放热反应,大体积混凝土在浇筑时放出大量的热量从而使得混凝土的内部温度很高,混凝土在凝固过程中较大的内外温差会造成混凝土的收缩开裂,从而影响混凝土的质量,严重的甚至影响大坝的安全运行。在冬季低温环境下混凝土大坝施工时除了在内部采取冷却措施外,还需要在浇筑施工时在混凝土的外部采取临时保温保湿措施。处于严寒环境时,为了保证混凝土大坝运行时不被冻融破坏,尚需采取永久保温措施。

4.1 保温材料的种类

保温材料分无机保温材料和有机保温材料。

无机保温材料主要是由无机的或天然的保温材料与无机粘结剂(如水泥)组成的绝热保温材料,包括膨胀珍珠岩、泡沫混凝土、岩棉板、矿棉板、玻璃棉板、硅酸铝复合纤维板、木丝板、草垫、海泡石、发泡玻化微珠和发泡陶瓷保温板等。

有机保温材料[1]是以高分子聚合物为主体原料,在催化剂、发泡剂等化学助剂作用下,通过化学反应(热固性)或物理反应(热塑性)过程而制成的闭孔保温材料,通常分为热塑性保温材料和热固性保温材料。聚苯乙烯泡沫塑料(模塑 EPS 和挤塑 XPS)板和聚乙(丙)烯泡沫塑料板为热塑性泡沫保温材料,而硬质聚氨酯泡沫塑料板、酚醛泡沫塑料板和脲醛泡沫塑料板为热固性泡沫保温材料。

4.1.1 无机保温材料

1) 泡沫混凝土[2]

泡沫混凝土是以水泥基胶凝材料、掺合料等为主要胶凝材料,加入外加剂和水制成料浆,也可加入部分颗粒状轻质骨料制成料浆,经发泡剂发泡,在施工现场或工厂浇注成型、养护而成的含有大量的、微小的、独立的、均匀分布气泡的轻质混凝土材料。这里的发泡剂包括物理发泡剂和化学发泡剂。

泡沫混凝土最早是 1923 年由欧洲人首次提出来的。20 世纪初苏联积极开展了泡沫混凝土工业化技术研究和生产,1950 年开始他们向中国推广泡沫混凝土技术。

20 世纪 50 年代是我国泡沫混凝土发展的第一个高潮期,在哈尔滨生产了蒸压泡沫混凝土板,并应用于哈尔滨电表仪器厂的屋面保温。第二个发展高潮期是 20 世纪 80~90 年代,在现浇屋面保温和地暖绝热层中采用。泡沫混凝土第三个发展高潮期是 21 世纪初,开始在建筑外墙外保温工程中大量应用。

传统的泡沫混凝土体积密度比较大,通常为 $500 \sim 1\,200\ \text{kg/m}^3$,导热系数也比较大,通常为 $0.12 \sim 0.30\ \text{W/(m·K)}$,抗压强度在 $3 \sim 14\ \text{MPa}$,常用于屋面、自承重墙和热力管道的保温层。现代超轻泡沫混凝土体积密度和导热系数都很小,分别为 $80\ \text{kg/m}^3$ 和 $0.04\ \text{W/(m·K)}$;体积密度为 $100\ \text{kg/m}^3$ 的泡沫混凝土导热系数为 $0.043\ \text{W/(m·K)}$,密度为 $120\ \text{kg/m}^3$ 的泡沫混凝土导热系为 $0.047\ \text{W/(m·K)}$,其热工性能非常优异。目前国内外通常把导热系数较低的材料称为保温材料[我国国家标准规定,凡平均温度不高于 $350\ ℃$ 时,导热系数不大于 $0.12\ \text{W/(m·K)}$ 的材料为保温材料],而把导热系数在 $0.05\ \text{W/(m·K)}$ 以下的材料称为高效保温材料。超轻泡沫混凝土已成为高效保温材料,完全可以与聚氨酯、聚苯乙烯等材料相媲美。

泡沫混凝土种类繁多,按所用胶凝材料种类分类有水泥泡沫混凝土、菱镁泡沫混凝土、石膏泡沫混凝土和碱矿渣泡沫混凝土;按体积密度分类有保温泡沫混凝土、承重泡沫混凝土和承重兼保温泡沫混凝土;按发泡方式分类有泡沫剂物理发泡泡沫混凝土、充气泡沫混凝土、化学发泡的泡沫混凝土和搅拌发泡的泡沫混凝土;按养护方式分类有自然养护泡沫混凝土、蒸汽养护泡沫混凝土、蒸压养护泡沫混凝土;按生产工艺分类有工厂预制泡沫混凝土、现场浇注泡沫混凝土;按应用领域分类有建筑工程泡沫混凝土、园林景观泡沫混凝土、特殊工程泡沫混凝土、工业用泡沫混凝土和环保工程泡沫混凝土;按骨料种类分类有聚苯颗粒泡沫混凝土、膨胀珍珠岩泡沫混凝土、膨胀玻化微珠泡沫混凝土等。

2)轻骨料混凝土

轻骨料混凝土是用轻粗骨料、轻砂(或普通砂)、水泥和水配制而成的干表观密度不大于 $1\,950\ \text{kg/m}^3$ 的混凝土。

轻骨料包括圆球形轻骨料、普通型轻骨料和碎石型轻骨料。原材料经造粒、煅烧或非煅烧而成的,呈圆球状的轻骨料叫圆球形轻骨料。原材料经破碎烧胀而成的,呈非圆球状的轻骨料称为普通型轻骨料。由天然轻骨料、自燃煤矸石或多孔烧结块经破碎加工而成的,或由页岩块烧胀后再破碎而成的,呈碎块状的轻骨料称作碎石型轻骨料。

混凝土干表观密度低于 $800\ \text{kg/m}^3$ 一般只用于保温,干表观密度在 $800 \sim 1\,400\ \text{kg/m}^3$ 之间的既可用于承重也可以用于保温结构,干表观密度大于 $1\,400\ \text{kg/m}^3$ 时一般只用于承重结构。

JGJ/T 12—2019《轻骨料混凝土应用技术标准》中规定了轻骨料混凝土在干燥条件下(dry)和在平衡含水率条件下(containing water)的各种热物理系数,见表 4.1。

表 4.1 轻骨料混凝土的各种热物理系数

密度等级 (kg/m^3)	导热系数		比热容		导温系数		蓄热系数	
	λ_d	λ_c	c_d	c_c	a_d	a_c	S_{d24}	S_{c24}
	[W/(m·K)]		[kJ/(kg·K)]		$\times 10^3\ (\text{m}^2/\text{h})$		[W/(m²·K)]	
600	0.18	0.25	0.84	0.92	1.28	1.63	2.56	3.01
700	0.20	0.27	0.84	0.92	1.25	1.50	2.91	3.38
800	0.23	0.30	0.84	0.92	1.23	1.38	3.37	4.17
900	0.26	0.33	0.84	0.92	1.22	1.33	3.73	4.55
1 000	0.28	0.36	0.84	0.92	1.20	1.37	4.10	5.13

续表 4.1

密度等级 (kg/m³)	导热系数		比热容		导温系数		蓄热系数	
	λ_d	λ_c	c_d	c_c	a_d	a_c	S_{d24}	S_{c24}
	[W/(m·K)]		[kJ/(kg·K)]		×10³ (m²/h)		[W/(m²·K)]	
1 100	0.31	0.41	0.84	0.92	1.23	1.36	4.57	5.62
1 200	0.36	0.47	0.84	0.92	1.29	1.43	5.12	6.28
1 300	0.42	0.52	0.84	0.92	1.38	1.48	5.73	6.93
1 400	0.49	0.59	0.84	0.92	1.50	1.56	6.43	7.65
1 500	0.57	0.67	0.84	0.92	1.63	1.66	7.19	8.44
1 600	0.66	0.77	0.84	0.92	1.78	1.77	8.01	9.30
1 700	0.76	0.87	0.84	0.92	1.91	1.89	8.81	10.20
1 800	0.87	1.01	0.84	0.92	2.08	2.07	9.74	11.30
1 900	1.01	1.15	0.84	0.92	2.26	2.23	10.70	12.40

注:轻骨料混凝土的体积平衡含水率取 6%。用膨胀矿渣珠作粗骨料的混凝土,其导热系数可按表列数值降低 25% 取用或经试验确定。

可用于轻骨料混凝土的轻粗骨料较多,这里主要介绍常用的膨胀珍珠岩、膨胀蛭石、膨胀玻化微珠三种轻骨料。

(1)膨胀珍珠岩

根据 GB/T 4132—2015《绝热材料及相关术语》中的表述,膨胀珍珠岩是由天然酸性火山灰质玻璃岩经焙烧膨胀而制成的颗粒状多孔绝热材料。膨胀珍珠岩绝热制品是以膨胀珍珠岩为主要成分,掺加适量的粘结剂制成的绝热制品。

JC/T 209—2012《膨胀珍珠岩》中产品按堆积密度分为 70、100、150、200 和 250 号五个标号。按性能分为优等品(A)、合格品(B)两个等级,优等品要求堆积密度均匀性不大于 10%,合格品不大于 15%。膨胀珍珠岩的性能要求列于表 4.2。

表 4.2　膨胀珍珠岩的性能要求

标号	堆积密度 (kg/m³)	质量含湿率 (%)	粒度				导热系数(平均温度 298 K±2 K)[W/(m·K)]	
			4.75 mm 筛孔筛余量 (%)	0.15 mm 筛孔通过量(%)				
				优等品	合格品		优等品	合格品
70 号	≤70						≤0.047	≤0.049
100 号	>70,≤100						≤0.052	≤0.054
150 号	>100,≤150	≤2.0	≤2.0	≤2.0	≤5.0		≤0.058	≤0.060
200 号	>150,≤200						≤0.064	≤0.066
250 号	>200,≤250						≤0.070	≤0.072

(2)膨胀蛭石

膨胀蛭石是蛭石经焙烧膨胀或剥落制成的层状颗粒绝热材料。膨胀蛭石制品则是以膨胀蛭石为主要成分,掺加适量的粘结剂制成的绝热制品。

JC/T 441—2009《膨胀蛭石》中将膨胀蛭石根据颗粒级配分为 1 号、2 号、3 号、4 号、5 号五个类别和不分粒级的混合料。按密度分为 100 kg/m³(优等品)、200 kg/m³(一等品)、300 kg/m³(合格品)三个等级。

不同类别的膨胀蛭石累计筛余应符合表 4.3 的规定。膨胀蛭石的物理性能指标应符合表 4.4 的规定。

表 4.3　不同类别的膨胀蛭石累计筛余

类别	各方孔筛累计筛余(%)						
	9.5 mm	4.75 mm	2.36 mm	1.18 mm	600 μm	300 μm	150 μm
1 号	30～80	—	80～100	—	—	—	—
2 号	0～10	—	—	90～100	—	—	—
3 号	—	0～10	45～90	—	95～100	—	—
4 号	—	—	0～10	—	90～100	—	—
5 号	—	—	—	—	0～5	60～98	90～100

注:用户如需不分粒级的混合料,可由供需双方协议确定,其物理性能指标必须符合表 4.4 的规定。

表 4.4　膨胀蛭石物理性能指标

项目		优等品	一等品	合格品
密度(kg/m³)	≤	100	200	300
导热系数[W/(m·K)](平均温度 25 ℃±5 ℃)	≤	0.062	0.078	0.095
含水率(%)	≤	3	3	3

（3）膨胀玻化微珠

膨胀玻化微珠是由玻璃质火山熔岩矿砂经膨胀、玻化等工艺制成,表面玻化封闭、呈不规则球状,内部为多孔空腔结构的无机颗粒材料。

JC/T 1042—2007《膨胀玻化微珠》中规定,膨胀玻化微珠按堆积密度分为 Ⅰ、Ⅱ、Ⅲ 三类,其力学性能指标列于表 4.5。

表 4.5　膨胀玻化微珠的物理力学性能指标

项目	Ⅰ类	Ⅱ类	Ⅲ类
堆积密度(kg/m³)	<80	80～120	>120
筒压强度(kPa)	≥50	≥150	≥200
导热系数[W/(m·K)]平均温度 25 ℃	≤0.043	≤0.048	≤0.070
体积吸水率(%)	≤45		
体积漂浮率(%)	≥80		
表面玻化闭孔率(%)	≥80		

3）发泡陶瓷保温板

发泡陶瓷保温板是以黏土、石英、碱金属或碱土金属氧化物的矿物原料，附以发泡剂等，经高温焙烧发泡而制成的具有保温隔热性能的轻质板状陶瓷制品，也称为泡沫陶瓷保温板。也可以利用陶瓷废渣、尾矿、河道淤泥、珍珠岩、页岩、粉煤灰等工业固体废弃物替代矿物原料。

JGT 511—2017《建筑用发泡陶瓷保温板》中规定，发泡陶瓷保温板按表面特征分类分为无釉面（W）和有釉面（Y）两类，按导热系数等级分类每一类又分成两个等级，即Ⅰ级和Ⅱ级。发泡陶瓷保温板性能要求见表 4.6。

表 4.6 发泡陶瓷保温板性能要求

项目	无釉面		有釉面	
	等级 Ⅰw	等级 Ⅱw	等级 Ⅰy	等级 Ⅱy
导热系数 $\lambda[W/(m \cdot K)]$	$\lambda \leq 0.065$	$0.065 < \lambda \leq 0.080$	$\lambda \leq 0.085$	$0.085 < \lambda \leq 0.100$
密度 $\rho(kg/m^3)$	$\rho \leq 180$	$180 < \rho \leq 230$	$\rho \leq 280$	$280 < \rho \leq 330$
蓄热系数 $[W/(m^2 \cdot K)]$	≥ 0.8	≥ 1.2	≥ 1.3	
抗压强度（MPa）	≥ 0.40	≥ 0.50	≥ 0.60	≥ 0.70
抗折强度（MPa）	≥ 0.40		≥ 0.60	
垂直于板面方向的抗拉强度（MPa）	≥ 0.15		≥ 0.15	
抗冻性	试验后无裂纹、无剥落、无破损现象		试验后无裂纹、无剥落、无破损现象	
体积吸水率（%）	≤ 3		≤ 1.5	
尺寸稳定性（%）	(70±2)℃下 48 h，长度、宽度、厚度方向≤ 0.3		(70±2)℃下 48 h，长度、宽度、厚度方向≤ 0.3	
放射性核素限量	符合 GB 6566—2010 的要求		符合 GB 6566—2010 的要求	
燃烧性能等级（级）	A(A1)		A(A1)	
耐污染性	—		≥ 3 级	
抗热震性	—		试验后釉面无裂纹	
抗釉裂性	—		试验后无裂纹、无剥落、无破损现象	
耐化学腐蚀性	—		GLA 级	

注：室内使用时才需要检测放射性核素含量。装饰性裂纹可不检验抗釉裂性。

4）棉类保温材料

棉类保温材料主要是由矿物棉（玻璃棉、矿渣棉、岩棉、硅酸铝棉、粒状棉）和植物棉等制成的保温材料。

矿物棉是由熔融岩石、矿渣（工业废渣）、玻璃、金属氧化物或瓷土制成的棉状纤维的总称。玻璃棉是由熔融玻璃制成的一种矿物棉。矿渣棉是由熔融矿渣制成的一种矿物棉。岩棉主要是由熔融天然火成岩制成的一种矿物棉。硅酸铝棉是由熔融状硅酸铝矿物制成的一种矿物棉。粒状棉是经机械加工而成的球状或节状松散矿物棉。

5) 纤维类保温材料

纤维类保温材料是由矿物纤维[石棉纤维和人造矿物纤维(玻璃纤维和陶瓷纤维)]和碳纤维(石墨纤维)制成的保温材料。

矿物纤维是所有由矿物制成的无机非金属纤维的总称。石棉纤维是由石棉矿物获得的纤维材料,常用作绝热材料的是蛇纹石类石棉,如以前经常使用的石棉布。人造矿物纤维是由岩石、矿渣(工业废渣)、玻璃、金属氧化物或瓷土制成的无机纤维的总称。玻璃纤维是由熔融玻璃制成的矿物纤维。陶瓷纤维是由熔融金属氧化物或瓷土制成的矿物纤维,如普通硅酸铝纤维、高铝纤维等。碳纤维是由有机绝热纤维经碳化制成的纤维。石墨纤维是经石墨化温度热稳定处理的碳纤维。

4.1.2　有机保温材料

1) 有机保温材料的分类

有机保温材料又称作泡沫塑料[1]。有机保温材料是以高分子聚合物为主体原料,在催化剂、发泡剂等化学助剂的作用下,通过化学反应或物理反应过程制成的闭孔保温材料。有机保温材料具有重量轻、可加工性好、导热系数低、保温隔热效果好和应用方便等特点,但也存在不耐老化、变形系数大、燃烧等级相对低等缺陷。有机保温材料已在各个领域中得到广泛应用,如石油、化工、电力、食品制药行业,工业设备和管道的隔热保温等,水库大坝的抗冻保温,铁路列车、汽车、船舶、飞机等交通运输行业和冷藏的隔热保温,以及吸音和减震材料,建筑行业的写字楼、宾馆、公寓等,民用建筑、公共建筑和工业建筑的屋顶、墙面、集中空调等的保温、门窗密封、吸音、隔音防震材料,以及道路应用,精密仪器包装材料,家庭装饰等轻工业应用以及体育用品、救生用品等。

泡沫塑料的分类方法较多,常见的有 4 种[3]。

(1) 按泡孔结构可分为开孔泡沫塑料和闭孔泡沫塑料

开孔泡沫塑料的泡孔之间相互连通,相互通气,发泡体中气体相与聚合物相间呈连续相,流体可从发泡体内通过。至于流体通过的难易程度与聚合物本身的特性和开孔程度有关。

闭孔泡沫塑料的泡孔孤立存在,均匀地分布在发泡体内,互不连通,气泡完整无破碎,泡孔壁形成发泡体的连接相。实际的泡沫塑料中两种泡孔结构同时存在,即开孔结构的泡沫塑料体内带有闭孔结构,闭孔结构的泡沫塑料体内带有开孔结构。如果开孔结构占 90%～95%,则称此泡沫塑料体为开孔结构泡沫,反之则称为闭孔结构泡沫。

(2) 按硬度可分为软质、硬质和半硬质泡沫塑料

在 23 ℃和 50%的相对湿度条件下,泡沫塑料弹性模量小于 70 MPa 的称为软质泡沫塑料。在上述温度和相对湿度下,弹性模量大于 700 MPa 的称为硬质泡沫塑料。弹性模量介于 70 MPa 和 700 MPa 之间的泡沫塑料称为半硬质泡沫塑料。

(3) 按密度可分为低发泡、中发泡和高发泡泡沫塑料

密度在 0.4 g/cm³ 以上,气体/固体发泡倍率<1.5 的称为低发泡泡沫塑料;密度在 0.1～0.4 g/cm³ 时,气体/固体发泡倍率为 1.5～9.0 的称为中发泡泡沫塑料;密度在 0.1 g/cm³ 以下,气体/固体发泡倍率大于 9.0 的称为高发泡泡沫塑料。但也有把发泡倍率

小于 5 的称为低发泡泡沫塑料,发泡倍率 5 以上的称为高发泡泡沫塑料。还有把密度 0.4 g/cm³ 作为划分低发泡和高发泡泡沫塑料的界限。

(4) 按固化机理可分为热塑性保温材料和热固性保温材料

热塑性塑料是指加热后塑料会熔化,可流动至模具冷却后成型,再加热后又会熔化的塑料,即可运用加热及冷却,使其产生可逆变化(液态←→固态),是所谓的物理变化。热固性塑料是指塑料加热后,会使分子构造结合成网状形态,一旦结合成网状聚合体,即使再加热也不会软化,显示出所谓的非可逆变化,是分子构造发生变化(化学变化)所致。所以通常将经化学反应过程制成的不可逆的保温材料称为热固性保温材料,而将通过物理反应过程制成的可逆的保温材料称为热塑性保温材料[1]。

我们常见的模塑聚苯乙烯泡沫塑料板(EPS 板,又简称模塑聚苯板)、挤塑聚苯乙烯泡沫塑料板(XPS 板,又简称挤塑聚苯板)和聚乙烯泡沫塑料(PE)为热塑性保温材料;而硬质聚氨酯泡沫塑料(PUR)、酚醛泡沫塑料(PF)和尿素甲醛泡沫塑料(UF,又简称脲醛泡沫)则为热固性保温材料。下面简单介绍通用泡沫塑料。

2) 热塑性泡沫塑料

(1) 聚苯乙烯泡沫塑料[1]

聚苯乙烯泡沫塑料通常以板材形式销售(简称聚苯板),分模塑聚苯板(EPS 板)和挤塑聚苯板(XPS 板)。

EPS 聚苯板是由含有挥发性液体发泡剂的可发性聚苯乙烯珠粒,经加热预发后在模具中加热成型的具有微细闭孔结构的白色固体,形态如家电包装物里面的异型防震泡沫。由于其具有较好的保温隔热性能,在建筑外保温系统中得到广泛应用。在发达国家 EPS 聚苯板应用于保温系统已有 30 余年历史,因此,其作为建筑外保温材料,技术已经非常成熟。中国的《外墙外保温工程技术规程》(JGJ 144)已于 2008 年颁布,2019 年修订,成为我国认可的建筑外保温系统。

挤塑聚苯板(XPS 板)是以聚苯乙烯树脂辅以聚合物在加热混合的同时,注入催化剂,然后挤塑压出连续性闭孔发泡的硬质泡沫塑料板,其内部为独立的密闭式气泡结构,是一种具有高抗压、吸水率低、防潮、不透气、质轻、耐腐蚀、超抗老化(长期使用几乎无老化)、导热系数低等优异性能的环保型保温材料。挤塑聚苯板的研发时间大约在 20 世纪 50 年代,我国于 2000 年引进了第一条 XPS 板的生产线。XPS 板具有良好的绝热性能、独特的抗蒸汽渗透性和较高的抗压强度,近十余年在建筑外保温领域得到使用,特别是挤塑聚苯保温板作为屋面绝热材料得到广泛应用。挤塑聚苯板保温系统已经列入一些省份建筑外保温建筑标准图集。

JGJ 144—2019《外墙外保温工程技术规程》对聚苯板的性能要求见表 4.7。

表 4.7 外墙外保温对聚苯板的性能要求

性能	EPS 聚苯板		XPS 聚苯板
	033 级	039 级	
导热系数[W/(m·K)]	≤0.033	≤0.039	≤0.030
表观密度(kg/m³)	18~22		25~35

续表 4.7

性能	EPS 聚苯板		XPS 聚苯板
	033 级	039 级	
垂直于板面方向的抗拉强度(MPa)	≥0.10		≥0.10
尺寸稳定性(%)	≤0.3		≤1.0
吸水率(V/V)(%)	≤3.0		≤1.5
燃烧性能等级(GB 8624 分级)	B1 级	不低于 B2 级	

注:不带表皮的挤塑聚苯板性能指标按相关标准取值。

EPS 聚苯乙烯泡沫主要用于生产包装容器、日用品及电器/电子产品。世界各地聚苯乙烯泡沫的消费结构不尽相同,北美约 9% 用于电器/电子行业,57% 用于包装容器,34% 用于其他方面;西欧约 15% 用于电器/电子行业,48% 用于包装容器,37% 用于其他方面;东北亚地区约 49% 用于电器/电子行业,20% 用于包装容器,31% 用于其他方面;中国约 63% 用于电器/电子行业,7% 用于包装容器,30% 用于其他方面。EPS 聚苯板在建筑工程上主要在道路工程上用于软土地基路堤填料、路桥过渡段填筑、修建直立挡墙、减轻地下结构物顶部的土压力和防止路基冻坏等,在水利工程上作为涵闸基础保温层、水库大坝混凝土保温层等,在民用建筑工程上作为外墙保温层等。XPS 板主要用于建筑物的墙体、屋面和地面保温,冷链领域保温,公路工程、铁路工程和渠道工程保温等。

(2) 聚氯乙烯泡沫塑料[3]

聚氯乙烯泡沫塑料可分为硬质和软质两种。硬质是在加工时用溶剂溶解聚氯乙烯树脂,成型时溶剂受热挥发;软质在加工时用增塑剂与聚氯乙烯树脂首先调制成糊状,炼塑成片或挤出成粒,成型时增塑剂不会受热挥发,因而具备一定的柔软性。另外,还可按结构分为开孔型和闭孔型,按发泡方法分为机械发泡法和化学发泡法。

聚氯乙烯泡沫塑料具有良好的物理性能、耐化学性能和电绝缘性能,且能隔声、防震,原料来源丰富,价格低廉等。聚氯乙烯泡沫塑料在所有泡沫塑料中水蒸气透过率最低。与硬质聚氨酯和聚苯乙烯泡沫塑料相比,强度高、阻燃性能好、隔热性、使用温度和耐化学性能接近于聚氨酯泡沫塑料,优于聚苯乙烯泡沫塑料,但成本较高。软质聚氯乙烯的伸长率可达 250%,拉伸强度可达 390 MPa,硬质聚氯乙烯的压缩强度可高达 61 MPa。

聚氯乙烯泡沫塑料在第二次世界大战期间由德国首先开发,1950 年前美国就开始利用惰性气体作发泡剂生产这种泡沫塑料。此后采用聚氯乙烯塑料溶胶促进了聚氯乙烯泡沫塑料的快速发展。我国于 20 世纪 60 年代工业化生产,是目前生产数量最多的泡沫塑料品种之一。

软质聚氯乙烯泡沫塑料可作精密仪器的包装衬垫,火车、汽车、飞机和影剧院的坐垫,密封材料,导线绝缘材料以及日常生活用品,如衣服、手套、帽子、鞋和室内装潢用品等。硬质聚氯乙烯泡沫塑料可用于建筑、车辆、船舶和冷冻、冷藏设备的隔热材料、防震包装材料、救生漂浮材料等。

(3) 聚乙烯泡沫塑料[3]

聚乙烯泡沫塑料分为非交联型和交联型两种。一般是通过发泡剂使聚合物产生蜂窝结构。

1941年美国杜邦公司首先提出用氮气作发泡剂制取聚乙烯泡沫塑料。20世纪50年代初,聚乙烯泡沫塑料作为电缆绝缘材料,首先开始工业化生产。20世纪70年代初,巴斯夫公司用预发泡的聚乙烯珠粒制成了聚乙烯泡沫塑料。1973年日本钟渊公司用可发性珠粒生产聚乙烯泡沫塑料。

聚乙烯泡沫塑料制造方法可分为挤出法、注射法、模压法、可发性珠粒法、旋转模塑法、溶沥法和定向法等。

聚乙烯泡沫塑料吸震性能、耐化学性能和介电性能优良,吸水率和蒸汽透过率极低,无毒、无臭。非交联聚乙烯泡沫塑料二次加工性能优良。

交联聚乙烯泡沫塑料压缩性能优异,压缩强度高于软质聚酯类聚氨酯泡沫塑料,低于聚苯乙烯泡沫塑料,属半硬性泡沫塑料。交联聚乙烯泡沫塑料耐反复压缩性能优良,经10^5次压缩(每次压缩变形量为50%)后,永久变形量为15%左右,压缩强度(变形25%)的变化也相当小。这说明交联聚乙烯泡沫塑料是理想的包装材料。交联聚乙烯泡沫塑料的缺点是压力撤除后不能立即复原,放置1周后才能回复到原始状态。交联聚乙烯泡沫塑料的水蒸气透过率远远低于聚苯乙烯和硬质聚氨酯泡沫塑料。交联聚乙烯泡沫塑料的热导率与聚苯乙烯和硬质聚氨酯泡沫塑料大致相同,高于非交联型聚乙烯泡沫塑料。它的最高使用温度为80℃,超过此温度则逐渐收缩,短时使用温度为100℃。最低使用温度为−84℃,但此时泡沫塑料变脆。交联聚乙烯泡沫塑料的吸水低于聚苯乙烯泡沫塑料。交联聚乙烯泡沫塑料的耐老化性能优异,与其他泡沫塑料的性能比较见表4.8。

表4.8 交联聚乙烯泡沫塑料同某些泡沫塑料耐老化性能的比较

测试项目	化学交联聚乙烯泡沫塑料	聚苯乙烯泡沫塑料	聚氨酯泡沫塑料	软质聚氯乙烯泡沫塑料
颜色	无变化	无变化	变灰黑	变灰褐
形状	无变化	风化、飞散	风化、飞散	严重变形
表面	无变化	严重侵蚀,一触即毁	严重侵蚀,表面硬化	表面硬化
收缩	几乎不收缩	破坏严重,无法测量	严重收缩	严重收缩

注:所有试样均在户外暴露20个月。

聚乙烯泡沫保温材料可用于减震包装、保温隔热、漂浮材料、电绝缘材料、木材代用品和安全帽等日常生活用品等。

(4) 聚丙烯泡沫塑料[3]

聚丙烯属结晶型聚合物,与聚乙烯性能相似,在结晶熔点以下几乎不流动,结晶熔点以上其熔体黏度急剧变小。由于此类特性所限,聚丙烯在发泡过程中所产生的气体很难被包住。此外,聚丙烯从熔体态转变为结晶态会放出大量的热量,这是由于熔体比热容大,由熔体转变为固体所需时间较长的缘故。加之聚丙烯透气率高,发泡气体易逃逸,故适于聚丙烯发泡的温度窄,宜采取挤出法制取非交联高发泡聚丙烯。而高发泡倍率的聚丙烯泡沫塑料一般要对聚丙烯进行交联,常用的交联方法有化学交联和辐射交联法两种。

聚丙烯泡沫塑料按发泡剂分类(与聚乙烯泡沫塑料类似),可分为物理发泡法和化学发泡法。按加工工艺可分为挤出发泡、常压发泡、模压发泡和可发性珠粒模塑发泡等。

由于聚丙烯上述独特的内在特性,故此类泡沫塑料开发较晚,交联聚丙烯泡沫塑料直到

1980 年才实现工业化生产,其资料报道也较少。

聚丙烯泡沫塑料耐热性好,软化点为 100～120 ℃,并可在这一温度范围内长期使用,无外力作用加热至 150 ℃也不变形,可在 130 ℃开水中蒸煮消毒。透气性、透水性小,耐磨性、抗应力开裂性和伸长性良好,电气绝缘性优越,除发烟硝酸、发烟硫液、铬酸溶液、卤素、苯、四氯化碳和氯仿等对聚丙烯有一定的腐蚀作用外,耐大部分的化学药品。热加工收缩率较大,加工和使用过程中易受光、热、氧和气候影响而发生老化,耐寒性、耐低温冲击性、染色性差,不耐铜腐蚀,且易燃烧。其泡沫塑料与聚乙烯泡沫塑料的性能比较见表 4.9。

表 4.9　聚丙烯泡沫塑料与交联聚乙烯泡沫塑料的性能比较

性能	聚丙烯泡沫	聚乙烯泡沫	性能	聚丙烯泡沫	聚乙烯泡沫
密度(kg/m³)	35	35	热导率[W/(m・K)]	0.032	0.035
拉伸强度(kPa)	26～38	26～32	热尺寸稳定性(120 ℃)(%)	−1.0～−2.1	−2.0～−5.0
伸长率(%)	200～300	110～120			
撕裂强度(N/cm)	32～45	20～22	耐化学性	良好	良好
压缩强度(kPa)	5.8	4.2	热拉伸强度(120 ℃)(kPa)	3.5～7.0	1.3～2.1
压缩永久变形(%)	7.0	7.0			
吸水率(mg/cm²)	0.3	0.3	热伸长率(%)	200～250	150～200

高发泡聚丙烯可作隔热材料、汽车顶棚材料、包装缓冲材料等。低发泡聚丙烯以挤出、注射制品为主,可用作板材、合成木材、建材、家具、仪器包装、电缆电线包覆层等,注射制品可用于电器、家具、车辆、日用品等代木、装饰或包装品,吹塑制品可制作合成纸、大型容器等,亦可作挤拉成型泡沫网、扁线、单丝捆扎材料及鞋跟等。

(5) ABS 泡沫塑料[3]

ABS(丙烯腈-丁二烯-苯乙烯)泡沫塑料是以 ABS 树脂为原料,添加发泡剂和其他助剂模塑而成。ABS 泡沫塑料与聚苯乙烯泡沫塑料相比,韧性和拉伸强度均好,且比聚乙烯和聚氯乙烯泡沫塑料的刚性、硬度、抗蠕变、弯曲强度等性能都好,属结构用材料之一。

20 世纪 60 年代美国的 Uniroyal 公司采用热成型方法生产出芯材发泡、两表层不发泡的夹层板材制品。日本 20 世纪 70 年代也采用挤出和注射成型生产出 ABS 泡沫塑料制品。此后 ABS 结构泡沫塑料得到大量的应用。

ABS 泡沫塑料性能与其他泡沫塑料一样,尽管质量轻,但刚性大,适于作结构材料。成型制品可切削、钻孔、铆钉、粘结,具有和木材类似的特性,亦可真空成型。

由于 ABS 属低发泡制品,其密度一般为:注射制品为 0.5～1.0 g/cm³,可发性或浇铸型制品为 0.30～0.55 g/cm³,直接挤出品种为 0.45～0.80 g/cm³,两级发泡挤出高发泡倍率制品为 0.4 g/cm³。其他性能见表 4.10。

表 4.10　ABS 泡沫塑料的性能

性能	注射成型	浇铸成型	直接挤出	两级发泡挤出
拉伸强度(MPa)	16.6	9.7	14.0	2.8

性能	注射成型	浇铸成型	直接挤出	两级发泡挤出
拉伸弹性模量(MPa)	620.6		306.0	89.0
弯曲强度(MPa)	16.6	16.5	20.0	3.4
弯曲弹性模量(MPa)	827.4	620.5	738.0	153.0
压缩强度(10%变形)(MPa)	—	—	13.0	0.3
压缩弹性模量(10%变形)(MPa)	—	—	360.0	78.0
缺口冲击强度(J/m)	37.0	64.0	5.5	—
吸水性(%)	0.30	0.60	0.35	—
热导率[W/(m·K)]	—	0.080	0.099	0.067
燃烧性(mm/min)	81.3	50.8	—	—

ABS 泡沫塑料机械强度高,主要用于制造结构件或作结构材料使用,也可作为木材的代用品。挤出成型板材和夹层板材可制造汽车和轮船壳体、游艇船体、内外装饰板、家具部件和其他用材,也可挤出管材、圆形棒材作建筑材料用。注射成型制品涉及汽车零部件、日用品如伞把、碗、盆、筷子、把手、鞋楦、勺子等。

3) 热固性泡沫塑料

(1) 聚氨酯泡沫塑料

聚氨酯泡沫塑料是以多元异氰酸酯和多元醇为主要原料,加入催化剂、发泡剂和表面活性剂等,在充分混合下反应形成的轻质发泡材料。发泡气体有时也可以是由异氰酸酯和水反应生成的二氧化碳。

第二次世界大战期间,德国拜耳公司的实验人员对二异氰酸酯及羟基化合物的反应进行研究,制得了硬质泡沫塑料、涂料和粘合剂。直到第二次世界大战结束以后,美国才开始开展硬质聚氨酯泡沫塑料的研究工作。1952 年,拜耳公司报道了软质聚氨酯泡沫塑料的研究成果。1954 年美国孟山都公司和拜耳公司进行技术合作,成立莫贝(Mobay)公司,开始了聚氨酯原料和此类泡沫塑料的生产[3]。

1959 年我国上海轻工业研究所、天津纺织研究所首先开展了聚氨酯型软质泡沫塑料的探索,1965 年天津、辽宁、大连、山西阳泉等地进行了工业化生产。硬质聚氨酯泡沫塑料生产始于 1964 年,先是聚酯型,后是聚醚型,它是目前用量最大的泡沫塑料。

聚氨酯泡沫塑料按其生产原料不同可分为聚醚型和聚酯型,按制品的性能不同可分为软质、半硬质和硬质泡沫塑料,按生产方法还可分为一步法和两步法(包括预聚法和半预聚法)。聚氨酯泡沫塑料易燃烧,通常需在配方中加入阻燃剂来提高聚氨酯泡沫塑料的阻燃性。

工程上通常使用硬质聚氨酯泡沫作为保温材料。可以是聚氨酯泡沫保温板形式、喷涂或浇注形式形成的聚氨酯泡沫保温层。摘取部分标准中对硬质聚氨酯泡沫材料的性能要求列于表 4.11。

表 4.11 标准中对硬质聚氨酯泡沫材料的性能要求

性能	JGJ 144-2019	GB/T 20219-2015（Ⅱ类）	GB/T 21558-2008（Ⅲ类）	JC/T 998-2006（Ⅱ-B类）	JG/T 314-2012	JCJ 14-1999
表观密度(kg/m³)	≥35	—	≥35	≥50	≥32	≥55
抗压强度(MPa)	—	≥0.2	≥0.18	≥0.3	≥0.15	≥0.3
抗拉强度(MPa)	—	—	—	—	≥0.15	≥0.5
断裂伸长率(%)	—	—	—	≥10	—	—
导热系数[W/(m·K)]	≤0.024	≤0.022	≤0.024	≤0.024	≤0.024	≤0.022
尺寸稳定性(%)	≤1.0	±4.0	≤2.0	≤1.0	≤1.0	≤1.0
闭孔率(%)	—	≥90	—	≥95	—	—
吸水率(V/V)(%)	≤3.0	—	≤3.0	≤3.0	≤3.0	≤1.0
水蒸气透过率[ng/(Pa·m·s)]	—	1.5~4.5	≤6.5	≤5.0	—	—
燃烧性能等级（GB 8624 分级）	不低于B2级	—	—	—	不低于B2级	—

注:完整性能可参照相应标准。

聚氨酯泡沫塑料具有密度小、比强度高、导热系数低以及耐油、耐寒、防震和隔音性能好等优点,且加工简单,容易制得。在日常生活和国民经济各部门中得到广泛应用,其产量在各种泡沫塑料中名列前茅。主要用于隔声隔热、防震减噪制品领域,包装、建材、汽车、航空航天、医疗卫生和日常生活用品中,其用量和应用领域正在日益扩大。

（2）酚醛泡沫塑料[3]

酚醛泡沫塑料是以苯酚、甲醛为主要原料,与发泡剂、表面活性剂、固化剂及其他助剂掺和反应制成的开孔性热固性泡沫塑料。它的优点是阻燃性、耐热、耐火焰和自熄性好,燃烧时烟雾低,无滴落物,故广泛地用作隔热保温材料等。按生产工艺分类,酚醛泡沫塑料分干法酚醛泡沫塑料、湿法酚醛泡沫塑料和隔热酚醛泡沫塑料。

1942 年以前,酚醛泡沫塑料已在实验室制成。第二次世界大战初期,德国将酚醛泡沫塑料作为代木用品,用于航空工业。同期,英国泡沫橡胶公司的产品主要用作漂浮材料。1945 年美国的联合碳化物公司也对低密度酚醛发泡树脂及其加工技术进行了深入研究,出现了不少研究成果。1961 年我国兵器工业部第五三研究所对干法酚醛泡沫塑料进行了研究,其产品成功用于军工方面。

DB21/T 2171—2013《酚醛泡沫板外墙外保温技术规程》中酚醛泡沫板的技术性能列于表 4.12。

表 4.12 酚醛泡沫板的技术性能

项目	指标	检验方法
表观密度(kg/m³)	45~65	GB/T 6343
导热系数[W/(m·K)]	≤0.030	GB/T 10294、GB/T 10295

项目	指标	检验方法
压缩强度(kPa)	≥120	GB/T 8813
尺寸稳定性(70±2 ℃,7 d)(%)	≤1.5	GB/T 8811
水蒸气渗透系数[ng/(m·s·Pa)]	2.0~8.0	GB/T 16928
吸水率(V/V)(%)	≤6.5	GB/T8810
甲醛开释量(mg/L)	≤1.0	GB/T 18580
燃烧性能	不低于 B1 级	GB/T 8624
氧指数(%)	≥38	GB/T 2406.2

湿法酚醛泡沫塑料主要作为绝缘材料、板材和夹心嵌板用于建筑业,保温货车、卡车和船舱。用氯丁橡胶和聚氯乙烯作为保护层,或用油毡和沥青覆盖的材料,可作低温绝缘材料。

干法酚醛泡沫塑料中铝板-低密度泡沫塑料复合件作为战车的隔板,将发动机包围起来,以减少热和噪声对车内人员的危害。铝板-高密度泡沫塑料复合件可作为战车的吊篮底盘,以减轻车重。此外,铝板-泡沫塑料复合件还可作导弹的尾翼。其他用途同湿法酚醛泡沫塑料。

隔热酚醛泡沫塑料具有优异的隔热与阻燃性能,在建筑业中获得了广泛的应用。作为屋顶保温层及天花板,隔热效果比普通屋面材料高 2~3 倍。酚醛泡沫塑料板材与其他材料复合后可用作建筑物的地板下隔层及冷库地板等。与钢、铝复合做成的夹心板材不但具有优异的隔热性能,而且保留了金属材料所特有的强度,广泛用于防火隔离墙、野外作业及海上建筑的墙体和屋面材料。用在船舶、舰艇上可大大减小船体自重,增加承载能力。另外,航行于海上的船舶互救能力差,发生火灾所受的损失较陆地大得多,所以优异的阻燃性能使酚醛泡沫塑料在造船业中得到广泛的应用。酚醛泡沫塑料用于化工容器及管道的隔热保温,贮存易燃易爆气体的容器的保温层也开始采用酚醛泡沫塑料。隔热用酚醛泡沫塑料已开始在供热系统中取代硬质聚氨酯泡沫塑料。

(3) 环氧泡沫塑料[3]

环氧泡沫塑料可用化学发泡法、物理发泡法和添加玻璃、陶瓷或塑料中空微球固化成型法制成。所用原料有液态环氧树脂活性剂和发泡剂等。早在 20 世纪 40 年代末美国壳牌公司就有浇铸系列和预发泡成型及预发泡制件。20 世纪50 年代中期曾研制出玻璃纤维增强环氧泡沫塑料。20 世纪 60 年代初壳牌开发公司开发了环氧-硼氧烷泡沫塑料。这种泡沫塑料在 300 ℃下仍保持刚性和热稳定性,具有小泡孔结构。同期壳牌开发公司又研制出以氟氯甲烷发泡剂就地浇注的环氧泡沫塑料。

环氧泡沫塑料具有良好的力学性能、电性能,优异的耐溶剂、耐湿性和尺寸稳定性,密度低而均匀,泡沫固化完全,有的品种可常温固化,热导率低,贮存稳定,毒性小,渗透性低,难燃,质硬,质量轻等。低密度环氧泡沫塑料的热导率在 0.2 W/(m·K)左右,高密度环氧泡沫塑料的热导率在 0.3~1.0 W/(m·K)。中密度环氧泡沫塑料的压缩强度可达 7.58 MPa,弯曲强度可达 6.89 MPa,高密度环氧泡沫塑料的压缩强度可达 92.4 MPa,弯曲强度可达

42.06 MPa。

高密度复合环氧泡沫塑料与低、中密度泡沫塑料不同,物理机械性能更好,压缩强度更高。由于中空微球的添加使其隔声、隔热等性能变好,泡孔耐渗透性强,不吸水,因而是生产水下装置的理想材料。

环氧泡沫塑料可以作为绝热材料、轻质高强度的夹心材料、防震包装材料以及飞机吸声材料等,常用于电子和宇航工业,电子元器件,飞机导航用部件和在受力情况下用的阻燃、介电元件等。采用浇铸法可生产飞机用的大尺寸和结构复杂的制件。高密度复合环氧泡沫塑料常用于水下装置部件,电子工业用灌封材料、绝缘体。制造的夹层板材性能优良,质量轻。还可用来制造受热结构件的夹心材料等。此外,环氧泡沫塑料还可用作飞机检验装置的夹层材料,管路材料,漂浮材料,水陆两用坦克浮筒和弹药箱等。

(4) 不饱和聚酯泡沫塑料[3]

不饱和聚酯泡沫塑料以乙二醇、不饱和酸、不饱和单体合成的不饱和聚酯为主体,添加发泡剂、固化剂等生产而成。

1957 年美国先锋制品公司研制出牌号 Estafoam 的不饱和聚酯泡沫塑料,但这种泡沫塑料没有应用价值。随着生产工艺的发展,这类泡沫塑料的制备方式也得到发展。先采用不饱和聚酯与苯乙烯单体交联聚合制成泡沫塑料,然后又生产出添加中空微粒的复合泡沫塑料和填充水的泡沫塑料。这些泡沫塑料在宇航及建筑行业得到应用。

不饱和聚酯泡沫塑料的机械性能良好,表面耐磨性高,耐寒(耐-140 ℃)、耐热性好,热变形温度在 70 ℃左右,其吸水性小,电性能良好,低频绝缘性、耐电弧性优良(耐电弧性为 120~180 s),化学稳定性好,耐水、耐溶剂、耐酸,但不耐强碱、强酸和氧化性物质。

不饱和聚酯泡沫塑料可用作夹层板材的芯材,用作隔声、隔热、减震和建筑用材。填充水分的不饱和聚酯泡沫可用来模塑灯具、装饰标牌、家具零部件等。此外还可用来代替钢筋水泥构件用于建筑和架桥行业。

(5) 脲甲醛泡沫塑料[3]

脲甲醛泡沫塑料是以脲甲醛树脂为原料,以二丁基萘磺酸钠(商品名称为"拉开粉")为发泡剂,在催化剂存在下固化成型,再经过干燥制成的闭孔结构的白色块状料。

1933 年德国的一家公司首先开发了脲甲醛泡沫塑料。1938 年投产,牌号为"Ipoka"。20 世纪 40 年代后期巴斯夫公司生产了牌号为"Isoschawm"的脲甲醛泡沫塑料,20 世纪 50 年代英国和美国也实现了商品化。巴斯夫公司在脲甲醛泡沫塑料的生产技术和应用技术方面居世界首位。我国在 1958 年以后才开始生产此类泡沫塑料。

脲甲醛泡沫塑料的机械强度较低,耐热性能和耐燃烧性能较好,吸湿性相当高,水蒸气透过率(38 ℃和 90%湿度)在 24~27.5 g/(h·m²),不耐无机酸和碱以及浓有机酸,热导率随温度和泡沫密度的变化而变化[0.3~0.4 W/(m·K)],耐微生物性能好。

脲甲醛泡沫塑料可在建筑业、交通运输业和化学工业方面作保温隔热材料。

脲甲醛泡沫塑料可用于农业、花卉展览和运输。脲甲醛泡沫塑料可以吸收养分、药剂,然后慢慢放出;同时,土壤中的细菌可分解脲甲醛泡沫塑料而释放出氮。所以将此种泡沫混入土壤中,既起肥料载体的作用,也起肥料的作用。此外,在干旱时能防止水分过度损失,在大雨时可防止养分被冲走。

脲甲醛泡沫塑料可用于造纸工业和医疗行业,脲甲醛泡沫塑料可代替部分木浆用于造纸,同木浆混合制成的纸松软,比用一般木浆制成的纸吸水率高 4.0～5.5 倍,吸水速率快几百倍,这种纸可用于制造具有高度吸收能力的绷带。

脲甲醛泡沫塑料还可应用于减震包装,制造泡沫混凝土,结构板材的芯材和浮体填料,戏剧和电影中的雪景,作粘结剂用于粘结木材、纸、合成纤维、帆布等。

4.1.3　天然保温材料

天然保温材料是由天然产出的纤维如棉纤维、木纤维等植物纤维获取的纤维绝热材料。最常用的天然保温材料如棉被。

天然植物纤维吸水性大,保温效果需要依加工方式而定。户外保温必须做好防水保护。

4.2　保温材料和技术的标准现状

保温材料在许多领域得到应用,为了规范保温材料的使用和质量监控,颁布了许多标准,下面列出部分标准和规范,主要是外墙和管道保温领域,供参考。除了 GB/T 39802—2021 简单说明外,其他标准不做具体解读。保温材料的产品标准列于表 4.13,有机保温材料的试验方法标准列于表 4.14,保温材料的应用技术标准列于表 4.15。

表 4.13　保温材料的产品标准

标准号	标准名称
JC/T 998—2006	喷涂聚氨酯硬泡体保温材料
GB/T 10801.2—2018	绝热用挤塑聚苯乙烯泡沫塑料(XPS)
JG/T 420—2013	硬泡聚氨酯板薄抹灰外墙外保温系统材料
JG/T 314—2012	聚氨酯硬泡保温板
GB/T 20219—2015	绝热用喷涂硬质聚氨酯泡沫塑料
JG/T 158—2013	胶粉聚苯颗粒外墙外保温系统材料
GB 26540—2011	外墙外保温系统用钢丝网架模塑聚苯乙烯板
GB/T 21558—2008	建筑绝热用硬质聚氨酯泡沫塑料
GB/T 10699—2015	硅酸钙绝热制品
GB/T 11835—2016	绝热用岩棉、矿渣棉及其制品
GB/T 13350—2017	绝热用玻璃棉及其制品
GB/T 16400—2015	绝热用硅酸铝棉及其制品
GB/T 17393—2008	覆盖奥氏体不锈钢用绝热材料规范
GB/T 26709—2011	太阳能热水器用硬质聚氨酯泡沫塑料

续表 4.13

标准号	标准名称
GB/T 29047—2012	高密度聚乙烯外护管硬质聚氨酯泡沫塑料预制直埋保温管及管件
GB/T 26689—2011	冰箱、冰柜用硬质聚氨酯泡沫塑料
GB/T 26700—2011	门体填充用硬质聚氨酯泡沫塑料
GB/T 35453—2017	冻土路基用硬质聚氨酯泡沫板（DLPU）
GB/T 23932—2009	建筑用金属面绝热夹芯板
JC 936—2004	单组分聚氨酯泡沫填缝剂
JC/T 1061—2007	铝箔面硬质聚氨酯泡沫夹芯板

表 4.14　有机保温材料的试验方法标准

标准号	标准名称
GB/T 8174—2008	设备及管道绝热效果的测试与评价
GB/T 17430—2015	绝热材料最高使用温度的评估方法
GB/T 9641—1988	硬质泡沫塑料拉伸性能试验方法
GB/T 29416—2012	建筑外墙外保温系统的防火性能试验方法
GB/T 8625—2005	建筑材料难燃性试验方法
GB/T 6343—2009	泡沫塑料及橡胶表观密度的测定
GB/T 6342—1996	泡沫塑料与橡胶线性尺寸的测定
GB/T 8811—2008	硬质泡沫塑料尺寸稳定性试验方法
GB/T 10294—2008	绝热材料稳态热阻及有关特性的测定　防护热板法
GB/T 8813—2020	硬质泡沫塑料 压缩性能的测定
GB/T 8810—2005	硬质泡沫塑料吸水率的测定
GB 8624—2012	建筑材料及制品燃烧性能分级
GB/T 8626—2007	建筑材料可燃性试验方法
GB/T 8627—2007	建筑材料燃烧或分解的烟密度试验方法
GB/T 8333—2008	硬质泡沫塑料燃烧性能试验方法 垂直燃烧法
GB/T 17146—2015	建筑材料及其制品水蒸气透过性能试验方法
GB/T 21332—2008	硬质泡沫塑料 水蒸气透过性能的测定
GB/T 10007—2008	硬质泡沫塑料 剪切强度试验方法
GB/T 2406—2008	塑料用氧指数法测定燃烧行为
GB/T 20672—2006	硬质泡沫塑料 在规定负荷和温度条件下压缩蠕变的测定
GB/T 10295—2008	绝热材料稳态热阻及有关特性的测定 热流计法

标准号	标准名称
GB/T 8332—2008	泡沫塑料燃烧性能试验方法 水平燃烧法
GB/T 5486—2008	无机硬质绝热制品试验方法
GB/T 11969—2020	蒸压加气混凝土性能试验方法
GB/T 20285—2006	材料产烟毒性危险分级

表 4.15 保温材料的应用技术标准

标准号	标准名称
GB/T 8175—2008	设备及管道绝热设计导则
GB 50264—2013	工业设备及管道绝热工程设计规范
GB/T 17369—2014	建筑用绝热材料 性能选定指南
GB/T 39802—2021	城镇供热保温材料技术条件
JGJ 289—2012	建筑外墙外保温防火隔离带技术规程
GB/T 4272—2008	设备及管道绝热技术通则
GB 50126—2008	工业设备及管道绝热工程施工规范
JGJ 144—2019	外墙外保温工程技术标准
JCJ 14—1999	聚氨酯硬泡体防水保温工程技术规程
GB/T 29288—2012	热塑性硬质聚氨酯泡沫塑料通用技术条件
GB 50404—2017	硬泡聚氨酯保温防水工程技术规范

国家标准 GB/T 39802—2021《城镇供热保温材料技术条件》于 2021 年 10 月 1 日实施。该标准规定了城镇供热中用于输送介质温度不大于 350 ℃的蒸汽,以及输送介质温度大于150 ℃的热水使用的绝热保温材料及其制品的技术条件和检验方法。该标准将根据供热用保温材料性质的不同分为硬质、软质、纤维质、松散质、浆体等类别。该标准分别归纳整合现有保温材料及其制品的标准,综合建立针对城镇供热用保温材料的性能指标和技术条件。主要包含以下无机保温材料:膨胀珍珠岩及其绝热制品、硅酸钙绝热制品、供热用岩棉、矿渣棉及其制品、供热用玻璃棉及其制品、供热用硅酸铝棉及其制品、硅酸盐复合绝热涂料及其制品和供热用泡沫玻璃;有机保温材料:高密度聚乙烯外护管聚氨酯泡沫塑料预制直埋保温管及管件、玻璃纤维增强塑料外护层聚氨酯泡沫塑料预制直埋保温管及管件、柔性泡沫橡塑绝热制品、高压聚乙烯泡沫(PEF)、供热用硬质酚醛泡沫制品(PF)、供热用挤塑聚苯乙烯泡沫塑料和供热用模塑聚苯乙烯泡沫塑料等。

4.3　保温材料的选择

4.3.1　临时保温材料的选择

临时保温材料选择需要考虑以下几方面因素:导热系数、施工方便、不影响混凝土的成型、方便拆除、抗冻性能、防潮湿、重复使用次数多和性价比高。

4.3.2　永久保温材料的选择

永久保温材料的选择需要考虑以下几方面的因素:导热系数、闭孔率、使用温度、形状及尺寸稳定性、压缩性能(是否有荷载)、考虑风荷载时的横向抗拉和抗折强度、剪切强度、施工性能、水或冰影响下的性能、抗冻性、对健康及安全的影响、燃烧性能、与其他材料的相容性、生物侵蚀性能、水蒸气透过性能和空气渗透性能。表 4.16 列出了 GB/T 17369—2014《建筑用绝热材料　性能选定指南》中制订技术条件的要求,该规范主要适用于预制绝热产品,适用于建筑物墙体、屋面、顶板/地板和基础结构,供水库大坝混凝土保温时参考。

表 4.16　绝热材料选择时需考虑的各因素的性能特性

性能因素				性能特性
热阻 R 或导热系数 λ				应规定在 10 ℃ 或 23 ℃(热带地区时 40 ℃)时 R 或 λ 的设计值。规范中要求的数值应考虑老化、吸湿等引起的任何可预见的变化
使用温度（表面温度）	常规−40 ℃～+60 ℃			在给定的温度范围内,绝热材料应能按预期方式正常使用
	高要求−40 ℃～+90 ℃			
形状及尺寸稳定性	在温度作用下:−40 ℃至使用温度的上限之间			形状及尺寸稳定性,即限制不可逆的形状和尺寸变化,不损及产品使用时的适用性
	在湿度作用下:温度 20 ℃、相对湿度在 30%～90%之间			
	在温、湿度共同作用下:温度 20～60 ℃之间,相对湿度在 30%～90%之间			
压缩性能	使用情况	无荷载或无压力作用		不涉及
		使用荷载以外的均布荷载压缩作用		在长期均布荷载为 30 kN/m² 作用下有限的变形
		使用荷载	仅考虑维护人	在长期均布荷载如 2 kN/m² 作用下有限的变形;在使用温度范围内,有屋面覆盖层时,产品在短期集中荷载如 1 kN/(10×10) cm² 作用下变形小于 2 mm
			轻交通(人)	在使用温度范围内,长期均布荷载和反复荷载如 4 kN/m² 作用下有限的变形
			重交通　轿车	在使用温度范围内,长期均布荷载和反复荷载如 8 kN/m² 作用下有限的变形
			卡车	在使用温度范围内,长期均布荷载和反复荷载如 20 kN/m² 作用下有限的变形

续表 4.16

性能因素		性能特性
考虑风荷载时	横向抗拉强度	应有足够的横向抗拉强度(粘结强度)和抗弯强度,以承受对应于建筑物高度和位置的风荷载(如 20 m 高建筑物时为 2.5 kN/m²)
	抗折强度	
抗剪强度		能承受 30 mm 厚覆盖层等长期荷载(剪切荷载约 0.6 kN/m²)
施工性能		有足够的强度,能承受运输和使用过程中的受力状态,如抗拉强度至少能承受大于产品重量的两倍或抗弯强度能承受两倍的板的重量;产品应可修整形状,可用普通工具安装到通常的结构物上
考虑人体荷载的抗弯强度		抗弯强度应足以承受施工及维护时 1 kN 的人员荷载
水影响下的性能	偶然短期潮湿	施工期间 24 h 内因降雨引起有限的吸水量变化和尺寸变化,仍能满足使用目的
	设计长期潮湿	产品在其使用温度范围内因长期浸泡引起有限的吸水量变化和尺寸变化,仍能满足使用目的
抗冻性		当直接接触水或扩散渗透水时,产品应能经受足够数量的冻融循环次数
对健康和安全的影响		产品应满足:按照常规方法使用并采取预防措施;在建筑物上应用期间,应满足现有的国家规范
燃烧性能		材料应满足国家规范的要求
生物侵蚀性能		产品不应促使霉菌生长及不支持昆虫和有害鸟兽生存
与其他材料的相容性		绝热材料应和设计与其接触的其他建筑材料相容
水蒸气透过性能		无上下限规定,但要求提供其范围
空气渗透性		无上下限规定,但要求提供其范围

GB 50264—2013《工业设备及管道绝热工程设计规范》中对绝热材料和性能要求做出了规定,常用保温材料的性能要求见表 4.17,可供大坝混凝土保温设计参考,表 4.17 中未列出的导热系数参考方程及要求请参照该标准。

表 4.17　常用保温材料的性能要求

材料名称	使用密度 (kg/m³)	极限使用温度或温度范围(℃)	推荐使用温度范围(℃)	常用导热系数 λ_0 (平均温度 T_m 为 70 ℃时)[W/(m·K)]	抗压强度 (MPa)
硅酸钙制品	170	650(Ⅰ型)	≤550	0.055	≥0.5
		1 000(Ⅱ型)	≤900		
岩棉板	60~100	500	≤400	≤0.044	—
	101~160	550	≤450	≤0.043	—
矿渣棉板	80~100	400	≤300	≤0.044	—
	101~130	450	≤350	≤0.043	—

续表 4.17

材料名称	使用密度 （kg/m³）	极限使用温度 或温度范围 （℃）	推荐使用温度 范围（℃）	常用导热系数 λ_0 （平均温度 T_m 为 70℃时）[W/(m·K)]	抗压强度 （MPa）
玻璃棉板	24/32	400	≤300	≤0.047/≤0.044	—
	40/48/64	450	≤350	≤0.042/≤0.041/ ≤0.040	—
泡沫玻璃制品	120±8	−196～450	−196～400	≤0.045(25℃)	≥0.8
	160±10	−196～450	−196～400	≤0.064(25℃)	≥0.8
柔性泡沫橡塑制品	40～60	−40～105	−35～85	≤0.036(0℃)	—
硬质聚氨酯泡沫塑料制品	45～55	−80～100	−65～80	≤0.023(25℃)	≥0.2
聚异氰脲酸酯	40～50	−196～120	−170～100	0.029(25℃)	≥0.22
高密度聚异氰脲酸酯	160±16	−196～120	−196～100	≤0.038(25℃)	≥1.6(常温)
	240±24	−196～110	−196～100	≤0.045(25℃)	≥2.5(常温)
	320±32	−196～110	−196～100	≤0.050(25℃)	≥5.0(常温)
	450±45	−196～110	−196～100	≤0.080(25℃)	≥10(常温)
	550±55	−196～110	−196～100	≤0.090(25℃)	≥15(常温)

　　杨海军等[4]比较了极寒条件下两种绝热材料 CG（泡沫玻璃）与 PIR（聚异氰脲酸酯泡沫）的相关性能，分析了两者在导热系数、燃烧特性、水气渗透、强度及膨胀特性等方面的优缺点，给出极寒条件下 LNG 行业绝热系统的设计建议，即内层选用价格低、导热系数低、收缩性能好及材料较轻的 PIR，外层选用防火性能好、不渗水吸水、抗压能力强、膨胀小且其膨胀收缩性能与不锈钢接近的 CG，最后配以防潮及保护系统。

4.4　国内水库大坝保温材料应用现状

　　研究工作者们发表了许多关于大坝混凝土保温的研究成果，这里只选择具有代表性的案例进行引用，并根据所采用措施的种类和方式来说明目前的技术现状。赵成先等[5]总结了寒冷环境下国内大坝混凝土表面保温抗冻现状。

4.4.1　水库大坝临时保温抗冻现状

　　大坝在冬季浇筑时通常采用临时保温措施。最早采用草袋和草帘保温，但其易燃、易腐烂、不耐用，保温效果差。后来在恒仁、白山等东北地区也用过木丝板，在太平哨大坝喷涂过水泥-膨胀珍珠岩，但这些材料易受潮而降低保温效果，木丝板还存在掩盖混凝土表面缺陷和不易拆除等问题[6]。也有采用棉被套在塑料薄膜内进行临时保温的工程。20 世纪 80 年代后泡沫塑料成为主要的保温材料。此时，可用聚乙烯保温被、聚乙烯气垫薄膜、泡沫塑料板(聚乙烯和聚苯乙烯等)等进行临时保温。基本上采取在混凝土表面覆盖保温层的方法进行临时保温,工艺上要求临时保温材料要牢固紧贴在混凝土表面,要防风、防雨,且不能存在覆盖遗漏的区域。

丰满水电站大坝[7]处于年平均气温 4.9 ℃,冬季持续低温,极端最低气温−42.5 ℃的冬季严寒环境中,重建时 2015 年冬季属于冬歇期,坝块越冬方案包括:坝顶越冬侧面采用 8 cm 厚 XPS 板进行保温(铺设方法:1 层塑料薄膜＋8 cm XPS＋1 层三防帆布,停浇面以下 3 m 范围内 XPS 厚度改为 16 cm);大坝停浇面采用 9 层 2 cm 厚橡塑海绵保温被进行保温,铺设方法与侧面相似,将 XPS 换成橡塑海绵即可,并在上部采用沙袋压盖,局部位置采用 15 层海绵。其中,左岸 7 号、8 号、9 号坝段是重点保温防裂区域,为加强该区域越冬保温措施,同时进行人工造雪覆盖保温研究,并对保温效果进行跟踪监测。

某水电站重力坝[8]位于西藏自治区山南市桑日、加查县境交界处,处于高海拔、低气温环境中,混凝土浇筑时采取内部水冷却和外部 5 cm 厚聚苯板表面保温的措施来降低坝体混凝土施工期的表面应力。

喀腊塑克水利枢纽 RCC 坝[9]坝址区 10 月中、下旬开始进入冬季,随之逐渐进入冬季严寒阶段,一直到次年的 4 月初才开始逐步进入混凝土施工期,有记载的极端最低气温为 −49.8 ℃,此阶段混凝土施工进入冬休期。越冬面保温措施类似丰满水电站大坝:1 层 0.6 mm 厚塑料薄膜＋2 层 2 cm 厚聚乙烯保温被＋13 层 2 cm 厚棉被＋1 层三防帆布。为加强保温及防止侧面进风,在越冬面上下游侧用沙袋垒 1.0 m 高、0.8 m 宽的防风墙,在保温被周边及越冬面以下 2.6 m 范围内喷涂 10 cm 厚聚氨酯硬质泡沫。

临时保温措施不但适用于寒冷气候条件,还在华南地区得到应用,如地处华南亚热带地区、气候温暖湿润的坝美水电站[10]坝面上下游混凝土采用表面粘贴高强聚苯板泡沫板的保温保湿措施,施工缝顶面采用塑料气垫薄膜覆盖。施工期出现寒潮时的坝体温度最大降幅和拉应力明显降低。尽管聚苯板在物体撞击下易破损、易碎,但价格便宜。

所以,凡是混凝土施工需要经历低温环境(小于 5 ℃)时,为了降低混凝土表面由于内外温差造成的拉应力,通常采用临时保温措施,保温材料大多是 XPS 聚苯板、聚乙烯保温被、棉被、聚氨酯硬泡等,保温材料的厚度可以根据材料的导热系数和温度场的变化通过有限元计算获得。

4.4.2　水库大坝永久保温抗冻现状

在北方寒冷环境下的混凝土大坝运行期间,在季节变换时混凝土会受到结冰过程中的冻胀和夏季融冰的作用,未做抗冻措施的混凝土会逐渐被冻融破坏,影响结构物的性能,严重的甚至影响工程的安全运行。所以,处于寒冷环境下的混凝土大坝通常采取永久性抗冻保温保护措施。首先,混凝土配合比设计时就需要考虑混凝土本身要具有一定的抗冻融性能,可通过掺加混凝土引气剂的方式解决,但随着时间的延长,混凝土还是可能被冻坏,从而影响大坝的安全。还有在表面浇筑泡沫混凝土和膨胀珍珠岩发泡等保温材料,但这些材料易吸水而降低保温效果。膨胀珍珠岩经过改进发泡工艺,封闭泡沫孔,降低了发泡珍珠岩的吸水率,因而继续得到应用。泡沫塑料的出现已经基本可以替代泡沫混凝土材料。聚苯乙烯板(模塑板、挤塑板)、聚氨酯硬质泡沫(喷涂、灌注和板材)、聚乙烯泡沫均可以作为大坝永久保温材料,板材通过粘贴方式覆盖在混凝土表面。

只采用聚氨酯保温材料的工程如汾河二库、新疆石门子大坝和新疆山口水电站。

汾河二库[11]位于太原市西北 30 km 的汾河干流上,是一座以防洪、供水为主,兼具发电、旅游、养殖等综合效益的大Ⅱ型水利枢纽工程。为了确保大坝安全,防止裂缝的产生,在大坝上游面采取喷涂聚氨酯泡沫和在泡沫表面喷涂单组分氯磺化聚乙烯涂料的保温抗裂措施。

新疆塔西河石门子碾压混凝土拱坝[12]坝址地区冬季寒冷,月平均气温在零度以下长达 5 个月,多年平均气温 4.1 ℃,极端最高气温 33.2 ℃,极端最低气温−31.5 ℃,日气温波动较大,属典型的高寒剧变气温地区。在坝面喷涂聚氨酯保温材料,第一年冬季在外界气温约 −20 ℃时,聚氨酯保温层下混凝土表面温度为 6～8 ℃,第二年夏季聚氨酯保温层可降低 7 ℃ 的内外温差,保温效果良好,可大大减少高寒地区拱坝温度应力。

新疆山口水电站[13]位于寒冷干旱地区,极端最高气温 39 ℃,极端最低气温−32 ℃,具有春秋季短,夏季炎热、干燥、风大,冬季寒冷、寒潮频繁,昼夜温差大,年温度变化幅度大,年温差超过 60 ℃的气候特点。为减少碾压混凝土重力坝坝体裂缝,大坝上、下游混凝土表面采用喷涂 5 cm 厚聚氨酯硬质泡沫保温保湿防裂措施。

只采用聚苯板保温的工程如拉西瓦水电站、三峡大坝工程和喀拉塑克水利枢纽工程。

拉西瓦水电站[14]地处我国西北高寒地区,大坝为高薄拱坝,其坝体混凝土的设计稳定温度要求达到 7.5 ℃。而坝址区外界夏季绝对最高气温可达 34.0 ℃,最低气温达−23.8 ℃,为了减少温度梯度变化及干缩造成的裂缝,在坝体混凝土永久暴露面采用了 XPS 板作为永久保温材料,取得了良好的保温保湿效果。

三峡坝体[15]暴露面大,当地气温骤降频繁,坝体表面保护尤显重要。设计提出对于三期工程在 10 月至次年 4 月份浇筑的混凝土永久暴露面,拆模后立即设永久保温层;5～9 月份浇筑的混凝土,10 月份设永久保护层。三峡三期混凝土工程采用聚苯乙烯板保温材料进行坝体表面保温,效果良好,且施工工艺简单,能够满足及时跟进保温要求。主要缺点是保温材料较脆,易折断,若施工质量不好,容易脱落,且保温后多年不拆除,不易观察到坝体表面的裂缝发展情况。

喀腊塑克水利枢纽工程[16]所在地多年平均气温为 2.7 ℃,极端最高气温 40.1 ℃,极端最低气温−49.8 ℃。大坝上、下游坝面采取永久保温措施。大坝主河床段坝体上游面采用 2 mm 厚聚氨酯防渗涂层＋粘贴 5 cm 厚 XPS 挤塑聚苯乙烯板＋回填坡积物的保温防渗结构。其中,越冬面以下 2.5 m 范围内采用 2 mm 聚氨酯防渗涂层＋粘贴 10 cm 厚 XPS 板 ＋回填坡积物的保温防渗结构。聚氨酯防渗层在坝踵底部沿坝踵回填混凝土顶面向上游延伸 1 m。左、右岸阶地坝体上游面,越冬层面至回填高程之间采用 2 mm 厚防渗涂层＋粘贴 10 cm 厚 XPS 板＋外涂防裂聚合物砂浆＋耐碱网格布的保温防渗结构;回填高程以下2.5 m 范围内采用 2 mm 厚防渗涂层＋粘贴 10 cm 厚 XPS 板＋回填坡积物;其他部分采用 2 mm 厚防渗涂层＋粘贴 3 cm 厚 XPS 板＋回填坡积物的保温防渗结构。不得使用开挖石渣料进行回填。

大坝主河床段坝体下游面采用粘贴 10 cm 厚 XPS 板＋耐碱网格布＋外涂防裂聚合物砂浆的保温防渗结构。左、右岸阶地坝体下游面,越冬层面至回填高程之间采用粘贴 10 cm 厚 XPS 板＋外涂防裂聚合物砂浆＋耐碱网格布的保温结构;回填高程 2.5 m 以下范围内采用粘贴 10 cm 厚 XPS 板＋回填坡积物;其他部分采用回填坡积物的保温结构。坝体侧表面粘贴 10 cm 厚的 XPS 保温板进行保温。

上述工程的永久保温措施所用的保温材料以喷涂聚氨酯泡沫保温材料和 XPS 聚苯板为主,聚苯板保温方案中辅助以防渗底涂和外涂防渗抗裂砂浆构成保温体系。经过多年的工程实践发现,下游面的保温措施基本能达到预期的效果,能够有效降低混凝土表面因为温差造成的拉应力。

聚苯板施工简单、价格便宜,但随着粘结剂的失效,聚苯板易脆断和脱落,影响保温效果和外观。喷涂聚氨酯与混凝土粘结强度高,尽管价格较贵,但没有拼缝,不脆断、不脱落。所以,在施工条件允许的情况下,保温工程建议优先选用聚氨酯泡沫保温材料。

参考文献

［1］刘运学,盛忠章,韩喜林. 有机保温材料及应用［M］. 哈尔滨:哈尔滨工业大学出版社,2015.

［2］唐明,徐立新. 泡沫混凝土材料与工程应用［M］. 北京:中国建筑工业出版社,2013.

［3］张玉龙. 泡沫塑料基础知识读本［M］. 北京:化学工业出版社,2013.

［4］杨海军,齐国庆,辛培刚,等. 极寒环境下 CG 与 PIR 两种绝热材料的性能分析及绝热系统设计浅析［J］. 石油和化工设备,2017,20(3):34-37.

［5］赵成先,孙红尧,罗建华,等. 寒冷环境下国内大坝混凝土的保温抗冰技术现状［J］. 水利水运工程学报,2021(1):78-85.

［6］杜彬,胡昱,李鹏辉. 混凝土大坝保温保湿新技术［M］. 北京:中国水利水电出版社,2012.

［7］常昊天,姚宝永,刘志国,等. 丰满水电站重建工程坝块越冬停浇面保温措施研究［J］水利水电技术,2016,47(11):52-54,60.

［8］李涛,程鲲,王振红. 高海拔大温差地区河床坝段施工期温控防裂研究［J］. 大坝与安全,2018(4):37-42.

［9］郑昌莹,刘辉,罗清松. 喀腊塑克水利枢纽 RCC 坝温度控制技术和措施［J］. 水利水电施工,2008(S2):32-34.

［10］刘汉君. 坝美水电站工程外掺 MgO 混凝土不分横缝筑拱坝表面保温与养护［J］. 甘肃水利水电技术,2004,40(2):158-159.

［11］李树军. 保温抗裂喷涂技术在汾河二库的应用［J］. 山西水利科技,2008(1):75-76.

［12］李鹏辉,杜彬,刘光廷,等. 石门子碾压混凝土拱坝采用聚氨酯硬质泡沫保温保湿的效果分析［J］. 水利水电技术,2002,33(6):37-38.

［13］董茂花. 浅析聚氨酯保温材料在山口水电站工程中的应用［J］. 吉林水利,2013(2):30-31,46.

［14］崔金良,邹良智,高莉,等. 拉西瓦拱坝中 XPS 板的保温保湿效果分析［J］. 青海大学学报(自然科学版),2011,29(6):13-15.

［15］齐建飞,王忠友. 聚苯乙烯板在三峡大坝坝体保温中的应用［J］. 人民长江,2009,40(6):27-28.

［16］姚建明,邓常宝,刘官升. 喀腊塑克水利枢纽 RCC 坝坝面防渗保温层施工［J］. 水利水电施工,2008(S2):59-61.

第5章 混凝土大坝保温层表面防护材料

有机保温材料是由碳、氢、氧、氮等化学元素组成的高分子聚合物,除了前述聚丙烯和聚乙烯保温材料的耐老化较好外,聚苯乙烯和芳香族聚氨酯泡沫保温材料在空气中的水汽、氧气、二氧化碳和其他气体的作用下,外加紫外线的辐照,分子结构中的化学键会断裂降解,有机保温材料会老化、性能降低甚至最终失效,因此,建筑物墙体和屋顶保温和管道保温都需要在保温材料表面覆盖防护材料。建筑物墙体和屋顶外表可以覆盖砂浆、防护涂料和卷材等防护材料,管道保温材料表面通常采用金属皮或膜、沥青或塑料卷材等进行防护。根据寒冷环境下国内水库大坝保温材料表面防护材料的应用现状,目前主要采用防护涂料、防护砂浆,以及其他与砂浆复合防护的防护材料等。

5.1 混凝土表面防护涂料

5.1.1 涂料的基本概念

我国传统将涂料(coating)称为油漆(painting)。涂料是一种材料,这种材料涂覆在物件表面上,形成黏附牢固、具有一定强度、连续的固态薄膜。这样形成的膜统称涂膜,又称漆膜或涂层。涂膜的作用是对被涂覆的底材起保护作用,同时还具有装饰作用或特殊作用(如防火、防滑等)。

1) 组成

涂料由成膜物质、颜料、溶剂和助剂等组成。成膜物质是组成涂料的基础,具有粘结涂料中其他组分形成涂膜的功能,对涂料和涂膜的性质起决定性作用。成膜物质通常是由油料或树脂组成,树脂通常分天然树脂、人造树脂和合成树脂。成膜方式通常分为物理成膜和化学成膜,所谓物理成膜是指涂料在成膜过程中组成结构不发生变化,属非转化型成膜物质,而化学成膜是指涂料在成膜过程结构发生了变化,属转化型成膜物质。颜料使涂膜呈现色彩,并使涂膜具有一定的遮盖被涂物件表观的能力,以发挥其装饰和保护作用,它还能增强涂膜的机械性能和耐久性能。助剂的作用是对涂料或涂膜的某一特定方面的性能起改进作用。溶剂是不包括无溶剂涂料在内的各种液态涂料中所含有的为使这些类型的液态涂料完成施工所必需的一类组分,用以调节涂料的粘度。

2) 分类方法

按状态分为固态涂料和液态涂料,按成膜机理分为非转化型涂料和转化型涂料,按施工方法分为刷涂、辊涂、喷涂、浸涂等,按涂膜干燥方式分为自干型、烘干型、湿固化型、蒸汽固化型和射线固化型涂料等,按涂料使用层次分为腻子、底层涂料和面层涂料,按涂料外观透明状态分为清漆、透明漆和色漆,按涂料外观涂膜光泽分为有光漆、半光漆和无光漆,按涂膜表面外观分为皱纹漆、锤纹漆、桔型漆和浮雕漆等,按涂料使用对象的材质分为金属涂料、混凝土涂料、纸张涂料、塑料涂料、皮革涂料等,按使用对象的具体物件分为汽车漆、锅炉漆、船舶漆等,按涂膜性能分为绝缘漆、导电漆、防腐蚀漆等,按涂料的成膜物质分为酚醛树脂涂料、环氧树脂涂料、聚氨酯涂料等。国家标准 GT/B 2705—1992 根据以上分类统一了涂料产品分类、命名的方法。

3) 技术指标

由通用指标、专用指标、施工技术指标和安全卫生环保指标四项指标组成,通用指标如颜色、外观、粘度、细度、密度、固体含量、干燥时间等,专用指标如耐磨耗指标、耐老化指标等,施工技术指标如使用量、涂刷性、施工涂层的重涂性、防流挂性等,安全卫生环保指标如易燃性、含铅量等。

4) 涂膜病态

通常由涂料涂装施工或应用不当造成,如露底、起泡、剥落、开裂、长霉、发白、失光、浮色、凹穴、针孔、皱纹、流挂、气泡、污染、褪色、污点、斑点、橘皮、杂物、渗色、凸斑、擦伤等。

5) 应用

在各种不同材质的物件表面上应用,如金属、木材、水泥制品、塑料制品、皮革、纸制品、纺织品等,在水利水电工程上应用也很广,如在闸门、拦污栅、泄洪洞、启闭机、船闸等上面的应用。

5.1.2 常用涂料的种类

涂料按成膜物质的特性可分为无机涂料、有机涂料、无机有机复合涂料和其他涂料。

1) 无机涂料

无机涂料是一种以无机材料为主要成膜物质的涂料,是全无机矿物涂料的简称。在建筑工程中常用的无机涂料是碱金属硅酸盐水溶液和胶体二氧化硅的水分散液。用以上两种成膜物再加入颜料、填料以及各种助剂,可制成硅酸盐和硅溶胶(胶体二氧化硅)无机涂料。无机涂料具有良好的耐水、耐碱、耐候、透气性、阻燃性和环保性等特点。

无机涂料广泛用于建筑、绘画等日常生活领域。早在几千年前中国西部地区的先民就将无机涂料用于绘画及建筑装饰,至今仍保存完好。1768 年,德国诗人兼剧作家 J. W. 歌德通过试验发现,当纯石英溶解于适量的某种强碱中时,便释放出一种透明如玻璃的硅酸盐液体(水玻璃),这就是硅涂料的原始主要原料。后来德国科学家凯姆将水玻璃(硅酸钾)和无机色素混合在一起,成功制造出一种涂料,这种涂料能渗入矿物基层内部,而且能与其表面合成一体。它能美化建筑,提高建筑之寿命,这种涂料就是全无机硅酸盐矿物涂料。凯姆在1878 年 8 月 10 日获得国王卢德维一世颁发的专利。坐落在德国特劳士及瑞士的几幢古典建筑的外墙使用了矿物涂料,至今已有 100 年色泽基本无变化。可见矿物涂料的阻燃性和耐候性优异。目前无机涂料因其性能特点只占涂料行业的很小一部分。

2) 有机涂料[1]

主要成膜物质由有机物组成的涂料叫有机涂料。我国从 1966 年起采用以涂料中主要成膜物质为基础的分类方法,将有机涂料分为 17 大类,若成膜物质为多种树脂,则以在漆膜中起主要作用的一种树脂为基础。GB/T 2705—2003《涂料产品分类和命名》中删除了纤维酯和纤维醚这一类,改为 16 大类,见表 5.1。有机涂料仍然是涂料行业的主流涂料。各类涂料使用性能等级比较列于表 5.2,各类涂料的优缺点及用途列于表 5.3。

表 5.1　按成膜物质分类的有机涂料简表

主要成膜物质类型		主要产品类型
油脂类	天然植物油、动物油(脂)、合成油等	清漆、厚漆、调和漆、防锈漆、其他油脂漆
天然树脂[a]类	松香、虫胶、乳酪素、动物胶及其衍生物等	清漆、调和漆、磁漆、底漆、绝缘漆、生漆、其他天然树脂漆
酚醛树脂类	酚醛树脂、改性酚醛树脂等	清漆、调和漆、磁漆、底漆、绝缘漆、船舶漆、防锈漆、耐热漆、黑板漆、防腐漆、其他酚醛树脂漆
沥青类	天然沥青、(煤)焦油沥青、石油沥青等	清漆、磁漆、底漆、绝缘漆、防污漆、船舶漆、耐酸漆、防腐漆、锅炉漆、其他沥青漆
醇酸树脂类	甘油醇酸树脂、季戊四醇醇酸树脂、其他醇类醇酸树脂、改性醇酸树脂等	清漆、调和漆、磁漆、底漆、绝缘漆、船舶漆、防锈漆、汽车漆、木器漆、其他醇酸树脂漆
氨基树脂类	三聚氰胺甲醛树脂、脲(甲)醛树脂及其改性树脂等	清漆、磁漆、绝缘漆、美术漆、闪光漆、汽车漆、其他氨基树脂漆
硝基类	硝基纤维素(酯)等	清漆、磁漆、铅笔漆、木器漆、汽车修补漆、其他硝基漆
过氯乙烯树脂类	过氯乙烯树脂等	清漆、磁漆、机床漆、防腐漆、可剥漆、胶液、其他过氯乙烯树脂漆
烯类树脂类	聚二乙烯乙炔树脂、聚多烯树脂、氯乙烯醋酸乙烯共聚物、聚乙烯醇缩醛树脂、聚苯乙烯树脂、含氟树脂、氯化聚丙烯树脂、石油树脂等	聚乙烯醇缩醛树脂漆、氯化聚烯烃树脂、其他烯类树脂漆
丙烯酸酯类树脂类	热塑性丙烯酸酯类树脂、热固性丙烯酸酯类树脂等	清漆、透明漆、磁漆、汽车漆、工程机械漆、摩托车漆、家电漆、塑料漆、标志漆、电泳漆、乳胶漆、木器漆、汽车修补漆、粉末涂料、船舶漆、绝缘漆、其他丙烯酸酯类树脂漆
聚酯树脂类	饱和聚酯树脂、不饱和聚酯树脂等	粉末涂料、卷材涂料、木器漆、防锈漆、绝缘漆、其他聚酯树脂漆
环氧树脂类	环氧树脂、环氧酯、改性环氧树脂等	底漆、电泳漆、光固化漆、船舶漆、绝缘漆、划线漆、罐头漆、粉末涂料、其他环氧树脂漆
聚氨酯树脂类	聚氨(基甲酸)酯树脂等	清漆、磁漆、木器漆、汽车漆、防腐漆、飞机蒙皮漆、车皮漆、船舶漆、绝缘漆、其他聚氨酯树脂漆

续表 5.1

主要成膜物质类型		主要产品类型
元素有机类	有机硅、氟碳树脂等	耐热漆、绝缘漆、电阻漆、防腐漆、其他元素有机漆
橡胶类	氯化橡胶、环化橡胶、氯丁橡胶、氯化氯丁橡胶、丁苯橡胶、氯磺化聚乙烯橡胶等	清漆、磁漆、底漆、船舶漆、防腐漆、防火漆、划线漆、可剥漆、其他橡胶漆
其他成膜物质类	无机高分子材料、聚酰亚胺树脂、二甲苯树脂等以上未包括的主要成膜材料	

注：主要成膜物类型中树脂类型包括水性、溶剂型、无溶剂型、固体粉末等。
a 包括直接来自天然资源的物质及其经过加工处理后的物质。

表 5.2　各类涂料使用性能等级比较

涂料类别	机械物理性能								耐蚀性能									
	附着力	柔韧性	耐冲击强度	硬度	耐磨性	光泽	耐电位	最高使用温度（℃）	室外耐候性	耐水	耐盐雾	耐醇类溶剂	耐汽油	耐烃类溶剂	耐酯类酮类溶剂	耐碱	耐无机酸	耐有机酸
油脂涂料	3	1	1	5	5	4	3	80	2	4	2	4	3	4	5	5	4	3
天然树脂涂料	3	3	3	1	5	2	4	93	4	4	4	4	3	4	5	4	4	4
酚醛树脂涂料	1	3	2	1	1	3	2	170	3	1	2	1	2	1	4	5	3	4
沥青涂料	2	2	2	3	1	2	3	93	4	1	1	5	4	5	5	3	4	1
醇酸树脂涂料	1	1	1	3	3	3	4	93	2	2	3	4	3	4	5	5	4	5
氨基树脂涂料	2	2	4	2	1	2	2	120	3	2	3	3	1	1	4	4	3	5
硝基纤维素涂料	2	2	1	2	4	2	3	70	3	3	3	3	3	4	5	5	2	5
过氯乙烯涂料	3	2	3	3	4	2	3	65	1	2	1	2	1	2	4	1	2	5
乙烯树脂涂料	2	2	2	3	2	3	2	65	2	2	4	1	3	5	1	1	1	1
丙烯酸酯涂料	2	1	2	2	4	1	2	180	2	2	5	3	4	3	3	3	3	5
聚酯树脂涂料	4	2	2	3	3	3	4	93	2	2	2	1	2	1	5	5	1	5
环氧树脂涂料	1	2	2	2	2	4	2	170	5	1	1	1	1	1	1	1	3	2
聚氨酯树脂涂料	1	2	1	1	1	2	1	150	2	1	1	1	1	1	3	2	1	1
元素有机涂料	1	3	1	3	4	4	1	280	1	2	2	4	2	4	3	3	5	1
氯化橡胶涂料	1	2	1	3	3	2	1	93	1	1	1	1	2	3	1	3	1	1

注：以上数据仅供大类涂料参考，不尽代表具体某一品种、品牌性能；数字 1—优良、2—良好、3—中等、4—较差、5—很差；无机酸不包括硝酸、磷酸及全部氧化性酸；有机酸不包括乙酸。

表 5.3　各类涂料的优缺点及用途

类型	涂料特征	优点	缺点	主要用途
油脂涂料	以植物油(如桐油、亚麻油、梓油、豆油和蓖麻油等)和动物油(如鱼油等)为成膜物的涂料产品,主要有清油、厚漆、油性调和漆和油性防锈漆四大类。需加催干剂,空气干燥	具有一定的耐候性,单组分,施工方便,涂刷性能好,渗透性强,价格低廉	干燥缓慢,漆膜软,不能打磨抛光,不耐酸碱溶剂和水,浸水膨胀	属低级涂料,可对质量要求不高的建筑物、木材、砖石、钢铁等表面进行单独涂饰或作打底涂料
天然树脂涂料	以植物油和天然树脂(主要是松香衍生物、虫胶、大漆等)经熬制后制得的漆料,再加入溶剂、催干剂和颜填料配制成的涂料产品。有清漆、磁漆、底漆和腻子等四大类。可自干或烘干	某些(如大漆)具有特殊的耐久性、保光性、耐磨性、耐腐蚀性,干燥快,短油的坚硬易打磨,长油的柔韧性好。单组分,施工方便,价格低廉	短油树脂耐候性差,长油树脂不能打磨抛光,耐久性差。大漆施工操作复杂,毒性大。除大漆外,其他品种耐腐蚀性能不佳	广泛用于低档木器家具、一般建筑、金属制品的涂装
酚醛树脂涂料	以酚醛树脂为主要成膜物质的涂料,常分为醇溶性、油溶性、松香改性、丁醇改性、水溶性酚醛树脂等五大类。可自干或烘干	干燥性好、耐磨、涂膜坚硬光亮、耐水、耐化学腐蚀性好,有一定的绝缘能力,单组分,施工方便	涂膜硬脆、颜色易泛黄变深,故很少制白漆,耐候性差	广泛用于涂装木器家具、建筑、机械、电机、船舶和化工防腐蚀等
沥青涂料	以各种沥青为主要成膜物质的涂料,常分为纯沥青、沥青树脂、沥青油脂涂料等四大类。可自干或烘干。天然沥青、石油沥青属脂肪烃类,耐候性能较好;煤焦沥青属芳香烃类,耐腐蚀性能较好	抗水、耐潮、耐化学药品好、耐酸、耐碱、良好的电绝缘性、成本低。煤焦沥青可与环氧树脂拼用制成耐水等防腐蚀性能优异的环氧沥青防腐蚀涂料	受温度影响大,冬天硬脆、夏天软粘,对强溶剂不稳定,储存稳定性差,颜色深,有毒,只能制成深色漆	广泛用于自行车、缝纫机等金属制品和需耐水防潮的木器、建筑、钢铁表面
醇酸树脂涂料	由各种多元醇、多元酸和油类(干性油、半干性油、不干性油)缩聚反应制得。可按不同酸、醇、油类型进行分类。按用途和形态分为通用、外用、底漆和防锈漆、快干、绝缘、皱纹、水溶性醇酸树脂涂料七大类。可自干或低温烘干	涂膜丰满光亮、耐候性优良、施工方便,可采取多种施工方式,附着力较好。价格较为低廉,可与多种类型的树脂拼用,制成性能优异的防腐涂料,如氯化橡胶醇酸涂料	涂膜较软,不宜打磨,耐碱性、耐水性欠佳,储存稳定性不佳,易出现结皮等现象。干燥时间长,实用时间久。防腐性能一般,在严酷腐蚀环境中易起泡、脱落、变色	广泛用于汽车、玩具、机器部件、金属工业产品、户外建筑和家具用品等作面漆。底漆、面漆、清漆配套齐全
氨基树脂涂料	是氨基树脂和醇酸树脂配合而成的一类涂料,兼具两者的优异性能。根据氨基树脂和醇酸树脂的比例分为高、中、低氨基树脂涂料,烘干为主	硬度高、保色、保光、耐候、涂膜光泽好、不泛黄、耐大气、盐雾和溶剂性好、耐热,色浅,可作白漆,耐化学腐蚀优于醇酸树脂	韧性差,干燥时一般需要烘烤,一般不单独使用	涂装汽车、电冰箱、机具等钢质器具。有清漆、绝缘漆、烘漆、锤纹漆等品种,一般作高档装饰性涂料

续表5.3

类型	涂料特征	优点	缺点	主要用途
硝基纤维涂料	是以硝化棉为主并加有增塑剂和树脂(如甘油松香、醇酸或氨基)等配制的涂料。自干或烘干,自干为主。有清漆、磁漆、快干漆等品种	干燥快,涂膜坚硬,装饰性好,并具有一定的耐腐蚀性	易燃,清漆不耐紫外线,不能超过60℃使用,固体分低,施工层次多,价贵。溶剂含量高,且多毒性大	汽车、家具、乐器、文具、玩具、皮革织物和塑料等涂装
过氯乙烯涂料	是以过氯乙烯为主要成膜物质的涂料	干燥快,施工方便,可采用多种施工方式,耐候性好、耐化学品腐蚀、耐油、耐寒、耐热	附着力差,耐热性、耐溶剂性差,硬度低,打磨抛光性差,固体分低。硬干时间长	化学腐蚀及外用。机床阻燃,电机防霉以及飞机、汽车和其他工业品的表面涂装
乙烯树脂涂料	是指用烯类单体聚合或共聚制成的高分子量树脂所制成的涂料。可分为氯乙烯-偏二氯乙烯、氯乙烯-乙酸乙烯、乙酸乙烯共聚、聚乙烯缩丁醛、含氟树脂、高氯乙烯、聚丙烯酸树脂等多种涂料,50多个品种。溶剂挥发干燥	耐冲击、耐汽油、耐化学腐蚀性优良,耐磨,色浅、不泛黄,柔韧性好,干燥快,有些品种可与其他树脂拼用制成高性能涂料。含氟树脂涂料耐候性能优异	固体分低,需强溶剂,污染环境。高温时易炭化,清漆不耐晒,附着力不佳。干燥后需较长时间才能形成坚硬的涂膜	用于防腐、包装、纸张、织物和建筑工程等。广泛用于各种化工防腐、仪器仪表的内外面
丙烯酸酯涂料	多是以丙烯酸单体与苯乙烯共聚树脂聚合制成。可分为热塑性和热固性丙烯酸涂料及丙烯酸树脂乳胶涂料三大类。可作为单组分涂料、溶剂挥发,也可与其他树脂固化和烘干	涂膜色浅、耐碱性、耐候性、耐热性、耐腐蚀性好,附着力好,极好的装饰性,与聚氨酯等制成双组分涂料,耐候性能优异	单组分涂料耐溶剂性差,固体分低,耐湿热性能不佳,成本高。双组分涂料价格贵,对底材处理要求高	航空、汽车、机械、仪表、家用电器等内外表面的涂装,特别用作面涂时,用途广泛
聚酯树脂涂料	是以聚酯为主要成膜物质的涂料,包括饱和聚酯和不饱和聚酯两大类	固体分高,漆膜光泽,柔韧性好,硬度高,耐磨、耐热、耐化学品性能强	不饱和聚酯涂料多组分包装,使用不方便。漆膜需打磨、打蜡、抛光等保养,施工方法复杂,附着力不佳	饱和聚酯涂料用作漆包线涂料,不饱和聚酯树脂涂料用于涂装高级木器、电视机、收音机外壳
环氧树脂涂料	以环氧树脂为主要成膜物质,包括双酚A型、F型、环氧酯等类型。双酚A型环氧涂料最为常用,与聚酰胺等固化剂固化成膜,也有烘烤类型。可与多种树脂拼用	附着力强,机械物理性能好,抗化学药品性能优良,耐碱、耐油,具有较好的热稳定性和电绝缘性。可制成高固体分涂料	耐候性差,室外曝晒易粉化,保光性差,漆膜外观较差。双组分包装,使用不方便	以其优异的防腐蚀性能广泛用于工业制品、车辆、飞机、船舶、电器仪表、石化设备和各种油罐和管线的内防腐
聚氨酯树脂涂料	是分子结构中含有多氨基甲酸酯键的涂料。具有单组分聚氨酯油、单组分湿固化、单组分封闭型、双组分催化型、双组分羟基固化型等种类,近60个品种。可自干或烘干	耐磨、装饰性好,附着力强,耐化学药品性好,某些品种可在潮湿条件下固化,绝缘性好。制成的面漆耐候性能优异	生产、储存、施工等条件苛刻,有时层间附着力不佳,芳香族产品户外使用易泛黄,价格贵,底材处理要求高	用于各种化工防腐、海上设备、飞机、车辆、仪表等的涂装。广泛用于外防腐面漆的涂装

类型	涂料特征	优点	缺点	主要用途
元素有机涂料	以各种元素有机化合物为主要成膜物质的涂料。主要指有机硅树脂涂料,已有近40个品种。需高温烘烤成膜	很好的耐高温、抗氧化,绝缘和耐化学药品的性能,耐候性强,耐潮	固化温度高,时间长,耐汽油性差,个别品种涂膜较脆,附着力较差,价格贵	制造耐高温涂料,耐候涂料
橡胶涂料	以天然橡胶衍生物或合成橡胶为主要成膜物质的涂料。主要类别有氯化橡胶、环化橡胶、氯丁橡胶、聚硫橡胶、氯磺化聚乙烯橡胶、丁基橡胶、丁腈橡胶涂料等品种。其中有单组分溶剂挥发涂料类型,也有双组分固化型涂料	氯化橡胶涂料施工方便、干燥快、耐酸、碱腐蚀、韧性、耐磨性、耐老化性、耐水性能好。聚硫橡胶耐溶剂和耐油性极佳。氯磺化聚乙烯耐各种氧化剂、漆膜柔软。品种不同,性能优点各异	氯化橡胶等单组分溶剂挥发型涂料,固体含量低、光泽不佳,清漆不耐曝晒,易变色,耐溶剂性差,不耐油。双组分涂料储存稳定性差,制造工艺复杂,有的需要炼胶	用于船舶、水闸和耐化学品涂料。氯磺化聚乙烯涂料用于篷布、内燃机发火线圈和水泥、织物、塑料等的涂装。丁基橡胶涂料可作化学切割的不锈钢的防腐蚀涂料。丁腈橡胶涂料用于覆盖食品包装纸防水、防油等
其他类涂料	这是指上述15类成膜物质以外的其他成膜物形成的涂料。主要品种有无机富锌涂料、聚酰亚胺涂料、无机硅酸盐涂料、环烷酸铜防虫涂料等。有些可自干,有些需要烘干	无机富锌涂料涂膜坚固耐磨、耐久性好、耐水、耐油、耐溶剂、耐高温、耐候性好。无机硅酸盐涂料耐高温、防火性能好。环烷酸铜防虫涂料防止木材生霉和海生物附着	价格贵,多组分包装,使用不便,施工要求高。膜厚较薄,需多次涂装,柔韧性差,不能在寒冷及潮湿的条件下施工。属特种涂料,对底材要求高	无机富锌涂料,广泛用于各种钢结构防腐,特别是作钢材的底漆等。环烷酸铜防虫涂料,适用于木船、织物及木板涂装。无机硅酸盐涂料用作防火、耐高温涂层

3) 无机有机复合涂料

全无机涂料存在透气性和性脆的特点,通常在用无机基料(例如硅溶胶)配制涂料时加入一定量的有机基料复合改性以弥补其性能的不足。水泥遇水发生水化反应形成无机聚合物,与水玻璃同属于硅酸盐,加入有机树脂乳液如苯丙乳液、丙烯酸酯乳液和氯丁胶乳等形成无机有机复合涂料。

双组分硅酸钾外墙涂料,20世纪80年代及90年代初期在许多地区曾经是外墙涂料的主要品种。有的早期涂装这类涂料的墙面经过近10年的风雨侵蚀和自然老化,其涂膜仍基本完好。将硅溶胶与苯丙乳液或纯丙乳液冷拼复合制得的复合型外墙涂料,复合工艺并不复杂且涂料贮存稳定,尤其是涂膜致密,耐沾污性能好,并克服了无机建筑涂料性脆的缺陷,施工性能及装饰效果类似于同档次的乳胶涂料。这两大类涂料除可制成平面涂料以外,还可制成不同风格的厚质涂料,例如复层涂料、砂壁状涂料等,还可制成轻质天花板吸音涂料等。

聚合物水泥防水涂料又称JS复合防水涂料(JS为聚合物J和水泥S的拼音首字母),主要用于建筑物的防水。表5.4是GB/T 23445—2009《聚合物水泥防水涂料》和JC/T 864—2008《聚合物乳液建筑防水涂料》(无水泥添加)的部分性能要求。

表 5.4 聚合物乳液防水涂料的性能要求

项目		聚合物水泥防水涂料 GB/T 23445—2009			聚合物乳液建筑防水 涂料 JC/T 864	
		Ⅰ型	Ⅱ型	Ⅲ型	Ⅰ型	Ⅱ型
固体含量（%）		≥70			≥65	
干燥时间	表干时间（h）	≤4			≤4	
	实干时间（h）	≤8			≤8	
拉伸强度（MPa）		≥1.2	≥1.8	≥1.8	≥1.0	≥1.5
断裂伸长率（%）		≥200	≥80	≥30	≥300	≥300
低温柔性（φ10 mm 棒）		−10 ℃无裂纹	—	—	−10 ℃无裂纹	−20 ℃无裂纹
潮湿基面粘结强度（MPa）		≥0.5	≥0.7	≥1.0	—	—
不透水性（0.3 MPa,30 min）		不透水	不透水	不透水	不透水	不透水
抗渗性（背水面）（MPa）		—	≥0.6	≥0.8	—	—
组分数		双组分			单组分	

5.1.3 大坝混凝土保温材料表面防护涂料

随着国家基础建设的发展,不同环境下的混凝土会受到环境的作用,如冻融破坏、碳化、硫酸盐侵蚀、防水抗渗、抗冲耐磨等。混凝土表面所采用的防护涂料需要具备耐候性、抗碳化、耐寒、抗硫酸盐侵蚀、耐水和耐碱性等其中的一项或多项性能。其他特殊环境如海洋环境还应具备抗氯离子侵蚀能力等。混凝土采取附加防护措施已经不再是锦上添花,大坝混凝土保温材料的表面防护涂料与混凝土表面防护涂料基本相似。孙红尧等[2]总结了混凝土表面防护涂料的现状。

1) 混凝土附加防护措施的标准情况

混凝土附加防护措施包括表面涂层、表面浸渍、防水卷材、涂层钢筋、钢筋阻锈剂和电化学保护等。表 5.5 列出了包含混凝土附加防护措施的国家标准和行业标准。

表 5.5 有关混凝土表面防护的标准或规范

行业	标准号	标准名称
国家标准	GB/T 50476—2019	混凝土结构耐久性设计标准
铁路标准	TB 10005—2010	铁路混凝土结构耐久性设计规范
	TB/T 3228—2010	铁路混凝土结构耐久性修补及防护
	TB/T 2965—2018	铁路桥梁混凝土桥面防水层
交通标准	JT/T 991—2015	桥梁混凝土表面防护用硅烷膏体材料
	JTG/T 3310—2019	公路工程混凝土结构耐久性设计规范
	JTS/T 209—2020	水运工程结构防腐蚀施工规范
	JT/T 695—2007	混凝土桥梁结构表面涂层防腐技术条件

续表 5.5

行业	标准号	标准名称
交通标准	JTS 153—2015	水运工程结构耐久性设计标准
水利标准	SL 654—2014	水利水电工程合理使用年限及耐久性设计规范
电力标准	DL/T 5241—2010	水工混凝土耐久性技术规范
	DL/T 693—1999	烟囱混凝土耐酸防腐蚀涂料
住建标准	JGJ/T 259—2012	混凝土结构耐久性修复与防护技术规程
	JG/T 335—2011	混凝土结构防护用成膜型涂料
	JG/T 337—2011	混凝土结构防护用渗透型涂料
江苏地方标准	DB32/T 2333—2013	水利工程混凝土耐久性技术规范
土木学会标准	CCES 01—2004	混凝土结构耐久性设计与施工指南
	T/CCES 12—2020	混凝土结构用有机硅渗透型防护剂应用技术规程

只在规范的某个条文中简要提出混凝土结构需要采取附加防护措施的规范列于表 5.6。这些规范中均没有对相应措施制定具体的性能指标要求,表面涂层也没有推荐的涂层体系以及性能要求。

表 5.6　简要提出混凝土结构需要采取附加防护措施的规范

标准号	条文号	规定
GB/T 50476—2008	2.1.19,3.1.2, 6.3.5,7.1.3	严重环境作用下合理采取防腐蚀附加措施(混凝土表面涂层、防腐蚀面层、环氧涂层钢筋、钢筋阻锈剂和阴极保护)
TB 10005—2010	3.0.1,8	严重腐蚀环境下混凝土结构采取防腐蚀强化措施(表面涂层、表面浸渍、防水卷材、涂层钢筋等),并应明确防腐蚀强化措施所用主要材料的有效防护年限、性能指标和检验方法
TB/T 2965—2011		防水卷材和聚氨酯防水涂料等的技术标准
SL 654—2014	2.0.13,4.4.11	冻融、化学腐蚀环境中混凝土结构,可采取有效的防冻措施、防腐蚀附加措施(表面涂层、防腐蚀面层、涂层钢筋、阻锈剂和电化学保护等)
DL/T 5241—2010	8.3.2	在接触氯化物的四、五类环境中,对 1 级水工建筑物,宜采取下列一项或多项外加防腐蚀措施:表面涂层、表面硅烷浸渍、涂层钢筋、阻锈剂、电化学保护等
JGJ/T 259—2012	8.2.2	混凝土表面防护材料应根据实际工程需要选择,可采用无机材料、有机高分子材料以及复合材料,并应符合相关规定
DB 32/T 2333—2013	3.11,5.1.1	混凝土耐久性设计应包括防腐蚀附加措施(表面涂层、防腐蚀面层、表面浸渍、透水衬里模板和钢筋阻锈剂等)

2) 包含防护涂料的标准情况

混凝土表面涂层体系通常是由底涂+中涂(可选)+面涂组成。底涂是加强涂层体系与混凝土之间粘结的桥梁。中涂是连接底涂和面涂的桥梁,同时增加涂层厚度,提高涂层体系的性能。面涂是直接接触环境的涂层,其耐久性能直接决定涂层体系的耐久性能。通常用于混凝土表面防护的底层涂料是环氧树脂涂料、聚氨酯涂料、单组分丙烯酸酯涂料等。面涂通常是丙烯酸酯涂料、橡胶类涂料、氯化乙烯类涂料、聚氨酯涂料、氟树脂涂料、元素有机硅涂料等。

在规范中提及涂料性能要求的标准有 DL/T 693—1999、CCES 01—2004、JG/T 335—2011、JTG/T 3310—2019 和 JTS 153—2015。其中,DL/T 693—1999 为《烟囱混凝土耐酸防腐蚀涂料》,规范中没有推荐涂层体系但有涂层性能要求;JTS 153—2015 在表 5.2.4-1 中的 20a 耐久性的涂层体系中面层涂料建议了氟树脂涂料、聚氨酯涂料和聚硅氧烷涂料等,并规定了表面涂层的技术要求;CCES 01—2004 条文中提及性能指标参照 JTJ 275—2000,表 5.7 列出了这 4 个规范的涂料性能要求。

表 5.7　规范中混凝土表面防护涂料的性能要求

项目	技术指标		
	CCES 01—2004	JG/T 335—2011 JTG/T 3310—2019	JTS 153—2015
外观(标准养护后)	均匀、无流挂、无斑点、不起泡、不龟裂、不剥落等		合格
涂层耐冲击性			≥50 cm
涂层附着力(MPa)	≥1.5	≥1.5	≥1.5
耐候性(人工光老化)	1 000 h 不粉化、不起泡、不龟裂、不剥落	1 000 h 起泡、剥落、粉化等级为 0	设计保护年限 10 a,≥1 000 h;设计保护年限 20 a,≥2 000 h
耐碱性(30 d 后)	不起泡、不龟裂、不剥落	无起泡、剥落、粉化现象	合格
耐酸性(30 d 后)			
抗冻性(冻融循环)		200 次无脱落、破裂、起泡现象	
碳化深度比(%)		≤20	
抗氯离子渗透性(30 d 后)(mg·cm^{-2}·d^{-1})	≤5.0×10^{-3}	≤1.0×10^{-3}	≤5.0×10^{-3}

注:所有性能指标是底层+中间层+面层的复合涂层的检测要求。

表 5.7 中,JG/T 335—2011 和 JTG/T 3310—2019 的规范增加了耐酸性、碳化深度比和抗冻性的要求。

JT/T 695—2007《混凝土桥梁结构表面涂层防腐技术条件》5.2 条涂层体系性能要求中规定涂层除应具有防碳化能力、屏蔽腐蚀介质能力、适应混凝土形变能力和高耐候性能外,也要具有在工业大气环境下耐工业大气污染物侵蚀、海洋大气中耐盐雾、浸水环境下耐淡水或海水长期浸泡并耐冲刷的能力,并符合表 5.8 中的性能技术要求。JT/T 695—2007 附录 A 为针对不同环境推荐的涂层体系,表 A.3(Ⅲ-1-Im1 腐蚀环境)和 A.4(Ⅲ-2-Im2 腐蚀环境)中大气区的 S3.07 涂层体系(环氧封闭漆+环氧树脂漆+氟碳漆)和 S4.06 涂层体系(环氧封闭漆+环氧树脂漆+丙烯酸聚氨酯漆或氟碳漆)及水位变动区和浪溅区的 S3.08 涂层体系(环氧封闭漆＋环氧树脂漆＋丙烯酸聚氨酯漆或氟碳漆)、S4.09(环氧封闭漆＋环氧树脂漆或氟碳漆)为包含氟树脂涂料的涂层体系,S4.10(环氧封闭漆＋环氧树脂漆＋环氧聚硅硅氧烷涂料)为含有机硅树脂涂料。TB/T 3228—2010《铁路混凝土结构耐久性修补及防护》在4.5.1条防护体系表2中规定了推荐涂层体系。

表5.8 JT/T 695—2007中涂层体系性能指标要求

腐蚀环境	防腐寿命	耐水性(h)	耐盐水性(h)	耐碱性(h)	耐化学品性能(h)	抗氯离子渗透性 $(mg \cdot cm^{-2} \cdot d^{-1})$	附着力(MPa)	耐候性(h)
I	M	8		72			≥1.0	400
	H	12		240			≥1.0	800
II	M	12		240			≥1.0	400
	H	24		720			≥1.5	800
III-1	M	240		720	168		≥1.5	500
	H	240		720	168		≥1.5	1 000
III-2	M	240	240	720	72	≤1.0×10⁻³	≥1.5	500
	H	240	240	720	72	≤1.0×10⁻³	≥1.5	1 000
Im1	M	2 000		720	72		≥1.5	500
	H	3 000		720	72		≥1.5	1 000
Im2	M		2 000	720	72	≤1.0×10⁻³	≥1.5	500
	H		3 000	720	72	≤1.0×10⁻³	≥1.5	1 000

注:Im1和Im2环境下,如果面漆为环氧类涂料或不饱和聚酯涂料,耐候性指标不做要求。

3)防护涂料在混凝土结构工程上的应用

处于内陆的水利工程结构由于氯离子含量小,较少采取混凝土表面涂敷涂料的防护措施,但处于盐碱地和抛撒除冰盐混凝土结构表面则可能会采用表面涂敷涂料的防护措施。下面主要列出在桥梁混凝土结构上采用防护涂料的案例(表5.9),资料并不完整,仅供参考。

表5.9 国内在桥梁混凝土结构表面采用防护涂层的工程

工程名称	应用部位	涂层体系		
		底涂	中涂	面涂
港珠澳跨海大桥[3]	非通航孔桥墩身	湿固化环氧涂料	湿固化环氧涂料	聚硅氧烷涂料
杭州湾跨海大桥[4]	表湿区	50 μm 湿表面环氧封闭涂料	260 μm 重防腐涂料	90 μm 丙烯酸聚氨酯涂料
	表干区	50 μm 环氧封闭涂料	210 μm 厚浆环氧涂料	90 μm 丙烯酸聚氨酯涂料
	索塔区	50 μm 环氧封闭涂料	230 μm 厚浆环氧涂料	70 μm 氟涂料

续表 5.9

工程名称	应用部位	涂层体系		
		底涂	中涂	面涂
嘉绍大桥[5]c	表湿区 1[a]	硅烷浸渍＋50 μm 环氧封闭涂料	230 μm 环氧树脂涂料	70 μm 氟涂料
	表湿区 2[b]	硅烷浸渍＋50 μm 湿固化环氧封闭涂料	260 μm 湿固化环氧树脂涂料	90 μm 聚氨酯涂料
	表干区	50 μm 环氧封闭涂料	210 μm 环氧涂料	90 μm 聚氨酯涂料
	索塔区	硅烷浸渍[d]＋50 μm 环氧封闭涂料	230 μm 环氧涂料	70 μm 氟涂料
江阴长江大桥[6]	主塔	40 μm 环氧涂料	80 μm 环氧涂料	70 μm 氟涂料
青岛海湾大桥[7]	通航孔桥墩身（浪溅区和水位变动区）、非通航孔桥承台及墩身	未明确	未明确	未明确
梅山春晓大桥[8]	墩柱表面、挑臂外侧砼桥面板底面、箱梁外表面、防撞墙表面	未明确	未明确	未明确
汕头海湾大桥[9]	主塔承台、主塔、箱梁及主桥南北边跨墩和盖梁	环氧封闭涂料	180～200 μm 厚浆环氧涂料	80～100 μm 丙烯酸厚浆涂料
绍兴滨海大桥[10]	岸上引桥栏杆、防撞护栏、中央分隔带护栏小箱梁、主塔、水中引桥 T 梁、墩身和盖梁等	未明确	未明确	未明确
田安大桥[11]	主桥中间墩、过渡墩桥面横梁及以下部分混凝土外露面，互通区桥梁及挡墙混凝土外露面	≤50 μm 湿固化环氧封闭涂料	250 μm 湿固化环氧涂料	100 μm 丙烯酸树脂涂料
荆岳长江公路大桥[12]	主桥南边跨混凝土和索塔外表面，滩桥箱梁和主、滩桥桥墩外表面	未明确	未明确	未明确
涪江五桥[13]	索塔、主梁、箱梁底部及桥墩和防撞墙美化涂装	丙烯酸腻子＋35～45 μm 丙烯酸封闭涂料		65～70 μm 丙烯酸乳胶涂料
青藏铁路[14]	后张梁	环氧树脂封闭涂料		氟树脂涂料

注：[a]北副航道桥、跨南岸规划堤桥及跨堤引桥堤内墩，其表湿区可利用承台施工挡水结构在干处涂装施工；[b]北岸水中区引桥及南岸水中区引桥（墩号 B13-B44、N1-N6、N11-N14）；[c]索塔区下部混凝土表面涂装环氧封闭涂料前应浸渍硅烷；[d]硅烷浸渍用量 300 mL/m^2。

表5.9显示，混凝土表面的涂层体系是硅烷浸渍（部分构件）＋环氧封闭涂料（≤50 μm）＋环氧中间涂料（≥200 μm）＋面涂层（90 μm聚氨酯涂料或70 μm氟树脂涂料），少数是聚硅氧烷涂料和丙烯酸涂料。

5.2　混凝土表面防护砂浆

目前水库大坝保温材料表面采用的是聚合物水泥砂浆。聚合物水泥砂浆是一种耐久且经济的表面防腐材料，适用于工业建筑、盐碱地建筑、海港工程、撒化冰盐的桥梁等新建工程和老工程的修复。聚合物改性砂浆层有着优良的密实性、抗渗性、抗冻性，并兼有耐磨、粘结力强和吸水率低等优点。孙红尧等[15]总结了国内聚合物树脂水泥砂浆技术现状。

5.2.1　聚合物树脂水泥砂浆的概念

聚合物树脂砂浆是树脂、水泥、砂、溶剂等组成的混合料。当溶剂为有机溶剂时，水泥就充当填料的作用而不发生反应，如环氧树脂砂浆、不饱和聚酯树脂砂浆等；当溶剂是水时，水泥会发生水化反应形成硅酸盐无机聚合物，即通常所说的聚合物树脂水泥砂浆。

聚合物树脂水泥砂浆是将分散于水中或溶于水中的聚合物掺入普通水泥砂浆中配制而成，它以水泥水化物和聚合物两者作为胶结材料。组成聚合物水泥砂浆的聚合物多为乳液聚合物或聚合物胶粉。

5.2.2　聚合物树脂改性水泥砂浆的基本原理

1923年Cresson[16]在专利里首次提出这个概念，这个专利里采用的是天然橡胶，水泥只是作为填料。1924年，Lefebure[17]提出聚合物改性砂浆的概念。自此以后，在不同的国家近100年的时间里，出现了许多聚合物改性砂浆或聚合物混凝土的研究和开发，应用领域也不断扩大。聚合物改性树脂砂浆中的树脂通常分为[18]聚合物乳液、再分散乳胶粉、水溶性聚合物、液体聚合物。

水泥的水化和聚合物薄膜的形成是聚合物乳液砂浆的2个主要过程。水泥的水化通常优先于通过聚合物乳液粒子聚集形成聚合物薄膜的过程[19]。在适当的时候，形成水泥水化和聚合物薄膜通常是按照图5.1的简单模型[20-22]形成的共基质相。在反应性聚合物粒子的表面（如聚丙烯酸酯）、$Ca(OH)_2$固体表面或集料上面的硅酸盐表面可能发生一些化学反应，见示意图5.2。这样的反应有可能提高水泥水化物和集料之间的结合能力，提高乳液改性的砂浆或混凝土的强度，如抗水和氯离子的渗透、提高粘结强度、抗折强度、抗压强度和抗冻融性。

（a）混合后的即时状态

⊞	未水化的水泥粒子
·	聚合物粒子
◼	集料
◌	进入的空气（其余空隙是水）

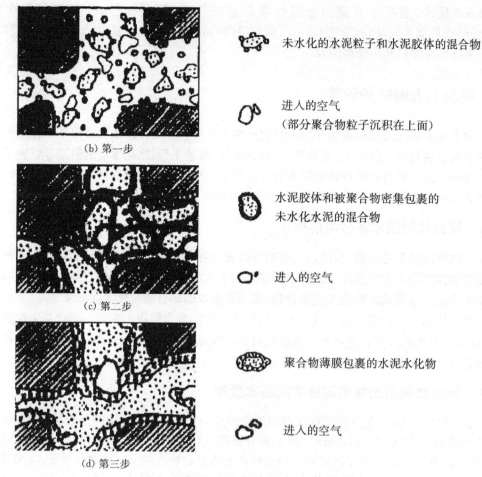

(b) 第一步

未水化的水泥粒子和水泥胶体的混合物

进入的空气
（部分聚合物粒子沉积在上面）

(c) 第二步

水泥胶体和被聚合物密集包裹的
未水化水泥的混合物

进入的空气

(d) 第三步

聚合物薄膜包裹的水泥水化物

进入的空气

图 5.1　聚合物-水泥共基质形成的简单模型

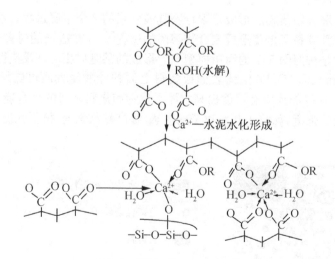

经-O-Si-O-形成式结合到集料表面经Ca^{2+}交联形成聚合物

图 5.2　含有羧基基团(酯连接)的聚合物与水泥、集料反应的示意图

5.2.3　聚合物树脂水泥砂浆的国内研究概况

国外聚合物乳液砂浆的研究起步于 20 世纪 20 年代,成果斐然,水泥会水化硬结,因此乳液砂浆实际上是无机和有机高分子的混合物形成致密的结构。乳液砂浆采用的乳液通常是天然胶乳、聚醋酸乙烯乳液、丁苯胶乳、氯丁胶乳、氯偏胶乳、环氧树脂乳液和丙烯酸酯共聚乳液等。

国外的研究报道很多,2007 年在韩国举办了第 12 届聚合物混凝土国际会议。在这次会议上,Yoshihiko Ohama[23]发表了关于日本聚合物混凝土或砂浆的研究和开发现状,Makoto Kawakami 等[24]发表了日本排水结构的修复现状,Kyu-Seok Yeon[25]发表了关于韩国聚合物混凝土或砂浆的研究开发现状。在本次国际会议上由中国科技工作者发表的论文有 22 篇之多,其中 Peiming Wang 和 Ru Wang[26]发表了关于中国聚合物混凝土和砂浆的发展现状。

由于我国化学工业落后,直至 20 世纪 60~70 年代才开始研究掺天然胶乳、丁苯胶乳、氯丁胶乳、氯偏胶乳和丙烯酸酯共聚乳液的聚合物水泥砂浆的性能[27-28]。

不饱和聚酯树脂改性砂浆由于不饱和聚酯为溶剂型化合物,因此,研究应用均不多。刘希凤等[29]对不饱和聚酯树脂改性砂浆的性能进行了研究,并用 X-射线(XRD)和扫描电镜(SEM)等测试手段对不饱和树脂水泥砂浆的改性机理做了初步探索。陈建中等[30]研究了不饱和聚酯水泥砂浆的配制方法、基本配方与主要性能,并对这种砂浆的增强机理做了探讨。曾海燕等[31]在 191♯不饱和聚酯树脂砂浆中掺入杜拉纤维后,分析其抗压强度、抗折强度及轴向抗拉强度的变化,探究了不同纤维掺入量对树脂砂浆力学性能的影响。

聚醋酸乙烯乳液由于耐水性较差,在 20 世纪有使用,近 40 多年这方面的应用研究报道较少。EVA(乙烯醋酸乙烯酯)在聚醋酸乙烯的基础上改性,耐水性略有提高,部分以乳液形式、部分以乳胶粉的形式销售,专门用于防水砂浆的配制。1989 年徐峰[32]采用聚醋酸乙烯乳液改性砂浆和混凝土。1992 年杨纯武[33]、1993 年余琦[34]均对 EVA 乳液改性砂浆进行了研究。2006 年罗石等[35]介绍了 EVA 乳液在皮革加工、复膜胶以及建筑建材等方面的应用情况,综述了 EVA 乳液的改性方法。

早期环氧树脂砂浆多采用溶剂型的环氧树脂组分,水泥只起一个填料作用,并不发生水化反应,不能形成无机硅酸盐。文献[36-41]中研究了溶剂型环氧树脂水泥砂浆的性能及应用等。近期随着合成技术的逐渐成熟水性环氧树脂乳液渐渐被人们用在环氧树脂乳液砂浆中,文献[42-45]中对水性环氧树脂乳液砂浆的研究做了报道,但应用报道不多。张玉刚[46]在论文中介绍了采用溶剂型的环氧树脂砂浆、YJ 呋喃树脂玻璃钢、YJ 呋喃树脂砂浆、花岗石块材等对地面进行的腐蚀防护措施。

氯丁胶乳、氯偏胶乳、丁苯胶乳等胶乳类多用于改性沥青防水涂料,用于砂浆中不多,通常出现在研究性论文中。寿崇琦[47]对聚丙烯酸酯、EVA 和丁苯胶乳粉末制备聚合物水泥砂浆及其界面反应进行了研究。王培铭等[48]研究了桥面用丁苯乳液改性水泥砂浆的性能。杨光等[49]主要研究了丁苯乳液和丙烯酸酯乳液种类和掺量、偶联剂的加入、表面预处理及粗糙程度对粘结强度的影响,得出丁苯乳液对水泥体系有改性作用的结论。文献[50-51]中研究了苯丙、丁苯和氯偏三种乳液共混物及其改性砂浆的力学性能与共混物组成的关系,研究表明,改性砂浆的抗压强度随聚合物薄膜拉伸强度的提高而增大,改性砂浆的抗折强度则与聚合物薄膜的拉伸强度基本无关。在论文中研究了添加三种乳液后砂浆的抗氯离子性能及水泥砂浆的流动度变化情况。詹镇峰等[52]选择丁苯、氯丁和丙烯酸酯三种聚合物乳液作为水泥砂浆改性剂,测试每种乳液在不同掺量下砂浆的性能。

王金刚等[53]利用醋酸乙烯酯/甲基丙烯酰氧乙基三甲基氯化铵(VAC/DMC)阳离子型无皂乳液对水泥砂浆进行了改性研究,并与普通 VAC 均聚物乳液进行了比较。研究表明,与普通水泥砂浆相比,VAC/DMC 阳离子型无皂乳液改性砂浆(聚灰比为 0.1 时)的抗折强度较普通砂浆够提高 77%,其改性效果明显好于普通 VAC 乳液,表明用阳离子无皂乳液改性水泥性能能够取得良好效果,并探讨了 VAC/DMC 对水泥砂浆改性的原因。韩春源等[54]研究苯乙烯-丙烯酸丁酯乳液的单体比例及聚灰比对苯丙乳液改性水泥砂浆性能的影响。研究结果表明,通过改变单体比例而合成的苯丙乳液所配制的水泥砂浆,其抗弯性能可以得到很大改善,其密实性也大为提高。贺昌元等[55]根据宁波及华东地区地下水位高、海水盐渗的特点,在保持水灰比相同的条件下,对不同品种苯丙乳液改性的水泥砂浆的性能进行比较,并提出优化方案。文献[56-58]研究了苯丙乳液与水泥砂浆共混体系的改性机理及微观结构形态及其对水泥砂浆物理力学性能的影响。

丙烯酸酯乳液或改性丙烯酸酯乳液是近 40 多年来树脂砂浆中使用最多的树脂乳液,文献报道和应用也多。主要是由于其单组分、水性、防水粘结耐候等性能优异、施工方便的特点。苯丙乳液和纯丙乳液是一直采用的树脂乳液,该种乳液在涂料上也大量使用,尤其是用于内外墙涂料。1986 年南京水利科学研究院成功开发砂浆用丙烯酸酯乳液并投入市场,填补了国内丙烯酸酯乳液研究开发的空白,自此在许多工程上得到了推广应用[59]。姜洪义等[60]研究了 NBS 聚合物对无机胶结料和机械作用的稳定性影响、树脂水泥砂浆的物理力学性能,并对 NBS 乳液-水泥砂浆共混体的形成机理和微观结构进行了研究。

唐修生等[61]利用带有羟基、羧基的烯类聚合物单体作为改性剂,对聚丙烯酸酯共聚乳液进行改性,对改性聚丙烯酸酯共聚乳液水泥砂浆的抗压强度、干缩性、吸水性和抗渗性等防水性能进行了试验研究和经济性分析。结果表明,改性后的聚丙烯酸酯共聚乳液水泥砂浆的上述性能得到了很大改善,并可降低乳液掺量,节约成本。王建卫等[62]报道了聚丙烯酸酯乳液水泥砂浆在水闸加固中的应用情况。陈发科[63]介绍了丙烯酸酯共聚乳液水泥砂浆的物理力学性能、施工工艺,并通过工程实例,阐述了丙烯酸酯共聚乳液水泥砂浆在水工混凝土建筑物破坏修补应用中的优越性。蔡跃波等[64]针对碾压混凝土坝上游面的防渗,提出了湿法喷涂丙乳砂浆集中防渗的新方案,增设了喷粉辅助机械系统,改进了输料系统及喷枪结构,改进后的湿喷工艺能缓解稠浆易堵、稀浆易淌的缺陷。

5.2.4　有关聚合物树脂水泥砂浆的标准情况

1) 国外关于聚合物树脂水泥砂浆的标准规范情况

世界上聚合物改性砂浆技术比较领先的国家有美国、日本、英国、德国和中国等。表5.10 列出了日本聚合物改性砂浆方面的标准。英国标准 BS 6319 *Testing of resin compositions for use in construction*,分 12 部分,分别就试样准备、抗压强度、弹性模量、粘结强度和抗张强度等制定了试验方法。JCI(日本混凝土协会)制定了聚合物砂浆的力学性能等试验方法。美国有 ASTM C1438—2005 *Standard Specification for Latex and Powder Polymer Modifiers for Hydraulic Cement Concrete and Mortar*、ASTM C1439—

08*Standard Test Methods for Evaluating Polymer Modifiers in Mortar and Concrete* 等。
表 5.11 列出了美国、德国和 RILEM 等提出的聚合物砂浆和混凝土的标准和指南。

表 5.10　日本聚合物改性砂浆的标准

标准号	标准名
JIS A 1171	Method of Making Test Sample of Polymer-Modified Mortar in the Laboratory
JIS A 1172	Method of Test for Strength of Polymer Modified Mortar
JIS A 1173	Method of Test for Slump of Polymer Modified Mortar
JIS A 1174	Method of Test for Unit Weight and Air Content（gravimetric）of Fresh Polymer Modified Mortar
JIS A 6203	Polymer Dispersions and Redispersible Polymer Powders for Cement Modifiers

表 5.11　美国、德国和 RILEM 关于聚合物混凝土和聚合物砂浆的标准和指南

机构或组织	标准规范或指南
American Concrete Institute（ACI）	ACI 548. 1R-92 Guide for the Use of Polymers in Concrete（1992） ACI 548. 4 Standard Specification for Latex-Modified Concrete（LMC）Overlays（1992） AC1 546. 1R Guide for Repair of Concrete Bridge Superstructures（1980） AC1 503. 5R Guide for the Selection of Polymer Adhesives with Concrete（1992）
The Federal Ministry for Transport，The Federal Lander Technical Committee，Bridge and Structural Engineering（Germany）	ZTV-SIB Supplementary Technical Regulations and Guidelines for the Protection and Maintenance of Concrete Components（1987） TR BE-PCC Technical Test Regulations for Concrete Replacement Systems Using Cement Mortar/Concrete with Plastics Additive（PCC）（1987） TL BE-PCC Technical Delivery Conditions for Concrete Replacement Systems Using Cement Mortar/Concrete with Plastics Additive（PCC）（1987）
Architectural Institute of Japan（AIJ）	Guide for the Use of Concrete-Polymer Composites（1987） JASSs（Japanese Architectural Standard Specifications）Including the Polymer-Modified Mortars JASS 8（Waterproofing and Sealing）（1993） JASS 15（Plastering Work）（1998） JASS 18（Paint Work）（1998） JASS 23（Spray Finishing）（1998）
International Union of Testing and Research Laboratories for Materials and Structures（RILEM）	Recommended Tests to Measure the Adhesion Properties between Resin Based Materials and Concrete（1986）

2）国内关于聚合物树脂水泥砂浆的标准规范情况

在国家标准 GB/T 50046—2018《工业建筑防腐蚀设计标准》中将丙烯酸酯乳液水泥砂浆、氯丁胶乳砂浆和环氧树脂乳液砂浆列为防腐蚀材料，并建议用于盐类介质、中等浓度的碱液和酸性水等介质作用的部位。国内针对聚合物水泥砂浆也制定了相关技术规范,如中国工程建设标准化协会标准 CECS 18:2000《聚合物水泥砂浆防腐蚀工程技术规程》,规定了氯丁胶乳水泥砂浆、聚丙烯酸酯乳液水泥砂浆防腐蚀材料以及设计、施工和验收的技术要求。国家电力行业规范 DL/T 5126—2001《聚合物改性水泥砂浆试验规程》规定了聚合物水泥砂浆详细的试验方法。建材行业标准 JC/T 984—2011《聚合物水泥防水砂浆》对聚合物水泥防水砂浆的性能做了具体的规定,表 5.12 列出了聚合物水泥砂浆的物理性能要求。

表 5.12　聚合物水泥砂浆的物理性能(JC/T 984—2011)

项目			技术指标	
			Ⅰ 型	Ⅱ 型
凝结时间[a]	初凝(min)	≥	45	
	终凝(h)	≤	24	
抗渗压力[b](MPa)	涂层试件(7 d)		0.4	0.5
	砂浆试件	7 d	0.8	1.0
		28 d	1.5	1.5
抗压强度(MPa)		≥	18.0	24.0
抗折强度(MPa)		≥	6.0	8.0
柔韧性(横向变形能力)(mm)		≥	1.0	
粘结强度(MPa) ≥		7 d	0.8	1.0
		28 d	1.0	1.2
耐碱性			无开裂、无剥落	
耐热性			无开裂、无剥落	
抗冻性			无开裂、无剥落	
收缩率(%)		≤	0.30	0.15
吸水率(%)		≤	6.0	4.0

注:凝结时间可根据用户需要及季节变化进行调整。当产品使用的厚度不大于 5 mm 时测定涂层试件抗渗压力;当产品使用的厚度大于 5 mm 时测定砂浆试件抗渗压力,也可根据产品用途,选择测定涂层或砂浆试件的抗渗压力。

5.2.5　聚合物树脂水泥砂浆的应用

1) 聚合物树脂乳液和砂浆的性能

聚合物树脂乳液种类多,各自的水泥砂浆性能也有差异,规范标准只是一个指导性的范围,表 5.13 列出国内几种聚合物乳液改性砂浆后的物理力学性能[65]。

表 5.13　某乳液改性砂浆后的物理力学性能

项目	PAE 砂浆	CR 砂浆	PVDC 砂浆	SBR 砂浆
抗压强度(MPa)	35.0~44.8	34.8~40.5	43.7	30.5

续表 5.13

项目	PAE 砂浆	CR 砂浆	PVDC 砂浆	SBR 砂浆
抗折强度（MPa）	13.5～16.4	8.2～12.5	13.4	7.0
抗拉强度（MPa）	7.3～7.6	5.3～6.7	6.2	—
与老砂浆粘结强度（MPa）	2.9～7.8	3.6～5.5	4.4	5.3
抗渗性能（承受水压 MPa）	15	15	15	15
干缩率（$\times 10^{-4}$）	4.3～5.3	7.0～7.3	普通水泥的 60%	11.1
吸水率（%）	0.8～2.4	2.6～2.9	普通水泥的 60%	8.3
抗冻性（快冻循环）	300	50	—	50
抗碳化性（20%CO_2）（深度/天数）	0.8 mm/20 d	—	—	6.5 mm/14 d
提供试验资料单位	南京水利科学研究院	中国建筑技术发展研究中心	上海建筑科学研究院	安徽省水泥科学研究所

注：PAE 为丙烯酸酯共聚乳液；CR 为氯丁胶乳；PVDC 为聚氯乙烯-偏氯乙烯乳液；SBR 为丁苯胶乳。

　　因此，聚合物树脂改性水泥砂浆具有抗水渗透、抗氯离子渗透、抗冻融性和防碳化的能力，并具有与基体较高的粘结强度，因此可以用于防水、防腐蚀、防碳化和抗冻融等场合，具有广阔的应用前景。

　　2）聚合物树脂水泥砂浆的应用情况

　　陈爱民等[66]报道了丙乳砂浆在跋山水库老闸墩头处理中的应用，陈发科[63]报道了丙烯酸酯共聚乳液水泥砂浆在水工建筑物修补中的应用，见表 5.14。单国良等[59,67]报道了丙烯酸酯共聚乳液水泥砂浆作为修补加固防腐新材料的应用（见表 5.15）和聚合物树脂乳液砂浆在混凝土桥梁上的应用。王建卫等[62]报道了在南四湖二级坝第一节制闸加固改造工程中，丙乳砂浆作为一种新材料、新工艺应用在闸墩墩头，取得了较好的效果。

表 5.14　丙烯酸酯共聚乳液水泥砂浆在水工建筑物修补中的应用

编号	工程名称	破坏状况及原因	面积（m²）	施工日期	运行状况
1	贵港市达开水泥厂	机坑侧墙混凝土破坏较严重，局部深达 2～3 cm	384	1991.12	修补表面平整、无龟裂、无脱落、运行良好
2	合浦县清水江电站发电管	局部蜂窝麻面，深达 3～5 cm	23	1994.12	无龟裂、无脱落，运行良好
3	那板电厂 1 号发电管	混凝土施工缝、伸缩缝及局部蜂窝麻面损坏，局部深达 15 cm	130	1995.5	运行良好
4	桂林地区青狮潭水库溢洪道堰面混凝土裂缝修补	混凝土裂缝 4 条	46	1995.2	运行良好
5	百色地区澄碧河水库电站厂房尾水墙修补	局部蜂窝麻面，并有裂缝 9 条	108	1995.12	运行良好

编号	工程名称	破坏状况及原因	面积(m²)	施工日期	运行状况
6	大王滩水库溢洪道第一陡坡段混凝土表面修补	混凝土质量较差,表面剥落,粗骨料外露,局部深达2~3 cm,部分钢筋外露	588	1996.4	运行良好
7	合浦县总江桥闸溢流堰堰面修补	表层剥落,粗骨料外露,局部深达10 cm	857	1997.2	修补表面平整、无龟裂、无脱落、运行良好
8	平南县六陈水库放空管	混凝土施工缝、局部蜂窝麻面渗漏,并伴有白色 Ca(OH)₂	39	1997.12	运行良好

表 5.15　丙烯酸酯共聚乳液水泥砂浆作为修补加固防腐新材料的应用

防腐工程名称	采用树脂砂浆的原因和目的	施工年月	施工面积(m²)	使用单位
百丈漈电厂高压引水钢管防腐涂层	该钢管 1959 年建成投产后腐蚀严重,试用十多种涂料均未奏效	1980.1	60	浙江温州电管局百丈漈水电厂
晨光机器厂大型屋面板修补防腐	3 号工房为大型钢筋混凝土屋面板,1959 年投产后,因受烟气侵蚀,多处裂缝、大部分碳化、局部露筋,主筋周围氯离子含量高达 0.3%~0.7%,需要修补防护	1981.12	2 160	晨光机器厂
湛江港一区老码头上部结构修补	码头 1956 年建成投产,钢筋混凝土面板和大横梁等构件出现严重钢筋锈蚀,主筋截面积最大锈蚀率高达68.4%,需要修补	1983.8	144	交通部基建局湛江港务局
万福闸公路桥钢筋混凝土表面修补防腐	1960 年投产,已碳化到钢筋,开始出现锈胀、钢筋开裂情况	1983.10	190	江苏省万福闸管理处
安徽芜湖中江桥预应力钢筋混凝土梁纵向裂缝处理与修补	预应力 T 梁和立交梁钢束预留孔内积水结冰冻裂,裂缝宽度 2 mm,混凝土剥落	1984.3	680	安徽中江桥工程指挥部
上海浦东化肥厂盐仓墙面和栈桥	氯盐引起的钢筋锈蚀	1985	3 200	上海浦东化工厂
株洲车辆厂加固工程	钢筋混凝土柱、大型屋面板基层、钢屋架、钢挡风架防腐	1987	1 780	株洲车辆厂
武汉钢铁厂加固工程	矿渣公司露天 3 号渣池,吊车大梁柱防腐耐磨	1989	不详	武汉钢铁厂
淄博 481 厂加固工程	厂房顶部加固、屋面架加固	1990	约 3 200	淄博 481 厂
湖北陈家冲溢洪道补强工程	溢洪道公路大桥大梁开裂,作为防碳化灌浆密封材料	1991	1 166	湖北漳河水库管理局

李俊毅[42]报道了环氧乳液砂浆在天津钢厂制氧车间地基防渗夹层、天津大无缝钢管厂沉渣池防渗修补、黄河口板桩码头水位变动区修补、锦州港加油站地下贮油库防水修补、天

津港埠四公司铁交库罩面粘结层及某某港栅栏板表面修复工程等项目中的实际应用。

溶剂型环氧树脂砂浆通常作为修补、加固和抗冲耐磨使用,冀玲芳等[39]报道了环氧树脂砂浆在天津某大桥修补和天津市某机械厂锚固工程上的应用。生墨海等[40]报道了环氧树脂砂浆在华东公路修补维护中的应用。张玉刚[46]报道了采用环氧树脂砂浆、YJ 呋喃树脂玻璃钢、YJ 呋喃树脂砂浆、花岗石块材等对地面进行的耐盐酸腐蚀防护措施。范富等[37]报道了新型环氧砂浆在小浪底工程中的抗冲耐磨应用,张涛等[38]报道了新型环氧砂浆在黄河小浪底、长江三峡水利枢纽工程、黄河三门峡水利枢纽工程、贵州东风电站坝体溢洪道、消能功两侧墙和溢流嗣闸墩等部位、陕西省天生桥二郎坝水利枢纽工程溢洪道磨损破坏后的大面积修补、河南省槐扒提水工程加固以及洛(洛阳)-三(三门峡)高速公路混凝土缺陷修补等工程中的应用,并取得了良好效果。未报道的树脂砂浆的应用还有很多。

5.3　混凝土表面有机硅渗透型防护剂

孙高霞等[68]综述了有机硅渗透型防护剂的研究和应用现状。

5.3.1　有机硅渗透型防护剂的类型

有机硅渗透型防护剂产品通常以烷基/烷氧基硅烷、硅氧烷、烷基硅醇盐和含氢硅油等为主要活性成分。它们有的产品由 100% 的活性物质组成,有的产品由活性物质按一定比例溶入溶剂组成,按照组成形式不同可以分为以下几类[69-71]。

1) 水溶性有机硅渗透型防护剂

水溶性有机硅渗透型防护剂的主要成分是甲基硅酸盐溶液,外观一般为黄至无色透明的液体。甲基硅酸盐易被弱酸分解,当遇到空气中的水和二氧化碳时,便分解成甲基硅酸,并很快地聚合生成具有防水性能的聚甲基硅醚防水膜,防水膜因其羟基能与混凝土表面的极性基团发生缩合反应而与水泥基材牢固结合,而非极性的甲基向外伸展形成憎水层或通过渗入砂浆内部,提高砂浆的抗渗透能力,不会损坏孔隙的透气性,生成的硅酸钠则被水冲掉。

甲基硅酸盐渗透剂的优点是价格便宜,使用方便;缺点是与二氧化碳反应速度较慢,需24 h 才能固化。由于施用的渗透剂在一定时间内仍然是水溶性的,若有雨水浸打、霜冻,未反应的或反应不完全的碱金属甲基硅酸盐就会离开基材表面,失去憎水作用。同时由于在生成硅烷醇的反应中有碱金属碳酸盐产生,不但会在基材表面产生白色污染,影响外观,而且碱性盐对基材本身有害。

2) 溶剂型有机硅渗透型防护剂

溶剂型有机硅渗透型防护剂的主要成分是硅烷类或硅氧烷类,如异丁基硅烷、辛基或异辛基硅烷,使用时以纯态或加入有机溶剂作为载体。带有活性基团的硅氧烷,尤其是高级烷基化硅氧烷,其聚合物分子链上含有一定数量的反应活性基团,如羟基、羧基、氨基等。这类有机硅防渗剂喷涂到硅酸盐基材表面,在催化剂或本身活性基团的作用下交联固化,同时与基材表面羟基反应,形成末端有疏水基-Si-R 的网状有机硅分子膜。在形成疏水膜时,既不需要从外界引入二氧化碳,也不会生成碱性碳酸盐之类有害基材的物质,无论是产品贮存稳定性还是疏水膜耐久性均比甲基硅醇盐、烷基含氢硅油好。当施涂于基材表面时,溶剂很快挥发,于是在混凝土表面或毛细孔上沉积一层极薄的薄膜或分子层的疏水层,这层疏水层无色、无光,所以不会改变混凝土的自然外观。溶剂型有机硅渗透型防护剂受外界的影响比甲基硅酸钠小得多,防水效果也较好,适用于钢筋混凝土、大理石等孔隙率低的基材,其耐久性好,渗透深度大,但使用时要求基材干燥。

3)乳液型有机硅渗透型防护剂

近几年,由于受到越来越严格的环保法规限制,有机硅渗透型防护剂的水性化和乳液化成为人们关注的一个新焦点。

乳液型有机硅防水剂主要有以下品种:一是甲基含氢硅油乳液,由于含有与硅直接相连的氢原子具有较高的反应活性,因而易与羟基等活性基团反应,形成网状防水膜;二是羟基硅油乳液,羟基硅油乳液可用羟基硅油直接乳化或由乳液聚合制得;三是烷基烷氧基硅烷乳液,该产品含有烷氧基,遇到硅酸盐基材的羟基时易发生交联,产生网状憎水性硅氧烷膜。乳液的稳定性一直是关键问题。

此外,为了克服有机硅防水剂产品刷涂时流失严重的问题,延长与混凝土基材的接触时间,增加渗透深度,还研发了膏体、凝胶和硅粉等类型的防水剂。

T/CCES 12—2020《混凝土结构用有机硅渗透型防护剂应用技术规程》重新明确了有机硅渗透型防护剂的定义和分类。

有机硅渗透型防护剂由硅烷与硅氧烷的混合物组成,液态或膏体状态,涂敷于混凝土表面,渗入混凝土内部,通过化学反应在混凝土表层毛细孔内形成憎水层。

有机硅渗透型防护剂分四类:硅烷液体、有机硅低聚物液体、硅烷膏体和硅烷乳液。

硅烷液体为液体烷基硅氧基硅烷[分子结构通式为 $RSi(OR')_3$]单体,烷基 R 的碳原子数目不小于 4,烷氧基中的烷基 R' 为甲基或乙基。

有机硅低聚物液体是由硅烷或硅烷与硅氧烷通过聚合反应形成的低聚物液体。

硅烷膏体是硅烷液体在表面活性剂的作用下与水一起通过乳化形成的膏体状不流淌物质。

硅烷乳液是硅烷液体在表面活性剂的作用下与水一起通过乳化形成的均匀乳液。

5.3.2 防护原理

混凝土表面保护措施有 3 种形式,如图 5.3 所示[72]。涂料利用混凝土的可渗透性,渗入混凝土表面一定深度将孔隙完全堵塞(图 5.3a)或在表面形成涂膜封闭孔隙(图 5.3b),这2 种形式均是将毛细孔封闭隔绝外来介质的方式,而有机硅渗透型防护剂浸渍保护则是在混凝土孔隙内表面形成分子水平的憎水层,不封闭孔隙,维持了混凝土孔隙的透气性和自然外观(图 5.3c)。

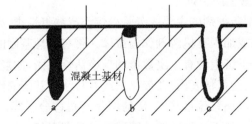

a 填塞毛细孔　　b 成膜型涂料　　c 硅烷类憎水剂

图 5.3　混凝土表面防护的 3 种方式

在混凝土表面碱性条件下,有机硅渗透型防护剂(如烷基烷氧基硅烷,不包括有机硅改性的各种树脂类涂料)分子结构上的烷氧基水解,与混凝土表面的无机硅酸盐分子缩合形成化学键,具有憎水作用的烷基排列在表面发挥憎水作用,水与基材表面的接触角 θ 大于 $90°$,从而阻止水的进入,达到防水效果,因而仍能保持混凝土的透气功能,也不会发生成膜型涂料的鼓泡、开裂脱落的现象,如图 5.4 所示。

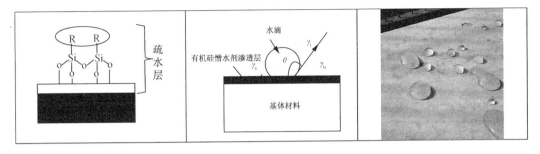

图 5.4　有机硅憎水剂处理的混凝土表面($\theta > 90°$)

5.3.3　有机硅渗透型防护剂的研究及应用现状

有机硅化合物诞生于 19 世纪中叶,但直到 20 世纪中期,美国和欧洲国家才开始首先将它用于建筑结构的防水处理。近 30 年来,有机硅在混凝土结构防水领域的研究和应用得到了广泛关注。

1) 国外的研究状况

在国外有机硅防护剂的研究起步较早,产生了许多发明专利,但期刊研究报道较少。

1990 年在 WACKER CHEMIE GMBH (DE)申请的专利 EP0442098 中,Huhn, Dr. Karl 等人介绍了非水相的平均粒度小于 $0.3~\mu m$ 的有机聚硅氧烷水乳液。首先利用合适的湍流混合装置在 $0.01 \sim 1~MPa(HBS)$的压力下由液体有机聚硅氧烷、水和可溶于聚有机硅氧烷中的乳化剂制备浓缩物;然后在类似条件下用水稀释浓缩物到所需浓度,通过加入酸调节乳液的 pH 到 $3 \sim 7$。

1991 年 Dow Corning Corporation 的 Robert L. Cuthbert 和 Edwin P. Plueddemann 在申请的专利 US 5073195 中,公开了用于制备基底防护涂料的组合物,为硅烷偶联剂和在硅原子上具有 C1-C6 烷基的烷基三烷氧基硅烷的水溶液。

1993 年在 DEGUSSA 公司的专利 EP 0538555 中,Goebel Thomas Dr,Michel Rudolf 和 Alff Harald 介绍了用于浸渍无机材料的水乳液。乳液包括水、至少一种烷氧基硅烷及其低聚物、一种或多种阴离子表面活性剂、硅官能表面活性剂和常见的助剂。通过使用高压均化器在 $8 \sim 50~MPa$ 和 $10 \sim 70~MPa$ 的压力下两次得到稳定乳液,第二阶段中的压降为 20%,获得小于 $1~\mu m$ 的液滴尺寸。

1994 年德国 BAYER AG 公司的 Montigny Armand Dr 和 Kober Hermann 在 EP 0616989 中,描述了具有反应性基团的有机硅烷和/或有机硅氧烷树脂的疏水浸渍水乳液。它的分散相具有 $0.55 \sim 1.1~\mu m$ 的平均粒度和小于 1.3 的粒度分布宽度。

考虑到在高处作业时乳液易滴落,特别对垂直表面进行处理时必须涂多层水乳液才能达到希望的效果,这样不仅造成浪费,还会在喷涂时形成气溶胶。1997 年 Wacker 公司申请的中国专利 CN97112483.3 中,汉斯·迈尔、英格博格·柯尼希-卢默尔、阿尔伯特·豪斯伯格以 C1-C20 烷基/C2-C6 烷氧基硅烷、含烷氧基的有机聚硅氧烷和适当的乳化剂为材料,用高速定子-转子搅拌器开发了一种黏稠的水乳剂,解决了上述问题。

日本 TOYO INK MFG CO LTD 申请的专利 JP 09—202875 中,Hamasaka Mitsuo 介绍的水基有机硅配方中含乳化剂、烷基烷氧基硅烷和水,具有优良的长期储存稳定性,能够渗透到基材内部的微孔上,在微孔的壁上与其活性基团或自身发生键合作用,形成良好的防水层。

1998 年 WACKER CHEMIE GMBH(DE)的专利 EP0819665,公开了用于建筑材料疏水的有机硅化合物、乳化剂和水的含水糊,有机硅化合物包括 C8-C20 烷基硅烷、C2-C6 烷氧基硅烷和/或含烷氧基的有机聚硅氧烷等。利用加压乳化机、胶体磨或高速定子-转子搅拌装置制备而成。

1999 年 Dow Corning Corporation 在专利 US 6103001 和 WO 00/3406 中描述了具有 1%~65% 的有效含量的稳定水乳液。该乳液具有 $5\sim1\,000\ mm^2/s$ 的粘度,并且分散相的粒度小于 10 μm,优选小于 1 μm。

2000 年韩国 In Dong Hwang 等[73]改进了硅烷乳液的稳定性,用 W/O 和 O/W 型表面活性剂乳化,0.24%PVA 为保护胶体。这种硅烷乳液渗透深度>4 mm,吸水率<0.1。

2005 年在专利 CN 200580047759.4 中,DEGUSSA 公司的 B. 斯坦德克和 K. 韦森贝克利用占乳液总重量的 1%~70% 的官能烷氧基硅烷和/或其稠合低聚物和/或有机烷氧基硅氧烷、至少一种乳化剂和水的水包油水乳液,其中乳液具有 5~9 的 pH,优选分散相的平均液滴尺寸≤0.5 μm,在具有至少一个压力级的装置中在 2~15 MPa 的压力下进行具有所需液滴尺寸分布的乳液的制备。

2)国内的研究概况

国内采用有机硅渗透型防护剂对混凝土进行保护始于 20 世纪 90 年代,对有机硅渗透型防护剂的开发研究较少。

1994 年胡竹魂[74]研制了溶剂性和水乳液两种有机硅浸渗涂料。通过试验测定,证明该涂料在混凝土或砂浆层中可渗透 0.5~7 mm 的深度,24 h 防水效果可提高 3~12 倍以上,经 32 d 浓盐水浸泡后抗氯离子能力可提高 1 倍左右,能经受 10~60 ℃干湿交替作用和 100 ℃的高温烘烤。

2003 年吴三余等[75]通过硅烷、硅氧烷(或聚硅氧烷)与活性扩展剂进行优化匹配代替单分子硅烷产品。他们采用国内原料合成制备有机硅中间体,筛选原料主剂、扩散助剂,进行配方的研究工作,再通过憎水性、渗透性、耐海水性等性能实验对配方进行调整最终制得合格的 GSY 有机硅渗透型防护剂,并总结出相应的施工配套技术。

黄月文等[76]以烷氧基烷基硅烷(三乙氧基甲基硅烷、四乙氧基甲基硅烷、二乙氧基二甲基硅烷等)为活性基本原料,通过化学聚合改性后得到含活性烷氧基的甲基聚硅氧烷,在金属皂类催化剂作用下,加入 OP 类乳化剂、季铵盐类阳离子乳化剂和适量助剂在去离子水中乳化,制得性能优良的水乳型有机硅防护涂料。

2005 年陶再山等人在中国专利 CN 200510040539.0 中公布了一种以乙烯基三甲氧基硅烷作为单体制备低聚物的方法。他们将乙烯基三甲氧基硅烷投入反应器中,加入酸调节pH,在催化剂作用下,滴加水在 60~160 ℃下发生水解缩聚反应,最终得到有机硅低聚物。

孙红尧等在中国专利 CN200910027824.7 中公布了混凝土表面渗透硅烷低聚物及其制备方法,该硅烷低聚物的单体结构式:$R(1)—CH=CR(2)—Si(OR(3))_m R(4)_{(3-m)}$,其中,$R(1)$ 和 $R(2)$ 是 H 或 CH_3、C_2H_5 等 C1-C6 的烷基,$R(3)$ 和 $R(4)$ 是 CH_3、C_2H_5 等 C1-C6 的烷基,m 为 1~3 的整数,聚合度不大于 400。该低聚物通过在引发剂的作用下含有不饱和双键的烯基烷氧基硅烷聚合得到。本发明的挥发率明显降低、渗透性强、吸水率低,可以有效地提高有机硅渗透型防护剂本身和混凝土结构的耐久性,应用过程不产生副产品。

3) 市场销售的有机硅渗透型防护剂产品

国内外混凝土有机硅渗透型防护剂产品基本集中在异丁基硅烷、辛基或异辛基硅烷。国外有机硅防护涂料厂家主要有 WACKER CHEMIE GMBH、DOW CORNING、赢创等,国内有龙岩思康特种化学品有限公司、南京水利科学研究院等。

WACKER CHEMIE GMBH 的通用型有机硅渗透型防护剂有 BS290、BS SMK 1311 和 BS1001。BS290 和 BS SMK 1311 都是 100%硅烷和硅氧烷混合物,前者以有机溶剂作为稀释剂,后者以水为稀释剂,BS1001 为 50%硅烷和硅氧烷乳液,产品适用于多种矿物基材憎水处理。混凝土专用型有机硅浸渍剂有 SILRES BS 1701(99%硅烷,不稀释直接使用)和 ILRES BS Creme C(膏体,80%硅烷)。另外,还有高效可再分散的有机硅粉末防水添加剂 SLM 69051。

DOW CORNING 公司的 Z-6403 液体、Z-6341 液体、Z-6684 膏体和 Z-6688 膏体是硅烷类高性能的钢筋混凝土专用产品,是高纯度的特种硅烷,而 Z-6684 和 Z-6688 是 Z-6341 的水基硅烷膏体,有效物含量分别为 40%和 80%。Z-6403 是一种高纯度的异丁基三乙氧基硅烷,是道康宁的专利产品,能在混凝土表面形成最深的渗透深度。另外,Z-6689、IE 6683、Z60、520 水可稀释憎水剂等分别为硅烷和硅氧烷的混合物以及它们的乳液,可用于混凝土基材的通用型防水保护,有优异的抗碱性、渗透性和水珠效果,可以保护混凝土抗紫外、耐候及抗化学腐蚀。

美国 Dayton Superior 公司的 J-28 和 J-29 分别是含 20%或 40%有机硅烷的专利产品,它可渗入混凝土或石材 7~10 mm,提供真正长期优异的防水耐候保护。美国 Chemical Products Industries,Inc. 生产的 SW-244 是一种含 20%硅烷的混凝土防护涂料,用于保护建筑物、桥梁、停车场及其他容易受水渗透影响的混凝土结构,性能超过了 NCHRP 244 要求。

美国 Symons 公司的烷氧基烷基硅烷类防护涂料 Silane 100% 按 NCHRP 244 系列标准 II 测试,氯离子降低率为 87%,21 天后没有水汽停留;Siloxane/Silane 10% WB 是一种硅烷和烷氧基硅氧烷低聚物所形成的微乳液,蒸发是缓慢的,保证足够的渗透性,只需几个小时就可以显示出良好的排斥性,完整化学反应将需要 3~5 天。

龙岩思康的 SP-206 和 SP-603 分别为异辛基三乙氧基硅烷液体和膏体,SP-205 为异丁基三乙氧基硅烷液体,SP-207 为十二烷基三乙氧基硅烷液体。SP-1001 为水性硅烷/硅氧烷共聚的微乳液,是一种优异的憎水硅烷浸渍剂。

南京水利科学研究院的 JK-GWY 系列有机硅渗透型防护剂为硅烷液体。

4) 有机硅渗透型防护剂的相关规定

T/CCES 12—2020《混凝土结构用有机硅渗透型防护剂应用技术规程》条文说明中总结了各行业规范中对硅烷液体、硅烷膏体的技术指标的规定,列于表 5.16。

表 5.16　国内标准规范对硅烷液体或硅烷膏体用于混凝土表面的技术指标要求

项目		JTS 153	JG/T 337	JTG/T B07-01	JTG/T 3310	TB/T 3228	JT/T 991
吸水率(mm·min$^{-1/2}$)		≤0.01			≤0.01		
吸水率比(%)			<10	<7.5		<7.5	<7.5
抗碱性(吸水率比)(%)			<12	<10		<10	<10
渗透深度(mm)	≤C45	普通混凝土≥3, 高性能混凝土≥2		3~4	≥3	<C40,4~10	>3
渗透深度(mm)	>C45			2~3	≥2	C40,1~4	2~3
渗透深度(mm)	W/C=0.70	≥2	W/C=0.6时 ≥6	≥10	≥10	/	/
氯化物吸收降低率[a](%)		≥90	≥90		≥90	≥80	>80
氯离子渗透深度(mm)			≤7				
干燥速度系数(%)				>30	>30	≥30	>30
抗冻融性(盐溶液中与基准混凝土相比)				多20次循环		W/C=0.70; 多15次循环	W/C=0.70; 多15次循环
耐紫外老化(吸水率比)(1000h)(%)			≤10				

注：a—有些规范中称作氯化物吸收量降低效果。

表 5.16 显示,不同行业甚至同一行业对硅烷液体或膏体的技术性能的规定存在差异,这无疑给设计部门或应用部门在选择防腐蚀措施时造成困惑。为此中国土木工程学会委托水利部交通运输部国家能源局南京水利科学研究院为主编单位,完成制订了规范 T/CCES 12—2020《混凝土表面保护用有机硅渗透型防护剂应用技术规程》。该规范除了包含硅烷液体和硅烷膏体材料外,还增加了有机硅低聚物液体和硅烷乳液材料,具体技术性能规定见表 5.17。

表 5.17 涂敷有机硅渗透型防护剂后混凝土的技术性能要求

项目			指标要求			
			硅烷液体 GW	有机硅低聚物液体 GJ	硅烷膏体 GG	硅烷乳液 GR
性能[a]指标	吸水率(mm·min$^{-1/2}$)	≤	0.01	0.01	0.01	0.01
	抗氯离子渗透率(%)	≤C30 混凝土 ≥	90	90	90	85
		>C30,≤C45 混凝土 ≥	85	85	85	80
		>C45 混凝土 ≥	80	80	80	75
	渗透深度(mm)	≤C30 混凝土 ≥	4	4	4	3
		>C30,≤C45 混凝土 ≥	3	3	3	2
		>C45 混凝土 ≥	2	2	2	1
耐久性[b]指标	抗碱性能(吸水率比)(%)	≤		10		
	抗盐冻性能(与基准混凝土相比,W/B=0.6)[c]/(增加)循环次数		15	15	15	10
	抗盐雾性能(1 000 h,抗氯离子渗透率)[d](%)≥		85	85	85	80
	抗光老化性能(1 000 h,吸水率)[e](%)≤		1.5	1.2	1.5	1.8

注:[a] 性能指标项目既是出厂前检测项目,也是施工期间抽检和交工验收检测项目;[b] 耐久性指标项目是出厂前检测项目;[c] 选测项目,在冻融环境中应检测抗盐冻性能;[d] 选测项目,在氯盐环境中应检测抗盐雾性能;[e] 选测项目,在暴露于阳光的环境中应检测抗光老化性能。

表 5.17 系统地规定了不同环境下不同有机硅渗透型防护剂应具备的技术性能,具有很强的操作性,可为设计部门和应用部门提供参考。

5) 有机硅渗透型防护剂在混凝土结构工程上的应用

有机硅渗透型防护剂已经在混凝土结构工程上得到了广泛应用,根据徐浩、熊建波、俞海勇等提供的资料以及相关文献资料,表 5.18 列出了有机硅渗透型防护剂在国内工程上的应用情况[2]。

表 5.18 国内混凝土表面应用有机硅渗透型防护剂的工程

工程名称	应用部位	种类
港珠澳跨海大桥[3]	预制桥面板、桥塔、墩身、护栏底座、箱梁	硅烷
上海中环线高架桥[77]	防撞墙	辛基液体硅烷

工程名称	应用部位	种类
武汉阳逻长江大桥	混凝土主塔和锚定	辛基膏体硅烷
福宁高速公路	承台等结构	丁基液体硅烷
杭州湾跨海大桥	箱梁湿接头、承台与墩身湿接头	丁基液体硅烷
青岛海湾大桥	箱梁湿接头	丁基液体硅烷
上海沪闵高架路	路面和桥面	Silres® BS 1001
沈阳浑河三好桥	防撞隔离墩	SILRES® BS Creme C
山东烟威高速公路金山港大桥	梁板、盖梁和柱	浸渍硅烷膏体
温福铁路浙江鳌江大桥、湛江东海岛跨海大桥	桥墩	SILRES® BS Creme C
天津机场大道立交桥	防撞墙	辛基膏体硅烷
济南二环东路高架桥、长春绕城高速公路、青银高速河北段、上海崇明岛大桥	防撞隔离墩、护栏底座	丁基液体硅烷
杭州湾嘉绍跨江大桥[78]	表湿区、索塔下部区	硅烷
梅山春晓大桥[8]	海域承台顶面及侧面、下层人非桥范围内砼桥面板底面、岸上引桥连续箱梁横梁预应力钢束封锚处	硅烷
惠东县范和港跨海大桥、福建平潭岛跨海大桥、山东利津黄河大桥	桥梁下部结构、桥墩	硅烷
宁波象山港大桥	防撞隔离墩、护栏底座、锚定	异丁烯硅烷
厦漳跨海大桥	湿接缝	异丁烯硅烷
南通黄海大桥	混凝土结构物表面	异丁烯三乙氧基硅烷
甬台温(宁波至温州)、温福(温州至福州)铁路桥梁	桥墩	CX-803 硅烷膏体浸渍剂
香港青马大桥、香港汲水门大桥、香港汀九桥、香港昂船洲大桥	混凝土主塔	SILRES® BS Creme C
香港荔枝角立交桥	预制构件	SILRES® BS Creme C
青海省德都大桥、青岛港码头[79]和温州绕城公路桥	桥墩、箱梁	硅烷低聚物
湖州白雀等 5 座桥梁[80]	承台、主梁	SK220 辛基硅烷
辽开高速[81]	伸缩缝、防撞墙及护栏基座	Weather worker J-29WB (waterbase 40%)
三峡大坝	右岸启闭机房、变电所、观测室、水位计井、电梯井、上下游栏杆、人行道板等建筑混凝土表面	辛基膏体硅烷

工程名称	应用部位	种类
国家体育场	混凝土看台板	硅烷
武汉钢铁集团鄂城钢铁有限责任公司	污水处理池池壁	辛基硅烷液体
深圳大铲湾集装箱码头、海南马村港区一期工程	预制沉箱顶部	辛基硅烷膏体
福建 LNG 码头	预制沉箱及高桩码头	辛基硅烷膏体
福炼成品油码头、深圳盐田港码头	码头临水面	丁基硅烷液体
福建泰山石化 10 万 t 级码头、湛江港调顺岛港区 300♯泊位改造项目	码头临水面	辛基硅烷膏体
东莞虎门港沙田港区立沙油码头	PHC 管桩	辛基硅烷膏体
湛江东海岛龙腾物流球团码头	码头临水面,预制方桩顶部	丁基硅烷液体
洋山深水港区码头[82]	预制构件表面	硅烷

表 5.18 显示,有机硅渗透型防护剂在桥梁、港口码头上得到了广泛应用,表中采用有机硅渗透型防护剂的品种主要是丁基硅烷、辛基硅烷、异丁烯硅烷、膏体和硅烷低聚物,主要应用部位为潮差区、浪溅区和大气区部位的桥墩、临水面、防撞墙等。

5.4　其他防护材料

其他防护材料有防水卷材、粘贴玻璃钢、无机渗透结晶防水剂、水泥基渗透结晶材料等。防水卷材主要用于房屋屋顶防渗和隧洞防渗等,粘贴玻璃钢也很少用于水利工程,这里不再陈述。无机渗透结晶防水剂类似于水性有机硅渗透型防护剂,这里也不再介绍。

5.4.1　水泥基渗透结晶材料概述

水泥基渗透结晶材料在水利工程上应用较多。水泥基渗透结晶型防水材料(简称CCCW,Cementitious Capillary Crystalline Water-proofing Materials)是一种刚性防水材料[83],是以硅酸盐水泥或普通硅酸盐水泥、精细石英砂(或硅砂)等为基材,掺入活性化学物质(催化剂)及其他辅料组成的一种新型刚性防水材料,分水泥基渗透结晶防水涂料和掺入混凝土中的水泥基渗透结晶防水剂两类。

1942 年德国化学家劳伦斯·杰逊(Lanritz Jensen)在解决水泥船渗漏水的实践中,发明了水泥基渗透结晶型防水材料。20 世纪 60 年代这种材料在欧洲、北美和日本得到了进一步发展,产品也从早期的法国的 VANDEX(稳挡水系列)品牌延伸发展出加拿大的 XYPEX(赛柏斯系列)、KRYSTOL,新加坡的 FORMDEX(防挡水系列),美国的 PENETRON(澎内传系列)和 COPROX(确保时),德国的 KOESTER,法国的 DIPSEC,澳大利亚的CRYSTAL(捷邦),日本的 PANDEX 等数十个品牌,均有不同程度的改进,形成了系列产品[84]。

我国 20 世纪 80 年代初引进水泥基渗透结晶型防水材料,最先运用于上海地铁工程,推荐的是加拿大的 XYPEX 产品。但因当时某种原因,未能实现进一步推广应用。10 年后,1994 年加拿大 XYPEX 的代理美国绿洲海洋化学公司,在上海市地铁工程建设指挥部的协助下,在地铁车站进行了堵漏试验,随后进行了地铁工程的应用。在美国绿洲公司的推动下,水泥基渗透结晶型防水材料开始为中国市场所接受。

5.4.2　水泥基渗透结晶型防水材料的防水机理

1) 水泥基渗透结晶型防水涂料防水机理

水泥基渗透结晶型防水涂料的防水可以分为三个过程:

(1) 水化结晶过程

水泥基渗透结晶型防水材料中含有的活性化学物质在水的作用下,通过表层水对结构内部的侵蚀,被带入了结构表层内部毛孔中,与混凝土中的游离氧化钙交互反应生成不溶于水的硫铝酸钙($3CaO \cdot Al_2O_3 \cdot CaSO_4 \cdot 32H_2O$)渗透结晶物。结晶物在毛细孔中吸水膨大,由疏至密,使混凝土结构表层向纵深逐渐形成一个致密的抗渗区域,大大提高了结构整体的抗渗能力。所以,抗渗原理就是通过水的作用,涂层中含有的活性化学物质促使结晶在表层快速生成,通过表层毛孔逐渐向内部渗透深入的一个过程。通过这个过程来充实混凝土结构内部的结晶密度。由于这种被钙化了的结晶物质容易与混凝土中的 C-S-H 凝胶团相结合,也就更进一步加强了结构的密实度,同时也增强了结构自身的抗渗性能。

(2) 休眠过程

由于水泥的水化反应是一个不完全的反应过程,在不失水的状态下,多年以后反应仍有进行,而在后期的水化反应过程中同样能催化活性化学物质生成结晶,因此,在防水结构完好的情况下,水泥基渗透结晶型防水材料没有激活的材料处于休眠状态。

(3) 激活再结晶过程

处于休眠状态的水泥基渗透结晶型防水材料在防水结构被水再次穿透后,活化了的结晶体会恢复结晶体增长的化学反应过程,不断充填形成新的结晶堵塞毛细孔,具备了多次抗渗能力和自愈能力。

2) 水泥基渗透结晶型防水剂的防水机理

水泥基渗透结晶型防水剂掺入混凝土后,与水泥的水化物发生反应,产生氢氧化铝、氢氧化铁等胶体物质堵塞混凝土内的毛细通道和空隙,降低混凝土的空隙率,提高其密实性,同时还生成具有一定膨胀性的结晶体水泥硫铝酸钙,减少或消除混凝土的体积收缩,提高混凝土的抗裂性。

5.4.3　水泥基渗透结晶型防水材料的物理力学性能

水泥基渗透结晶型防水材料分为水泥基渗透结晶型防水涂料(C 型)和水泥基渗透结晶型防水剂(A 型),物理力学性能见表 5.19 和表 5.20。

表 5.19　水泥基渗透结晶型防水涂料的物理力学性能(GB 18445—2012)

序号	试验项目	性能指标
1	外观	均匀、无结块

续表 5.19

序号	试验项目			性能指标
2	含水率(%)		≤	1.5
3	细度,0.63 mm 筛余(%)		≤	5
4	氯离子含量(%)		≤	0.10
5	施工性	加水搅拌后		刮涂无障碍
		20 min		刮涂无障碍
6	抗折强度(MPa),28 d		≥	2.8
7	抗压强度(MPa),28 d		≥	15.0
8	湿基面粘结强度(MPa),28 d		≥	1.0
9	砂浆抗渗性能	带涂层砂浆的抗渗压力[a](MPa),28 d	≥	报告实测值
		渗透压力比(带涂层)(%),28 d	≥	250
		去除涂层砂浆的抗渗压力[a](MPa),28 d	≥	报告实测值
		渗透压力比(去除涂层)(%),28 d	≥	175
10	混凝土抗渗性能	带涂层混凝土的抗渗压力[a](MPa),28 d	≥	报告实测值
		抗渗压力比(带涂层)(%),28 d	≥	250
		去除涂层混凝土的抗渗压力[a](MPa),28 d	≥	报告实测值
		抗渗压力比(去除涂层)(%),28 d	≥	175
		带涂层混凝土的第二次抗渗压力[a](MPa),56 d	≥	0.8

注:[a] 基准混凝土 28 d 抗渗压力应为 0.4 MPa(正偏差为+0.0,负偏差为−0.1),并在产品质量检验报告中列出。

表 5.20　掺水泥基渗透结晶型防水剂混凝土物理力学性能(GB 18445—2012)

序号	试验项目			性能指标
1	外观			均匀、无结块
2	含水率(%)		≤	1.5
3	细度,0.63 mm 筛余(%)		≤	5
4	氯离子含量(%)		≤	0.10
5	总碱量(%)			报告实测值
6	减水率(%)		<	8
7	含气量(%)		≤	3.0
8	抗压强度比(%)	7 d	≥	100
		28 d	≥	100
9	凝结时间差	初凝(min)	>	−90
		终凝(h)		—
10	收缩率比(%),28 d		≤	125

续表 5.20

序号	试验项目		性能指标
11	混凝土抗渗性能	掺防水剂混凝土的抗渗压力[a](MPa),28 d	报告实测值
		抗渗压力比(%),28 d ≥	200
		掺防水剂混凝土的第二次抗渗压力(MPa),56 d ≥	报告实测值
		第二次抗渗压力比(%),56 d ≥	150

注:[a] 基准混凝土 28 d 抗渗压力应为 0.4 MPa(正偏差为+0.0,负偏差为−0.1),并在产品质量检验报告中列出。

5.4.4 水泥基渗透结晶型防水材料的应用

水泥基渗透结晶型防水材料因其独特的优点及价格的逐步下降,已被广泛应用于工业与民用建筑的地下结构、地铁、桥梁路面、饮用水厂、污水处理厂、电站、水利工程(包括三峡工程)等。

参考文献

[1] 曹京宜,付大海. 实用涂装基础及技巧[M]. 北京:化学工业出版社,2002.

[2] 孙红尧,张兴铎,李森林,等. 防护涂料在钢筋混凝土结构表面的国内应用现状[J]. 涂料工业,2019,49(5):79-87.

[3] 孟凡超,吴伟胜,刘明虎,等. 港珠澳大桥桥梁耐久性设计创新[J]. 预应力技术,2010,32(6):11-27.

[4] 任敏. 杭州湾跨海大桥混凝土结构主要防腐蚀技术[J]. 港工技术与管理,2008(5):23-26.

[5] 中交公路规划设计院有限公司. 嘉绍大桥混凝土结构表面涂装方案[EB/OL]. (2012-05-12)[2018-08-23] http://jz.docin.com/p-400323435.html.

[6] 汪锋,王震宇. 氟树脂涂料在江阴大桥混凝土主塔防护涂装上的应用[J]. 现代交通技术,2007,4(4):51-54.

[7] 鲍珊. 青岛海湾大桥混凝土结构物耐久性措施浅析[J]. 城市建设理论研究(电子版),2013(23):1-4.

[8] 梅山春晓大桥混凝土涂装施工招标公告[EB/OL]. (2016-01-06)[2018-08-23] https://www.bidcenter.com.cn/news-25204381-1.html.

[9] 黄少杰. 汕头海湾大桥主桥混凝土表面防腐涂层[J]. 华南港工,1996(1):28-33.

[10] 绍兴滨海大桥混凝土结构涂装工程招标公告[EB/OL]. (2014-07-24)[2018-08-23] http://info.pf.hc360.com/2014/07/240842468220-all.shtml.

[11] 田安大桥涂装方案技术要求[EB/OL]. (2012-11-07)[2018-08-23]https://wenku.baidu.com/view/54919e1e227916888486d755.html.

[12] 荆岳长江公路大桥混凝土防腐涂装施工招标公告[EB/OL]. (2010-04-27)[2018-08-23]http://www.bidchance.com/info.do? channel=calgg&id=2442293.

[13] 涪江五桥混凝土涂装方案[EB/OL]. (2017-03-29)[2018-08-23]https://wenku.

baidu. com/view/f3669d49b94ae45c3b3567ec102de2bd9605dec6. html.

[14] 姜才兴,周福根,徐海雄. 青藏铁路工程中 JHRF 氟碳涂料的应用[J]. 中国涂料, 2006,21(8):44-47.

[15] 孙红尧. 聚合物树脂水泥砂浆修补和防腐蚀技术[J]. 材料保护,2011,44(4):150-156.

[16] Cresson L. Improved manufacture of rubber road-facing, rubber-flooring, rubber-tiling or other rubber-lining:191474[P]. 1923-01-12.

[17] Lefebure V. Improvements in or relating to concrete, cements, plasters and the like: 217279[P]. 1924-06-05.

[18] Ohama Y. Polymer-based admixtures[J]. Cement and Concrete Composites, 1998, 20(2/3):189-212.

[19] Wagner H B. Polymer-modified hydraulic cements[J]. Industrial and Engineering Chemistry, Product Research and Development, 1965, 4(3):191-196.

[20] Ohama Y. Study on properties and mix proportioning of polymer-modified mortars for buildings (in Japanese)[R]. Report of the Building Research Institute, 1973:100 -104.

[21] Schwiete H E, Ludwig U, Aachen G S. The influence of plastics dispersions on the properties of cement mortars[J]. Betonstein Zeitung, 1969,35(1):7-16.

[22] Wagner H B, Grenely D G. Interphase effects in polymer-modified hydraulic cements [J]. Journal of Applied Polymer Science, 1978,22(3):813-822.

[23] Ohama Y. Recent Research and Development Trends of Concrete-Polymer Composites in Japan[C]//12th International Congress on Polymers in Concrete, September 27-28, 2007,Chuncheon, Korea. Kyu-SeokYeon:38-45.

[24] Kawakami M,Sakakibara H,Matsumura T. Current Rehabilitation Technologies for Sewerage in Japan[C]//12th International Congress on Polymers in Concrete, September 27-28, 2007,Chuncheon, Korea. Kyu-SeokYeon:67-74. .

[25] Kyu-SeokYeon. Recent Progress of the Researches and Applications of Concrete-Polymer Composites in Korea[C]//12th International Congress on Polymers in Concrete,September 27-28, 2007,Chuncheon, Korea. Kyu-SeokYeon:55-66.

[26] Wang P M,Wang R. Research and Development of Concrete-Polymer Composites in China[C]//12th International Congress on Polymers in Concrete,September 27-28, 2007,Chuncheon, Korea. Kyu-SeokYeon:47-54.

[27] 张文华,刘又民,项晓睿,等.JSS 聚合物防水砂浆的开发应用[J].施工技术,2000,29 (4):43-44.

[28] 周昌盛.新一代聚合物改性水泥基复合材料应用技术[J].施工技术,2002,31(3): 43-44.

[29] 刘希凤,张代平.不饱和聚酯树脂改性砂浆的研究[J].山东建材学院学报,1991,5(4): 15-21.

[30] 陈健中,屠霖.新型不饱和聚酯树脂水泥砂浆的研究[J].上海建材学院学报,1993,6 (2):145-152.

[31] 曾海燕,晏石林,唐素楠. 杜拉纤维增强树脂砂浆的力学性能研究[J]. 江西建材,2005 (2):5-7.

[32] 徐峰. 乳液改性砂浆和混凝土[J]. 化学建材,1989(5):31-35.

[33] 杨纯武,牛淑贞. EVA 乳液改性砂浆微结构与物理力学性能关系的探讨[J],北京建 材,1992(1):18-21.

[34] 余琦. 乳液改性砂浆防水层[J]. 化学建材,1993(4):169-170.

[35] 罗石,刘琦,黄驰,等. EVA 乳液的应用及改性研究进展[J]. 皮革科学与工程,2006,16 (6):51-54.

[36] 刘耀兴. 环氧树脂水泥砂浆修补混凝土工艺简介[J]. 中南公路工程,1989(3):19-20.

[37] 范富,祁志峰. 新型环氧砂浆在小浪底工程中的应用[J]. 水力发电,2000(8):70-71.

[38] 张涛,徐尚治. 新型环氧树脂砂浆在水电工程中的应用[J]. 热固性树脂,2001,16(6): 26-28,34.

[39] 冀玲芳,李养平. 环氧树脂砂浆在混凝土修补工程中的应用[J]. 天津建设科技,2001 (4):14-15.

[40] 生墨海,扈宝祥. 环氧树脂砂浆在双曲拱桥加固中的应用[J]. 华东公路,1996(3): 17-18.

[41] 李国荣,魏晔,王伟. 环氧树脂砂浆的应用[J]. 山东建材,2004,25(2):45-46.

[42] 李俊毅. 环氧乳液砂浆修补材料的研究及应用[J]. 水运工程,1999(7):6-10.

[43] 张建生,沈玉龙. 环氧乳液水泥砂浆修补材料的性能研究[J]. 化学建材,2003,19(2): 34-35.

[44] 陈友治,李方贤,王红喜. 水乳环氧对水泥砂浆强度的影响[J]. 重庆大学学报,2003,26 (12):48-50,54.

[45] 黄政宇,田甜. 水性环氧树脂乳液改性水泥砂浆性能的研究[J]. 国外建材科技,2007, 28(1):20-23.

[46] 张玉刚. 混凝土地面盐酸腐蚀的防护[J]. 四川化工与腐蚀控制,2002,5(4):19-20.

[47] 寿崇琦,李建华,傅勤超. PAE,EVA,SBR 粉末乳液制聚合物水泥砂浆及其界面反应 [J]. 山东建材,1998(4):10-11.

[48] 王培铭,许绮. 桥面用丁苯乳液改性水泥砂浆的力学性能[J]. 建筑材料学报,2001,4 (1):1-6.

[49] 杨光,顾国芳. 聚合物乳液对水泥砂浆粘结强度的改进作用[J]. 福建建材,1997(2): 32-33.

[50] 钟世云,陈志源,康勇,等. 聚合物乳液共混物及其改性水泥砂浆的力学性能[J]. 混凝 土与水泥制品,2002(1):10-14.

[51] 钟世云,陈志源,刘雪莲. 三种乳液改性水泥砂浆性能的研究[J]. 混凝土与水泥制品, 2000(1):18-20.

[52] 詹镇峰,刘志勇. 聚合物水泥砂浆性能试验研究[J]. 化学建材,2003(6):55-58.

[53] 王金刚,张书香,朱宏,等. VAC/DMC 阳离子无皂乳液改性水泥砂浆研究[J]. 硅酸盐 学报,2002,30(4):429-433.

[54] 韩春源. 单体比例和聚灰比对苯-丙乳液水泥砂浆性能的影响[J]. 水利水电科技进展,

2000,20(1):37-38.

[55] 贺昌元,周泽,陈峰.苯丙乳液改性防水砂浆的性能研究[J].新型建筑材料,2000(10):38-39.

[56] 徐雅君,李秀错,翁亭翼,等.苯-丙型共聚乳液-水泥砂浆共混体系的研究(Ⅰ)共混体系的改性机理及微观结构形态[J].北京化工大学学报,1998,25(4):28-32.

[57] 徐雅君.苯-丙型共聚乳液-水泥砂浆共混体系的研究(Ⅱ)SAE对水泥砂浆性能的影响[J].北京化工大学学报,1999,26(1):21-23.

[58] 徐雅君.苯-丙型共聚乳液-水泥砂浆共混体系的研究(Ⅲ)改性剂对水泥砂浆强度的影响[J].北京化工大学学报,1999,26(4):44-46.

[59] 单国良,蔡跃波,林宝玉.丙烯酸酯共聚乳液水泥砂浆作为修补加固防腐新材料的应用[J].工业建筑,1995,25(12):32-36.

[60] 姜洪义,殷仲海.NBS乳液:水泥砂浆共混体系的研究[J].混凝土,2002(2):29-30.

[61] 唐修生,庄英豪,黄国泓,等.改性聚丙烯酸酯共聚乳液砂浆防水性能试验研究[J].新型建筑材料,2005(9):44-46.

[62] 王建卫,周守朋.聚丙烯酸酯乳液水泥砂浆在水闸加固中的应用[J].治淮,1998(11):32-36.

[63] 陈发科.丙烯酸酯共聚乳液水泥砂浆在水工建筑物修补中的应用[J].防渗技术,1998,4(2):44-46.

[64] 蔡跃波,林宝玉,单国良.碾压砼坝上游面防渗湿喷工艺改进[J].水利水运科学研究,1997(2):171-176.

[65] 林宝玉,吴绍章.混凝土工程新材料设计与施工[M].北京:中国水利水电出版社,2002.

[66] 陈爱民,秦维升,陈玉红.丙乳砂浆在跋山水库老闸墩头处理中的应用[J].治淮,2001(12):33-34.

[67] 单国良,韩忠奎,冯文阁,等.聚合物树脂乳液砂浆在混凝土桥梁上的应用[J].现代交通技术,2010(4):60-61,66.

[68] 孙高霞,孙红尧,陆采荣.渗透性有机硅表面防护涂料的研究及应用现状[J].腐蚀与防护,2009,30(7):442-446,450.

[69] 陈建强,范钱君,张立华.有机硅建筑防水剂的研究与发展[J].浙江化工,2004,35(2):23-24.

[70] 王向新,尤惟中,陶成.有机硅用于混凝土保护剂[J].适用技术市场,2001(8):41-42.

[71] 朱淮军.建筑用有机硅防水剂[J].有机硅材料,2007,21(6):338-434.

[72] Yang Z, Yuan Z Y, Sun H Y, et al. The research of hydrolysis test of silicone water repellent for protecting reinforced concrete[J]. Applied Mechanics and Materials, 2014,584-586:1725-1732.

[73] Hwang I D, Youm H N, Chung Y J. The emulsification of silane as water repellent for concrete[J]. Journal of the Korean Ceramic Society, 2000,37(8):760-767.

[74] 胡竹魂.有机硅用于钢筋混凝土防盐害侵蚀的初步研究[J].水运工程,1994(5):

13-17.

[75] 吴三余，周鸣祎，向前，等. GSY 新型混凝土有机硅渗透剂的研究与应用[J]. 港工技术与管理，2003(5):9-14.

[76] 黄月文,刘伟区. 水乳型有机硅系表面处理剂的性能[J]. 涂料技术与文摘，2003，24(1):30-31, 34.

[77] 陈嘉林,刘义兴. 渗透型有机硅防水防护剂在上海中环路防撞墙上应用效果研究[J]. 中国建筑防水,2009(2):12-16.

[78] 常绍艳,晁兵. 硅烷浸渍与湿面涂装工艺技术在嘉绍大桥上的设计应用[J]. 现代涂料与涂装,2012,15(12):30-32.

[79] 孙高霞,别立学,刘海祥,等. 混凝土表面渗透硅烷低聚物在油码头上的应用[J]. 现代涂料与涂装,2010,13(6):3-5,8.

[80] 谢敏杰,陈帅,李治. 新型有机硅浸渍保护剂和聚氨酯涂层在桥梁混凝土防腐中的应用[J]. 城市道桥与防洪,2011(1):116-118.

[81] 张达旭,王宝堂,马胜利. 渗透型憎水剂防腐措施在辽开高速公路中的应用[J]. 黑龙江科技信息,2012(27):274.

[82] 谢红利. 硅烷浸渍在洋山深水港区码头的应用[J]. 水运工程,2008(6):90-92.

[83] 沈春林. 水泥基渗透结晶型防水材料[M]. 北京:化学工业出版社,2007.

[84] 黄洪胜,胡浩,张明强,等. 水泥基渗透结晶型防水材料研究应用进展[J]. 公路交通技术,2011(4):18-21.

第6章 混凝土大坝表面抗冻防冰破坏保护

处于寒冷环境下的混凝土大坝必须采取抗冻保温措施,建设期需要采取临时保温措施,运行期需要采取永久保温措施。但目前的永久保温措施均存在耐久性问题,迎水面保温材料会发生老化、冰拔和冰推等破坏形式,下游面大气区会发生老化破坏和冰雪的冻融破坏。因此必须在保温材料表面采取进一步的防护措施。

6.1 环境对大坝抗冻防冰材料的作用

6.1.1 大气环境对大坝表面抗冻防护材料的作用

寒冷环境下大气区的混凝土大坝直接接触大气环境,保温材料的表面温度和湿度随大气温度的变化而变化,保温层的绝热性能需要在较宽的温度范围内能够起到保护混凝土大坝抗冻的作用。由于这个部位的冻融破坏和老化破坏短时间内不显著,因而该区域的防护措施没有引起足够重视。但基于大坝的维修防护难度较大,大气区保温材料表面防护材料的耐久性应当引起重视。一般保温材料在紫外光辐照下会发生粉化、失光、强度降低等,聚苯乙烯板材与基底的胶也会逐渐失效,固定铆钉塑料部分会变脆失去固定能力,在风力和雨雪的作用下,保温板材会脱落。

1) 冻融破坏

中国北方冬季气温有时达$-45\,℃$,水库冰层厚度达$1.2\,m$,水库配有发电厂时水位可能会上下波动,寒冷环境下大气区大坝混凝土仍然存在冻融破坏,混凝土如果不做保温处理,冬天雨雪和冰霜积聚在混凝土表面会在混凝土毛细孔内进行水-冰-水的循环。所以,寒冷环境下大气区大坝混凝土表面应当采取保温措施。

有机高分子材料的抗冻性能与其本身的分子结构和性能有关。玻璃化转变温度T_g是衡量高分子材料耐低温性能的重要参数,对材料设计和配方筛选具有指导作用。

对于非晶聚合物,对它施加恒定的力,观察它发生的形变与温度的关系,通常特称为温度形变曲线或热机械曲线,见图6.1。非晶聚合物有三种力学状态,它们是玻璃态、高弹态和粘流态。在温度较低时,材料为刚性固体状,与玻璃相似,在外力作用下只会发生非常小的形变,此状态即为玻璃态;当温度继续升高到一定范围后,材料的形变明显地增加,并在随后的一定温度区间形变相对稳定,此状态即为高弹态;温度继续升高形变量又逐渐增大,材料逐渐变成粘性的流体,此时形变不可能恢复,此状态即为粘流态。我们通常把玻璃态与高弹态之间的转变称为玻璃化转变,它所对应的转变温度即是玻璃化转变温度T_g(玻璃化温度）。高分子、低分子和无机物中都存在玻璃化转变现象，聚合物中，该转变发生在非晶态高聚物和晶态高聚物的非晶部分。

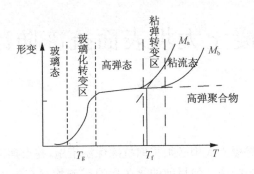

图 6.1　聚合物的温度形变曲线

T_g 为玻璃化转变温度，T_f 为粘流温度

　　也可以说聚合物具有以下 5 种物理状态（或称力学状态）：玻璃态、玻璃化转变、高弹态（橡胶态）、粘弹转变和粘流态。从分子结构上讲，玻璃化转变温度是高聚物无定形部分从冻结状态到解冻状态的一种松弛现象，而不像相转变那样有相变热，所以它既不是一级相变，也不是二级相变（高分子动态力学中称主转变）。在玻璃化转变温度以下，高聚物处于玻璃态，分子链和链段都不能运动，只是构成分子的原子（或基团）在其平衡位置振动，而在玻璃化转变温度时分子链虽不能移动，但是链段开始运动，表现出高弹性质，温度再升高，整个分子链运动并表现出粘流性质。表 6.1 列举出几种聚合物材料的熔点 T_m 和玻璃化转变温度 T_g。影响 T_g 的因素主要是主链结构的柔顺性、取代基团的空间位阻和侧链的柔顺性、分子间作用力侧基的极性、分子间氢键、共聚（内增塑作用）、共混、交联（交联和共聚两种效应）、分子量、增塑剂（屏蔽作用）或稀释剂、升降温速率和外力等。

表 6.1　几种聚合物材料的熔点和玻璃化转变温度　　　　（单位：℃）

聚合物	熔点 T_m	玻璃化转变温度 T_g	聚合物	熔点 T_m	玻璃化转变温度 T_g
聚甲醛	182.5	−30.0	乙丙橡胶	—	−60.0
聚乙烯	140.0/95.0	−125/−20.0	聚丙烯	183.0/130.0	26.0/−35.0
聚乙烯基甲醚	150.0	−13.0	聚丙烯酸乙酯		−22.0
聚乙烯基乙醚	—	−42.0	聚异丁烯基橡胶	1.5	−70.0
氯丁橡胶	43.0	−45.0	丁苯橡胶		−56.0
古塔橡胶	74.0	−68.0	聚环氧乙烷	66.2	−67.0
天然橡胶	36.0	−70.0	聚偏二氯乙烯	210.0	−18.0
偏二氟乙烯与六氟丙烯共聚物	—	−55.0	顺式聚丁二烯橡胶	1.0	−105.0
聚双(三氟代乙氧基)膦腈	242.0	−66.0	聚二甲基硅氧烷(硅橡胶)	−29.0	−123.0
聚偏氟乙烯	160.0	−40.0	尼龙-11	198.0	46.0

2）紫外光辐照破坏

有机材料是由若干化学键组成，化学键键能大小不同，不同化学键键能如表 6.2 所示。

表 6.2　常用化学键键能表

化学键	键长(10^{-12} m)	键能(kJ/mol)	化学键	键长(10^{-12} m)	键能(kJ/mol)
C—C	154	332	N=N	125	456
C=C	134	611	C—S	182	272
C—F	138	485	C=S	156	536
C—H	109	414	C—Si	186	347
C—N	148	305	F—F	140	153
C=N	135	615	H—F	92	565
C—O	143	326	Si—Si	—	176
C=O	120	728	Si—O	—	460
O—H	98	464	N—O	146	230
N—H	101	389	N=O	114	607
N—N	145	159	O—O	148	146
Si—H	—	377	O=O	120	498

太阳辐照随区域季节而不同，而且每天每时每刻都不会重复，所以，一般气象部门统计为年水平面辐照量。在强辐射下，化学键能较小的化学键会被打开形成自由基，自由基会进一步破坏分子结构，造成材料的降解、老化，性能上表现为材料的粉化、失光、开裂、强度损失、柔韧性降低等，最终失效。

材料的光老化试验方法有人工加速光老化试验和户外曝晒试验，最能反映涂料实际性能的试验是户外曝晒试验，但户外实际曝晒试验耗时长，不适合作为新技术和新产品研制过程的衡量指标。用人工气候老化试验方法作为材料配方的筛选，评价新材料、新品种的性能和地区的适用性，或者作为选择材料的依据是一种有效的手段。

关于人工加速光老化试验与户外曝晒试验对应关系的问题，许多科学工作者做了很多细致的工作，但仍得不到一个确定的关系，其原因是户外的影响因素众多，而且在不同的地方和不同的季节，其影响和作用都是不同的。室内试验很难完全模拟户外所有的影响因素和这些因素所起的作用。ASTM E42-65 指出，虽然户外曝晒引起的老化与人工加速试验所引起的老化有本质上的不同，但是并不否定紫外线的能量是联系户外曝晒和人工加速暴露的主要因素。因此，人工加速老化试验与户外曝晒试验的对应关系可以作为参考和相对比较。

人工老化试验所采用的设备是 QUV 紫外加速老化试验机和氙灯加速老化试验机，这两种试验机的灯光谱不完全相同。QUV 紫外加速老化试验机为 4 灯照射，试验等效采用 ISO 4892-3:1994。该仪器所用紫外灯发射光谱(UV-340 和 UV-313)与太阳光光谱的有效波段非常吻合。图 6.2 是紫外灯发射光谱(UV-340)与太阳光光谱的比较图。

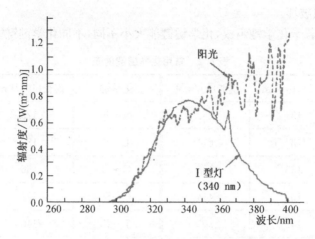

图 6.2　紫外灯发射光谱与阳光光谱的比较图

3）CO_2 碳化和酸雨的酸性破坏

据相关调查显示,中国国土面积的 1/3 被酸雨覆盖,混凝土是碱性材料,在酸雨环境下,混凝土的腐蚀会显著加快,使混凝土结构过早劣化。酸雨中的酸性介质以及空气中的 CO_2 与混凝土结构表面接触,与 $Ca(OH)_2$ 发生中和反应生成可溶性钙盐,大大降低混凝土的碱度,使其表面发黄或发白,长期作用会导致表面脱落,严重影响混凝土的表面完整性。同时,由于表面剥落,酸性介质更容易侵入混凝土结构内部,从而导致混凝土内部的碱度降低,引起钢筋锈蚀,并进一步降低混凝土的耐久性。

另外,有些有机涂层也可能被酸破坏而失效。

4）风荷载和雪荷载

大气区大坝的下游面混凝土通常是弧面,冬季冰雪会在其表面积聚,存在对混凝土表面的压力、剪切力、水结冰和冰融化的冻胀力等,还存在风的荷载力等。SL 744—2016《水工建筑物荷载设计规范》中条文 10.1 和 10.2 分别对风荷载和雪荷载的计算做了规定。

（1）风荷载

垂直作用于建筑物表面上的风荷载,应按下列规定确定:

① 计算主要受力结构时,应按式（6-1）计算:

$$\omega = \beta_z \mu_s \mu_z \omega_0 \tag{6-1}$$

式中 ω——风荷载,kN/m^2;

　　β_z——高度 z 处的风振系数;

　　μ_s——风荷载体型系数;

　　μ_z——风压高度变化系数;

　　ω_0——风压,kN/m^2。

② 计算围护结构时,应按式（6-2）计算:

$$\omega = \beta_{gz} \mu_{s1} \mu_z \omega_0 \tag{6-2}$$

式中 β_{gz}——高度 z 处的阵风系数;

　　μ_{s1}——风荷载局部体型系数。

合理使用年限不大于 50 年的结构或建筑物,风压应采用基本风压;合理使用年限大于 50 年或有特殊使用要求的结构或建筑物,风压应按重现期 100 年选取。风压取值应按 GB 50009—2012 的规定确定,且不应小于 0.30 kN/m^2。

当建设地点的基本风压值在全国基本风压分布图上未给出时,基本风压值可按下列规定确定:

① 可根据当地年最大风速资料,按基本风压的定义通过统计分析确定,分析时应考虑样本数量的影响。

② 当地没有风速资料时,可根据附近地区规定的基本风压或长期资料,通过气象和地形条件的对比分析确定。

风压高度变化系数应根据地面粗糙度类别按 GB 50009—2012 的有关规定确定。地面粗糙度类别可分为 A、B 两类。坝、水闸等建筑物顶部的结构,风压高度变化系数可按 GB 50009—2012 中 A 类选取。其距地面高度的计算基准面,可按风向采用相应工况下的水库水位或下游尾水位确定。

水工建筑物的风荷载体型系数,可按 GB 50009—2012 和 GB 50135—2019 的有关规定选取。

对于高度大于 30 m 且高宽比大于 1.5 的水电站厂房,以及基本自振周期大于 0.25 s 的进水塔、调压塔、渡槽等建筑物,应采用风振系数 β_z 来考虑风压脉动的影响。其他情况风振系数可采用 1.0。风振系数的计算方法可按 GB 50009—2012 和 GB 50135—2019 的有关规定执行,或经专门研究确定。

水工建筑物的风荷载阵风系数及局部体型系数,可按 GB 50009—2012 的有关规定选取。

(2) 雪荷载

水电站厂房、泵站厂房、渡槽等建筑物顶面水平投影面上的雪荷载,应按式(6-3)计算:

$$s = \mu_t s_0 \tag{6-3}$$

式中 s——雪荷载,kN/m^2;

μ_t——建筑物顶面积雪分布系数;

s_0——雪压,kN/m^2。

合理使用年限不大于 50 年的结构或建筑物,雪压应采用基本雪压;合理使用年限大于 50 年或对雪荷载敏感的结构或建筑物,雪压应按重现期 100 年选取。雪压取值应按 GB 50009—2012 的规定确定。

山区的基本雪压应通过实际调查后确定。当无实测资料时,可按当地空旷平坦地面的基本雪压值的 1.2 倍确定。

建筑物顶面的积雪分布系数可按 GB 50009—2012 的有关规定选取。

6.1.2 水位变动区的环境对大坝表面抗冻防护材料的作用

混凝土大坝上游面分为大气区、水位变动区和水下区,大气区环境是温度、湿度、太阳辐照等对保护材料的影响,水下区温度通常在 4 ℃ 左右,寒冷地区的水位变动区环境则随季节变化而不同,结冰期受到冰的作用力,其他时间则是处于干湿交替的影响。水库的水位变动区范围则受到调洪、发电和雨量等的影响。

大气区的保护材料需耐候性能优异，寒冷地区除了耐太阳辐照外，还要有耐低温及昼夜温差变化的能力。水下区保护材料需具有耐水压力的能力，水体压力大小与作用点处的水头大小呈线性关系。水位变动区保护材料需具有耐大气老化、耐高低温、耐冰的破坏能力，尤其冰对保护材料的破坏是该区域重点要解决的问题。

水位变动区冰对防护材料基体作用的原理见图 6.3。由图可知，寒冷环境下大坝迎水面的冰对保温材料存在多种作用力，包括冰拔力、冰剪切力和冰的推力。

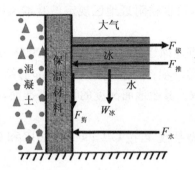

图6.3 大坝迎水面冰对保温材料基面的作用力示意图

$W_冰$—冰的自重；$F_拔$—在水位变化时冰向外的拉拔力；$F_剪$—在水位变化时冰对基面的剪切力；$F_水$—水体对基体的压力；$F_推$—水结冰过程对基体形成的推力

1）冰的推力

从水变成冰，密度从 $1.0 \, \text{g/cm}^3$ 变成 $0.9 \, \text{g/cm}^3$，体积约增大 10%，具有体积膨胀力。冰在温度变化中热胀冷缩，也会产生挤压力，又叫静冰压力。在寒冷环境下，水库里水结冰的过程是从与大气接触的水结冰开始形成冰盖，厚度逐渐开始增加。冰层厚度由大气温度与冰下水的温度差值决定，温度差越大冰层越厚。冰盖形成时的膨胀力会作用于与冰接触的基面，包括大坝混凝土保温面、水道两侧河堤和任何凸出水面上的物体。对硬质基面，冰会产生挤压升高的爬升现象，对半硬质或软质基面，会产生向内凹陷的情况，这就是冰对基面造成的推力。另外，水库发电时冰下水位可能发生变动，冰盖位置的变化可能使迎水面上的保温材料受到冰盖失衡形成的挤压破坏（见图 6.4）。水位下降时冰的自重造成冰盖下倾，水位上升时，水的升力造成冰盖上倾，这种力的大小尚没有计算标准，预计可以按照流冰初期的冰挤压力计算。最后就是冰融化碎裂后动冰造成的挤压作用。

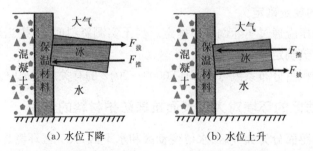

（a）水位下降　　　　　　　　（b）水位上升

$F_拔$—在水位变化时冰向外的拉拔力；$F_推$—水位变化时对基体形成的推力

图6.4 水位变化冰盖失衡对基面造成的挤压示意图

在敞开或有自由空间,冰的体积膨胀力大小无法准确预测,这与冰的体积增大所存在的自由空间大小有关。寒冷地区,岩石孔隙或裂隙中的水在冻结成冰时,体积膨大 9% 左右,因而它对围限它的岩石裂隙壁产生很大的压力,使岩石裂隙加深加宽。充满水的密闭容器中,水结冰所产生的膨胀力[1]可达 960～2 000 kg/cm²。我国的桥梁设计规范规定,冰对铅直面的膨胀压力可等同于冰的抗压强度,在缺乏 0 ℃时冰的抗压强度试验资料的情况下,可取 750 kN/m² 或 735 kPa(流冰开始时)和 450 kN/m² 或 441 kPa(最高流冰水位时)[2]。实用新型专利 201721177177.4《一种用于检测水库结冰对水利建筑冰推力以及冰拔破坏的检测箱及其检测方法》发明了一种用于检测低温环境下结冰的冰推力的室内检测箱及检测方法。该装置包括内部盛装有可结冰液体的水槽,水槽的顶部及垂直一侧为敞口设计,水槽的顶部敞口处安装有顶板,一侧垂直面敞口处设置有测试材料板,测试材料板通过固定板固定于水槽上,顶板及固定板的四周均与水槽密封,顶板及测试材料板上均安装有水平、垂直排列的多行多列压力传感器,压力传感器通过数据传输线与信号接收器连接。该发明能够在实验室内对测试材料进行冰推力测试(类似于冰的抗压强度),但不能做到发明中陈述的可以定性检测冰拔破坏情况。

孙红尧等在室内将水注入 4 mm 厚钢板组成的密闭容器中放入 −18 ℃低温环境中 24 h,结果 4 mm 厚钢板被挤压变形。如果将一面敞开暴露于环境中,则钢板不会被挤压变形,但暴露于环境的冰表面隆起。北方冬天未进行保温的水管爆裂现象就是结冰时体积膨胀造成的。

水利行业规范 SL 744—2016《水工建筑物荷载设计规范》中关于冰层膨胀时水平方向作用于坝面或其他宽长建筑物上的静冰压力规定列于表 6.3。重要工程的静冰压力应进行专门研究或通过试验、观测确定。表 6.3 中,对于库面狭小的水库,将表中静冰压力值乘以 0.87 后采用。对于库面开阔的大型平原水库,将表中静冰压力值乘以 1.25 后采用;冰厚取多年平均最大值;所列静冰压力值系水库在结冰期内水位基本不变情况下的压力,在此期间需对水位变动情况下的冰压力做专门研究;静冰压力值按冰厚内插确定;静冰压力作用点应取冰面以下冰厚 1/3 处。

表 6.3　静冰压力 F_d

冰厚 δ_i(m)	0.4	0.6	0.8	1.0	1.2
静冰压力 F_d(kN/m)	85	180	215	245	280

作用在独立墩柱上的静冰压力可按冰块运动作用在墩柱上的动冰压力的方式进行计算(式 6-4),冰厚采用静冰厚度,冰的挤压强度宜根据建筑物和冰温确定。

$$F_{i2} = m f_{ib} B \delta_i \tag{6-4}$$

式中 F_{i2}——冰块楔入三角墩柱时的动冰压力,MN;

　　m——墩柱前缘的平面形状系数,由表 6.4 查得;

　　f_{ib}——冰的抗挤压强度,MPa,根据流冰条件和试验确定;无试验资料时,根据已有工程经验和下列抗压强度值综合确定:流冰初期取 0.75 MPa,流冰后期取 0.45 MPa;

　　B——墩柱在冰作用高程上的前沿宽度,m;

　　δ_i——流冰厚度,m,取最大冰厚的 0.7～0.8 倍,流冰初期取大值。

表 6.4　形状系数 m

平面形状	三角形夹角 2α(°)					矩形	多边形或圆形
	45	60	75	90	120		
m	0.54	0.59	0.64	0.69	0.77	1.00	0.90

北方地区,在春季气候回暖时,冰的融化形成碎冰块,在风浪和水位的变化下,流动的碎冰会对铅直基体有挤压力,挤压力的计算可以参照 SL 744—2016《水工建筑物荷载设计规范》中动冰压力的规定计算。

2)冰的剪切力和拉拔力

水位变动时,黏附于基体的冰上下移动产生剪切力,还有冰盖失衡造成的向外的拉拔力,剪切力大小与基体的亲水性、基面的粗糙度、冰的自重和水位上涨时的升力大小等有关。

基面亲水性越小,水在基面上越难以润湿,与基体的附着力就越小,冰的剪切力和拉拔力越小。如水泥基面是亲水高的基面,水在上面很快湿润,冰附着力较大,而在亲水性较低的塑料和环氧树脂等有机涂料表面,冰的附着力明显低于水泥基面。基面的粗糙度越小,在凹坑里结冰的量越少,冰在凹坑里形成的锚固力就越小,冰的剪切力和拉拔力越小,如冰在混凝土表面的附着力明显高于钢表面。水位变动会造成冰盖上下移动,使得冰剪切力和冰拉拔力无法准确预测。

6.2　混凝土大坝水位变动区保温抗冻措施的研究现状

大坝混凝土抗冻通常在配合比设计时即考虑到,会在混凝土拌合物中添加外加剂以提高混凝土的抗冻性能,但混凝土本身抗冻性能的提高并不能完全解决混凝土的开裂问题,需要采取附加抗冻手段来预防混凝土的开裂和破坏。除了前述在混凝土表面铺设一定厚度的保温材料以保证混凝土表面温度在 0 ℃以上外,还有在保温层材料表面附加抗冰破坏手段或使用抗冰材料来抵抗冬季水库结冰对大坝上游面混凝土的影响。关于大坝混凝土保温材料抗冰技术的研究还比较少,现有技术的防护效果没有预期的好,仍然处在攻关阶段。

目前水库大坝混凝土水位变动区抗冰破坏的措施分为两种[3],一是在保温材料上面覆盖防护材料,一是在保温材料附近安装抗冰破坏装置。

6.2.1　覆盖防护材料

CN201710341749.6《一种复合保温板及基于复合保温板的混凝土坝保温系统》中提出,利用保温板上的硅橡胶、有机硅树脂或三元乙丙橡胶组成的橡胶层起抗冰拔作用。CN201711441893.3《一种大坝防水保温结构及制造方法》提出在保温层外面涂装抗冰涂层,但未说明是何种涂层。CN201811601197.9《一种防冰拔涂层的制备方法》提出了氟树脂改性聚天门冬氨酸酯的涂层来增强防冰拔效果。专利中介绍,整个冬季未出现冰拔力现象。CN201821756719.8《一种水利建筑设施的分层结构》提出了利用氟碳面漆或聚天门冬氨酸酯面漆来抗冰拔。CN201910361661.X《严寒区大坝保温整体式抗冰拔结构层》提出了用氟碳涂层抗冰拔。CN201910416309.1《严寒地区大坝保温防渗防冰拔保护体系及其施工方法》提出了用氟改性聚脲来抗冰拔。

根据上述专利,涂层通常由具有柔性和疏水性的橡胶、聚脲或氟树脂改性聚脲构成。未见关于这些专利应用效果的报道,但可以预见的是,厚度较小的涂层难以承受冰推力、冰剪切力和冰拔力联合作用下的破坏。

CN201910315372.6《一种严寒地区混凝土坝抗冰拔保温防渗结构及其施工方法》提出了用预制清水混凝土板起抗冰拔作用。布尔津冲乎尔水电站大坝[2]则是在保温层表面喷涂聚酯聚氨酯砂浆保护层来起抗冰拔作用。

6.2.2　在大坝迎水面设置抗冰破坏装置

CN201611088608.X《用于严寒地区碾压混凝土坝体保温层防冰拔力破坏的结构》提出,水库结冰前在结冰水位处预置铸铁块,用缆绳吊住并可以手动或自动根据水位变化做出调整(见图 6.5),抗冰原理是在水位下降时用缆绳和铸铁块的拉力拉住冰体以避免冰对坝体基面的损害。但冰体重量很大时,该装置是否能有效抗冰未知。

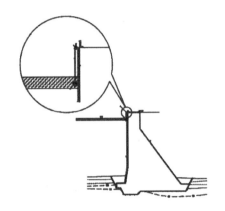

图 6.5　专利 CN201611088608.X 上的附图　　　图 6.6　专利 CN201620420456.8 上的附图

CN201620420456.8《一种面板堆石坝防冰装置》提到,在水体中放置带有很多气孔的管道,用缆绳吊住,冰冻期用压缩空气产生的气泡扰动水体,使扰动部分的水体不能结冰,从而保护坝体表面,产气装置见图 6.6。曝气装置除冰效果不错,曝气区域水面不结冰。但曝气除冰装置发挥效果的前提是缆绳整体不能结冰失效、鼓气设备运行时不能出故障,如设备一旦故障而不能立即在结冰前恢复运转,则在整个结冰期内设备不可能再启动。同时,在整个结冰期内需要安排人员 24 小时跟踪管理,耗费人力和电力,所以对宽度较大的大坝该装置实用性不强。

CN201820460178.8《一种高寒地区冰(水)库简易曝气除冰装置》提出了一种在水库里安装的曝气除冰装置(见图 6.7)。与 CN201620420456.8 的思路相近,但装置不同。CN201910574097.X《一种高寒区混凝土坝挂花管抗冰拔系统及方法》提出了在水中布置喷水花管和潜水泵的方式来阻止坝面结冰。

CN201711476113.9《一种蜂巢式坝坡防护结构》提出了一种蜂巢式坝坡防护结构(见图6.8),包括安装在坝坡上的底板,在底板上设有防护结构。防护结构由蜂巢式橡胶坝袋、充气式橡胶坝袋和锚固墩组成,蜂巢式橡胶坝袋位于防护结构的中部,充气式橡胶坝袋位于蜂巢式橡胶坝袋的两端,充气式橡胶坝袋一端与蜂巢式橡胶坝袋焊接,另一端固定在岸坡的锚固墩上,蜂巢式橡胶坝袋和充气式橡胶坝袋上均设有充排气系统。该装置能有效降低水库冬季结冰产生的冰推力、冰拔力和流冰撞击等对大坝上游坝坡的破坏作用,有效保护大坝坝坡面板,同时可实现冰盖的自动脱落,避免人工凿冰的危险。这相当于在混凝土表面覆盖一层缓冲袋,但该缓冲袋需要克服水的浮力和耐久性的问题。

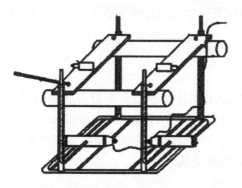

图 6.7　专利 CN201820460178.8 上的附图　　　图 6.8　专利 CN201711476113.9 上的附图

以上几种装置各有优缺点,最终效果还需要经过实际工程检验。

6.2.3　寒区大坝保温现场调研

笔者于 2019 年 7 月对国内寒冷环境下的某几座混凝土大坝进行了调研,这几座大坝分别采取了泡沫塑料保温材料表面喷涂聚酯砂浆、喷涂涂层的抗冰措施,其中一座大坝附加采取了曝气除冰装置。保温材料采用的是 XPS 挤塑聚苯板和喷涂聚氨酯泡沫材料,厚度上从 5 cm 到 15 cm,经过工程运行检验,这 2 种材料的总体保温效果均达到预期目标,但上游面水位变动区由于水体有水头压力,深水处的泡沫塑料存在压挤变形,说明如果不用高强度材料隔绝水与泡沫塑料,则需要提高泡沫塑料的抗压强度性能。但泡沫塑料的抗压强度与塑料的绝热性能是反向关系,即强度增高绝热性能降低。混凝土大坝上游面出现了聚苯板脱落和水位变动区聚氨酯泡沫被冰破坏的情况,见图 6.9。这可能是由水体的水压力、冰的冰推力和冰拔力、碎冰的冲撞力造成。图 6.10 为西北某水利枢纽的曝气装置,经过 2 个冬季后保温材料表面砂浆轻微开裂,保温层基本没有被冰破坏。

图 6.9　聚氨酯保温材料被冰破坏露出基面　　　图 6.10　曝气装置处的保温材料状态

6.3　表面防护砂浆的耐久性

6.3.1　表面防护砂浆的抗渗性能和抗碳化性能

水泥水化物为碱性化合物,遇到空气中的 CO_2,发生碳化反应形成碳酸盐。树脂乳液水泥砂浆中树脂乳液会包裹水泥水化产物,隔绝与空气的直接接触,从而达到防止混凝土和砂浆碳化的目的。孙红尧等试验了2种树脂乳液砂浆的抗渗性能和抗碳化性能,见表6.5。

表 6.5　改性树脂乳液砂浆抗渗及抗碳化性能

试件编号	乳液编号	聚灰比	灰砂比	水灰比	渗水高度[a](mm)	碳化深度[b](mm)			
						3 d	7 d	14 d	28 d
TH-0	—	—	1:2	0.45	7.5	19.5	21.9	22.9	23.3
TH-1	R083	1:10	1:2	0.27	1.2	1.0	1.2	1.2	1.2
TH-2	NG	1:10	1:2	0.28	1.0	1.0	1.1	1.3	1.4

注:[a] 抗渗采用一次加压至 1.5 MPa,加压时间为恒压 24 小时,劈开测量渗水高度。[b] 砂浆碳化试验按 DL/T 5126—2001《聚合物改性水泥砂浆试验规程》进行。

表 6.5 中的结果显示,改性树脂乳液砂浆具有显著的抗渗性能和抗碳化性能。

6.3.2　表面防护砂浆的抗冻融性能

树脂乳液砂浆如在北方应用,由于四季气候变化大,昼夜温差大,低温时间长,因此砂浆或混凝土要经受高低温变化。冻融试验是检验改性树脂乳液砂浆耐高低温循环性能的一个主要方法。孙红尧等试验了2种乳液砂浆的抗冻融性能,见表6.6。

表 6.6　改性树脂乳液砂浆的抗冻融试验

试件编号	乳液编号	质量损失率(%)				相对动弹性模量(%)			
		50 次	100 次	200 次	300 次	50 次	100 次	200 次	300 次
DR-0	—	3.8	17.9	/	/	72	/	/	/
DR-1	R083	0	0	0	0	95	86	76	71
DR-2	NG	0	0.3	0.4	0.8	99	87	85	77

抗冻试验表明,普通砂浆冻融循环至 100 次,重量损失高达 18%,抗冻标号为 F50。树脂乳液砂浆经 300 次冻融循环后,重量几乎不损失,抗冻标号大于 F300。

6.3.3　表面防护砂浆的耐候性能

水泥混凝土是无机物,能长期耐受紫外线的辐照而不损坏,但不耐受 CO_2 酸蚀和长期风沙的磨蚀。树脂混凝土中的树脂属于聚合物,存在紫外光老化现象。但很少对树脂砂浆或树脂混凝土的老化进行研究。下面是专利中提到的耐候性能。

CN 201510520856《一种耐候型聚合物乳液水泥砂浆及其制备方法》中介绍了耐候型聚

合物乳液水泥砂浆的配比,由按质量百分比计的下列组分组成:水泥 25%～35%,石英砂 50%～60%,保水剂 0.04%～0.2%,消泡剂 0.055%～0.15%,减水剂 0.05%～0.3%,聚合物乳液 5%～10%和水 6%～10%。该聚合物乳液为苯丙乳液或丁苯乳液。专利中没有体现耐候性能的数据。根据专利说明,苯丙乳液或丁苯乳液砂浆,具有一般的耐候性。

CN 201910963986.5《一种水性超薄耐候聚氨酯砂浆自流平涂料及其制备方法》所述涂料由以下重量份的原料制备而成:水性多元醇乳液 12-14 份、消泡剂 1-2 份、26 号白油 0.2-0.5 份、二异丙基萘 2-5 份、MDI-HDI 共混物 15-20 份、白水泥 11-14 份、干粉消泡剂 0.5-1 份、氢氧化钙 10-13 份、砂子 35-45 份;所述 MDI-HDI 共混物由以下重量份的原料制备而成:MDI 12-14 份、流平剂 1-2 份、磷酸三苯酯 0.2-0.5 份、甲苯磺酰异氰酸酯 0.5-1 份、HDI 12-14 份。该发明的自流平材料施工厚度可达 3 mm 以下,流动度可达 150 mm,可操作时间 25 min,耐人工气候老化性和自然曝晒达 500 h,不收缩,适合户外使用。根据专利的描述,该发明与普通市售商品进行了自然曝晒 500 h 后的性能对比,结果显示该发明材料耐 500 h 人工气候老化,自然曝晒 500 h 后不粉化、不变色和不收缩,但 500 h 的老化时间只能表明具有一般的耐候性能。

6.4 表面防护涂料的耐久性能

耐候涂料是直接接触大气的面涂层,是防护的第一道屏障,不同的耐候涂料其耐受紫外线辐照、酸雨、盐雾和湿热等的侵蚀能力存在差异。具有耐候性能的有机涂料包括丙烯酸树脂涂料、醇酸树脂涂料、酚醛树脂涂料、氯磺化聚乙烯涂料、氯化橡胶涂料、脂肪族聚氨酯涂料、脂肪族丙烯酸聚氨酯涂料、氯化聚乙烯涂料、聚天门冬氨酸酯涂料、氟树脂涂料等。丙烯酸树脂涂料、醇酸树脂涂料和酚醛树脂涂料的耐候性一般。

6.4.1 涂层老化性能评定方法

采用国家标准 GB/T 1766—2008《色漆和清漆 涂层老化的评级方法》对室内老化试验以及户外暴露试验的结果统一进行评定。

保护性涂层的综合评定等级见表 6.7～表 6.15。表中以 0 至 5 的数字标记来评定破坏程度和数量,其中"0"表示无破坏,即无可觉察的变化,"1"表示很轻微破坏,即有刚可察觉的变化,"2"表示轻微破坏,即有明显觉察的变化,"3"表示中等破坏,即有很明显觉察的变化,"4"表示较大破坏,即有较大的变化,"5"表示严重破坏,即有强烈的变化。"S"表示破坏尺寸大小,"S0"为 10 倍放大镜下无可见破坏,"S1"为 10 倍放大镜下才可见破坏,"S2"为正常视力下刚可见破坏,"S3"为正常视力下明显可见破坏(＜0.5 mm),"S4"为 0.5～5 mm 范围的破坏,"S5"为大于 5 mm 的破坏。

表 6.7　保护性漆膜综合老化性能等级的评定

等级	单项等级						
	变色	粉化	裂纹	起泡	长霉	生锈	脱落
0	2	0	0	0	1(S2)	0	0

续表6.7

等级	单项等级						
	变色	粉化	裂纹	起泡	长霉	生锈	脱落
1	3	1	1(S1)	1(S1)	3(S2)或2(S3)	1(S1)	0
2	4	2	3(S1)或2(S2)	5(S1)或2(S2)或1(S3)	2(S3)或2(S4)	1(S2)	1(S1)
3	5	3	3(S2)或2(S3)	3(S2)或2(S3)	3(S4)或2(S5)	2(S2)或1(S3)	2(S2)
4	5	4	3(S3)或2(S4)	4(S3)或3(S4)	4(S4)或3(S5)	3(S2)或2(S3)	3(S3)
5	5	5	3(S4)	5(S3)或4(S4)	5(S4)或4(S5)	3(S3)或2(S4)	4(S4)

单项评定等级细述如下：

1）失光等级的评定

按目测漆膜老化前后的光泽变化程度或根据 GB/T 9754—2007 测定的老化前后的失光率进行评定，其等级如表6.8所示。

表6.8　失光等级的评定

等级	失光程度（目测）	失光率（仪器测）（%）
0	无失光	≤3
1	很轻微失光	4～15
2	轻微失光	16～30
3	明显失光	31～50
4	严重失光	51～80
5	完全失光	>80

2）变色等级的评定

按目测漆膜老化前后的样板颜色变化程度或根据 GB/T 11186.2～11186.3—1989 测定老化前后的色差值进行评级，其等级如表6.9所示。

表6.9　变色等级的评定

等级	变色程度（目测）	色差值（NBS）（仪器测）
0	无变色	≤1.5
1	很轻微变色	1.6～3.0
2	轻微变色	3.1～6.0
3	明显变色	6.1～9.0
4	较大变色	9.1～12.0
5	严重变色	>12.0

3）粉化等级的评定

粉化等级按 GB/T 1766—2008 评定，等级评定如表6.10所示。

表 6.10 粉化等级的评定

等级	粉化状态
0	无粉化
1	很轻微,试布上刚可观察到微量颜料粒子
2	轻微,试布上沾有少量颜料粒子
3	明显,试布上沾有较多颜料粒子
4	较重,试布上沾有很多颜料粒子
5	严重,试布上沾有大量颜料粒子,或样板出现露底

4) 起泡等级的评定

用涂层起泡的密度和起泡的大小评定涂层起泡的等级,如表 6.11 所示。

表 6.11 起泡等级的评定

等级	起泡密度	等级	起泡大小(直径)
0	无泡	S0	10 倍放大镜下无可见的泡
1	很少,几个泡	S1	10 倍放大镜下才可见的泡
2	有少量泡	S2	正常视力下刚可见的泡
3	有中等数量泡	S3	<0.5 mm 的泡
4	有较多数量泡	S4	0.5~5 mm 范围的泡
5	密集型的泡	S5	>5 mm 的泡

例如,起泡 p2S3 表示涂层起泡密度为 2 级,起泡大小为 3 级,即有少量直径小于 0.5 mm 的泡。

5) 生锈等级的评定

用涂层生锈状况的锈点(锈斑)数量(见表 6.12)及锈点大小(见表 6.13)评定涂层生锈等级。

表 6.12 生锈等级的评定(1)

等级	生锈状况	锈点(斑)数量(个)
0	无锈点	0
1	很少,几个锈点	≤5
2	有少量锈点	6~10
3	有中等数量锈点	11~15
4	有较多数量锈点	16~20
5	密集型锈点	>20

表 6.13　生锈等级的评定(2)

等级	锈点大小(最大尺寸)
S0	10 倍放大镜下无可见锈点
S1	10 倍放大镜下才可见锈点
S2	正常视力下刚可见锈点
S3	＜0.5 mm 的锈点
S4	0.5～5 mm 锈点
S5	＞5 mm 锈点(斑)

6) 剥落等级的评定

用涂层剥落的相对面积、剥落曝露面积的平均大小来评定等级,如表 6.14 所示。

表 6.14　剥落等级的评定

等级	剥落面积(%)	等级	剥落大小(最大尺寸)
0	0	S0	10 倍放大镜下无可见剥落
1	≤0.1	S1	≤1 mm
2	≤0.3	S2	≤3 mm
3	≤1	S3	≤10 mm
4	≤3	S4	≤30 mm
5	＞15	S5	＞30 mm

7) 开裂等级的评定

用涂层开裂数量和开裂大小评定裂纹等级(见表 6.15),如有可能,还可表明裂纹的深度类型。即"a"为没有穿透涂层的表面开裂;"b"为穿透面涂层,但对底下各涂层基本上没有影响的开裂;"c"为穿透整个涂层体系的开裂,可见底材。

表 6.15　开裂等级的评定

等级	开裂数量	等级	开裂大小
0	无可见的开裂	S0	10 倍放大镜下无可见的开裂
1	刚有几条值得注意的开裂	S1	10 倍放大镜下才可见的开裂
2	有少量的开裂	S2	正常视力下刚可见的开裂
3	有中等数量的开裂	S3	正常视力下清晰可见的开裂
4	有较多数量的开裂	S4	通常达 1 mm 宽的大裂纹
5	密集型的开裂	S5	通常比 1 mm 宽的很大裂纹

还有长霉等级、泛金等级、斑点等级和沾污等级等的评级表,由于本试验少量涉及,所以在此不再陈述。

6.4.2 表面防护有机涂料的耐紫外老化性能

林静等[4]采用海洋大气环境户外自然曝晒的方法,研究了喷涂聚脲涂层(QF-162 涂层)和喷涂聚氨酯涂层(QF-178 涂层)的力学性能、分子内部结构的变化。结果表明:经过自然曝晒 2 493 d 后,QF-162 涂层颜色变化明显,失光率为 86.84%,拉伸强度下降 29.37%,断裂伸长率下降 14.38%;QF-178 涂层颜色变化十分显著,失光率达 89.63%,拉伸强度下降 90.71%,断裂伸长率下降 98.75%。FT-IR 微观测试结果表明:在经过 2 493 d 的户外自然曝晒后,QF-162 涂层只有涂层表面分子的化学键出现了断裂,分子内部结构变化不大;而 QF-178 涂层分子内部结构发生显著的变化,分子的化学键几乎全部断裂,涂层完全失去了使用价值。

孙红尧等[5]在某海洋暴露试验点对海洋环境大气区防护涂料的曝晒性能和防护涂料室内紫外光老化性能进行了比较试验,该项试验基于中间涂层和底涂层体系基本相同的情况下,针对氯化聚乙烯涂料、氯化橡胶涂料、脂肪族丙烯酸聚氨酯涂料、氯磺化聚乙烯涂料、氟树脂涂料作为面涂层的防腐蚀性能进行试验研究。材料来自不同厂家,具体编号为"数字+大写字母",如 2B,即代表是 B 公司的氯化橡胶涂料。不同涂料公司的产品列于表 6.16。

表 6.16 不同涂料公司的涂料产品

序号	涂料种类	涂料公司						
		A	B	C	D	E	F(H)	G(K)
1	氯化聚乙烯涂料		√		√			
2	氯化橡胶涂料	√	√					
3	脂肪族丙烯酸聚氨酯涂料			√		√		
4	氯磺化聚乙烯涂料		√		√			
5	氟树脂涂料		√				√	√

1) 海洋环境大气区防护涂料的暴露试验

在某海洋环境附近平房的屋顶进行暴晒试验。大气暴露试验架安放在海边平屋顶上,试板正面与地面成 45°角,为正南朝向。潮差区试片与浪溅区试片安放在海边相应的位置。大气区的试片投入试验后进行 7 次现场观测记录,下面分别讨论具体试验结果。

表 6.17 海洋环境下大气区涂层失光率试验结果

试片编号	涂层代号	原光泽度(%)	不同检查日期的失光率(%)						
			40 d	70 d	130 d	200 d	275 d	365 d	435 d
B1	1D	45	36	13	27	18	56	82	72
B2	2A	8	38	13	25	25	38	44	50
B3	3E	47	19	15	23	30	21	43	60

续表 6.17

试片编号	涂层代号	原光泽度(%)	不同检查日期的失光率(%)						
			40 d	70 d	130 d	200 d	275 d	365 d	435 d
B5	4D	13	31	38	38	38	54	58	63
B6	5G	61	30	0	11	5	2	7	6

表 6.17 结果显示,经过 435 d 的海洋环境暴露试验,5G 氟树脂涂料的失光率最小,其次是 3E 脂肪族丙烯酸聚氨酯涂料、4D 氯磺化聚乙烯涂料,2A 氯化橡胶涂料由于原始光泽度较低,失光性能不能充分体现涂料的性能,最差的是 1D 氯化聚乙烯涂料。

表 6.18 海洋环境大气区涂层变色和粉化试验结果

试片编号	涂层代号	检查日期												
		40 d		70 d		130 d		200 d		275 d		365 d		435 d	
		BS	FH	BS	FH	BS	FH	BS	FH	BS	FH	BS	FH	BS	FH
B1	1D	0	0	0	0	0	0	0	0	0	0	0	0	0	0
B2	2A	0	0	0	0	0	1	0	2	0	2	0	2	0	2
B3	3E	0	0	0	0	0	0	0	0	0	0	0	0	0	0
B5	4D	0	0	0	0	0	0	0	0	0	0	1	0	1	0
B6	5G	0	0	0	0	0	0	0	0	0	0	0	0	0	0

注:BS—变色,FH—粉化。

表 6.18 结果显示,经过 435 d 海洋环境下的暴露试验后,1D 氯化聚乙烯涂料、3E 丙烯酸聚氨酯涂料和 5G 氟树脂涂料变色和粉化均在 0 级,4D 氯磺化聚乙烯 365 d 时开始出现变色 1 级,而 2A 氯化橡胶涂料 130 d 开始出现粉化 1 级,200 d 时出现粉化 2 级。

根据上述海洋环境下大气区暴露试验的失光率、变色和粉化结果,5 类涂料的耐紫外光老化的优劣顺序为:氟树脂涂料>脂肪族丙烯酸聚氨酯涂料>氯化聚乙烯涂料、氯磺化聚乙烯涂料>氯化橡胶涂料。

2) 室内紫外光人工加速老化试验

室内紫外光人工气候老化的测定参照 GB/T 1865—2009《色漆和清漆 人工气候老化和人工辐射暴露滤过的氙弧辐射》,试验条件是连续光照,润湿 18 min 干燥 102 min 为一循环。

设计了 6 组试件进行试验,其中 S5 和 S6 组试片进行到 3 000 h 终止试验,其余试片进行 2 000 h 终止试验。光老化检测结果显示涂层只有失光、变色和粉化的变化,未见其他涂层缺陷。

室内紫外光老化试片的涂层失光率结果见表 6.19。

表 6.19 光老化试片不同老化试验时间时的涂层失光率检测结果(单位:%)

试片编号	代号	50 h	100 h	200 h	500 h	1 000 h	1 500 h	2 000 h	2 500 h	3 000 h
S1	1B	48	39	67	75	87	95	95	/	/
S2	2B	36	54	70	75	83	94	94	/	/

续表 6.19

试片编号	代号	50 h	100 h	200 h	500 h	1 000 h	1 500 h	2 000 h	2 500 h	3 000 h
S3	3C	10	29	34	78	82	89	93	/	/
S4	4D	42	70	65	80	90	93	95	/	/
S5	5F	5	7	6	9	15	18	24	31	45
S6	5G	1	2	3	1	6	5	7	20	38

从表 6.19 中的失光率结果可以看出,S5 和 S6 为氟树脂涂料,耐紫外光性能最优,S6优于 S5。其次是 S3 脂肪族聚氨酯涂料,500 h 之前失光率都比 S4 氯磺化聚乙烯、S2 氯化橡胶和 S1 氯化聚乙烯涂料的小,而氯磺化聚乙烯、氯化橡胶和氯化聚乙烯涂料耐光老化的性能相当。

室内紫外光老化试片的涂层变色和粉化试验结果见表 6.20。

表 6.20 光老化试片不同老化试验时间时的涂层变色检测结果

试片编号	代号	50 h	100 h	200 h	500 h	1 000 h	1 500 h	2 000 h	2 500 h	3 000 h
变色结果										
S1	1B	0	0	1	2	3	3	4	/	/
S2	2B	0	0	0	1	2	2	3	/	/
S3	3C	0	1	2	3	3	3	3	/	/
S4	4D	0	0	1	2	3	3	4	/	/
S5	5F	0	0	1	2	2	3	3	3	3
S6	5G	0	0	0	0	0	0	0	1	1
粉化结果										
S1	1B	0	1	2	3	4	4	4	/	/
S2	2B	1	2	2	3	3	4	4	/	/
S3	3C	0	0	0	1	2	2	2	/	/
S4	4D	0	1	2	3	3	3	4	/	/
S5	5F	0	0	0	0	0	0	1	1	1
S6	5G	0	0	0	0	0	0	0	0	0

从涂层变色试验结果看,仍然是 S5 和 S6 氟树脂涂料性能最优,S6 优于 S5。其他氯磺化聚乙烯、氯化橡胶和氯化聚乙烯性能相当。而脂肪族丙烯酸聚氨酯的性能最差,其变色情况比其他涂层严重,这可能跟颜料耐候性差有关。涂层粉化试验结果表明,S5 和 S6 氟树脂涂料的耐紫外光性能最优,S6 优于 S5,其次是 S3 脂肪族丙烯酸聚氨酯涂料,其他氯磺化聚乙烯、氯化橡胶和氯化聚乙烯性能相当。

根据室内紫外光老化试验结果,耐候涂料耐紫外光性能的优劣顺序:氟树脂涂料的耐紫外光性能最优,其次是脂肪族丙烯酸聚氨酯涂料,氯磺化聚乙烯、氯化橡胶和氯化聚乙烯性能相当。

3）海洋环境防护涂料的耐紫外老化性能试验结论

对 5 类耐候涂料进行了海洋环境下大气区暴露试验 435 d 和室内紫外光老化试验 3 000 h,试验结果显示,耐候涂料的耐紫外光老化性能的优劣顺序为:氟树脂涂料的耐紫外光性能最优,其次是脂肪族丙烯酸聚氨酯涂料,氯磺化聚乙烯、氯化橡胶和氯化聚乙烯性能相当。

6.4.3　表面防护涂料的耐酸性能试验

孙红尧课题组在室内对 5 类防护涂层的耐酸性能进行了试验,试验参照 GB 1763—1979(1989)《漆膜耐化学试剂性测定法》规定的方法进行。试验采用浓度为 2.5% 的硫酸溶液。防护涂料的酸浸泡试验结果列于表 6.21。

表 6.21　防护涂料的酸浸泡试验结果

试片编号	涂料代号	评定结果											
		24 h	48 h	100 h	160 h	200 h	330 h	415 h	770 h	1 200 h	1 680 h	2 180 h	4 300 h
SJ1	1D	0	0	0	0	0	0	0	0	cq	cq	cq	cq2/p1S4
SJ2	2A	0	0	0	0	0	cp2S4	cp2S4	p4S5	p4S5/t4S5	/	/	/
SJ3	3E	0	0	0	0	0	0	0	0	s	s	s	cc
SJ4	4D	0	0	0	0	0	0	0	0	0	0	0	cc/p1S3
SJ5	5B	0	0	0	0	0	0	0	0	0	0	0	cc

注:p—鼓泡,c—划叉处,s—变色,t—脱落,q—涂层翘起,cc,划叉处腐蚀槽宽度达到 5~12 mm。

SJ1 为 1D 氯化聚乙烯涂层,在 4 300 h 时开始出现小泡,划叉处有涂层翘起。SJ2 为 2A 氯化橡胶涂料,330 h 划叉处开始出现少量小泡,770 h 有较多数量的泡,1 200 h 已经较大面积脱落。SJ3 为 3E 脂肪族丙烯酸聚氨酯涂料,1 200 h 开始有轻微变色,4 300 h 在划叉处钢被腐蚀成深槽。SJ4 为 4D 氯磺化聚乙烯涂料,在 4 300 h 时开始出现小泡。SJ5 为 5B 氟树脂涂料,4 300 h 在划叉部分出现钢片腐蚀深槽。

总的防护涂层的耐酸浸泡优劣顺序为:氟树脂涂料＞脂肪族丙烯酸聚氨酯涂料、氯磺化聚乙烯涂料＞氯化聚乙烯涂料＞氯化橡胶涂料。

6.5　有机硅渗透型防护剂的耐久性能

有机硅渗透型防护剂不能直接用于保温材料的表面,但可用于砂浆的表面。孙红尧课题[6-7]研究了混凝土表面涂敷有机硅渗透型防护剂后的抗碳化性能和抗冻性能。

6.5.1　有机硅渗透型防护剂的抗碳化性能试验

水泥:P.O 42.5 普通硅酸盐水泥,芜湖海螺水泥厂生产;细骨料:天然河砂,细度模数 2.8;粗骨料:粒径 5~20 mm 的碎石;拌和水:普通自来水。

成型水灰比为 0.4 和 0.6 的混凝土试件各 11 组,试件尺寸为 100 mm×100 mm× 100 mm,28 d 养护结束后,将所有试件 5 面进行环氧树脂 2 道密封,置于干缩实验室放置

7 d,待完全固化,碳化试验待用。混凝土配合比和抗压强度列于表 6.22。

表 6.22　每立方米混凝土所用原材料及抗压强度

水灰比	每立方米混凝土所用原材料(kg)				砂率	抗压强度(MPa)
	用水量	水泥	砂子	石子		
0.4	175	437	672	1 096	0.38	47.3
0.6	195	325	781	1 079	0.42	32.6

将 20 组试件置于 CCB-70A 碳化试验箱,设置试验箱的相对湿度为(70 ± 5)%,温度为(20 ± 2)℃,CO_2 浓度为 20%。当碳化至 0 d、3 d、7 d、14 d、28 d 时分别取出两种水灰比试件各 2 组,一组用于加速碳化试验后测试混凝土表面内聚力、表层 pH、碳化深度,另一组用于加速碳化试验后表面涂装 BS1701 有机硅渗透型防护剂,涂覆量为 300 g/m²,采用湿碰湿的方法分两次涂装。涂装 14 d 后,对表面接触角、表层混凝土内聚力以及有机硅渗透型防护剂的渗透深度进行测量。

1) 碳化对有机硅渗透型防护剂在混凝土表面渗透深度的影响

在混凝土材料中的渗透深度是有机硅渗透型防护剂的最基本指标,也是决定其长期耐久性的最基本性能。将不同碳化时间有机硅渗透型防护剂在混凝土内的渗透深度列于表 6.23,可知两种水灰比的混凝土在碳化处理后,有机硅渗透型防护剂渗透深度明显呈现下降趋势。这主要是由于碳化作用过程中在混凝土孔壁形成了碳酸盐,致使混凝土毛细孔孔径减小,混凝土变得密实。

表 6.23　不同碳化时间有机硅渗透型防护剂在混凝土内的渗透深度

碳化时间(d)		0	3	7	14	28
渗透深度(mm)	W/C＝0.4	3.07	2.79	2.69	2.64	2.58
	W/C＝0.6	6.47	5.89	5.41	5.38	5.48

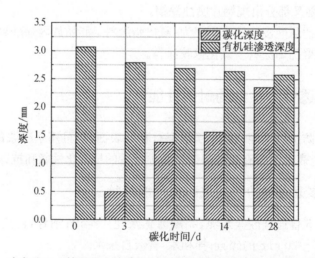

图 6.11　水灰比 0.4 的混凝土的碳化深度和有机硅渗透深度与碳化时间的关系

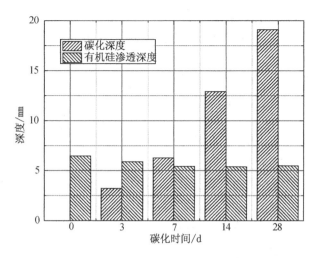

图6.12　水灰比0.6的混凝土的碳化深度和有机硅渗透深度与碳化时间的关系

将碳化深度和有机硅渗透深度对比做直方图,由图6.11可知,水灰比为0.4的混凝土整个碳化时间内碳化深度始终未超过有机硅的渗透深度,相比于未碳化组混凝土,有机硅渗透型防护剂渗透深度降低了0.3~0.5mm,但随着碳化时间的延长,有机硅渗透型防护剂的渗透深度有略微下降的趋势,下降幅度不超过0.2mm。由图6.12可知,水灰比为0.6的混凝土,当碳化时间小于7d时,碳化深度未超过有机硅渗透型防护剂的渗透深度;当碳化时间大于7d时,此时碳化深度已经超过了有机硅渗透型防护剂的渗透深度,有机硅渗透型防护剂的渗透深度随碳化时间的延长略微下降。

对两种水灰比取28d碳化后有机硅渗透深度与未碳化混凝土有机硅渗透型防护剂渗透深度进行对比。在0.4水灰比时,28d碳化混凝土有机硅渗透深度为未碳化处理混凝土的84.0%;在水灰比为0.6时,28d碳化混凝土有机硅渗透型防护剂渗透深度为未碳化处理混凝土的84.7%。因此可以认为碳化对有机硅在混凝土内的渗透性有一定程度影响,但影响程度不大。

2) 有机硅渗透型防护剂对混凝土碳化层内聚力的影响

混凝土表面碳化是大气环境下混凝土常见的劣化现象,伴随着碳化的发生,混凝土表面孔隙被碳化产物填充,表面硬度增加,通常认为碳化对抗压强度有轻度提高[8]。反应产物$CaCO_3$在孔结构中的分布并不是与基体材料键合,而是以晶体形式沉淀在孔壁上。有机硅渗透型防护剂在混凝土毛细孔中开始是渗透过程,然后在水汽的存在下经过一系列的化学反应,最终会在孔壁交联固化,酥松的沉淀产物可能被有机硅渗透型防护剂包裹并通过化学键与基体形成整体,所以本节以试验研究在碳化混凝土表面涂覆有机硅渗透型防护剂后的粘结拉拔强度的变化来评价有机硅渗透型防护剂对碳化混凝土表层内聚力的影响。

试验发现,多数试件以混凝土表层拔断形式被破坏,可以反映混凝土表层内聚力;少许试件出现了脱层现象,可能是由于混凝土表层粉化严重导致粘结力不足所致,应抛弃该试验数据,重新测试,如图6.13所示。因此可认为该方法可以评价混凝土表层的内聚力。

将拉拔强度列于表6.24,可知未进行碳化处理时,硅烷表面涂装使得W/C=0.4和0.6的混凝土的表层拉拔强度提升了0.1MPa和0.05MPa;碳化后,涂敷有机硅渗透型防护剂

图 6.13　混凝土拉拔试验破坏断面及破坏形式

的混凝土涂装使得 W/C＝0.4 的混凝土表层拉拔强度提升了 0.2～0.3 MPa,使得 W/C＝0.6 的混凝土表层拉拔强度提升了 0.1～0.2 MPa。随碳化时间的延长,混凝土表面拉拔强度略微提升,但提升不明显,W/C＝0.4 和 0.6 的混凝土表层拉拔强度均提升了 0.1～0.2 MPa,这主要是由于反应产物中的 $CaCO_3$ 在毛细孔壁和表面沉淀使得混凝土毛细孔密实,但影响强度值的毛细孔骨架没有受到太大的影响,因而有机硅渗透型防护剂对碳化前后混凝土的内聚强度影响不大,所以混凝土碳化层在涂覆有机硅渗透型防护剂前没有去除的必要。

表 6.24　硅烷表面处理对碳化后混凝土表层内聚力的影响(拉拔强度,MPa)

碳化时间(d)		0	3	7	14	28
W/C＝0.4	表面未处理	3.4	3.6	3.4	3.5	3.5
	硅烷处理	3.5	3.8	3.8	3.7	3.8
W/C＝0.6	表面未处理	0.95	1.0	1.0	1.0	1.1
	硅烷处理	1.0	1.1	1.0	1.2	1.1

3）混凝土碳化程度对有机硅渗透型防护剂水解缩合效果的影响

碳化过程首先在孔溶液中形成了弱酸,碳化深度就是根据碱溶液的显色反应来判定的。不同的 pH 环境会影响有机硅渗透型防护剂的水解缩合反应速率和反应产物的形成,这些结果都是在实验室模拟液中完成。将混凝土表层的粉样制成溶液,获得模拟孔溶液的 pH 值。

图 6.14 给出了各碳化时间混凝土表面模拟液的 pH,由图可知在 0.6 水灰比混凝土中,

pH下降迅速，3 d的碳化时间已将近中性，最终pH在6.5左右稳定，不再随碳化试验的延长而变动；在0.4水灰比的混凝土中，pH一直呈降低趋势，到7 d碳化后pH降低速率变缓，而此时只表现出弱碱性，碳化14 d后开始呈现酸性，到28 d时呈稳定的弱酸性。由于随着碳化过程一直进行，碳化深度由混凝土表面向内部发展，而pH模拟液只取了表层2 mm的粉样，所以所测pH为表层2 mm粉样的pH。由碳化深度数据可知，W/C=0.6的混凝土3 d的碳化深度已经超过2 mm，粉样为完全碳化粉样，后续的碳化过程不会对pH造成影响；W/C=0.4的混凝土碳化速率缓慢，所取粉样直至28 d碳化才可认为是完全碳化粉样，28 d碳化之前的粉样则是部分碳化，因此pH表现为在碳化过程中一直下降，这也可以根据碳化深度变化来佐证。

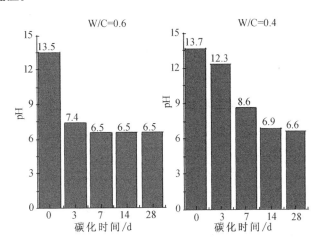

图6.14 不同碳化程度混凝土表层pH的变化过程

由于有机硅渗透型防护剂自身的元素种类与混凝土材料所含元素种类相同，因此用EDS能谱对比元素峰值计算相对含量的方法不能准确表征有机硅渗透型防护剂在混凝土表面的反应情况。本节采用有机硅渗透型防护剂在混凝土表面的疏水性对碳化混凝土表面有机硅渗透型防护剂水解缩合交联固化情况进行间接反映。不同碳化时间硅烷在混凝土表面渗透处理后混凝土表面的接触角列于表6.25，由表可知，尽管混凝土表面碳化严重，但表面接触角无明显的变化，也就是说混凝土基体表面碳化程度对硅烷在混凝土表面应用效果无明显影响，即在从碱性到弱酸性的混凝土表面有机硅渗透型防护剂交联固化正常进行。

表6.25 不同碳化程度涂敷有机硅渗透型防护剂混凝土的表面接触角

碳化时间（d）	0	3	7	14	28
W/C=0.4	124.7°	120.5°	121.3°	122.5°	122.5°
W/C=0.6	124.9°	122.0°	125.0°	123.3°	122.9°

试验结果表明，有机硅渗透型防护剂不能阻止碳化的发生，但能固结碳化层。

6.5.2 涂敷有机硅渗透型防护剂混凝土抗冻融性能

按碳化试验的材料和配合比成型和养护混凝土试件。成型 100 mm×100 mm×400 mm混凝土试件10组，其中0.4和0.6水灰比各5组。24 h后脱模并置于标准养护室养护,28 d 后取出置于干缩实验室。为减小水化进程的影响,在干缩实验室放置 60 d 使其充分水化,然后取 0.4 和 0.6 水灰比混凝土各 2 组,表面用有机硅渗透型防护剂涂敷,6 面涂装,涂敷量为 300 g/m²,采用湿碰湿的涂敷方法涂覆,结束后在干缩室放置 7 d。取 0.4 和 0.6 水灰比试件各一组用环氧涂料进行表面密封处理,剩余 6 组试件不做表面处理。在干缩实验室放置 14 d 后待用。试验所用有机硅渗透型防护剂为瓦克公司 BS1701 液体硅烷,密封涂料为普通环氧树脂涂料,试件编号等情况列于表 6.26。

表 6.26　冻融循环试验详情

编号	表面处理措施	水灰比	冻融介质
FT-KH4	不进行处理	0.4	水
FT-KH6	不进行处理	0.6	水
FT-TH4	环氧涂料密封	0.4	水
FT-TH6	环氧涂料密封	0.6	水
FT-SH4	硅烷表面处理	0.4	水
FT-SH6	硅烷表面处理	0.6	水
FT-KC4	不进行处理	0.4	3.5%NaCl 溶液
FT-KC6	不进行处理	0.6	3.5%NaCl 溶液
FT-SC4	硅烷表面处理	0.4	3.5%NaCl 溶液
FT-SC6	硅烷表面处理	0.6	3.5%NaCl 溶液

冻融试验开始前,需预先进行混凝土吸水率测试和试件饱水处理。将水冻试件和盐冻试件分别置于盛水和盛 3.5%NaCl 盐溶液的容器中,保持液面超过试件顶面 20 mm,浸泡 14 d,试件质量变动趋于稳定后开始冻融试验。

冻融循环试验参照 DL/T 5150—2017 规定执行。冻融试验开始后,每 15 个循环为一个测试点,分别对混凝土表面状态、质量损失和动弹性模量等数据进行采集,每次测试完毕将试件上下颠倒装入试件盒,继续冻融试验。

1) 冻融过程中混凝土的质量损失

伴随着冻融过程的进行,混凝土表面开始破坏,产生大量的碎渣,造成质量损失,质量损失超过 5% 时的点对应的冻融循环数可用于评价混凝土的抗冻等级。对于不同的表面处理方式和冻融介质,混凝土冻融破坏速率存在差异,本节以质量损失率为指标,对未进行表面处理、有机硅渗透型防护剂表面处理、环氧涂料表面处理 3 种表面状态,0.4、0.6 两种水灰比,盐水、淡水两种冻融介质进行了交叉试验研究,质量损失率随冻融循环数的变化列于表 6.27。

表 6.27　各试验组质量损失率(%)与冻融循环数之间的关系

循环数	15	30	45	60	75	90	105	120
FT-KH4	−0.07	0.17	0.36	0.54	1.30	2.15	4.51	—
FT-TH4	−0.09	0.13	0.20	0.45	0.96	2.44	3.71	4.91
FT-SH4	−0.57	−1.07	−1.16	−1.27	−1.09	−0.23	1.12	2.42

续表 6.27

循环数	15	30	45	60	75	90	105	120
FT-KH6	0.03	−0.02	1.61	4.22	6.86	—	—	—
FT-TH6	0.00	1.19	2.69	4.56	6.63	—	—	—
FT-SH6	−0.52	−0.83	−0.97	−0.91	1.27	5.12	—	—
FT-KC4	0.60	0.72	1.89	3.72	4.42	—	—	—
FT-S4C	−0.41	−0.88	−1.03	0.00	1.57	3.17	5.36	—
FT-KC6	4.28	5.28	9.98	—	—	—	—	—
FT-SC6	−0.59	−0.96	1.58	11.26	—	—	—	—

　　试验结果表明,未处理试件在质量损失达到 5% 左右时已经出现了严重的破坏,如图 6.15 所示,试验终止。

图 6.15　混凝土严重破坏照片(FT-KH4)

　　在水冻融过程中,将试件质量与初始质量比作图得图 6.16。由图可知,未处理对照组

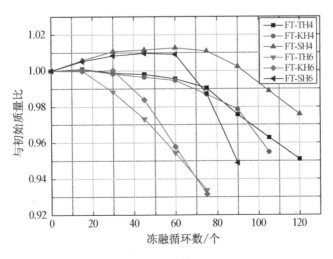

图 6.16　混凝土水冻融循环数与相对质量的变化曲线

和环氧涂料处理混凝土在冻融开始出现轻微的质量增加,随后一直降低,而硅烷处理混凝土,质量先升高后降低。FT-SH6 前 45 个循环质量一直处于上升阶段,70 个循环以内未出现质量损失;FT-SH4 前 60 个循环质量处于上升阶段,90 个循环以内未表现出质量损失。根据环氧涂料处理和对照组试件质量损失过程可知,环氧涂料不能改善混凝土的抗水冻性能;有机硅渗透型防护剂表面处理推迟了混凝土质量损失开始的时间,达到吸水峰值后,混凝土出现快速的质量损失。

图 6.17 给出了两种水灰比混凝土以 3.5％NaCl 溶液作为冻融介质的质量损失率变化曲线。与水冻结果比较可知,盐冻大幅度提升了混凝土质量的损失速率,未进行表面处理的混凝土剥蚀严重,试验开始已经出现质量损失,在 30 个循环时 W/C=0.6 的混凝土质量损失就已达到了 5％,比水冻循环数减少了一半;W/C=0.4 的混凝土在 80 个循环左右达到5％质量损失,比水冻少了 40 个循环。在硅烷表面处理后,混凝土抗盐冻性明显提升,与水冻现象类似,冻融试验前期,混凝土质量有所提升,W/C=0.6 的混凝土前 40 个循环质量无明显损失;W/C=0.4 的混凝土前 60 个循环质量无明显损失,但这个过程较水冻循环数要少。硅烷表面处理与未处理混凝土相比,0.4 水灰比混凝土提升了 20 个循环,0.6 水灰比混凝土提升了 25 个循环。

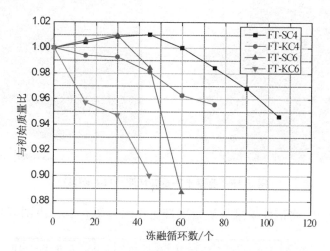

图 6.17　混凝土盐水冻融循环数与相对质量的变化曲线

图 6.17 结果显示,尽管环氧密封涂料对混凝土两周浸泡试验表现出良好的防水效果,但在冻融时,并未对混凝土抗冻性产生积极作用,这主要是由于环氧密封涂料在混凝土表面以物理作用附着,且混凝土和涂料都是刚性材料,在反复高低温作用下,由于两种材料的线胀系数差异较大,因此涂层破裂,致使防水作用失效。区别于环氧密封涂料,有机硅渗透型防护剂以分子形式在混凝土表面和毛细孔壁键合,不存在线胀破坏,并产生疏水性表面,同时保持了混凝土的透气性,正是由于有机硅渗透型防护剂的憎水性,因此经过有机硅渗透型防护剂表面处理的混凝土表层饱水度小于未经表面处理混凝土的饱水度,使得冻融循环次数延长。

由于盐冻介质中存在大量的离子,溶液结冰温度降低,致使在同样的冷冻期内孔隙内负压吸入更多的冻融介质,部分冻融介质结冰后,推动未结冰的溶液移动,产生更大的静水压力,因此盐溶液对混凝土的冻融破坏比淡水冻融破坏严重。混凝土表面硅烷处理后,延长了冻融破坏所需饱水度到达的时间,因此提高了冻融循环次数,使得混凝土剥蚀的开始时间向后推移。因此有机硅渗透型防护剂可以适当延缓混凝土冻融破坏发生的时间,但不能从根本上杜绝以水为介质的冻融破坏过程。

2) 冻融过程对混凝土的动弹性模量影响

混凝土动弹性模量反映了混凝土整体的劣化情况,在冻融过程中,在混凝土表面不能观察到混凝土内部可能出现的裂纹等损伤,因此常用混凝土的动弹性模量结合混凝土的质量损失同时对混凝土的冻融试验进行评价。表 6.28 给出了各测试时间节点的相对动弹性模量。

表 6.28　相对动弹性模量(%)与冻融循环数之间的关系

循环数	15	30	45	60	75	90	105	120	135
FT-KH4	98.15	97.61	97.31	96.51	80.84	69.79	62.82	57.23	—
FT-TH4	98.14	96.36	95.77	92.72	78.49	67.87	60.37	55.63	—
FT-SH4	97.29	96.58	95.52	92.99	89.35	81.85	70.32	64.24	54.53
FT-KH6	86.91	72.34	65.91	54.31	—	—	—	—	—
FT-TH6	88.84	74.73	68.40	54.78	—	—	—	—	—
FT-SH6	91.46	81.97	75.76	68.44	64.48	56.12	—	—	—
FT-KC4	97.15	93.84	90.40	84.75	71.58	59.73	—	—	—
FT-SC4	97.88	95.98	92.04	86.38	78.06	67.62	55.15	—	—
FT-KC6	87.05	72.55	61.86	—	—	—	—	—	—
FT-SC6	91.78	83.56	74.23	66.32	54.35	—	—	—	—

图 6.18 给出了淡水试验条件下冻融混凝土动弹性模量的变化情况,可知在 W/C＝0.4 时,硅烷和环氧密封涂料在试验初期轻微改变混凝土的动弹性模量,这主要是由于低水灰比混凝土在冻融循环过程中不容易产生整体性破坏,因此动弹性模量的降低也相当缓慢。随着试验进行到 60 个循环后,环氧密封处理混凝土和表面未处理混凝土的相对动弹性模量降低显著,而硅烷表面处理混凝土的相对动弹性模量加速降低期滞后于其他两组,相对动弹性模量到达初始值 60% 的时间比未处理组延缓 20 个循环左右。对 W/C＝0.6,自试验开始,3 组混凝土相对弹性模量均表现出线性降低,环氧涂层表面处理与表面未经处理的混凝土具有近似的斜率,而硅烷表面处理混凝土的斜率较小。比较 3 组试件达到 60% 初始动弹性模量的冻融循环数可知,硅烷表面处理比其他两组约多出 25 个循环。

图 6.19 给出了盐水试验条件下两种混凝土的相对弹性模量变化过程,对比水冻试验,以弹性模量到达初始 60% 为标准,水灰比 0.4 的混凝土,硅烷涂敷盐冻比水冻少 25 个循环,未处理混凝土盐冻比水冻少 15 个循环;水灰比 0.6 的混凝土,硅烷涂敷盐冻少 15 个循环,未处理混凝土盐冻少 10 个循环。尽管盐冻对 4 组混凝土的破坏速率比水冻快,但硅烷表面处理对混凝土动弹性模量发展依然具有延缓作用,从而提升了混凝土抗冻融循环数。盐冻条件下,硅烷使得 W/C＝0.4 的混凝土盐冻循环数提升约 10 个左右;在 W/C＝0.6 的混凝土中,硅烷处理使其抗盐冻循环数提升约 18 个左右。另外,盐冻条件下,混凝土弹性模

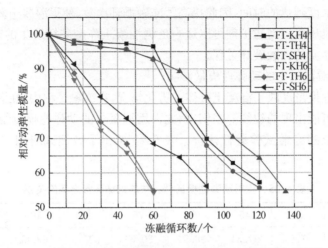

图 6.18 混凝土淡水冻融循环数与相对动弹性模量的变化曲线

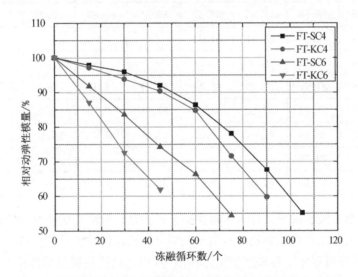

图 6.19 混凝土盐水冻融循环数与相对动弹性模量的变化曲线

量下降剧烈,在 W/C＝0.4 的混凝土中变化趋势先慢后快,在 W/C＝0.6 的混凝土中呈现线性降低。

试验结果表明,混凝土表面涂敷有机硅渗透型防护剂能够提高混凝土的抗冻融能力,但不能保证混凝土有长期抗冻融的能力。

6.5.3 涂敷有机硅渗透型防护剂混凝土耐紫外老化性能

许多工程的上部结构混凝土经过有机硅渗透型防护剂表面处理后,有些会直接暴露在太阳光下,太阳光的辐照对混凝土表面有机硅渗透型防护剂的长期耐久性有一定程度的影响。涂敷在混凝土表面的烷基烷氧基硅烷分子结构中,与混凝土基面形成的 Si—O 键能(422.5 kJ/mol)较高,从而抗紫外光辐照性能较高,而其与硅原子连接的烷基是由 Si—C 键(键能 347 kJ/mol)、C—C 键(键能 347.3 kJ/mol)和 C—H 键(键能 377 kJ/mol)组成,在紫外光照射下,这3种化学键可能会逐渐断裂,使得混凝土表面的有机硅渗透型防护剂逐渐失去憎水性能。所以王学川等[9]试验了在紫外线辐照条件下,经过有机硅渗透型防护剂处理后的混凝土的防水效果和憎水性的变化过程。

试验采用 P.O 42.5 的水泥和细度模数为 2.8 的天然河沙作为原材料,砂胶比和水灰比分别为 2.5 和 0.6。成型 24(4 组)块尺寸为 150 mm×75 mm×10 mm 的砂浆试块,24 h 后脱模并在标准养护室((20±2)℃,RH>90%)中养护 28 d。为了获得良好的水解条件和渗透深度,标准养护结束后将试块置于温度 20 ℃、相对湿度(60±5)%的干缩室中存放 7 d。

试验采用 3 种有机硅渗透型防护剂作为试验原材料,材料信息如表 6.29。由于分子量小和低粘度的特性,BS®1701 能快速渗入混凝土内部,标记为 LS-A;BS®290 是无溶剂的硅烷硅氧烷低聚物,挥发性较低,能保证与基体有充足的接触时间。为了获得更好的渗透特性,本试验采用 70%BS®1701 与 30%BS®290 复配,标记为 LS-B;硅烷膏体是硅烷经过乳化的产品,标记为 LS-C。所有配方涂敷量为 300 g/m²,采用湿碰湿涂敷的涂敷方法(即第 1 道表面还有湿痕时涂敷第 2 道,以此类推),涂覆结束后,在干缩室放置 7 d。

表 6.29 有机硅渗透型防护剂的信息

产品	活性组分	活性组分含量(%)	生产商/生产地
BS®1701	异辛基三乙氧基硅烷	>99	瓦克/德国
BS®290	硅烷/硅氧烷	>99	瓦克/德国
硅烷膏体	异辛基三乙氧基硅烷	80	某公司/中国

试验采用 Q-LAB 公司生产的 QUV 紫外加速老化仪,紫外光源(UVA-340),辐照度 0.68 W/m²,温度 65 ℃,辐照 8 h,喷水 2 min,冷凝 4 h 为一个循环,辐照方式如图 6.20 所示。试验开始前进行初始接触角和吸水率测试,在老化期间,1 000 h 内,每 100 h 测试一次接触角,每 200 h 测试一次吸水率。1 000 h 后,每 200 h 测试一次接触角和吸水率。2 600 h 后对所有试块进行表面打磨处理,随后进行接触角测试。

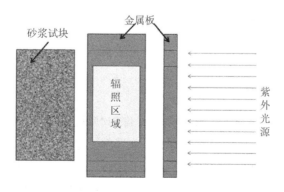

图 6.20 试块紫外老化试验示意图

将试块从紫外老化仪中取出后,在 65 ℃烘箱中烘干 48 h,然后在温度(20±2)℃和相对湿度(60±5)%环境下冷却至室温,称量试块质量(m_0);然后将试块放置在底部有玻璃棒的平底容器中,注入(20±2)℃的水,保持液面高出试块顶面 2 mm。浸泡 24 h 后取出试块,用抹布擦拭试块,待试块表干立即称量其质量(m)。每组试验用 6 块试块,计算 6 块试块吸水率的平均值。混凝土试块的吸水率 K 按式 $K=(m-m_0)/m_0\times100\%$ 计算。吸水率的降低值 KJ 为未处理空白试块的吸水率 K_0 与经有机硅渗透型防护剂处理试块的吸水率 K_c 的差值与未处理空白试块的吸水率的比值,即 $KJ=(K_0-K_c)/K_0\times100\%$。

1) 紫外老化对试块吸水率的影响

吸水率试验数据列于表 6.30 中。图 6.21 给出了紫外老化不同老化时间的吸水率。

表 6.30　紫外老化开始与结束时各组试验的吸水率

紫外辐照时间(h)	吸水率(%)			
	空白	LS-A	LS-B	LS-C
0	7.58	0.391	0.148	0.360
2 400	8.31	1.049	1.021	1.158

由表 6.30 可知,老化试验开始前涂敷的 3 种有机硅渗透型防护剂中,LS-B 吸水率降低了 98%,而 LS-A 和 LS-C 处理的试块的吸水率降低值分别为 94.8% 和 95.3%。经过 2 400 h 的紫外光照射后,3 种有机硅渗透型防护剂处理的混凝土试块的吸水率均出现了大幅度的提高,吸水率在 1% 时基本达到稳定,如图 6.21 所示。同时空白组在老化后吸水率上升了 0.73%,可能是长时间的紫外线辐照引起了基体表面的粉化所致。由图可知,LS-A 和 LS-C 处理的试块在 1 000 h 就基本达到了吸水率的峰值期,而 LS-B 渗透剂在 1 800 h 才达到吸水率稳定峰值期。最终 3 条曲线呈现了较为接近的吸水率。

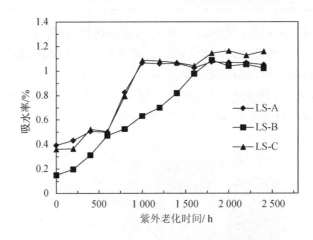

图 6.21　吸水率随紫外辐照时间的变化曲线

LS-B 为 70% BS®1701 和 30% BS®290 的复配渗透剂。由于 BS®1701 为异辛基三乙氧基硅烷,分子量低,粘度小,能迅速渗入混凝土内部,而 BS®290 是硅烷/硅氧烷浓缩液,粘度较大,部分保留在混凝土表面和浅层,故用 LS-B 处理的混凝土表面憎水层主要由 BS®290 提供,硅氧烷的憎水烷基主要是甲基或乙基,碳链较短,但烷基的数目较多。所以紫外辐照时,LS-B 憎水剂分子上的烷基一个一个失去,使得表面防水性能逐渐下降,烷基数目的优势使其在开始辐照的 1 600 h 吸水率逐渐增加,烷基完全被破坏后,吸水率趋于不变。LS-A 和 LS-C 是 8 个碳原子的烷基,在得到光子后,完全断裂需要一个过程,所以老化初期(0~600 h)最外层碳链的部分断裂没有大幅度影响烷基整体的憎水性;当老化程度进一步加重时,碳链急剧变短,就会使烷基整体失去,材料的憎水性大幅降低,吸水率急剧上升达到最大值。由此可以说明,BS®290 的引入有助于有机硅渗透型防护剂耐光老化性能的提高。

2) 紫外老化对基体表面接触角的影响

接触角能直观反映基体表面的疏水情况,同时也间接地反映了材料的吸水性能。图 6.22 给出了接触角随老化时间的变化曲线。结果显示,在 500 h 前,3 种渗透剂处理的混凝土表面接触角基本不变;500 h 到 700 h 之间,LS-A 和 LS-C 方法处理的试块表面接触角开始出现缓慢降低;700 h 后,LS-A 和 LS-C 处理的表面接触角急剧下降;到 1 800 h,水在试块表面铺展,憎水性不明显。而用 LS-B 处理的试块表面接触角在开始试验后的 800 h 基本没变化;800 h 后开始加速下降,但其下降速率比 LS-A 和 LS-C 的缓慢,在 2 600 h 后,仍未出现液滴铺展现象,LS-B 表现出比 LS-A 和 LS-C 更优异的耐紫外老化性能。

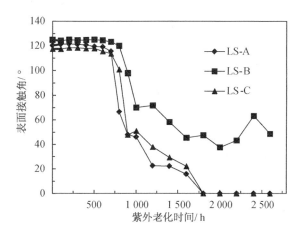

图 6.22　表面接触角随紫外辐照时间的变化曲线

图 6.23 给出了各个阶段接触角演变的照片。由于接触角是表面疏水性的宏观表现,在试验前期,3 种憎水剂的表面接触角基本不变,说明 3 种有机硅憎水剂的老化都是一个逐渐

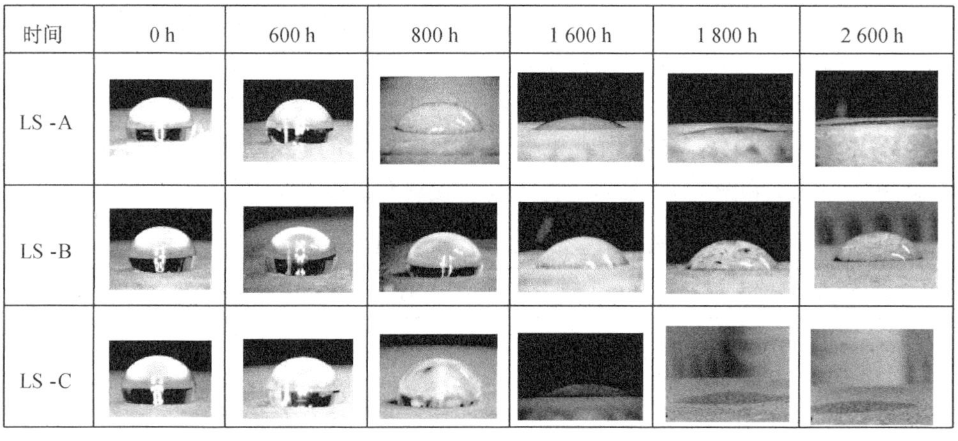

时间	0 h	600 h	800 h	1 600 h	1 800 h	2 600 h
LS-A						
LS-B						
LS-C						

图 6.23　表面接触角随紫外老化时间的演变

老化的过程,在潜伏期有机硅渗透型防护剂的老化破坏都没有在宏观上(接触角)明显地表现出来。潜伏期后 LS-A、LS-C 与 LS-B 接触角曲线的变化产生了明显的不一致,结合吸水率的变化曲线,同样佐证了 LS-A、LS-C 是小分子烷基长碳链的逐步断裂,而 LS-B 是硅氧烷分子多个烷基的逐个失去。

3)紫外光辐照后吸水率与接触角变化之间的关系

图 6.24 为表面接触角衰减量(初始接触角与相应老化时间后接触角的差值)与吸水率升高之间的关系图。由图可知,600 h 内吸水率呈现缓慢上升趋势,而接触角基本保持稳定;600~1 000 h 内吸水率持续上升,此时接触角经过大约 200 h 的诱导期后,随即出现大幅度衰减;1 000 h 后吸水率基本达到稳定,而接触角持续下降,到 1 800 h 后才达到稳定的铺展。综上可知,接触角的衰减趋势基本与吸水率上升一致,后期可能出现较低程度的滞后性,故可用表面接触角降低直接反应吸水率的升高。由图可知,吸水率曲线的平稳期明显短于接触角曲线的平稳期,说明接触角反映的是宏观老化现象。

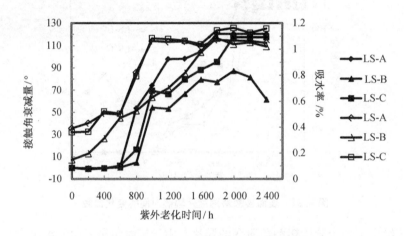

图 6.24　吸水率与接触角变化之间的关系

4)紫外辐照对毛细孔内有机硅渗透型防护剂的影响

由表 6.30 可知,较空白组而言,试块经过 2 400 h 的紫外加速老化试验后,LS-A、LS-B、LS-C 的吸水率都有大幅度降低。而根据接触角结果可知,2 600 h 后,LS-A、LS-C 的表面憎水性大幅降低,液滴在基材表面铺展,LS-B 接触角也大幅度降低,但仍有一定的憎水性,如图 6.22。为了进一步分析毛细孔内有机硅渗透型防护剂的老化,对试块进行表面打磨,并测试接触角,表 6.31 和图 6.25 给出了打磨前后接触角的变化。

表 6.31　混凝土表面接触角(单位:°)

有机硅渗透型防护剂	LS-A	LS-B	LS-C	空白
老化前	120.3	124.8	117.5	完全润湿
老化 2 600 h	铺展	48.7	铺展	完全润湿
打磨后	71.9	81.0	63.8	完全润湿

有机硅渗透型防护剂	LS-A	LS-B	LS-C
老化前			
老化 2 600 h 后		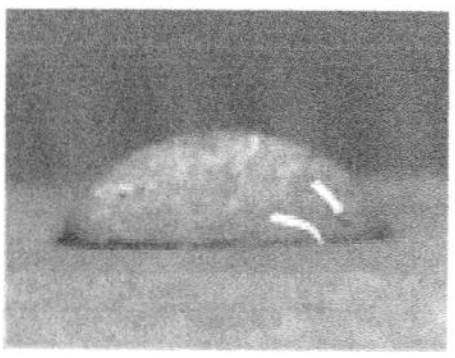	
打磨后	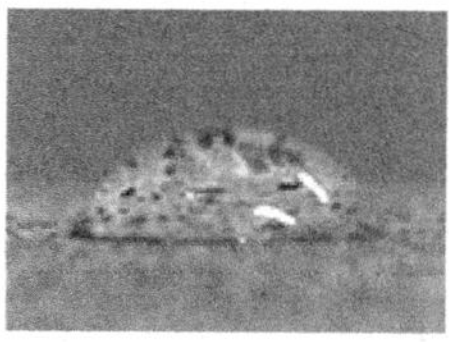	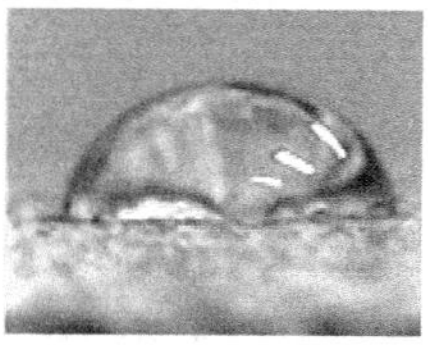	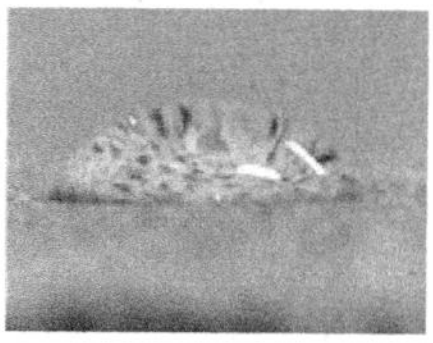

图 6.25　混凝土表面接触角

显然在表面打磨后,混凝土基体表面能恢复憎水性,由此可知,紫外照射会使表面的有机硅渗透型防护剂老化,但毛细管内部的有机硅渗透型防护剂基本没有受到破坏,这也就解释了在吸水率达到峰值时仍较空白组的吸水率低的原因,试验结果与文献[10-11]中的结论一致。

综上所述,混凝土表面有机硅渗透型防护剂表面的烷基会被紫外光辐照而失去疏水能力,但毛细孔内部烷基完好,仍然具有疏水性,所以表面的接触角大小不能作为有机硅渗透型防护剂是否具有耐久性的唯一标准,有机硅渗透型防护剂涂敷在混凝土表面后具有耐紫外老化的能力。

6.5.4　涂敷有机硅渗透型防护剂混凝土耐酸性能

蒋正武[12]采用强酸浸泡法模拟酸雨环境,研究了硅烷浸渍对混凝土耐酸雨性能的影响,发现硅烷可以有效提高混凝土的耐酸雨性能,延长混凝土在酸雨环境下的使用寿命。

张兴铎等[13]通过乙酸喷淋、乙酸浸泡和混合溶液浸泡三种方式模拟酸雨方法,研究了涂敷不同有机硅渗透型防护剂的混凝土试件在不同酸环境下的耐久性能,具体试验如下。

水泥:P.O 42.5普通硅酸盐水泥,南京江南小野田水泥厂生产;细骨料:天然河砂,中砂;粗骨料:粒径5～20 mm的碎石;拌和水:普通自来水。混凝土的水灰比和配合比组成见表6.32。

表 6.32　每立方米混凝土试件所用原材料(单位:kg)

水灰比	水泥	砂子	石子	水
0.6	360	661	1 078	216

有机硅渗透型防护剂:采用瓦克公司生产的BS®1701(异辛基三乙氧基硅烷,硅烷含量99%)、BS®290(无溶剂有机硅浓缩液,硅烷/硅氧烷含量100%)、国内某公司的硅烷膏体

（无溶剂的辛基三乙氧基硅烷,硅烷含量80%）3种有机硅渗透型防护剂,并采用BS®1701（渗透剂S-A）、30%BS®290+70%BS®1701（渗透剂S-B）和硅烷膏体（渗透剂S-C）三种有机硅渗透型防护剂,在每个混凝土试块的6个表面涂装,分3次涂装,涂装间隔1 h,前两种（渗透剂S-A和S-B）有机硅渗透型防护剂涂装用量各为300 g/m²,渗透剂S-C涂装用量为375 g/m²。

按照表6.32的混凝土配合比成型100 mm×100 mm×100 mm立方体试件共24个,脱模后放在标准养护室（温度20℃,相对湿度95%）中养护28 d后取出。将养护28 d的混凝土试件取出,在60℃的烘箱中烘干48 h,然后将试件取出用粗砂纸对其表面进行打磨,打磨后用抹布将表面的粉尘、油污等擦除干净,晾干待用。将待涂敷试件放入温度20℃,相对湿度60%的干缩室内24 h,然后取出,每6个为一组,每组按照前述的方法和用量涂敷。涂敷有机硅渗透型防护剂S-A的标记为SS-A,涂敷S-B的标记为SS-B,涂敷S-C的标记为SS-C,不涂敷的标记为SS-0,将试件放入温度20.0℃,相对湿度60.0%的干缩室内继续养护14 d,待用。

1) 试验方法

（1）喷淋循环法

用质量分数3%,pH为3.2的醋酸溶液模拟酸雨,通过喷淋试验箱将醋酸溶液喷射形成雾状来模拟酸雨环境,箱内温度35.0℃,每喷淋15 min后停止喷淋5 min为一次循环,80 cm²面积的沉降量为1~2 ml/h。

（2）周期浸泡法

分别用醋酸溶液（pH约为3.2）和混合酸（硝酸＋硫酸）溶液（pH约为3.2,NO_3^-：SO_4^{2-}=1:9）模拟酸雨。将试件在酸溶液中浸泡3 d,自然干燥1 d,即腐蚀周期为4 d的湿干交替时间内进行循环腐蚀。为保持模拟酸雨pH不变,每个周期测定其pH并调至原酸度。

（3）试验测试内容

应用上述2种试验方法,试验开始前,测量试件的初始表面接触角、烘干质量以及吸水率。分别于7 d、14 d、21 d、28 d取出,测量各组试件的表面接触角、吸水率和质量损失。

表面接触角:取微量水（约5 μL）滴于试件表面形成液滴,1 s内拍取固定照片,然后通过照片测量液滴与试件之间的接触角,每个试件测量3次,取平均值。

吸水率:将试件在60.0℃烘干24 h后取出称重,然后在适当的容器底部放置多根直径100 mm的玻璃棒,将试件待测面朝下放在这些玻璃棒上,注入23.0℃的水,使水面在玻璃棒上1~2 mm,放置24 h后取出称重。其吸水增量即为吸水量,吸水量除以烘干质量即为吸水率。

质量损失率:浸泡前试件烘干质量记为G_0,浸泡n天后试件烘干质量记为G_n,质量损失率$W_n=(G_0-G_n)/G_0$。

2) 酸对涂敷有机硅渗透型防护剂混凝土表面状态的影响

图6.26是不同酸侵蚀环境下涂敷不同有机硅渗透型防护剂的混凝土试件28 d时的表面状态图。可以看出,相对于空白试件,涂敷有机硅渗透型防护剂的试件表面状态均比空白试件好,其中,渗透剂S-B表面状态最好,渗透剂S-C相对较差。与醋酸喷淋环境相比,醋酸浸泡环境对混凝土表面的剥落破坏更严重,而混合酸浸泡环境中,28 d时的混凝土表面没有较大的剥落现象,但是存在许多十分密集、深浅不一的小坑洞。

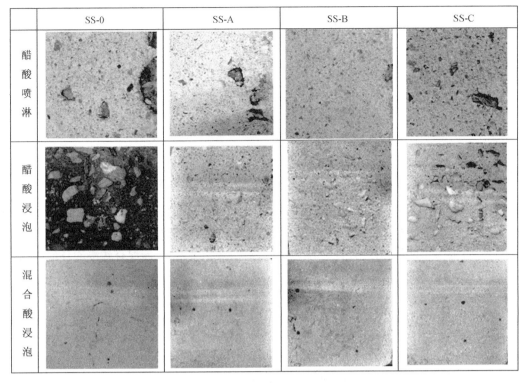

图 6.26　不同酸侵蚀环境下涂敷不同有机硅渗透型防护剂的混凝土试件 28 d 时的表面状态

3）酸对涂敷有机硅渗透型防护剂混凝土表面憎水性能的影响

通过比较涂敷不同有机硅渗透型防护剂的混凝土表面接触角的大小，可以相对比较不同有机硅渗透型防护剂的憎水性变化。图 6.27～图 6.29 分别是三种酸侵蚀环境下涂敷不同有机硅渗透型防护剂的混凝土试件的表面接触角的变化趋势。

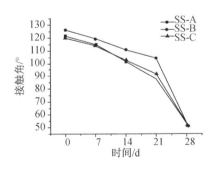

图 6.27　醋酸喷淋法对接触角的影响

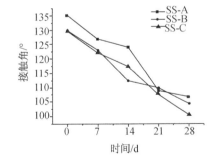

图 6.28　醋酸溶液浸泡对接触角的影响

由图 6.27～图 6.29 可以看出，涂敷不同有机硅渗透型防护剂的混凝土在同种酸侵蚀环境下的表面接触角都呈现出一定的下降趋势。醋酸喷淋环境中，接触角从初始的 120°以上逐渐下降至 90°以下，其中前期下降趋势平缓，而到 28 d 时，出现一个很大的下降幅度。在混合酸浸泡环境中，接触角无较大差异，从初始的 130°以上下降到 100°左右，且每个龄期下降幅度没有很大波动。值得注意的是，它们在 28 d 时的接触角大小和醋酸喷淋 14 d 时的接触角大小相近。这些说明，酸喷淋环境对混凝土表面憎水性的破坏效果很明显，在 28 d

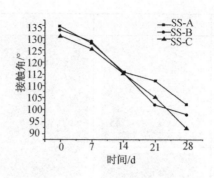

图 6.29　混合酸溶液浸泡对接触角的影响

时,有机硅渗透型防护剂完全被破坏,混凝土不再具备憎水功能。而酸浸泡环境在 28 d 内憎水效果虽然逐渐降低,但一直未被破坏,毛细孔中仍有渗透剂。另一方面,醋酸喷淋环境中,涂敷 S-B 试件的接触角一直较 S-A、S-C 好,后两者相差不大;而混合酸浸泡环境中,3 种有机硅渗透型防护剂之间差距不大,其中 S-A 略有优势。

4) 酸对涂敷有机硅渗透型防护剂混凝土吸水率及质量损失的影响

图 6.30、图 6.31 分别是醋酸喷淋法和醋酸浸泡法两种侵蚀环境下涂敷不同有机硅渗透型防护剂的混凝土试件的不同龄期的质量损失率变化。从中可以看出,在醋酸侵蚀环境下,喷淋法和浸泡法均造成混凝土较大的质量损失,结合外观分析,说明醋酸对混凝土可能存在较强的剥蚀作用。其中,涂敷有机硅渗透型防护剂的试件质量损失率均低于空白试样,说明有机硅渗透型防护剂有效阻止了酸对混凝土内部的渗透侵蚀。在 28 d 时,醋酸喷淋环境下四组试件的质量损失率变化趋势已趋于一致,而醋酸浸泡环境下涂敷有机硅渗透型防护剂的试件的质量损失率相对于空白试样仍保持着较低的变化趋势,说明当环境中存在较多气态形式的酸性介质时,涂敷有机硅渗透型防护剂的混凝土的耐蚀性不能有效表现。

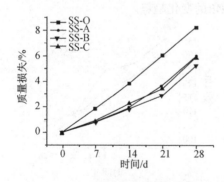

图 6.30　醋酸喷淋法对质量损失的影响

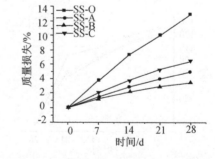

图 6.31　醋酸溶液浸泡对质量损失的影响

表 6.33 是三种酸侵蚀环境下涂敷不同有机硅渗透型防护剂的混凝土试件不同龄期的吸水率。涂敷三种有机硅渗透型防护剂在试验开始前都能极大程度地降低混凝土试件的吸水率,这直接说明有机硅渗透型防护剂可以极大地改善混凝土的抗渗性能,有效防止液态水和以水为载体的有害物质的进入。随着试验时间的增长,醋酸浸泡环境下涂敷有机硅渗透型防护剂的混凝土试件的吸水率虽然略有增长,但仍然保持着较低的水平;而醋酸喷淋环境下涂敷有机硅渗透型防护剂的混凝土试件的吸水率以一个较大的幅度增长,在 28 d 龄期时

已经非常接近空白试件混凝土的吸水率。另外,混合酸浸泡环境下,吸水率反而逐渐降低。这说明在长期酸液喷淋环境下,渗透进入混凝土内部的有机硅渗透型防护剂也已经失去憎水效果,不能再起到改善混凝土防水抗渗性能的作用。三种有机硅渗透型防护剂中,涂敷S-B 渗透剂的样品的吸水率较小。

表 6.33　三种酸侵蚀环境下涂敷不同有机硅渗透型防护剂试件的吸水率

编号	酸侵蚀环境	吸水率(%)				
		0 d	7 d	14 d	21 d	28 d
SS-0	醋酸喷淋	2.50	2.73	2.78	3.08	3.26
SS-A		0.27	1.32	1.53	2.11	3.12
SS-B		0.12	0.89	1.18	1.81	3.19
SS-C		0.22	1.39	1.57	2.10	3.39
SS-0	醋酸浸泡	1.31	1.47	2.19	2.28	2.63
SS-A		0.11	0.12	0.17	0.22	0.25
SS-B		0.08	0.12	0.17	0.19	0.21
SS-C		0.11	0.13	0.18	0.23	0.30
SS-0	混合酸浸泡	1.34	0.98	0.97	0.94	0.78
SS-A		0.10	0.12	0.11	0.10	0.08
SS-B		0.07	0.10	0.09	0.08	0.07
SS-C		0.14	0.13	0.11	0.11	0.07

表 6.34　酸液浸泡环境下不同有机硅渗透型防护剂的剩余渗透深度(单位:mm)

酸环境	有机硅渗透深度		
	SS-A	SS-B	SS-C
醋酸浸泡	3.50	3.63	3.22
混合酸浸泡	4.27	5.70	4.14

综合不同试件的质量损失率和吸水率变化情况以及试验结束后测得的剩余有机硅渗透深度(表 6.34)可以发现,酸液浸泡环境下,有机硅渗透型防护剂一直保持着良好的憎水性能,直至试验结束也未被破坏,使酸液对混凝土的侵蚀破坏影响大大降低。而酸液喷淋环境下,在 28 d 龄期之后,无论是混凝土表面的还是深入混凝土内部的有机硅渗透型防护剂都已经失去憎水效果,使混凝土受到酸性介质的侵害,降低混凝土的耐久性。

对比混凝土试件在醋酸和混合酸两种酸液浸泡环境中的试验现象可以发现,醋酸溶液对混凝土表面的破坏较为严重,这可能是由以下原因造成:醋酸是一种弱酸,溶液中存在未电离的酸分子,随着溶液中的 H^+ 被混凝土中的碱性物质消耗,这些酸分子会电离产生新的 H^+,当两种酸液的初始 pH 相同时,醋酸溶液中 H^+ 浓度降低速度更慢,对混凝土的侵蚀性更强;醋酸钙的溶解度为 52.0%,而硫酸钙的溶解度为 0.2%,醋酸与混凝土表面物质反应后,反应产物大部分会溶解,宏观表现为大面积的坑洞剥落,而混合酸中的硫酸与混凝土表面反应形成溶解度很小的盐类,大多停留在原处,反而增加了混凝土的密实程度,在侵蚀前期会对酸液侵蚀产生抑制作用。

将混凝土试件浸泡在酸溶液中时,周围的液体不仅进入不了混凝土内部,气态的水分和酸性介质也无法进入,反而可能提高了混凝土的耐酸性能。将酸液以小液滴的形态喷淋在混凝土表面时,可能使环境中气态酸性物质的含量大大升高,酸性介质更多以气态形式对混凝土进行侵蚀,鉴于有机硅渗透型防护剂透气不透水的特性,它在这种环境下可能无法有效地提高混凝土的耐酸性能。而在真实环境下,混凝土会更多地遭受酸雨淋溅环境,所以酸雨喷淋更适合模拟酸雨环境的试验研究。

6.6 水泥基渗透结晶防护材料的耐久性能

水泥基渗透结晶防护材料不单独使用在保温材料的表面,通常使用在保温材料表面砂浆的表面。

6.6.1 水泥基渗透结晶防护材料抗碳化性能

黄洪胜等[14]对水泥基渗透结晶型防水材料的研究应用进展进行了综述。孙学志等[15]研究的水泥基渗透结晶材料(CCCM)对混凝土抗碳化性能影响的结果表明,涂刷 CCCM 试件的碳化深度要明显减小,即涂刷涂料使混凝土的抗碳化性能有了很大的增强。韩雪莹等[16]研究了"赛柏斯"对不同强度等级混凝土抗碳化性能的影响,结果表明,涂刷防水材料的混凝土的碳化深度均明显减小,与基准组相比,C30 混凝土 3 d 的碳化深度降低 11.9%,7 d 的降低 26.2%,28 d 的降低 24.1%;C40 混凝土 3 d 的碳化深度降低 20%,7 d 的降低 28.6%,28 d 的降低 15.3%;C50 混凝土 3 d 的碳化深度降低 30%,7 d 的降低 31.5%,28 d 的降低 25%。所以,CCCM 改善了混凝土的抗碳化性能。主要原因可能是 CCCM 自身活性物质的反应以及促进水泥的水化,生成了更多稳定的水化产物,提高了基体的密实度,堵塞了裂缝与孔隙,优化了孔结构,阻碍了水分和 CO_2 的侵入。

6.6.2 水泥基渗透结晶防护材料抗冻融性能

刘蔚[17]涂敷 CCCM 的混凝土试件 A 和未涂敷 CCCM 的混凝土试件 B 经 12 个冻融循环后,试验终止,试验结果表明,表面刷有水泥基渗透结晶材料的试块 A 的碎渣总质量平均值为 25.1 g,而未涂刷水泥基渗透结晶材料的试块 B 的碎渣总质量平均值为 27.6 g,与试块 A 相比,碎渣总质量多了 9.8%,且每个试块 A 的碎渣总质量均小于试块 B 的碎渣总质量。由此可知,水泥基渗透结晶材料可有效提高混凝土试块的抗冻性。尚晓华等[18]综述了水泥基渗透结晶材料的研究与应用现状。刘腾飞[19]等对水泥基渗透结晶材料(采用的产品为XYPEX)提高混凝土的抗冻性能进行了试验研究,其中涉及的变量包括混凝土养护龄期、是否涂抹 XYPEX、涂抹 XYPEX 后不同的养护方式(泡水养护和喷水养护)以及涂抹 XYPEX后的养护龄期等,然后进行冻融循环 100 次,每 25 次测试混凝土的抗压强度以及混凝土的动弹性模量。试验结果表明,XYPEX 浓缩剂能够提高混凝土的抗冻性能,并且受冻前XYPEX 养护龄期越长,效果越显著;泡水养护的抗冻性能要明显优于洒水养护的抗冻性能;混凝土在不同的养护龄期下涂抹 XYPEX,其抗冻性能的提高程度不同,龄期越早,抗冻性能提高越显著。李晓光等[20]研究了内掺 XYREX 防水剂和外涂 XYPEX 防水涂料的混凝土试件的抗冻性,结果表明,采用快冻法 50 次循环之后,相对于基准组,内掺与外涂 XYPEX 防水材料的混凝土试件外观完好,且物理力学性能也优于基准组。余剑英等[21]研究发现经 YJH 防水材料处理过的砂浆试件在 -20~20 ℃ 之间冻融循环 150 次,试件的抗压强度变化很小,抗渗性能仍可提高。CCCM 能够提高基体的密实度,改善基体的孔结构,阻碍水分子的进入,从而改善基体的抗冻融性能。

参考文献

[1] 余相贵,郭勇. 水结冰膨胀压力测试方法及实验数据分析[J]. 地球,2013(10):124-124.

[2] 孙伟国. 关于冰的抗压强度标准值的讨论[J]. 低温建筑技术,2009(5):19.

[3] 赵成先,孙红尧,罗建华,等. 寒冷环境下国内大坝混凝土的保温抗冰技术现状[J]. 水利水运工程学报,2021(1):78-85.

[4] 林静,吕平,黄微波,等. 喷涂聚脲与聚氨酯防护涂层的自然环境老化性能研究[J]. 涂料工业,2018,48(7):57-61.

[5] 孙红尧,林军,黄国泓,等. 耐候涂料在曹娥江大闸钢结构上的防腐蚀试验研究[J]. 水利水运工程学报,2008(2):16-22.

[6] Yuan Z Y, Shen M X, Sun H Y. Influence of silicone penetrating agent on the carbonation resistance of concrete[C]//2015 International Conference on Mechanics, Building Material and Civil Engineering (MBMCE 2015), August 15—16, 2015, Guiling, China. International Association for Scientific and High Technology:1-6.

[7] Sun H Y, Wang X C, Zhang X D, et al. Study on the performance of resistance to freeze—thaw of concrete coated with organosilicon hydrophobic agents[C]// Proceedings of the 2018 7th International Conference on Energy and Environmental Protection (ICEEP 2018). July 14—15, 2018. Shenzhen, China. Paris, France: Atlantis Press, 2018:682-689.

[8] Kim J K, Kim C Y, Yi S T, et al. Effect of carbonation on the rebound number and compressive strength of concrete[J]. Cement & Concrete Composites, 2009, 31(2):139-144.

[9] 王学川,孙红尧,申明霞,等. 混凝土用有机硅渗透剂耐紫外老化性能研究[J]. 水利水运工程学报,2016,5:96-102.

[10] Tittarelli F, Moriconi G. The effect of silane-based hydrophobic admixture on corrosion of galvanized reinforcing steel in concrete[J]. Corrosion Science,2010,52(9):2958-2963.

[11] Mamaghani I H P, Moretti C, Dockter B A. Application of sealing agents in concrete durability of infrastructures systems[EB/OL]. (2007—04—30)[2020-11-19]. http://www. dot. nd. gov/divisions/materials/research_project/und0601final. pdf.

[12] 蒋正武. 硅烷浸渍混凝土耐酸雨性能的研究[J]. 中国港湾建设, 2009(1): 33-36.

[13] Zhang X D, Yuan Z Y, Sun H Y, et al. Study on the effect of acid solution on the properties of the concrete impregnated with organosilicon water repellent agents [C]//Proceedings of the Eighth International Conference on Water Repellent Treatment and Protective Surface Technology for Building Materials. 2017, Hongkong, China: 170-177.

[14] 黄洪胜, 胡浩, 张明强, 等. 水泥基渗透结晶型防水材料研究应用进展[J]. 公路交通技术, 2011(4): 18-21.

[15] 孙学志, 邢峰, 王元纲, 等. 渗透结晶型涂料对混凝土碳化的影响[J]. 混凝土与水泥制品, 2008(4): 65-67.

[16] 韩雪莹, 张新, 杨亮, 等. 水泥基渗透结晶型防水材料提高混凝土耐久性试验研究[J]. 中国建筑防水, 2006(8): 18-20.

[17] 刘蔚. 水泥基渗透结晶材料对混凝土耐久性影响的试验研究[J]. 交通世界(建养机械), 2013(6): 200-201.

[18] 尚晓华, 敬登虎. 水泥基渗透结晶材料的研究与应用现状[J]. 水利与建筑工程学报, 2015, 13(2): 131-135.

[19] 刘腾飞, 胡昱, 葛啸. XYPEX 浓缩剂对混凝土抗冻性的影响[J]. 混凝土, 2011(2): 60-62.

[20] 李晓光, 徐波. 掺 CCCW 桥面防水混凝土抗冻与抗渗性试验研究[J]. 山西建筑, 2009, 35(30): 171-173.

[21] 余剑英, 王桂明. YJH 渗透结晶型防水材料耐化学侵蚀和抗冻融循环的研究[J]. 中国建筑防水, 2004(10): 14-16.

第7章 高寒区大坝混凝土表面冻融破坏修复材料与工艺

7.1 高寒区大坝混凝土表面冻融破坏研究现状

我国地域辽阔,有相当大的部分处于严寒地带,致使不少水工建筑物发生了冻融破坏现象。根据全国水工建筑物耐久性调查资料[1],在 32 座大型混凝土坝工程、40 余座中小型工程中,22%的大坝和 21%的中小型水工建筑物存在冻融破坏问题,大坝混凝土的冻融破坏主要集中在东北、华北、西北地区。尤其在东北严寒地区兴建的水工混凝土建筑物,几乎100%工程局部或大面积地遭受不同程度的冻融破坏。三北地区冬季严寒,而且由于海拔较高,日照长,雨水少,蒸发量大,太阳辐射强,昼夜温差大,无霜期短,冰冻期长的气候特点,冻融次数多,因而使得大坝混凝土表面较南方地区经受着更为严酷的考验,破坏形式更加多样化。除上述一些破坏外,在氯盐侵蚀、干湿交替存在的同时,混凝土的冻害加剧了腐蚀的进程,大大降低了混凝土的耐久性和使用年限。为了使上述及类似工程继续发挥作用,各部门每年都要耗巨资加以维修。根据以往经验混凝土工程安全使用期和维护使用期的比例为1:3~1:10,但维护使用期的维修费用却高达建设费用的 1~3 倍,所以遭受早期冻害破坏的混凝土工程不仅直接影响人们的生命财产安全,同时也给经济建设造成巨大的浪费。

作为混凝土耐久性最重要的指标之一,大坝混凝土表面的抗冻性一直是工程界关心的热点问题。目前国内外对冻融的研究主要集中在以下方面:冻融破坏机理、冻融影响因素、冻融劣化模型以及数值仿真计算等方面。

7.1.1 冻融破坏机理

发生冻融破坏的条件有:冻融的介质、正负交替的温度、冻融循环的次数足够多。当混凝土结构所处的环境温度下降时,混凝土的外部温度会下降较快,而内部温度会下降较慢,这样就会在混凝土结构的内外之间产生温差,而当混凝土结构的环境温度下降到低于零摄氏度时,表面的孔隙就会逐渐开始结冰。在这个过程中,无论是孔隙中的水分迁移还是孔隙中的水结成冰后的体积膨胀,都会使混凝土的内部产生各种应力,当这种应力超过混凝土所能承受的极限时,就会在混凝土的内部产生新的裂纹。当温度上升时,混凝土的孔隙水会解冻,这时无论是新的裂纹还是原来就存在的裂纹都会得到充分的水分供给。如此的冻融过程循环往复的发生,混凝土内部的裂缝就会不断扩展,直到相通,同时还会产生许多新的裂缝。所以当冻融循环达到一定的程度,混凝土就会产生由外到内的冻融破坏[2]。

一般认为,冻融破坏主要是因为在某一冻结温度下,水结冰产生体积膨胀,过冷水发生迁移,引起各种压力,当压力超过混凝土能承受的应力时,混凝土内部孔隙及微裂缝逐渐增大,扩展并互相连通,强度逐渐降低,造成混凝土破坏。目前国内外对于冻融破坏的机理没有统一定论,提出的冻融破坏理论主要有静水压经典理论、渗透压理论、冰棱镜理论、基于过冷液体的静水压修正理论、饱水度理论等等。1944 年,Collins[3] 提出冰棱镜理论。该理论认为,冰晶是沿着热流方向生长的,直到水完全结冰,或者是由于空隙表面的压力过大而不可冻结才会停止。冰冻和融化的重复过程产生了平行于冷却表面的脆弱层,更容易受到冰晶破坏。之后混凝土中气泡对冻融的影响作用备受重视,1945 年,T. C. Powers[4] 首次提出静水压力假说,认为混凝土中的水结冰后,由于体积膨胀而产生的静水压力是导致混凝土冻害的主要原因。他提出在混凝土结构不破坏的情况下,气泡是唯一可用的结冰空间。为了到达这个空间,水必须穿过浆体。根据达西定律,压力水传播一定距离就超出了抗拉强度,从而对浆体造成损害。静水压力理论虽然得到许多专家和学者的支持和认可,也很好地解释了一些实验现象,但是,它不能很好地解释完全保水和水泥孔隙率高时的一些现象。1975 年,T. C. Powers[5] 进一步提出渗透压理论,随着温度的降低,水首先在毛细管中结冰气孔,提高溶解化学物质的浓度,迫使水从小孔隙中流动到大孔隙中重建平衡。如果试件是饱和的,则上述过程产生的内部压力可能会破坏试样。通常认为,水胶比大、强度较低以及龄期较短、水化程度较低的混凝土,静水压力破坏是主要的;而对水胶比较小、强度较高及含盐量大的环境下冻融的混凝土,渗透压起主要作用。1972 年,Litvan[6] 提出了另一种理论。他解释说,在毛细孔中,水并没有冻结在原地;当温度下降到零摄氏度以下,水变得过冷,并倾向于移动到一个表面冻结,导致标本干燥。根据 Litvan 的观点,破坏是解吸过程的结果,当水的浓度比之前的平衡高很多的时候就会发生。气泡减少了水到冻结表面的迁移距离,从而促进了冻结过程的解吸作用,允许更多的水离开孔隙,有利于保护试样。从该理论出发,我们可以有把握地假设孔隙细化、转化较大的孔隙变成均匀分布的孔隙,较小的孔隙有利于提高混凝土的抗冻性能。慕儒等[7] 的研究解释了渗透压、最不利饱水度、微冰晶模型理论联合作用下混凝土冻融循环条件下水分迁移和损伤的机理。研究认为,在冻融循环的降温过程中,混凝土试件表层大孔首先结冻,相邻未冻结小孔中的水分向大孔迁移。在升温过程中,小孔首先解冻,由于孔内负压作用外部水分被吸入小孔,随着温度继续升高,大孔解冻,周围小孔以及外部水分流入大孔。在整个冻融循环过程中,水分总是由小孔向大孔中迁移。这样,根据微冰晶模型理论,随着冻融循环的进行,表层混凝土中的大孔饱水度不断提高,数个冻融循环之后达到最不利饱水度。在后续的循环中这些孔隙中的压力不断增大,孔隙中的压力引起的周围孔隙的拉应力可能引起基体开裂。由于表层大孔很容易高度饱水,所以混凝土表层开裂要比内部严重得多。

目前以上理论公认度较高,但静水压、渗透压等参数不能由实验测定,也无法准确用物理化学公式计算。现阶段得到公认的影响混凝土抗冻性的参数是平均气泡间隔系数。气泡间隔系数即气泡间距的一半。当混凝土的平均气泡间隔系数小于某个临界值时,毛细孔中的渗透压或静水压就不会超过混凝土的抗拉强度,即抗冻性能较好,否则其抗冻性能较差。

7.1.2 冻融影响因素

1) 孔结构

由 Powers 的静水压、渗透压理论可知,混凝土抗冻性与孔结构密不可分。Fagerlund[8]

通过理论推导表明,毛细管中的水结冰产生的静水压力与体系气泡间距的平方成正比,气泡间距越大,水流入其他孔隙的流程越长,压迫水通过毛细管所需的水压也越大。当毛细管水压超过混凝土抗压强度时,混凝土发生破坏。根据吴中伟院士等对混凝土孔隙的划分:无害孔孔径 $<0.02\ \mu m$,少害孔孔径为 $0.02\sim0.1\ \mu m$,有害孔孔径 $>0.1\ \mu m$。一般引入气泡的孔径在 $50\sim1\ 270\ \mu m$ 之间,属有害孔孔径范围。但实际上由于引入的气泡是封闭、分布均匀的微小气泡,可以起到缓解膨胀压和切断渗水通道的作用,因此其对混凝土的抗冻性能是有利的。孔结构之所以与冻融破坏有密切的联系主要体现在孔中的水在冻融循环过程中的作用。一般来说,孔隙率越大,相对含水量越多,则可冻水量也就越多。混凝土孔结构参数包括孔隙率、孔径大小、孔径分布、孔形状和气泡间距系数等。孔径大小决定了混凝土孔中水的冰点,孔径越小,冰点越低,成冰率也低,从而减小了因结冰引起的对混凝土的破坏,提高了混凝土的抗冻性。小孔、低的孔隙率和闭合孔会提高混凝土的抗冻性能。气泡参数中最主要的指标是气泡间距系数,一般气泡间距系数越小,混凝土抗冻性越好。严寒地区的混凝土工程一般要求使用引气剂改善内部结构,增强其抗冻性。随着科研的不断深入,人们发现引气剂提高混凝土抗冻性的效果取决于混凝土气泡参数,即气泡尺寸、数量及分布等。

研究认为[9-10],掺入引气剂的混凝土大孔减少,微小孔增多,气泡间距系数减小,混凝土孔结构的平均孔径、最可几孔径和临界孔径减小,孔级配分布更为合理。一般孔径越小,冰点越低,孔内结冰率越低;减小的气泡间距系数也使得孔溶液迁移的静水压减小,故引气剂的掺入使混凝土抗冻性显著提升。水灰比、掺合料、引气剂等对抗冻性的改变也是通过影响孔结构来实现的。张云清等[10]的研究还指出,当引气剂的品种确定后,混凝土含气量越高,平均气泡间距和平均气泡直径越小。研究还提出,含气量对抗冻性的影响存在一个临界范围。在水中冻融循环条件下,该临界含气量的范围为 $2.0\%\sim3.0\%$,在盐冻环境下具有较高抗冻性能的混凝土的临界含气量为 $4.5\%\sim5.0\%$,具有较高抗盐冻性的混凝土的含气量应提高至 5.0% 以上。当混凝土强度等级低于 C50 时,平均气泡间距必须小于 $250\ \mu m$,当强度等级提高到 C60 以上时,平均气泡间距可以增大到 $700\ \mu m$。陈霞等[11]的研究认为,为了使混凝土具有良好的抗冻性(抗冻强度等级达到 D300),平均气泡间距必须小于 $240\ \mu m$,气泡的平均半径小于 $150\ \mu m$ 且弦长大于 $50\ \mu m$ 气泡的体积分数小于 4.5%。

2)饱水度

水是造成混凝土受冻破坏的主要原因,混凝土中水的存在形式是由混凝土的孔隙结构决定的。水在混凝土中基本上以三种方式存在,即化学结合水、物理吸附水和自由水。化学结合水为水泥水化后生成的水化产物的组成部分,随着水化产物增多,这部分水的数量也增多。但通常的温度升高和降低对它无影响。物理吸附水吸附在水泥水化的凝胶体表面,形成很薄的一层吸附层,这部分水量很少,结冰温度较低,$-78\ ^\circ\!C$ 以下才结冰,对混凝土影响不大。自由水广泛存在于混凝土的大小不同的毛细孔或大孔中,其数量多少和毛细孔直径有关,这部分水在毛细孔中是可迁移的,在常压下,随温度升高可蒸发;当温度降低到 $0\ ^\circ\!C$ 以下时,这部分水即转变为固相冰,且由于体积膨胀,会对混凝土内部结构产生破坏作用。混凝土受冻害程度与孔隙的饱水程度有关,也就是肯定了水转化成冰的相变过程的说法。在实践上,由于重量含水率测定比较容易,因此常以含水率的大小来评定混凝土孔隙中的充水程度。一般认为含水量小于孔隙总体积的 91.7% 就不会产生冻结膨胀压力,该数值被称为临界饱水度。在混凝土完全饱水状态下,其冻结膨胀压力最大。混凝土的饱水状态主要与混凝土结构的部位及其所处自然环境有关。一般来讲,自然环境中的混凝土结构的含水量均达不到该临界值,而处于潮湿环境的混凝土结构的含水量比临界值明显要大。最不利的部位是水位变化区,该处的混凝土经常处于干湿交替变化的环境中,受冻时极易破坏。另外,由于混凝土表层含水率通常大于其内部的含水率,且受冻时表面的温度又低于内部的温度,所以冻害往往从表层开始逐步向内部深入发展。现行的有抗冻要求的混凝土都要对其水灰比做出限制,水灰比越小其抗冻性越好。如果混凝土中的孔隙水都达不到饱和,也就不存在冻胀破坏及水分迁移,"冻融临界饱水值法"就是基于上述理论提出的。Fagerland 曾提出"冻融临界饱水值法",认为混凝土能够容纳的可冻结水含量存在一个临界值,当内部水量未达到临界值时,即使出现冻害环境,混凝土也不会被冻坏,达到临界值之后,混凝土将迅速破坏。混凝土饱水程度越大,可冻水量越大,按照临界饱水度理论,当混凝土饱水程度超过临界值时,混凝土发生破坏。但也有试验发现当饱水程度未达到临界值时也会发生冻融破坏,这方面还有待进一步研究证实。

3) 水灰比

水灰比也是影响混凝土抗盐冻性能的重要因素。随着水灰比的减小,混凝土中自由含水量减少,孔隙数量减少,密实度提高。同时,减小水灰比可以细化孔径分布,优化孔结构。水灰比的提高还导致氯离子扩散系数减小。水灰比直接影响混凝土中可冻水的含量、混凝土强度,进而影响混凝土的抗冻性能。水灰比越小,混凝土中可冻水的含量越少,混凝土的冻结速度越慢;水灰比越小,混凝土强度越高,抗冻性能也越好。我国水科院、铁科院等单位的研究也表明,水灰比小于 0.35、完全水化的混凝土,即使不掺加引气剂,也有很好的抗冻性[12],这是因为混凝土中的水分除去水化结合水和凝胶孔不冻水外,可冻水含量很少。

4) 引气剂

含气量是影响平均气泡间距的一个主要因素。混凝土在搅拌过程中虽然引入大量的气泡,但由于气泡直径相对较大且不稳定,对混凝土抗冻耐久性的贡献有限。引气剂引入的气泡不仅直径小,而且丰富均匀。引气剂引入的气泡越多,平均气泡间距就越小,毛细孔中的静水压和渗透压就越小,混凝土的抗冻性就越好。

掺引气剂后混凝土抗冻性能显著优于不掺引气剂的混凝土。引气剂是具有憎水性的表面活性物质,可在混凝土搅拌过程中引入大量微小的、稳定的封闭气泡。封闭气泡切断了部分毛细孔通路,从而缓解了水变成冰时产生的膨胀压力,推迟了混凝土冻融破坏的发生,即起到减压缓冲的作用。此外,这些气泡还可以阻断混凝土内部毛细管与外界的通路,外界水分不易浸入。因此,引气剂引入的大量封闭气泡大大提高了混凝土的抗冻耐久性。但是,引气剂的掺量应控制在一个合理的范围,因为随着引气剂掺量的增加,气泡增多,混凝土的密实度降低,进而导致混凝土的强度降低。《普通混凝土配合比设计规程》(JGJ 55—2011)规定:混凝土的最大含气量不宜超过 7%。长期的工程实践与室内研究资料表明:提高混凝土抗冻耐久性的一个十分重要而有效的措施是在混凝土拌和物中掺入一定量的引气剂。引气剂是具有增水作用的表面活性物质,它可以明显降低混凝土拌和水的表面张力和表面能,使混凝土内部产生大量的微小稳定的封闭气泡。这些气泡切断了部分毛细管通路,能使混凝土结冰时产生的膨胀压力得到缓解,不使混凝土遭到破坏,起到缓冲减压的作用。这些气泡可以阻断混凝土内部毛细管与外界的通路,使外界水分不易浸入,减少了混凝土的渗透性。

同时大量的气泡还能起到润滑作用,改善混凝土的和易性。因此,掺用引气剂使混凝土内部具有足够的含气量,改善了混凝土内部的孔结构,大大提高了混凝土的抗冻耐久性。国内外的大量研究成果与工程实践均表明引入引气后混凝土的抗冻性可成倍提高。混凝土孔结构性质是影响混凝土抗冻耐久性及其他性质的根本所在。掺引气剂可以改善混凝土孔结构性质。因此,测试硬化混凝土孔结构性质是研究混凝土抗冻耐久性能的有效途径和方法之一。引气剂的掺入虽然是提高混凝土抗冻耐久性最有效的手段,但引气剂的掺入同时会引起混凝土其他性能降低,如强度、耐磨能力等。

5) 掺合料

矿物掺合料可以通过填充效应改善混凝土的微观结构从而改善抗冻性,常用的矿物掺合料主要是具有活性的硅灰、矿渣以及粉煤灰。硅灰作为一种超细颗粒的填充料对混凝土抗冻性能的影响较为复杂。首先,它对水泥的空隙具有填充作用,能大大提高混凝土拌合物的粘聚性和密实度并促进气泡的稳定存在。但是硅灰使新拌混凝土粘度大幅度增加,不利于气泡体系的形成。此外,由于硅灰的填充作用使得混凝土内部孔径减小,水分子通道变细,水分在负温下转移发生困难。按照 Powers 静水压理论,静水压力会增大,从而对含气量及气泡间距提出更高的要求。关于硅灰混凝土的抗冻性,已有很多学者做了大量工作,得出的结论各异。非引气硅粉混凝土的抗冻耐久性与基准混凝土比较,在胶结材总量相同,坍落度不变的条件下,非引气硅粉混凝土的抗冻能力高。当硅灰掺量小于某一数值时,轻骨料混凝土的抗冻性能随硅灰掺量的增加而增强,然而当硅灰掺量超过这一数值时,其抗冻性能反而下降,增加硅灰掺量并不总能提高轻骨料混凝土的抗冻性。磨细矿渣与混凝土内水泥水化生成的 $Ca(OH)_2$ 结合具有潜在的活性,对混凝土的抗冻融性有一定的影响。随着矿渣掺量的增加,其混凝土的抗冻融性能愈差,但是当掺合比例合适时,抗冻性能与普通混凝土相比有较大改善。随着粉煤灰混凝土技术的深入研究和发展,粉煤灰混凝土的抗冻耐久性研究已越来越多地引起人们的关注。粉煤灰高性能混凝土提高了混凝土的抗渗、抗冻、抗碳化能力。目前,单矿物掺合料配制高性能混凝土已经有很多研究,并已取得一定成果,对于多种掺合料复掺来提高混凝土抗冻性的研究也有一些进展。当超细粉煤灰与硅灰相掺时,提高抗冻耐久性的效果尤为显著,其冻融循环 300 次以后,动弹性模量与重量基本无变化,而钢纤维的进一步复合有利于混凝土抗冻耐久性的改善。粉煤灰与磨细矿渣复掺能显著提高混凝土的抗渗性和抗冻性能。双掺或多掺矿物的复合效应对混凝土抗冻耐久性的提高是值得研究的课题。

7.1.3　冻融劣化模型

目前已有的模型较多集中在通过宏观的物理和力学指标如动弹性模量和质量损失来表达混凝土的冻融损伤。余红发等[12]借助损伤力学原理,通过加速试验研究了混凝土在冻融或腐蚀条件下损伤失效过程的规律与特点,认为混凝土的损伤失效过程可以分为单段损伤模式和双段损伤模式,其损伤曲线主要有直线型、抛物线型和直线-抛物线复合型 3 种形式。在此基础上建立了混凝土损伤演化方程,提出了损伤速度和损伤加速度的新概念。

单段损伤模式:

$$E_r = 1 + bN + 0.5cN^2 \tag{7-1}$$

双段损伤模式：

$N < N_{12}$ 时：
$$E_{r1} = 1 + aN \tag{7-2}$$

$N > N_{12}$ 时：
$$E_{r2} = 1 + \frac{0.5(b-a)^2}{c} + bN + 0.5cN^2 \tag{7-3}$$

式中：E_r——相对动弹性模量；

N_{12}——损伤速度突变点。

系数 a 和 b 分别反映了混凝土的损伤初速度和二次损伤初速度，系数 c 反映了混凝土的损伤加速度。

王立久[13]提出了冻融角 θ 和混凝土极限冻融循环次数 N_0 的概念，提出以抗冻因子 ω 作为表征和评价混凝土抗冻性的唯一指标，并由此推导出冻融曲线的数学模型：

$$\frac{E}{E_0} = \left(1 - \frac{N}{N_0}\right)^\omega e^{\omega \frac{N}{N_0}} \tag{7-4}$$

式中：$\dfrac{E}{E_0}$——混凝土相对动弹性模量；

N_0——混凝土极限冻融循环次数。

抗冻因子 ω 所表征的是混凝土相对动弹性模量损伤程度，极限值 $\omega = 0$ 表征的是无冻害混凝土。研究认为，混凝土强度与抗冻因子 ω 存在着线性关系：

$$f_{cu} = 257\omega + 234 \tag{7-5}$$

慕儒[14]对 Ghafoori 的质量损失公式进行了修正，提出质量损失和冻融循环次数之间的关系可以表达为：

$$W_1 = \frac{G_n - G_0}{G_0} = a \cdot \lg(b \cdot N + 1)\left(1 + c \cdot \frac{10^{(0.01N-d)}}{1 + 10^{(0.01N-d)}}\right) \tag{7-6}$$

式中：W_1——质量损失率；

G_0——冻融循环前试件的质量；

G_n——N 次冻融循环后试件的质量；

N——冻融循环次数；

a、b、c、d——由试验确定的材料特性参数。

研究还指出，随着冻融循环的进行，混凝土体内毛细孔缝不断扩展、延伸，形成新的微裂缝及微裂区，使得混凝土内部裂缝扩展有害孔缝增加。用总有害孔率来表示冻融损伤对混凝土弹性模量的影响为：

$$E_r = \frac{E_n}{E_0} Ae^{[-(k \cdot N)^f]} \tag{7-7}$$

式中：k——主要反映外部应力和冻融介质的影响；

f——主要反映钢纤维的影响；

A——动弹性模量变化规律方程的形式参数（用百分数表示相对动弹性模量时取100）。

7.1.4　冻融劣化数值仿真

混凝土的冻融过程是一个非常复杂的物理变化过程,很多专家和学者都希望通过对混凝土冻融过程的数值模拟来揭示冻融破坏的机理。Olsen[15]设计了一个二维的有限元计算模型,用来模拟饱和状态的混凝土的受冻过程,该模型考虑了湿度、温度以及孔隙压力等因素的影响。Bazant等[16]建立了一个数学模型,用来预测混凝土的抗冻耐久性。该模型考虑了孔隙压力与含水量的关系,孔隙压力与应变和等效应力的关系,同时也考虑了相变潜热和水分扩散的问题,用有限元法求出了混凝土在受冻情况下应力和应变的大小,但是该模型需要确定许多参数,所以不适用于实际工程。Penttala等[17-18]从热力学和弹性力学的角度,在冻融过程中,对混凝土试件中心及表面的相对湿度与温度进行实验测定,从而计算出了混凝土中孔隙水压力,并假设此压力从中心到表面是呈线性分布的,最终求得了混凝土试件在冻融过程中的应力和应变的理论值。由于理论应变值与实际测量值相差很大,所以这个实验和假设还需要进一步的完善,才能得出与理论应变值相接近的测量值。Jacobsen[19]从微观角度出发,建立了数值模型,来模拟高性能混凝土受冻融作用时内部液体的传输过程,从而促进了高性能的混凝土抗冻性的研究。为了预测冻融循环引起的累积损伤,Cho[20]提出了一种基于响应面法的优化回归分析法,该预测所得的次冻融循环后动态模量和残余应变的关系与实验结果高度吻合。这说明该法是可以用来预测冻融循环所导致的累积损伤的。何俊辉等[21]在冻融循环实验的基础上,采用数字化分析技术测孔法和压贡法,分别测试了混凝土的孔隙结构,研究表明,引入好的引气剂可以很大程度改善混凝土的孔隙结构,提高其抗冻耐久性。段安等[22]以孔隙弹性力学和热力学为基础,建立了模拟混凝土冻融过程的控制方程,利用有限元软件对几个实例模型进行了模拟分析,预测了受冻过程中饱和砂柴试件的温度分布、孔隙压力和变形。

7.2　高寒区大坝混凝土表面冻融破坏修复材料

混凝土养护成型之后,其中存在孔隙,孔隙中的水以游离态存在,在反反复复的结冰环境下,由于水结冰的相变而产生了膨胀压力和渗透压力,进而使混凝土产生了疲劳应力,造成了混凝土结构力学指标降低,从而导致了混凝土结构内部与表面的破损如表面剥蚀和内部破坏。表面剥蚀通常表现为材料表面层胶凝材料开裂、脱落,破坏由表及里逐层发生,因此经过数次冻融循环后,其相对剥落质量是一个评价材料抗剥蚀破坏的重要参数。高寒地区混凝土坝迎水面还会受到冰块撞击、摩擦和冰拔等影响,加快表面剥落。水泥基多孔材料的内部破坏主要是孔隙水的结冰成核、生长最后发展到整个孔隙网络,在内部空隙压力、渗透压作用下,混凝土材料在内部出现微裂缝,因而发生膨胀开裂破坏。高寒地区混凝土坝还会遭受寒潮袭击,内外部温差大而产生裂纹,需要采取表面保温措施。

我国幅员辽阔,北方冬季寒冷,包括东北、华北、西北以及西南部分地区在内,最冷月平均气温可达−10 ℃以上[23]。高寒区大坝混凝土迎水面往往因冻融破坏发生劣化,未达到预期使用寿命而破坏[24]。随着我国基础建设的全面开展,混凝土建筑物在当前和未来的修补和防护问题将日益突出。研发适用于寒冷地区混凝土大面积冻融破坏的修复材料,重点解决修复材料与原基底材料的相容性、性能匹配性、粘结性问题,并采用恰当的防水保温措施具有重要意义。

7.2.1 普通砂浆或混凝土

普通砂浆或混凝土指的是在凿除已冻融破坏的旧混凝土上重新回填浇筑抗冻、抗渗和强度都能满足安全要求的新砂浆或混凝土，通常抗冻等级要高于设计值。目前已经在工程中运用并取得实效的普通修补砂浆或混凝土主要包括以下几种[25]。

引气砂浆或混凝土，掺用优质引气剂，保证一定含气量，使混凝土具有良好的孔结构，同时控制水灰比，适用于剥蚀深度大于 10 cm、修复面积较大的工程。

真空砂浆或混凝土，要求真空度不低于 550 mm Hg、吸水时间 20 min 左右，表面抹平，适用于剥蚀深度大于 10 cm、剥蚀面积较大的抗冻抗冲磨联合作用部位。

预制面板压浆混凝土，要求有较高的抗冻性和内部压浆饱满，适用于剥蚀深度大于 30 cm、剥蚀面积较大的部位。

预填骨料真空作业混凝土，压浆饱满，真空作业要求同真空混凝土，适用于剥蚀深度大于 30 cm、剥蚀面积较大的部位。

喷射砂浆或混凝土，水灰比小于 0.4，掺用硅粉、减水剂、膨胀剂、引气剂等优质外加剂，适用于剥蚀深度小于 5～10 cm、修补面积较小、要求快速施工的部位。

7.2.2 改性砂浆或混凝土

改性砂浆或混凝土是在普通混凝土砂浆或混凝土基础上添加特殊的改性材料，以达到更优良的工作性能，主要包括树脂类改性、矿物改性和聚合物改性等。

环氧砂浆或混凝土，主要由环氧树脂、增韧剂、稀释剂、固化剂等按一定比例与砂浆或混凝土复配，混合后形成一种高强度、高粘结力的固结体，具有优异的抗渗、抗冻、耐盐、耐碱、耐弱酸防腐蚀性能及修补加固性能。缺点是施工工艺相对复杂，含有大量有机溶剂对人体有害，材料造价较高，高海拔地区紫外线照射下易变脆老化，硬度高弹性低，易收缩变形脱落[26]。如潘家口水库溢流坝面冻融破坏修补，使用环氧砂浆修补后使用两三年出现大面积脱落。

硅粉砂浆或混凝土由普通砂浆或混凝土掺入一定量的硅粉制成，能够显著改善砂浆或混凝土的力学性能、密实性、抗冻融性、抗冲磨、抗腐蚀性等多种性能。由于掺入了硅粉，有效改善了砂浆或混凝土的微观结构，提高了水泥浆体和砂、石骨料界面的结合强度，增加了水泥浆体抗拉、抗冲击性能。在抗拉力方面，硅粉砂浆的抗折强度分别比普通的砂浆提高了很多，因而大幅度提高了抗冲磨、抗气蚀性能；在伸缩率方面，硅粉砂浆的收缩较小，因此抗裂性能显著提高；硅粉砂浆还具有很大的紧密结合性，能比一般的材料吸水能力更高，防渗防漏能力显著提升；硅粉砂浆的抗老化、抗冻性能也在不断加强；硅粉中特有的材料和配比使得硅粉砂浆的抗腐蚀能力较强，硅粉砂浆能够在一定情况下承受少量盐酸、尿素等化学物质的腐蚀。硅粉砂浆既可以人工进行涂抹，也可以使用机器进行喷涂。与环氧砂浆比，具有施工方便、与基底混凝土温度适应性好、耐久、无毒、成本低等优点。硅粉砂浆或混凝土已在诸多混凝土修复工程中得到成功应用，如葛洲坝、映秀湾、大伙房、下寨河、喀浪古尔等水电站关键部位修补[27]，潘家口水库溢流坝面冻融破坏修补[28]等。

聚合物砂浆或混凝土由水泥、骨料和可以分散在水中的有机聚合物搅拌而成，根据聚合物的种类可制成优良性能的不同砂浆或混凝土。近年来经过实际工程应用的聚合物砂浆或混凝土种类繁多,常用的改性聚合物胶乳有氯丁胶乳(CR)、丁苯胶乳(SBR)、丙烯酸酯共聚乳液(PAE)及乙烯-醋酸乙烯共聚乳液(EVA)。胶乳的掺加量按固形物计约为水泥用量的 $10\% \sim 15\%$,砂浆(混凝土)水灰比一般为 0.3 左右。与普通水泥砂浆(混凝土)相比,聚合物水泥砂浆(混凝土)的抗压强度约降低 $0 \sim 20\%$,极限拉伸提高 $1 \sim 2$ 倍,弹模降低 $10\% \sim 50\%$,干缩减小 $15\% \sim 40\%$,比老混凝土的粘结抗拉强度提高约 $1 \sim 3$ 倍,抗裂和抗渗性大幅度提高,抗冻标号能达到 D300 以上。下面列举一些成功案例。

1) 丙乳及改性丙乳砂浆或混凝土

2009 年查龙水电站混凝土面板冻融剥蚀及面板表层抗冻涂层脱落,止水结构、副坝挡墙及溢洪道混凝土冻融剥蚀等缺陷整治,在维修改造过程中使用了丙乳砂浆修补技术对混凝土表面进行修补,经过四个冬季的试验检验,维修处理后效果良好,维修过的部位运行正常,没有出现损坏现象,维修处理达到了预期的效果。黑龙江省中部引嫩工程跨渠农道桥桥桩采用了无模板围裹加固技术结合 SB-R 型混凝土(砂浆)修补材料的方式进行修补,节省了工程投资,减少了施工工期,降低了环境因素和自然条件对工程的影响[29]。SB-R 型混凝土(砂浆)为聚丙烯酸酯乳液砂浆的一种改性产品,属于 PCC 类,SB-R 乳液产品系聚丙烯酸酯乳液聚合物,由苯乙烯、丙烯酸、丙烯酸丁酯等单体聚合而成。抚顺市苏子河拨卜拦河闸坝调节闸闸底板因冻融和冲刷作用普遍露石,局部露筋,中墩和边墩下部普遍露筋,其中墩头下部混凝土腐蚀深度已超过 20 cm,采用掺微沫剂和丙乳(10%)的砂浆进行修补。试验表明,经 300 次冻融后,相对动弹模下降不到 10%,重量损失不到 1%[30]。

2) 聚合物纤维砂浆

与普通砂浆和环氧砂浆相比,聚合物纤维砂浆具有固结快、强度高、抗裂、抗折、抗冲击、抗疲劳与混凝土粘结力强等特点,且施工简便、成本低。如文峪河渠首闸、古贤闸冻融剥蚀修复处理,采用 SPC 聚合物纤维砂浆,消除了潜在的安全隐患,增强了混凝土的抗冻融剥蚀、碳化能力,提高了运行安全性[31]。潘家口水库混凝土大坝溢流面冻融修补[32]采用的是日本 NEXSUS 聚合物砂浆,是由水泥、骨料、纤维、特殊混合材料及粉末树脂混合而成的预混粉状物,加入清水搅拌后即成聚合物水泥砂浆。施工完成养护 28 d 后,聚合物砂浆修补层的 2 层砂浆之间的粘结强度在 $1.60 \sim 2.16$ MPa,大于 1.5 MPa,满足设计要求。

7.2.3　防水保温修复材料

传统的混凝土冻融破坏修补材料往往不具备足够的耐久性能,新的修补面仍会遭受冻融破坏,近年来多项工程已开始采取防水、保温的修补措施。防水处理以添加疏水材料或刮涂防水涂层为主,如有机硅、聚脲等。保温材料通常分两大类,即无机保温材料和有机保温材料。无机保温材料往往导热系数大、亲水性大,现场施工难度大,如泡沫混凝土、岩棉等。有机保温材料柔性高、导热系数小、具有疏水性,如聚乙烯、聚丙烯、聚氯乙烯和聚苯乙烯泡沫,但只能在工场内加工,通过模塑或挤塑形式制成板材,不能在现场制作。聚氨酯泡沫可以在现场灌注或喷涂施工,也可以在工场内通过模塑工艺制成板材。

如御河橡胶坝坝后混凝土抗冻修复,采取喷涂聚脲弹性体措施,解决了大同市御河城区段橡胶坝后水位变化区混凝土抗冻融、抗渗漏、抗老化等问题,提高了混凝土的耐久性[33]。新疆某水利枢纽采取粘贴 XPS 板的措施进行抗冻保温,取得了一定效果,但在水位波动区及蓄水位以下,XPS板受冰拔等应力作用出现起拱脱落现象,其效果需进一步验证[34]。本小节提出一种新的思路,即现场灌注聚氨酯发泡,形成一层隔水保温层。将受冻混凝土面清洁干净后辊涂界面剂,采用合适的支撑杆将事先养护好的防水砂浆板安装在混凝土表面,中间留空隙供聚氨酯灌注。此种方法既可以隔水保温,又可以抵抗冰拔破坏,并已在新疆某水利工程中进行了试验应用。几种常见混凝土防水保温材料性能对比详见表7.1。

表 7.1　常见混凝土防水保温材料性能对比

材料名称	聚脲	XPS 保温板	聚氨酯泡沫
施工方法	手刮、喷涂	粘贴	灌注
优点	隔水、抗老化、耐磨、粘结力强、施工简单、工期短	隔水,保温	隔水、保温、抗冰拔、施工快、对混凝土表面平整度要求不高
缺点	不保温	易空鼓,脱落	暂未发现

7.2.4　本项目防水保温修复材料

本次采用的聚氨酯原料从三辉保温密封材料厂购置,分 A、B 两种组分,按一定比例混合后快速搅拌,将混合液倒入预先制作的模具中进行发泡。模具尺寸为 300 mm×300 mm×30 mm,只留一个侧面作为灌注口。待发泡完成冷却后 1 小时拆模,用电热丝将表面修割平整。发泡倍数是表征聚氨酯发泡膨胀倍数的主要参数,有助于现场施工预先计算原料用量,其计算公式为:

$$N = \frac{V}{W - W_1} \times \rho \tag{7-7}$$

式中:N——发泡倍数;V——量筒容积(L);W——量筒质量(kg);W_1——量筒装满泡沫时的质量(kg);ρ——泡沫混合液密度(按 1 kg/L 计)。

导热系数是表征材料保温性能的主要依据,导热系数越小,保温性能越好。测试参照规范 GB/T 10295—2008/ISO 8301:1991(E)《绝热材料稳态热阻及有关特性的测定　热流计法》,采用热流法导热仪(NETZSCH HFM436/3/1E)进行,测试试件尺寸要求为 300 mm×300 mm×30 mm,热流面积为 101.6 mm×101.6 mm。测试试样及设备如图 7.1 所示。

图 7.1　导热系数测试样品及设备

　　聚氨酯 A 组分为异氰酸酯,B 组分为聚醚,通常情况下,B 组分比例越高,泡沫越软。考虑强度需要,首先对 A、B 组分比例为 1∶0.8 的泡沫样品在不同平均温度,温差 20 ℃下进行导热系数测试,结果如图 7.2 所示。从图中可以看出,同一种泡沫在不同温度下的导热系数是不一样的,随着温度变高而略有增大,与蔡林等[35]得到的结果一致。

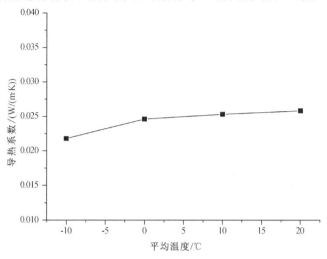

图 7.2　样品 4 在不同平均温度下的导热系数

　　选取不同的 A、B 组分比例,测试计算相应的发泡倍数。为节省测试时间,导热系数测试均在平均温度 10 ℃,温差 20 ℃下进行,结果如表 7.2 所示。可以看出,A 组分越多,聚氨酯发泡倍数越大,导热系数越小,泡沫越软,因此选取编号 4 的比例制作抗冻保温层。

表 7.2　不同 A、B 组分比例发泡聚氨酯泡沫相关参数

样品编号	A∶B	发泡倍数	导热系数[W/(m·K)]	泡沫软硬情况
1	0.5∶1	22	0.033	硬
2	0.8∶1	25	0.032	偏硬
3	1∶1	27	0.033	适中
4	1∶0.8	28	0.025	偏软

　　参照现场施工方法,制作混凝土构件抗冻保温层,成型砂浆-泡沫试件,砂浆层和泡沫层中间以圆杆连接固定。现场施工以 1 m² 为一个单元,示意图如图 7.3 所示。

　　将聚氨酯泡沫和圆杆看作均质材料,根据傅立叶定律,则材料热阻 R 可由式(7-8)所示:

$$R = \frac{L}{A \cdot \lambda} \tag{7-8}$$

式中,R 为材料热阻,λ 为材料导热系数,L 和 A 分别为热流方向的长度和面积。当两相材料并联时,等效热阻如图 7.4 所示,则有:

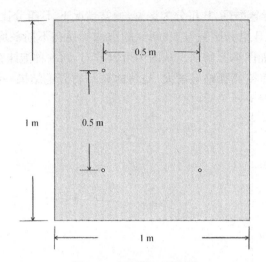

图 7.3 现场施工示意图

$$\frac{1}{R} = \frac{1}{R_1} + \frac{1}{R_2} \tag{7-9}$$

将式(7-9)代入式(7-8)整理可得:

$$A\lambda = A_1\lambda_1 + A_2\lambda_2 \tag{7-10}$$

$$\lambda = (\lambda_1 - \lambda_2) \cdot \nu_1 + \lambda_2 \tag{7-11}$$

式中,ν_1为组分1占总体的体积比,即A_1/A。

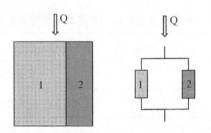

图 7.4 材料并联热阻模型

工程要求抗冻保温层导热系数小于 0.04 W/(m·K),令圆杆为热阻1,聚氨酯泡沫为热阻2,则抗冻保温层导热系数为:

$$\lambda = 3.14(\lambda_1 - 0.025) \cdot m \cdot r^2 \cdot 10^{-6} + 0.025 \tag{7-12}$$

式中,r为圆杆半径(mm),m为单元内圆杆数量。常用的圆杆支撑材料有膨胀螺丝、不锈钢、花岗岩和玻璃钢等。通过选取合适的圆杆材料和控制使用数量,可以确保复合保温层具有一定的抗压强度的同时,满足低导热系数要求,如表7.3所示。

表7.3　复合保温层单元导热系数

支撑杆	直径 （mm）	导热系数 [W/(m·K)]	数量	单元导热系数 [W/(m·K)]
铸铁	8	50	4	0.035 0
	10		4	0.040 7
	12		4	0.047 6
不锈钢	10	17	4	0.030 3
	12		4	0.032 7
花岗岩	10	3	4	0.025 9
	12		4	0.026 3
玻璃钢	10	0.5	4	0.025 1
	12		4	0.025 2

综上所述，聚氨酯泡沫A组分越多，泡沫越硬，发泡倍数越大，导热系数越小；同一种聚氨酯泡沫在不同温度下导热系数不同，且随温度升高而增大。混凝土表面灌注一层聚氨酯泡沫并以支撑杆固定可以提高混凝土的抗冻能力，通过选取合适的支撑杆材料和用量，聚氨酯泡沫-支撑杆复合体系可以实现低导热系数，同时具有一定的抗压强度。

7.3　高寒区大坝混凝土表面冻融破坏修复工艺

混凝土冻融传统修复方法总体上按照"凿旧补新"的方法进行，主要包括以下几个步骤：

1）凿旧

按照实际破坏深度和面积，采用不同的凿除方案。首先划出需要修补的范围，边界处进行切割，形成凸多边形。破坏深度较浅，在5 mm以内的表面剥蚀，可进行打磨处理并清洁。破坏深度较大时，可采用机械凿除、高压水或气清理、高水位形成的高速水流冲刷等方法，需露出完好的混凝土面，且尽量保持平整，深度均匀。

2）新旧混凝土界面处理

破坏层凿除后，须保证界面清洁，无碎渣、粉尘、油污等杂质。界面处的处理至关重要，无论使用什么类型的修补材料，界面处始终是最薄弱点，容易发生粘结不牢固而使修补材料脱落。通常的做法是在旧混凝土面涂刷一层界面层，常见的有水泥净浆或砂浆，根据修补厚度，有时也铺设锚筋和钢筋网来增加修补材料和旧混凝土之间的粘结力。需要注意的是，界面层要严格保护，不得落灰或者破损，在凝固前的规定时间内完成浇筑修补材料。

3）钢筋除锈

破损混凝土凿除后露出的钢筋若发生锈蚀，则需要对锈蚀钢筋进行除锈处理。锈蚀不严重时，先除去锈蚀层，进行打磨或者酸洗，再用清水清洗烘干，表面喷涂阻锈剂。锈蚀严重钢筋不能满足使用需求时，则对锈蚀钢筋进行拆除，重新绑扎钢筋。

4）修补

根据现场实际工况选择合适的修补材料，整个修补环节中，修补材料的性能尤为关键，首先应满足工程要求的抗冻指标,高寒地区修补材料的抗冻标号不应小于 D300。混凝土冻融修补常用材料主要有高抗冻性混凝土或砂浆、聚合物砂浆和预缩水泥砂浆等。

5) 养护

水泥基材料强度发展缓慢,修补后需注意早期的保温保湿养护。北方地区秋冬季施工要防止早期受冻,应采取适当的保温措施,构建塑料棚,用棚内加热的办法养护,达到要求强度后再拆除养护。

常用的修补工艺有常规浇筑回填、无模板浇筑、真空脱水浇筑、真空压浆浇筑和喷射混凝土(砂浆)施工等。对于修补深度较大的部位,可采用分层修补的方式,在上一层修补材料浇筑完成之后尚没有初凝或完全固化之前浇筑下一层,否则需要将层面凿毛,涂刷新的界面粘结层。

7.3.1 常规浇筑

常规浇筑应用广泛,施工相对简单。修补平面时,将拌好的修补材料倾倒在处理过的混凝土表面,用刮尺或抹子赶平砂浆,控制好标高并快速使用抹子收光,一次修补厚度一般控制在 3 cm 内,修补厚度大于 3 cm 应分层处理。修补立面时,用刷子在基础处理完毕的基面涂刷一层多功能界面处理剂以提高修补砂浆与修补基层间的粘结强度,保证修补区与原混凝土结构形成整体作用,趁涂刷在处理过的混凝土基础表面的界面剂未干时,使用抹刀用力将修补砂浆抹在修补区域内,应沿修补区域由内向外抹压。当一次施工面积过大时,应留施工缝或分片错开施工,每块面积不宜超过 10～15 m²,可视现场环境而定。砂浆作整体面层时,厚度不应小于 3 mm。立面或顶面的面层厚度大于 10～20 mm 时应分层施工,补缝或分片错开施工的时间间隔不应少于 24 小时。当进行最后一次抹面时,应一次抹平,不得反复抹压。遇有气泡时应刺破,表面应密实。

7.3.2 无模板浇筑

无模板浇筑工艺就是在处理部位植入锚筋、置挂钢筋网、钢丝网,以钢丝网代替模板。钢丝网配置间隔比较紧密且多层连续,钢丝网直径较小,材质一般为钢、不锈钢或其他合适材料,然后填筑流态修补材料,外部涂抹或喷涂 2 cm 聚合物砂浆作保护层。该工艺不需要模板,特别适用于围裹式加固修补处理。如黑龙江省中部引嫩工程渠农道桥桥桩采用了无模板围裹加固技术进行处理取得了良好效果。主要修补流程为围堰工程及排水—混凝土凿毛处理—置锚筋—钢筋除锈—界面处理—置挂钢筋网、钢丝网—浇筑修补材料—喷涂表面材料—拆除围堰。围堰工程及排水取扩大工作面积、深挖坑、3 层阻水的方式保证桥桩周围工作面内没有明显的渗漏,在施工过程中和修补材料硬化结束前渗水不能干扰工序和材料的质量。表面处理是关系到补强工程质量的重要环节,根据老化混凝土表面处理注意事项及混凝土修补技术对现场施工进行控制,是修补过程中最关键的工序,处理得好坏直接影响修补工作的成败。无论采用何种性能优良的修补材料都不能省去对旧混凝土基面的清理,因为任何坚固的修补材料都会由于结合面薄弱而发生脱落。对旧混凝土基面的清理工作包括去掉表面松动混凝土或骨料,用高压水冲洗干净或用吸尘设备吸去表面的浮渣和粉尘使基面洁净无油污。对裂缝及渗漏应先行进行嵌缝及防渗堵漏处理,涂刷界面处理剂要均匀饱满,不能有遗漏。钢筋处理时用除锈剂对其进行处理,务必做到清洗、除锈彻底。

7.3.3　真空浇筑

混凝土真空浇筑工艺包括真空脱水和真空压浆两种。

1）真空脱水浇筑[36-37]

是国内外发展起来的一项技术,它主要是利用真空压差进行机械压缩脱水,得到较高的密实结构。为使原始水灰比较大的塑性混凝土拌合物密实成型,可采用离心法排除多余水分,还应采用真空方法脱去部分多余水,使制品的局部形成负压,使大气压作用于另一部分,部分多余水及空气在此压力差的作用下被排出体外,整体把制品收缩、密实,所以,称为真空脱水密实成型工艺。真空吸水混凝土1 d的抗压强度较普通混凝土提高100％以上,28 d提高16％～25％,真空混凝土在真空脱水后,可以不必等混凝土本身强度增长,因初始强度较高,可以立即开始抹面等后续工作。普通混凝土需要等强度达到要求后才能拆模,真空吸水混凝土可相对缩短施工时间,加快总的施工周期。设备组成包括真空泵机组、真空吸垫、真空试模、振动梁和抹光机等,其中真空吸垫、真空泵是关键设备。真空吸垫由柔性材料制成,要求保证真空度分布的均匀性。

施工工艺操作要点:施工前测定原材料的含水量,并根据气候变化情况确定施工配合比;混凝土从出盘到脱水的控制时间根据水泥的初凝时间及施工时的环境温度确定,一般应在60 min以内;铺放真空吸水垫时,尼龙布周边要缩进,布面要平整,铺设吸垫时每边要保证密封边与新灌混凝土相贴合并密封;开泵脱水的同时要计时、量水、观察和调控真空度的变化大小,随时检查吸垫周边是否密封,禁止出现漏气现象;真空脱水完毕,立即抹面,但对脱水不足、过于湿软者,需待其干硬到一定程度后再进行上述抹面工作。在作业过程中,可能产生表层混凝土脱水较多形成硬壳,而下层混凝土水量多仍处于变形状态,即出现弹簧层现象。处理措施是用平板振动器进行振动,通过外力振动破坏硬壳层,迫使下部水向上移动,然后再铺上吸垫,进行二次真空吸水作业。

工艺特点:缩短施工周期,抗渗性能好,混凝土浇筑真空脱水后,混凝土的密实度提高5％左右,提高了混凝土的密实性,等于减少了混凝土的孔隙,提高了混凝土路面抗渗性,抗冻性好,强度高。

2）真空压浆浇筑

适用于剥蚀深度和面积均较大的情况,需打锚杆、挂模,预先填充骨料,然后进行压浆真空作业。作业过程中的重难点是浆料的设计配置,不仅关系到压浆密实度,也是施工时易发生孔道堵塞的原因。主要工序为首先加入适量的水分到混合料,开启拌浆机进行搅拌施工,全部混合均匀之后,利用滤网将水泥浆直接倒入储浆罐中。需要确保储浆罐可以满足搅拌性能,在未灌水泥浆时需要持续搅拌进行。关闭进浆阀、排浆阀,开启排气阀,抽真空阀,打开循环水口的控制阀门,可以进行真空泵抽空,在整个系统的压力处于稳定状态下之后,才能开启进浆阀门,保证压浆施工。在抽真空一侧的管路中有水泥浆流出之后就能够关闭真空机,然后开启派浆阀,持续压浆到连续且黏稠度达到设计要求。主要优点有:真空作用下,管道内部的空气和水能够及时排出,同时可以把浆液内部的气泡与水分排净,提升了结构的密实度性能;浆体中存在的微末浆与稀浆在真空的影响下会直接进入负压容器中,在黏稠浆液直接流出结构之后,孔道内部的浆液黏稠度达到一致,此时可以更好地保证密实度与强度。

7.3.4　喷射浇筑

喷射混凝土是将硅酸盐水泥、砂和水拌合后利用压缩空气进行喷射浇注的。除上述材料外,喷射混凝土中还可掺粗骨料、纤维及掺合料等。喷射混凝土是一种既耐久又能满足结构要求的修补材料,且与现有混凝土或其他建筑材料粘结性能优异。适用于剥蚀深度不大、修补面积较小、要求快速施工的部位。需掺入减水剂、膨胀剂、引气剂等优质外加剂,有干喷、湿喷、水泥裹砂裹石、湿料掺浆等多种方法。其主要特点有较高的初期强度、紧密贴实、适用范围广、自密实、柔性好、降本增效。主要问题包括:喷射混凝土的耐久性会受到配合比设计、施工质量等一些因素的影响,导致其耐久性不能满足设计的要求;施工时会出现较多的粉尘,回弹率高;混凝土会出现后期强度较低的现象;喷射混凝土倾向于收缩和开裂。施工注意事项:喷嘴处有风压和水压两种压力,在进行喷射混凝土施工时,风压一定要低于水压才可顺利施工;施工时注意喷射混凝土的喷射顺序;喷嘴与受喷面的距离最好介于 0.8～1 m 之间;操作人员应该随时注意机器设备的生产、运转情况;为了确保喷射混凝土的密实性,可使喷射出的混凝土与受喷面成 90°的夹角;喷射混凝土施工时会进行分层喷射,每一混凝土层的薄厚要适中,并且必须要在该层终凝后再进行下一层的施工;当喷射混凝土的面积过大时,应提前做样板;用锤击听声的方法对喷射混凝土的强度进行检查,并对检查出的问题进行及时处理。喷射混凝土可用于大坝混凝土受冻破坏的修补。一般来讲,喷射混凝土的修补性能是比较好的,但有时也会出现不良状况,主要原因在于旧混凝土表面清理不充分、施工质量差或未考虑到喷射混凝土相对较小的渗透性。由于喷射混凝土渗透性小,通过基层混凝土的水分就会被封闭起来,这样修补部位附近的非引气混凝土就会达到临界饱水度,若遭受冻融循环则可能发生破坏。对旧混凝土表面的精心处理以及喷射工人的技能,是喷射修补成功实施的两大必备要素。

7.4　高寒区大坝混凝土表面冻融破坏修复效果与评估

7.4.1　工程概况

某水利枢纽工程大坝为 RCC 重力坝,最大坝高 121.50 m,全长 1 570.0 m。该 RCC 重力坝地处高寒地区,又属欧亚大陆腹地,冬季寒冷且历时较长,曾观测到的极端最低气温为 -49.8 ℃,最大积雪深度达 70 cm,多年平均气温为 2.7 ℃,12月、1月、2月多年月平均气温在 -20 ℃以下。另外,该地区寒潮频繁,降温幅度大,以往 40 多年的气温统计资料表明:1～12 月份每月平均寒潮侵袭次数在 1.46～2.86 次,每次寒潮平均降温幅度在 -8.71～-14.72 ℃之间,历时 2～5 天。历史上曾观测到的极端寒潮情况发生在 1976 年 12 月 20 日～12 月 24 日,五天内日平均气温从 -10 ℃降到 -41.4 ℃。

7.4.2　修复方案

1) 方案一:丙乳砂浆修复
(1) 混凝土表面缺陷处理
修补前用钢丝刷或加压水冲刷清除缺陷部分,或凿去其薄弱的混凝土表面,用水冲洗干净,采用比原混凝土强度等级高一级的砂浆、混凝土或其他填料填补缺陷处,并予抹平,修整部位应加强养护,确保修补材料牢固粘结,色泽一致,无明显痕迹。

（2）修复材料

采用丙乳砂浆,聚丙烯酸酯乳液的质量应符合表 7.4 的规定。

表 7.4　聚丙烯酸酯乳液的质量指标

序号	项目	质量指标
1	外观	乳白色无沉淀的均匀乳液
2	粘度(s)	11.5～12.5
3	总固体含量(%)	39～41
4	密度(g/cm³)	≥1.056
5	储存稳定性	5～40 ℃,三个月无明显沉淀

聚合物乳液改性水泥砂浆采用丙乳砂浆,其物理力学性能指标应符合表 7.5 的要求。

表 7.5　丙乳砂浆的物理力学性能指标

序号	项目		质量指标
1	凝结时间	初凝(min)　≥	45
		终凝(h)　≤	12
2	抗压强度(MPa)	≥	30.0
3	与水泥基层粘结强度(MPa)	≥	1.2
4	抗拉强度(MPa)	≥	4.5
5	抗渗等级(MPa)	≥	1.5
6	吸水率(%)	≤	5.5
7	使用温度(℃)	≤	60.0
8	抗折强度(MPa)	≥	8.0
9	抗冻性(抗冻融循化次数)	≥	F200

（3）施工工艺

① 严格按照《聚合物水泥砂浆防腐蚀工程技术规程》(CECS:18—2000)第 4 章"施工规定"有关要求进行施工。

② 凿除脱空的聚合物砂浆至坚实的基底,并铲除周边脱落的涂层;基层应平整、坚固、洁净,无浮尘物,不得有疏松、凹陷处;如果有油污、孔洞等要进行清洗、修补处理,同时需检查有无渗漏点,如发现渗漏点,需事先进行化学灌浆进行堵漏处理。

③ 用高压风或高压水枪吹净基底表面的松动颗粒和粉尘。

④ 施工前,基层面要用水充分湿润,无积水时方可施工。

⑤ 用丙乳乳液配制界面剂,涂刷在混凝土基底表面。

⑥ 聚合物乳液改性水泥砂浆施工时,砂浆的厚度应一致,不得出现薄厚不均匀的现象。砂浆各层应紧密结合,每层应连续施工;如必须留接口时,采用阶梯坡性接口,但必须离开阴阳角 200 mm;接口要依层次顺序操作,层层搭接紧密,搭接宽度不小于 100 mm。

⑦ 聚合物乳液改性水泥砂浆厚度应≥25 mm。同时须与原混凝土面平顺衔接,不得出现凸棱。

⑧ 聚合物乳液改性水泥砂浆应在 5 ℃以上施工、贮存。

⑨ 聚合物乳液改性水泥砂浆防水层未达到硬化状态时,不得浇水养护或直接受雨水冲刷。

⑩ 聚合物乳液改性水泥砂浆凝结后,进行自然养护,养护温度不得低于 5 ℃,养护时间不得少于 10 天。

⑪ 未硬化的砂浆应注意保护,不得使其挫伤、损伤,若破损应及时修补。

⑫ 未硬化的砂浆不得上人踩踏。

2) 方案二:环氧深层表面修复

(1) 面层找平,具体施工工序如下:

① 对混凝土进行打磨,宽度为 40 cm,去除表面附着物,然后吹净打磨表面的粉尘和松动的小颗粒。混凝土基层若有孔洞、裂缝、凹凸等,应先用聚合物砂浆等修堵材料修补找平。待修堵材料完全固化后,用打磨机打磨平整。混凝土基础有浮浆时,应用打磨机或抛丸机除掉浮浆层。

② 将基层清理干净,必要时用高压水枪、吸尘器、吹风机等将基层砂粒、浮尘等清理干净。

③ 基层清理干净后,进行干燥度检测,含水率应不大于 9%。

④ 对脱空部位,清除已污染的填缝材料至新鲜面,采用柔性 GB 填料进行填充,填充至与洞身混凝土表面平齐。

⑤ 用环氧腻子找平打磨的混凝土表面凹凸处及蜂窝麻面。

⑥ 基层清扫干净后,经过验收合格后,方可涂刷底涂料并进行单组分聚脲防水涂料施工。

⑦ 涂刷底涂料,待底涂料指干后,涂刷单组分聚脲防水涂料对结构缝表面进行封闭,要求涂刮均匀,且沿结构缝中间复合 15 cm 宽的聚酯胎基网格布涂刮宽度为 30 cm。待第一层聚脲表面指干后,才可涂刮第二遍聚脲涂层,最终聚脲涂刮厚度不小于 2 mm。

⑧ 聚脲弹性体防水涂料应为均匀黏稠状液体、无凝胶、无结块。

⑨ 聚脲弹性体防水涂料施工时应选用专用配套底涂料、嵌缝材料、密封材料等产品。

⑩ 聚脲弹性体防水涂料防水工程所采用的材料间应具有相容性,宜使用同一厂家配套材料。接缝等处密封材料宜采用聚氨酯密封胶。

单组分聚脲防水涂料的物理力学性能指标见表 7.6。

表 7.6 单组分聚脲防水涂料的物理力学性能指标

序号	项目		技术指标	测试方法
1	拉伸强度(MPa)	≥	16	
2	断裂伸长率(%)	≥	300	GB/T 16777—2008
3	低温弯折性(℃)		—40	
4	不透水性(0.4 MPa,2 h)		不透水	

续表 7.6

序号	项目	技术指标	测试方法
5	粘结强度/(附底涂料)(MPa)　≥	2.0 或底材破坏	GB/T 16777—2008 A 法
6	潮湿粘结强度/(附潮湿基面底涂料)(MPa)　≥	2.0 或底材破坏	GB/T 16777—2008
7	剥离强度/(附底涂料)(N/mm)　≥	5	GB/T 2790—1995
8	表干时间(h)　≤	4	GB/T 16777—2008
9	固化速度(mm,24 h)　≥	2	/
10	固体含量(%)　≥	80	GB/T 16777—2008
11	一次成膜厚度(mm)　≥	2	/
12	自流平性	1 次涂布 2 mm 厚于水平面,用棒 ϕ 2 mm 划开涂料,表干以前划痕自动愈合为合格	目测
	抗下垂性	1 次涂布 1 mm 厚于垂直立面,直到表干,不垂流为合格	目测

底涂料的物理力学性能技术指标见表 7.7。

表 7.7　底涂料的物理力学性能技术指标

序号	项目		技术指标	测试方法
1	外观		均匀黏稠体,无凝胶、结块	
2	干燥时间(h)　≤	表干	4	GB/T 16777—2008
3	粘结强度(MPa)　≥	实干	24	
		干燥基层用	2.5	
		潮湿基层用	2.0	

聚酯胎基网格布性能指标见表 7.8。

表 7.8　聚酯胎基网格布的物理性能指标

序号	项目		技术指标	备注
1	外观		均匀无抽丝、破损	—
2	断裂强度值(N)　≥		300	纵横向
3	断裂强度最低单值(N)　≥		300	纵横向
4	断裂伸长率(%)		50/80	纵横向
5	幅度偏差			—
6	热稳定性(%)	纵向伸长　≤	2.0	—
7		横向伸长　≥	2.0	

续表 7.8

序号	项目		技术指标	测试方法
8	表干时间(h)	≤	4	检测方法：GB/T 16777—2008
检测方法：GB/T 17987—2000				

（2）混凝土表面涂刷环氧涂层

① 用磨平机磨平小模板浇筑时出现的拼接棱（环向和纵向），用切割机切除混凝土表面的蜂窝、麻面的薄弱部分。

② 打毛清除混凝土表面的灰尘、乳皮、松动颗粒及长期过水表面的附着物等，处理后的表面应露出新鲜的混凝土骨料，且不对骨料产生扰动，用压力水冲洗干净、风干。打毛深度控制在 2 mm 内。

③ 用环氧腻子找平混凝土表面的麻面和蜂窝，使混凝土表面平缓。混凝土表面剥蚀深度超过 1 cm 的基面须采用环氧砂浆进行修复。

④ 二次打磨混凝土表面修复过程中出现的不平整用压缩空气吹净表面。

⑤ 使用 2 m 直尺检测处理完的混凝土底基层，允许空隙不得大于 5 mm。

⑥ 混凝土基面处理完成后，刷涂环氧树脂底涂料，需做到薄而均匀，无流挂，无露底。

⑦ 底涂料表干后，涂刮环氧涂层，涂刮 2 遍，待第一遍环氧涂层指干后方可涂刮第二遍，最终涂刮厚度不小于 1.5 mm。

⑧ 环氧涂层施工应沿逆水流方向进行，按先顶面、再侧面、后底面，先上后下的顺序施工。

环氧树脂底层涂料应符合表 7.9 的规定。

表 7.9 环氧树脂底层涂料的要求

序号	项目		技术指标
1	容器中的状态		搅拌后无硬块，呈均匀状态
2	固体含量(%)	≥	95
3	干燥时间(h)	表干 ≤	6
		实干 ≤	24
4	7 d 拉伸粘结强度(MPa)	≥	2.0

混凝土表面大面积降糙施工需选择韧性较高的环氧树脂涂层材料。其性能应符合表 7.10 的要求。

表 7.10 环氧树脂涂层材料的要求

序号	项目		技术指标
1	容器中的状态		搅拌后无硬块，呈均匀状态
2	涂膜外观		平整，无刮痕、折皱、气泡等缺陷
3	固体含量(%)	≥	95

续表 7.10

序号	项目			技术指标
4	干燥时间(h)	表干	≤	6
		实干	≤	24
5	铅笔硬度(H)		≥	3
6	抗冲击性,φ50 mm,500 g 的钢球			涂膜无裂纹、无剥落
7	耐磨性(g)		≤	0.15
8	7 d 拉伸粘结强度(MPa)		≥	2.5
9	耐水性			涂膜完整,不起泡、不剥落,允许轻微变色
10	耐化学性	15%的 NaOH 溶液		涂膜完整,不起泡、不剥落,允许轻微变色
		10%的 HCl 溶液		
		120♯溶剂汽油		

3) 方案三:表面保温修复

主要内容包括旧混凝土表面冻融破坏修复处理,修补层表面涂界面疏水剂一道(辊涂),安装三脚托架和支撑杆,安装砂浆板(厚度 2 cm),灌注聚氨酯泡沫(厚度 10 cm)。具体工艺方案见图 7.5。

(1) 旧混凝土表面的处理

旧混凝土表面如发生剥落须先进行修补处理,表面完好则用电动砂磨机清理混凝土表面,表面达到清洁、无杂物残留。

(2) 涂刷疏水界面剂

用羊毛辊蘸取界面剂,用力在混凝土表面辊涂界面剂一道。

(3) 安装三脚托架和支撑杆

在最下面需要用不锈钢三脚架支撑,1 m 宽至少安装 2 个三脚架。在准确位置安装支撑杆,用以固定砂浆板,每块砂浆板 4 根。

(4) 安装砂浆板

砂浆板现场提前成型并养护,厚度 2 cm,板大小 100 cm×100 cm,底部板和侧面用镀锌槽钢固定(根据现场实际情况制作),预留安装支撑杆孔。

(5) 灌注聚氨酯泡沫

按 1 m 高度逐层向上推进。即最下面 1 m 高度砂浆板安装好后,在确认砂浆板安装到位后,灌注聚氨酯泡沫料,按发泡料的密度根据体积配料,两组分混合后快速搅拌(腻子搅拌机),然后均匀倾倒到模板内,待发泡结束后,修割顶部和边缝多余泡沫,再安装第 2 m 高度砂浆模板,安装好后,再继续灌注发泡材料,依次类推,直到结束。

(6) 露出砂浆板表面的支撑杆,用砂轮机切除,与砂浆板表面平齐,用玻璃胶遮盖。聚氨酯泡沫保温层应符合表 7.11 的规定。

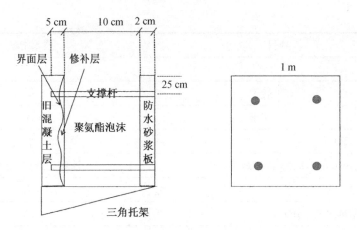

图7.5 保温修复施工工艺图

表7.11 聚氨酯泡沫保温层要求

序号	项目		技术指标
1	导热系数[W/(m·K)]	≤	0.04
2	压缩强度(MPa)	≥	6.0

7.4.3 修复质量控制及检验检测

1) 质量控制

（1）水泥

每批水泥均应有厂家的品质试验报告,按国家和行业的有关规定,对每批水泥进行取样检测。检测取样以200~400 t同品种、同标号水泥为一个取样单位,不足200 t时也应作为一个取样单位。检测的项目应包括水泥标号、凝结时间、体积安定性、稠度、细度、比重等试验,监理人认为有必要时,可要求进行水化热试验。

（2）掺合料

粉煤灰及其他经批准的掺合料的检测取样以每100~200 t为一取样单位,不足100 t也作为一取样单位。检测项目包括细度、需水量比、烧失量和三氧化硫等指标。

（3）外加剂

配置混凝土所使用的各种外加剂均应有厂家的质量证明书,按国家和行业标准进行试验鉴定,贮存时间过长的应重新取样,严禁使用变质的不合格外加剂。现场掺用的减水剂以5 t为取样单位,引气剂以200 kg为取样单位。

（4）水质

拌和及养护混凝土所用的水,除按规定进行水质分析外,应按监理人指示进行定期检测,在水源改变或对水质有怀疑时,应采取砂浆强度试验法进行检测对比,如果水样制成的砂浆抗压强度低于原合格水源制成的砂浆28 d龄期抗压强度的90%时,该水不能继续使用。

（5）骨料

骨料的质量检验应分别按下列规定在筛分场和拌和场进行:

① 在筛分场每班应检查一次,内容包括各种骨料的超逊径、含泥量和砂的细度模数等。

② 在拌和场,每班至少检查两次砂和小石的含水率,其含水率的变化应分别控制为±0.5%(砂)和±0.2%(小石)范围内;在气温变化较大或雨后骨料含水量突变的情况下,应每两小时检查一次;砂的细度模数每天至少检查一次,如超过±0.2时,需调整混凝土配合比;骨料的超逊径、含泥量应每班检查一次。

2)检验检测

混凝土冻融剥蚀修补结果:

(1)丙乳砂浆性能检验见表7.12。

表7.12　丙乳砂浆性能测试结果

序号	项目			指标要求	测试结果
1	凝结时间	初凝(min)	≥	45	50
		终凝(h)	≤	12	10
2	抗压强度(MPa)		≥	30.0	32.5
3	与水泥基层粘结强度(MPa)		≥	1.2	1.4
4	抗拉强度(MPa)		≥	4.5	4.7
5	抗渗等级(MPa)		≥	1.5	1.5
6	吸水率(%)		≤	5.5	5.2
7	使用温度(℃)		≤	60.0	20
8	抗折强度(MPa)		≥	8.0	8.2
9	抗冻性(抗冻融循化次数)		≥	F200	F200

(2)外观检查、平整度检测结果见表7.13,修补前后效果对比见图7.6。

表7.13　平整度检测结果

编号	项目	平整度偏差(mm)
1	混凝土表面抹平	4
2	环氧涂层	3
3	聚脲涂层	3

图7.6　混凝土剥蚀修复前后对比

参考文献

［1］杜天玲，孟云芳，王治虎. 提高混凝土抗冻耐久性技术的研究综述[J]. 宁夏农学院学报，2002，23(2)：80-83.

［2］于贺. 高寒地区混凝土大坝冻融破坏机理研究[D]. 大连：大连理工大学，2012.

［3］Collins A R. The destruction of concrete by frost[J]. Journal of the Institution of Civil Engineers，1944，23(1)：29-41.

［4］Powers T C. A working hypothesis for further studies of frost resistance of concrete [J]. ACI Journal Proceedings，1945，41(1)：245-272.

［5］Powers T C. Freezing effects in concrete[J]. Special Publication，1975，47：1-12.

［6］Litvan G G. Phase transitions of adsorbates：Ⅳ，mechanism of frost action in hardened cement paste[J]. Journal of the American Ceramic Society，1972,55(1)：38 -42.

［7］慕儒，田稳苓，周明杰. 冻融循环条件下混凝土中的水分迁移[J]. 硅酸盐学报，2010 (9)：1713-1717.

［8］Fagerlund G. Prediction of the service life of concrete exposed to frost action，studies on concrete technology ［R］. Swedish：Cement and Concrete Research Institute，1979.

［9］张士萍，邓敏，吴建华，等. 孔结构对混凝土抗冻性的影响[J]. 武汉理工大学学报，2008,30(6)：56-59.

［10］张云清，余红发，王甲春. 气泡结构特征对混凝土抗盐冻性能的影响[J]. 华南理工大学学报，2010,38(11)：7-11.

［11］陈霞，杨华全，周世华，等. 混凝土冻融耐久性与气泡特征参数的研究[J]. 建筑材料学报，2011,14(2)：257-262.

［12］余红发，孙伟，张云升，等. 在冻融或腐蚀环境下混凝土使用寿命预测方法Ⅰ：损伤演化方程与损伤失效模式[J]. 硅酸盐学报，2008,36(S1)：128-135.

［13］王立久. 混凝土抗冻耐久性预测数学模型[J]. 混凝土，2009(4)：1-4.

［14］慕儒. 冻融循环与外部弯曲应力、盐溶液复合作用下混凝土的耐久性与寿命预测[D]. 南京：东南大学，2000.

［15］Olsen M P J. Mathematical modeling of the freezing process of concrete and aggregates[J]. Cement and Concrete Research，1984，14(1)：113-122.

［16］Bazant Z P. Mathematical model for freeze-thaw durability of concrete[J]. Journal of the American Ceramic Society，1988，71(9)：776-783.

［17］Penttala V. Freezing-induced strains and pressures in wet porous materials and especially in concrete mortars[J]. Advanced Cement Based Materials，1998(7)：8-19.

［18］Penttala V，Al-Neshawy F. Stress and strain state of concrete during freezing and thawing cycles[J]. Cement and Concrete Research，2002，32(9)：1407-1420.

［19］Jacobsen S. Calculating liquid transport into high-performance concrete during wet freeze/thaw［J］. Cement and Concrete Research，2005，35（2）：213-219.

［20］Cho T. Prediction of cyclic freeze-thaw damage in concrete structures based on response surface method［J］. Construction and Building Materials，2007，21（12）：2031-2040.

［21］何俊辉，赵彦纳. 水泥混凝土冻融耐久性劣化与孔结构的关系［J］. 河北交通职业技术学院学报，2008，5（4）：10-13.

［22］段安，钱稼茹. 混凝土冻融过程数值模拟与分析［J］. 清华大学学报，2009，49（9）：9-13.

［23］武海荣，金伟良，延永东，等. 混凝土冻融环境区划与抗冻性寿命预测［J］. 浙江大学学报，2012，46（4）：650-657.

［24］张士萍，邓敏，唐明述. 混凝土冻融循环破坏研究进展［J］. 材料科学与工程学报，2008，26（6）：990-994.

［25］靳玉芹. 混凝土水工建筑物的养护与修补工作［J］. 水利科技与经济，2013，19（10）：114-115.

［26］罗继明. 硅粉砂浆在混凝土表面修复中的应用［J］. 四川水泥，2015（11）：94.

［27］吕明治，吴奎，鲁红凯. 高寒地区混凝土面板坝设计和面板冻融破坏及修复［C］//高寒地区混凝土面板堆石坝的技术进展论文集，2013：152-163..

［28］赵文亭. 潘家口水库溢流坝面破坏及修补措施［J］. 水利水电技术，1993，24（9）：56-58.

［29］王学民，刘兴元，张恒. 中部引嫩工程桥桩冻融剥蚀补强修复处理［J］. 黑龙江水利科技，2009，37（6）：95-96.

［30］闫功双，蔡亮，王希尧. 拨卜拦河闸坝的修复修补［J］. 东北水利水电，1999（7）：33-35.

［31］庞月珍. 浅谈 SPC 聚合物砂浆在冻融剥蚀破坏混凝土修复中的应用［J］. 山西水利科技，2014（2）：28-29.

［32］李建清，王燕. 日本 NEXSUS 聚合物水泥砂浆在潘家口水库混凝土大坝溢流面冻融修补试验中的应用［J］. 海河水利，2017（3）：60-61.

［33］谈兴. 御河橡胶坝坝后混凝土抗冻修复方案分析［J］. 山西水利，2017，33（5）：47-48.

［34］王志臣. 坝体表面保温技术在新疆某坝的应用与效果［C］//2010 年度全国碾压混凝土筑坝技术交流研讨会论文集，2010：150-154.

［35］蔡林，张虎，方文振，等. 聚氨酯隔热材料导热系数与温度定性关系研究［C］//第十二届全国电冰箱（柜）、空调器及压缩机学术交流大会论文集，2014：13-18.

［36］程岗国. 浅谈真空脱水技术在高海拔地区水泥混凝土路面的应用［J］. 甘肃科技，2017（14）：104-105.

［37］魏全. 混凝土真空密实成型工艺［J］. 黑龙江科技信息，2016（6）：234.

第8章 保温抗冻工程应用实例

8.1 引言

北纬44°以上的新疆北部区域属严寒地区,存在冬季寒冷漫长、夏季干燥、春秋季寒潮频袭、大风天气多等气候特征,昼夜温差和年际温差大、干湿交替频繁、冻融循环剧烈,给混凝土坝的施工和运行管理带来了诸多的麻烦。例如,北疆的阿勒泰地区冬季最低气温在−45℃以下,夏季最高温度在35℃以上,昼夜温差一般为20℃左右,年际温差高达80℃以上。在这样严酷的气候条件下修筑混凝土高坝,尤其是RCC坝,引起了工程界和学术界的广泛关注和争议,其温控防裂问题已成为亟须解决的热点问题[1]。

20世纪90年代末,新疆引进了RCC坝,在1998—2020年先后建成了石门子拱坝(坝高109 m)、KLSK重力坝(坝高121.5 m)、TKSSK水电站(坝高49.8 m)、CHE水电站(坝高71 m)和BEJSK混凝土双曲拱坝(坝高94 m)等,其中石门子是我国首次在高寒地区建成的碾压混凝土高拱坝,KLSK是我国乃至世界上首次在高纬度地区修建的坝高最高、工程量最大的百米级全断面碾压混凝土重力坝。这些大坝均处于高纬度、高寒、高温差地区,极端恶劣的气候条件给上述工程的温控防裂设计和施工带来了极大的挑战,当时国内外尚无成功的经验可以借鉴。为此,新疆的水利科技工作者针对特殊的气候条件,围绕坝体结构设计、混凝土配合比、温控及保温等关键技术,开展了一系列理论研究和技术创新,取得了一些有价值的研究成果,为新疆及其他严寒、干旱地区的混凝土筑坝技术发展提供了可供借鉴的实践经验[1]。

8.1.1 国内外碾压混凝土坝发展及研究现状

1970年,美国加州大学的拉菲尔(Raphael)教授在加州阿西洛玛(Asilomar)召开的混凝土坝快速施工会议上正式提出碾压混凝土的概念。1972年加农(R. W. Cannon)在美国加州召开的混凝土坝快速施工会议上提交了《用土料压实的方法修建混凝土坝》的论文。1972年和1973年,美国研究人员分别在艾克溪(Elk Creek)和劳斯特溪(Lost Creek)两个工程中进行了碾压混凝土现场试验,验证了碾压混凝土快速施工的可行性。之后,碾压混凝土坝在世界各国迅速得到了推广和发展。1981年,日本建成了第一座碾压混凝土坝——岛地川坝(坝高89 m)。截至2018年,已建成的RCC坝有824座,在建的RCC坝有81座,其中国外已建和在建的十大RCC高坝见表8.1[1]。

表 8.1　国外已建和在建的 RCC 高坝统计表（截至 2018 年底）

大坝名称	国别	建设时间	坝高(m)	坝长(m)	混凝土方量(10^3 m³)	
					碾压	总量
Gibe Ⅱ	埃塞俄比亚	2008—2015	246	630	6 100	6 300
米尔Ⅰ	哥伦比亚	1997—2002	188	345	1 669	1 730
Las Cruces	墨西哥	2013—2018	185	815	—	2 400
Ayval	土耳其	2011—2016	178	405	1 650	1 900
GERDP	埃塞俄比亚	2010—2017	160	1 790	10 100	10 500
浦山	日本	1990—1999	156	372	1 294	1 750
宫濑	日本	1987—2001	156	400	1 537	2 060
拉尔科	智利	1999—2004	155	360	1 596	1 640
Chamsir	伊朗	2011—2016	155	580	1 600	—
Yukan Kaleskoy	土耳其	2012—2017	150	404	2 224	2 414

中国 RCC 筑坝技术研究与应用经历了 20 世纪 80 年代初的引进探索期、20 世纪 90 年代的消化过渡期、21 世纪初的成熟期，发展到目前的创新领先期。自 1986 年我国建成第一座坑口碾压混凝土坝以来，相继在北方严寒地区成功建成观音阁、白石坝、石门子、KLSK 等碾压混凝土坝。截至 2018 年底，据不完全统计，国内已建、在建的 RCC 坝 300 多座，100 m 级以上的大坝已达 60 多座。国内已建的十大 RCC 高坝见表 8.2，国内外严寒寒冷地区修建的典型 RCC 坝见表 8.3。当前我国碾压混凝土筑坝技术已处于世界领先行列，在碾压混凝土材料热力学性能、施工工艺、温控防裂、层间结合等方面取得了丰硕的研究成果和应用技术[1]。

表 8.2　我国已建部分 RCC 高坝统计表（截至 2018 年底）

大坝名称	省别	建设时间	坝高(m)	坝长(m)	混凝土方量(10^3 m³)	
					RCC	总量
黄登	云南	2010—2018	203		2 753	3 678
光照	贵州	2006—2007	201	412	820	2 870
龙滩	广西	2004—2007	192	761	4 623	6 410
官地	四川	2007—2013	168		2 970	4 710
万家口子	云南、贵州		168			
象鼻岭	云南、贵州		141.5			
向家坝	四川、云南	2007—2015	162	909.3	—	—
金安桥	云南	2006—2008	160	640	2 400	4 430
观音岩	四川、云南	2006—2009	160	1 250	6 473	9 364
大花水	贵州	2005—2006	135	306	560	650
云龙河	湖北	2007—2008	135	119	182	207

表 8.3　国内外严寒寒冷地区典型 RCC 坝统计表（截至 2018 年底）

名称	国别	库容/10^8（m^3）	建设时间	坝高（m）	坝长（m）	RCC 方量（万 m^3）	多年平均气温（℃）
布列斯卡亚	俄罗斯	210	1999—2003	139	765	353.8	−3.8
基柳伊	俄罗斯	6.7	1991—1998	104	710	90	−4
泰西儿	蒙古	9.3	—	50	190	20	0
布拉茨克	俄罗斯	—	1958—1965	125		439.5	−2.6
乌斯季依里姆	俄罗斯	—	1969—1976	105		420	−3.9
上静水	美国	0.37	1982—1987	91	815	128.1	2.2
Lac Robertson	加拿大	5.87	—	40	124	3.5	−35
玉川	日本	2.54	1983—1987	100	441	115	9
忠别坝	日本	—	1977—2006	86	290	100.7	—
观音阁	中国辽宁	21.68	1990—1995	82	1 040	124	6.2
白石	中国辽宁	16.45	1996—1999	50.3	513	17.1	7.8
桃林口	中国河北	8.59	1992—1998	74.5	526.6	58.5	9.7
汾河二库	中国山西	1.33	1996—2000	88	227	36.2	9.5
龙首	中国甘肃	0.132	1999—2002	80	217.3	20.7	8.5

8.1.2　国内外混凝土表面保温应用概况

国内外实践经验表明，大坝混凝土所产生的裂缝绝大多数属于表面裂缝，其中一部分会发展成深层或贯穿性裂缝，影响大坝结构的整体性和耐久性。文献[2]对国内外混凝土表面保温应用做了介绍。

严寒地区国内外大坝对混凝土表面放热系数的要求见表 8.4[2]。

表 8.4　严寒地区国内外大坝对混凝土表面放热系数的要求[单位:kJ/($m^2 \cdot h \cdot$ ℃)]

坝名	混凝土表面放热系数		国别
利贝坝	β=15.20（春夏秋）	β=2.01（冬季）	美国
德沃歇克坝	$\beta \leqslant$10.13（春夏）	$\beta \leqslant$5.07（冬季）	美国
乌斯季依姆坝	β=2.51～2.93（表面）	β=1.67（棱角）	苏联
布拉茨克坝	β=6.28		俄罗斯
龙羊峡重力拱坝	$\beta \leqslant$4.18		中国

俄罗斯克拉亚诺雅尔斯克混凝土重力坝,坝高 124 m,总库容 733 亿 m^3,总装机容量 600 万 kW,工程于 1955 年开工,1972 年全部工程建成。坝址区年平均气温−4 ℃,1 月平均气温−20 ℃,7 月平均气温 18.8 ℃。实测最低气温为−53 ℃,7 月最高气温达 37 ℃。每年 9 月对所有混凝土的外露表面采用保温板保温,要求 β=2.5～2.9 kJ/($m^2 \cdot h \cdot$ ℃),靠近

基础部位的 $\beta=1.7\,kJ/(m^2 \cdot h \cdot ℃)$。

国内外工程施工对热交换系数 β 值提出了要求,如美国利贝坝冬季要求 $\beta \leqslant 2.01\,kJ/(m^2 \cdot h \cdot ℃)$。

我国龙羊峡混凝土重力拱坝工程地处青藏高原,年平均气温 5.8℃,最高气温 34.1℃,最低气温 −30.9℃,月平均最低气温 −9.3℃,年平均寒潮 12 次,寒潮往往伴随大风(全年 6 级以上大风有 80 次之多),最大寒潮降温 16℃。为此,在工程设计中强调对重要部位混凝土要加强表面保温,要求混凝土热交换系数 $\beta \leqslant 4.18\,kJ/(m^2 \cdot h \cdot ℃)$。针对混凝土侧面产生裂缝较多的情况,先采用了挂草袋、保温被等措施,虽然能保证要求,但施工难度大且不经济。后采用保温钢模板(在钢模板凹槽内粘结泡沫塑料)对混凝土侧面进行保温,这种做法具有制作简单、施工方便、保温效果好等优点。

龙羊峡混凝土重力拱坝针对寒潮袭击及保温钢模板进行过专门的实验研究,成果见表 8.5。

表 8.5　寒潮对混凝土表面温度的影响

混凝土龄期 τ(d)	持续降温天数(d)	气温变幅 A(℃)	混凝土表面温度变幅 A_1(℃)	混凝土表面 20 cm 温度变幅 A_2(℃)	A_1/A	A_2/A
4	3	10.80	1.80	0.37	0.167	0.034
12	3	13.00	2.31	0.41	0.178	0.032
29	5	12.00	2.12	0.39	1.177	0.033

表 8.5 可以看出,为了防止混凝土表面裂缝的产生,应十分重视大体积混凝土表面保温。大体积混凝土产生裂缝的原因极为复杂,其影响因素包括原材料方面、结构方面、施工条件、混凝土标号、混凝土施工质量、温度变化等因素。寒潮是产生表面裂缝的主要原因,一般发生在混凝土 7～40 d 龄期内。因此,在大体积混凝土施工时,应十分重视表面保温工作,尤其是早期和产生裂缝较多的侧面。

为防止寒潮产生混凝土裂缝,在混凝土表面覆盖保温材料是行之有效的措施,国内外水电工程都有许多成功的经验。由于各个工程的情况不尽相同,对于混凝土保温尚无统一标准。

混凝土产生裂缝的原因是表面拉应力超过相应龄期混凝土的抗拉强度,而表面拉应力主要由水化热和初始温差以及寒潮袭击时的温度徐变应力组成。混凝土坝一般是分块、分层浇筑的,由于分层的影响,浇筑块中的各层温度不同,弹性模量也不同。加上浇筑温度和外界气温等变化,浇筑块中的温度应力变化是十分复杂的。水化热和初始温差形成的温度徐变应力的控制一般通过进行一期冷却(降低最高温升)控制浇筑温度及表面保温来实现。龙羊峡大坝的经验表明,寒潮引起的混凝土表面温度徐变应力由控制混凝土表面的热交换系数 β 来实现,根据实测资料进行计算,保温钢模板混凝土表面热交换系数满足了设计要求,有效地控制了坝体混凝土的表面开裂,效果是好的。

8.2　寒冷地区混凝土坝温度控制演算及防裂措施研究

研究寒冷地区混凝土筑坝技术,尤其是温控相关技术,以新疆北疆地区最具代表性,而大体积的碾压混凝土坝又是研究混凝土坝中的首选,其中 KLSK 水利枢纽工程碾压混凝土重力坝最为典型。

新疆北疆处于高纬度严寒地区,具有气候干燥、干湿交替频繁、昼夜和年际温差大、冻融循环剧烈等显著特征,混凝土坝建设中面临许多尚未解决的关键问题。本章从混凝土材料、施工工艺、温控措施等方面,回顾了近年来国内外碾压混凝土坝的发展,总结了新疆碾压混凝土坝建设在新技术、新材料、新工艺等方面取得的理论研究和技术创新成果,并对存在的难点及相关技术问题进行了分析探讨,为严寒、干旱地区同类坝型筑坝技术的发展提供宝贵经验。

8.2.1 KLSK 水利枢纽工程所在地的水文、气象特征

额尔齐斯河流域位于准噶尔盆地北缘,阿尔泰山南麓,处于欧亚大陆腹地,属大陆性北温及寒温带气候。KLSK 水利枢纽工程所在地地理位置纬度高,太阳辐射量小,加之受准噶尔盆地古尔班通古特沙漠的影响,气候干燥,春秋季短,冬季较长,夏季较凉爽,冬季多严寒,气温年较差悬殊,日温明显。

根据富蕴气象站 1961—2000 年的气象资料统计:该地多年平均气温为 2.7 ℃,极端最高气温 40.1 ℃,极端最低气温 −49.8 ℃,多年平均降水量为 183.9 mm,多年平均蒸发量为 1 915.1 mm,多年平均水面蒸发量为 1 168.2 mm,多年平均相对湿度为 60%,多年平均雷暴日数 13.7 d,多年平均日照时数 2 864.5 h,多年平均风速 1.8 m/s,最大风速 25 m/s,风向WNW,最大积雪达 75 cm,最大冻土深度达 175 cm。

多年统计气温、水温、寒潮等资料见表 8.6。

8.2.2 KLSK 水利枢纽工程施工特点

KLSK 水利枢纽工程大坝为 RCC 重力坝,最大坝高 121.50 m,全长 1 570.0 m。溢流坝段、中孔坝段及底孔坝段布置在主河床左侧,共布置四个表孔、一个中孔、一个底孔。大坝于2007 年 4 月开工,每年可施工期为 4~10 月。

碾压混凝土坝的施工有自己的特点,如一般不设纵缝、通仓、薄层快速连续上升,混凝土块的尺寸较常规混凝土浇筑块尺寸大,施工速度快。而碾压混凝土的抗拉强度和极限拉伸一般情况下小于常态混凝土的相应值。同时,在高寒地区浇筑碾压混凝土坝,由于年平均气温很低,因而坝体稳定温度较低,基础温差不易控制。由于冬季寒冷,因而上、下游面附近内外温差大,防止表面裂缝困难。此外,大坝每年可施工期短,10 月底停浇后来年开春才能继续施工,间歇越冬时间 5 个多月,越冬(层)面也是大坝温控中比较难解决的一个问题。

根据中国水利水电科学研究院的仿真计算成果,对大坝实施保温是解决"冷"对大坝影响的行之有效的措施。大坝的保温包括三个方面:浇筑间歇期的临时保温,上、下游面的永久保温和越冬面的越冬保温。

1) 温度控制及防裂措施

(1) 碾压混凝土温度控制研究基本内容

KLSK 工程位于中高纬度地区,又属欧亚大陆腹地,气候条件恶劣。冬季寒冷且历时较长,夏季炎热,干燥,平日多风,极端最低气温为 −49.8 ℃,极端最高气温为 40.1 ℃,多年平均气温为 2.7 ℃,年蒸发量 1 915.1 mm。"冷""热""风""干"是制约该工程温度控制的主要环

表8.6 KLSK 水利枢纽坝址气温、水温要素表（单位：℃）

月份	1	2	3	4	5	6	7	8	9	10	11	12	全年
多年平均各月气温	-20.9	-17.9	-6.8	7.2	14.8	20.1	21.9	19.9	13.6	5.0	-7.0	-17.4	2.7
累年各月平均最高气温	-7.2	-0.7	11.5	22.0	26.0	30.7	31.8	31.5	25.7	19.1	7.2	-1.8	13.1
累年各月平均最低气温	-35.7	-37.9	-21.1	-5.2	3.3	9.6	11.3	8.7	2.3	-4.7	-19.0	-32.2	-7.2
多年平均逐月最高气温	-12.2	-8.1	1.2	14.6	22.8	27.9	29.3	28.2	22.2	13.1	0.6	-10.0	10.8
多年平均逐月最低气温	-26.3	-24.2	-13.1	0.4	7.1	12.4	14.5	12.1	6.0	-1.2	-11.9	-22.8	-3.9
累年各月极端最高气温	5.1	7.7	24.5	31.0	34.7	39.2	42.2	38.7	35.2	28.4	18.0	10.0	42.2
累年各月极端最低气温	-49.8	-46.5	-40.7	-17.7	-5.9	-0.3	4.7	0.6	-6.0	-19.3	-41.8	-47.5	-49.8
多年平均逐月气温日较差	14.1	16.2	14.2	14.2	15.7	15.5	14.8	16.0	16.2	14.4	12.5	12.8	14.7
多年平均逐月地面温度	-20.8	-14.4	-3.3	11.2	20.9	27.0	28.4	25.6	17.0	6.4	-5.5	-17	6.3
多年平均逐月最高地温	-7.3	-1.2	8.6	29.6	42.7	50.6	51.1	48.7	38.6	24.0	5.1	-6.6	23.7
多年平均逐月最低地温	-37.5	-28.0	-14.9	-1.9	4.0	9.5	11.7	9.0	2.6	-4.4	-15.4	-26.8	-7.1
多年平均河水温度 逐月				4.7	10.2	14.0	17.7	17.6	12.8	5.7			
多年平均河水温度 上旬				2.2	8.9	12.7	16.9	18.6	14.5	8.2			
多年平均河水温度 中旬				4.9	10.2	14.0	18.1	17.9	12.8	5.5			
多年平均河水温度 下旬				7.2	11.2	15.4	18.1	16.5	11.1	3.6			
统计年数				3	8	9	9	9	9	8			

境因素。给碾压混凝土主坝温度控制带来难题的主要是以下几个方面：

① 由于负温时间较长，可用于碾压混凝土施工的时段短，且不可避免地要在高温期施工，因而给施工强度和碾压混凝土高温作业期的温度控制带来了困难。

② 根据度汛的需要，坝体上必须留缺口度汛，这将给坝体过流段的温度控制带来不利的影响。

③ 根据工期的安排，筑坝施工期将跨越 2 个冬季，越冬层面的温度控制和保护也是本工程的难点。

④ 由于碾压混凝土坝内温度长时间得不到散失，处于较高温度状态，因此在施工期和运行期相当长的时段内，必须控制环境低温对大坝温度应力的影响，以防止危害性裂缝的发生。

针对上述难题，建设和设计单位在设计初期先后委托贵阳水电设计院、西安理工大学、河海大学和中国水利水电科学研究院（下简称中国水科院）等单位开展了大量温度控制研究工作，并委托中国水科院在施工阶段深入地进行了仿真、跟踪和反馈计算分析，以指导工程施工。

主要研究工作包括：碾压混凝土材料研究，碾压混凝土主坝温控结构措施研究，碾压混凝土主坝温度应力仿真计算研究，不同施工期施工工艺、温控措施及温控标准研究，越冬层面保护措施研究，主坝长期保温措施研究，坝体温度监测研究，碾压混凝土主坝温控跟踪、反馈分析研究。

通过以上研究，初步确定了碾压混凝土主坝的温度控制标准和所采取的温控措施，通过原型监测和跟踪、反馈研究验证了所采取的温控措施的有效性。

（2）防止温度裂缝产生的结构措施

① 为防止劈头裂缝，主河床坝段和岸坡坝段的坝段长度取 15 m，阶地坝段依坝高不同分别取 15 m 或 20 m。

② 强约束基础层的长宽比，以放宽基础约束区混凝土的允许温差，在主河床坝段基础层设置纵缝一条，将基础块长度由 98 m 减小至 49 m，并利用廊道进行并缝。

③ 据观音阁 RCC 重力坝越冬层面产生水平裂缝的经验，在越冬层面上游侧设置金属水平止水 1 条，强化水平防渗。

上述结构措施对防止有害裂缝的产生、降低基础约束应力和增强防渗能力起到积极作用。

2）主坝施工及运行期温度场和应力场仿真分析

（1）计算模型

以 31# 坝段为典型坝段进行分析计算，取 2007 年、2008 年和 2009 年浇筑的整个坝段作为研究对象，计算模型取沿坝轴线方向 15 m。基础范围在坝踵上游和坝趾下游各取 100 m，深度取 100 m。

计算整体坐标系坐标原点在坝段坝踵处；x 轴为顺水流方向，正向为上游指向下游；y 轴为垂直水流方向，正向为右岸指向左岸；z 轴正向为铅直向上。

应力场计算时计算模型地基底面按固定支座处理，地基在上下游方向按 x 向简支处理，地基沿坝轴线方向的两个边界按 y 向简支处理。

计算使用的三维有限元模型见图 8.1。

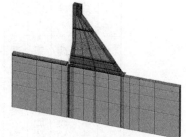

图 8.1　31# 坝段浇筑块
三维计算模型图

（2）典型坝段的施工情况及计算边界

① 典型坝段混凝土施工情况

以 31# 坝段为典型坝段，2007 年浇筑部分为 624.00～645.00 m 高程，2008 年浇筑部分为 645.00～696.00 m 高程。2009 年浇筑部分为：696.00～745.50 m 高程。每层浇筑厚度 3 m，最高浇筑温度按 22 ℃控制，累积浇筑总时间为 886 天。2007 年 4 月 20 日正式开仓浇筑。

混凝土材料的热学参数见表 8.7，抗硫 RCC 碾压混凝土因没有相应试验资料，其热学参数和热温升参考 Ⅰ-1 区混凝土。混凝土材料的绝热温升见表 8.8。坝体混凝土不同龄期允许应力见表 8.9。

表 8.7 基础垫层混凝土、上游表面二级配 RCC 及坝体内部三级配 RCC 热学性能试验成果

配合比编号	混凝土部位及强度等级		比热容 $[kJ/(kg \cdot ℃)]$	导热系数 $[kJ/(m \cdot h \cdot ℃)]$	导温系数 (m^2/h)	线膨胀系数 $(10^{-6}/℃)$
1	外部碾压混凝土	Ⅰ-1 区 R_{180} 20W10F300	0.951	8.49	0.003 8	9.25
2		Ⅰ-2 区 R_{180} 20W10F100	0.918	8.23	0.003 7	9.19
3		Ⅱ-1 区 R_{180} 20W6F200	0.902	8.38	0.003 8	9.12
4	内部 650 m 高程以上 RCC	Ⅱ-2 区 R_{180} 15W4F50	0.897	8.57	0.003 5	9.01
5	内部 650 m 高程以下 RCC	Ⅱ-3 区 R_{180} 20W4F50	0.884	8.34	0.003 8	8.96
6	Ⅲ区基础垫层混凝土 R_{28} 20W10F100		0.982	8.59	0.003 6	9.38

表 8.8 坝体碾压混凝土绝热温升试验成果

配合比编号	混凝土部位及设计指标		温升值（℃）							最终绝热温升	拟合公式
			1	3	5	7	14	21	28		
1	外部碾压混凝土	Ⅰ-1 区 R_{180} 20W10F300	8.0	15.3	17.5	18.8	20.5	21.6	23.1	24.29	$T=24.29d/(2.06+d)$
2		Ⅰ-2 区 R_{180} 20W10F100	7.9	14.5	16.0	17.1	19.0	20.4	21.5	22.68	$T=22.68d/(2.08+d)$
3		Ⅱ-1 区 R_{180} 20W6F200	7.5	13.1	15.2	16.3	17.9	19.5	20.8	21.9	$T=21.9d/(2.20+d)$
4	内部碾压混凝土	Ⅱ-2 区 R_{180} 15W4F50	5.4	9.2	10.7	12.3	13.9	15.2	16.1	17.42	$T=17.42d/(2.84+d)$
5		Ⅱ-3 区 R_{180} 20W4F50	5.5	9.3	10.8	12.5	14.1	15.3	16.3	17.61	$T=17.61d/(2.82+d)$
6	Ⅲ区基础垫层混凝土 R_{28} 20W10F100		8.6	17.1	22.0	24.6	27.1	28.2	29.1	31.6	$T=31.6d/(2.37+d)$

表 8.9　混凝土不同龄期允许应力(单位:MPa)

混凝土部位及设计指标	允许水平应力或主应力			上游表面竖向允许拉应力		
	28 d	90 d	180 d	28 d	90 d	180 d
Ⅰ-1 区 R_{180} 200W10F300 水位变动区外部混凝土	1.33	1.76	2.24	1.01	1.38	1.61
Ⅰ-2 区 R_{180} 200W10F100 上游死水位以下外部混凝土	1.19	1.67	2.01	0.95	1.18	1.40
Ⅱ-1 区 R_{180} 200W6F200 下游水位变动区以上外部混凝土	1.27	1.71	2.15	—	—	—
Ⅱ-2 区 R_{180} 150W4F50 坝体内部三级配混凝土	0.90	1.33	1.71	—	—	—
Ⅱ-3 区 R_{180} 200W4F50 坝体内部三级配混凝土	0.95	1.41	1.81	—	—	—
基础找平层常态 Ⅲ 区 R_{90} 200W8F100	1.88	—	—	—	—	—
泄水建筑物常态混凝土 Ⅳ 区 R_{90} 250W8F200	2.16	—	—	—	—	—

② 计算边界条件

计算过程中 31# 坝段浇筑块采用了下列边界条件:

(Ⅰ)地基初始温度采用 31# 坝段四月份实测地温。

(Ⅱ)横缝面按绝热边界处理。

(Ⅲ)2007 年浇筑混凝土的浇筑温度取现场实测数据,2008 年、2009 年混凝土的浇筑温度参考 2007 年同旬混凝土的浇筑温度。

(Ⅳ)2007 年浇筑块上、下游表面在浇筑以后回填填土以前覆盖 2 cm 厚聚氨酯泡沫被进行临时保温,按第三类边界条件考虑;2008 年及 2009 年浇筑块上、下游表面在实施永久保温以前也采用 2 cm 厚聚氨酯泡沫被进行临时保温。

(Ⅴ)浇筑层面采用 2 cm 厚聚氨酯泡沫被进行临时保温,在施工期每年 5—9 月份采取喷淋方式养护。根据 2007 年实测资料,喷淋水温在 4 月份约 15 ℃,在 5 月份约 18 ℃,在 6~8 月份约 24 ℃,在 9 月份约 18 ℃。

(Ⅵ)2007 年、2008 年、2009 年 5—10 月份浇筑的混凝土进行一期通河水冷却,浇筑完成后 1 天开始通水,持续时间为 15 天。每年 6—8 月份浇筑的混凝土在当年 10 月 1—15 日尚应进行二期通水冷却。

(Ⅶ)上游表面第一次填土时间为 2007 年 10 月中旬,在 10 月中旬以前已浇混凝土上游表面粘贴 5 cm 厚 XPS 板后再回填坡积物保温;2007 年 10 月下旬混凝土浇筑完成后,上游表面回填坡积物至 645.00 m 高程。另外,645.00 m 高程以下 2 m 范围的上游表面粘贴 10 cm 厚 XPS 板进行保温;。

(Ⅷ)2008 年、2009 年浇筑块上游表面及下游面均采用 10 cm 厚 XPS 板进行永久保温。2008 年、2009 年上、下游表面永久保温板粘贴方式:在 8 月底以前完成浇筑混凝土上、下游表面的保温板粘贴,对9月份及以后浇筑的混凝土,浇筑完毕立即粘贴永久保温板。

(Ⅸ)每年的越冬顶面采用26 cm厚棉被进行保温,等效放热系数为15.37 kJ/($m^2 \cdot d \cdot$℃)。在来年混凝土开浇前,越冬顶面保温被采取逐步揭开方式,具体揭开进程见表8.10。其余部分于4月5日将保温被子完全揭开。

(Ⅹ)水温:2007年10月份至2008年9月份之间地下渗水温度见表8.11;2008年9月份蓄水以后水温按规范规定的库水温计算。

(Ⅺ)气温:计算时段为2007年4月20日—2062年1月30日。其中2007年4月20日~2010年12月4日气温取2007年现场实测日平均气温,其他时段气温取旬平均气温。

表8.10 越冬面保温被子逐步揭开进程

日期	揭开保温被子层数	揭开保温被子的厚度(cm)
2008(2009)-3-8	1	2
2008(2009)-3-17	1	2
2008(2009)-3-20	1	2
2008(2009)-3-23	1	2
2008(2009)-3-27	2	4
2008(2009)-3-29	2	4
2008(2009)-4-1	1	2
2008(2009)-4-3	1	2

表8.11 地下渗水各月温度(单位:℃)

月份	10	11	12	13	1	2	3	4	5	6	7	8	9
水温	7.0	5.0	5.0	5.0	5.0	5.0	5.0	7.0	9.4	13.5	17.3	17.2	12.0

③ 计算结果分析。

(Ⅰ)典型剖面温度场

大坝施工期最高温度分布见图8.2。大坝总施工3年,相应于每年6—8月浇筑的混凝土处,坝体内出现3个高温区,每个高温区内局部部位的最高温度约30~32℃,这是由于此时段外界气温较高,浇筑温度可达20~22℃,尽管采取了水管冷却、表面覆盖及喷淋等降温措施,仍难以避免高温区的出现。

(Ⅱ)典型剖面应力场

大坝施工期(2007年4月20日—2010年3月30日)最大应力包络图见图8.3~图8.5。大坝运行期(2010年3月31日—2062年1月30日)中横剖面最大应力包络图见图8.6~图8.8。

从上述施工期及运行期大坝最高温度及最大应力包络图可以看出:

(a)大坝上、下游表面的应力分布:上游表面应力控制比较好,除上游坝踵区附近混凝土外,大坝上游表面各综合应力基本控制在1.8 MPa以内。即使应力较大的越冬面附近,其综合应力也基本控制在1.8 MPa左右,接近允许应力值。2008年、2009年浇筑块下游面应力在施工期存在应力超标现象,但超标应力分布深度基本在距表面 50 cm 左右,不会对坝体安全产生影响。

(b)在坝体中部,三级配混凝土中顺水流方向水平应力 σ_x 较大;在上、下游表面附近,二级配区域混凝土垂直水流方向应力 σ_y 及竖向应力 σ_z 较大,且在坝体基础强约束区内,σ_y 一般大于 σ_z,但在基础强约束区以上,σ_z 一般大于 σ_y。

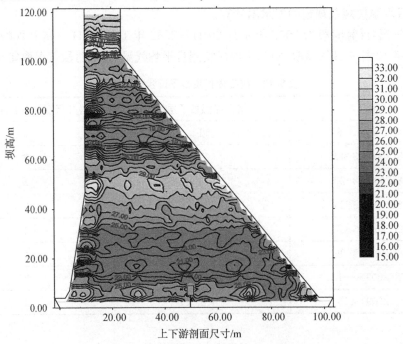

图 8.2　大坝中剖面施工期最高温度包络图(℃)

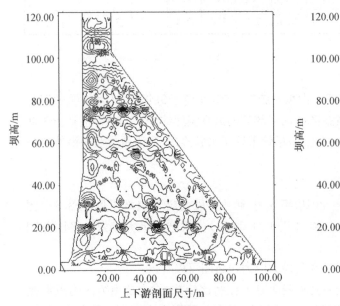

图 8.3　施工期最大顺水流方向
水平应力 σ_x 包络图(MPa)

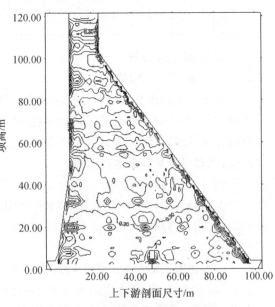

图 8.4　施工期最大垂直水流方向
水平应力 σ_y 包络图(MPa)

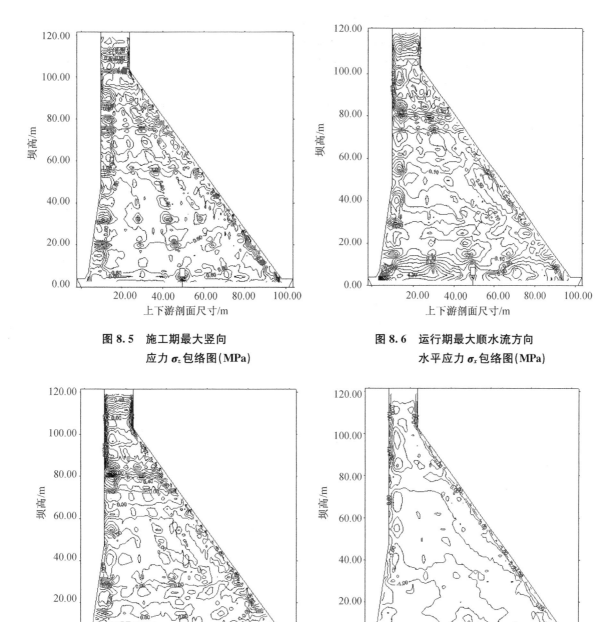

图 8.5　施工期最大竖向
应力 σ_z 包络图(MPa)

图 8.6　运行期最大顺水流方向
水平应力 σ_x 包络图(MPa)

图 8.7　运行期最大垂直水流方向
水平应力 σ_y 包络图(MPa)

图 8.8　运行期最大竖向
应力 σ_z 包络图(MPa)

（c）坝踵和坝趾附近在施工期及运行期应力都较大,主要原因是这些部位位于基础强约束区,并且有应力集中因素的影响。另外,大坝底部 8 m 区域是在 2007 年高温期浇筑,导致最高温度较高,这也是该部位应力较大的原因之一。

（Ⅲ）典型点施工期及运行期温度及应力变化过程分析

为研究坝体上、下游表面，二级配区域和坝体内部三级配区域混凝土在施工期及运行期温度及应力变化规律，选取典型点进行了分析。

（a）上、下游表面混凝土典型点温度及应力变化过程分析

图 8.9 给出了 656.00 m 高程下游表面典型点温度及应力变化过程线。

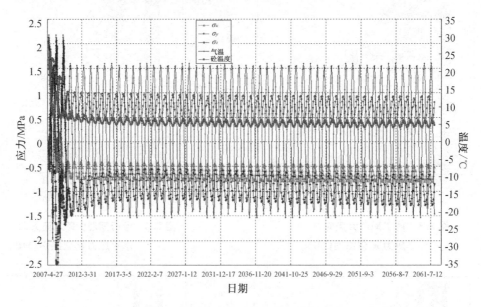

图 8.9　656.00 m 高程下游面温度及应力变化过程线（2007-6-13 浇筑）

图 8.10 给出了 633.00 m 高程上游表面典型点温度及应力变化过程线。

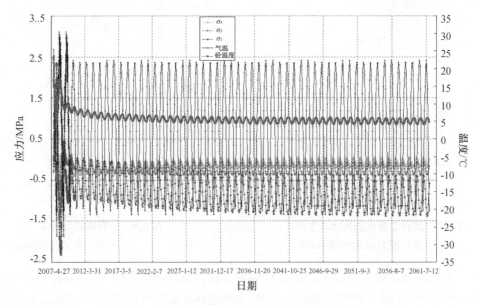

图 8.10　633.00 m 高程下游表面温度及应力变化过程线（2007-9-4 浇筑）

从上、下游表面典型点温度及应力变化过程线可以看出，在施工初期，上、下游表面温度

及应力变化比较剧烈,但进入运行期后,随外界气温或水温的周期性变化,上游表面混凝土的温度及应力也呈现周期性变化,且混凝土应力的变化与混凝土温度的变化呈明显的负相关性,应力的数值比施工期也有了较大降低。

从温度过程线上还可以看出,在浇筑 10 年后,上、下游表面附近混凝土进入准稳定温度场,之后,这些部位的混凝土不再受大坝施工期间浇筑温度、绝热温升等初始因素的影响,仅受外界气温或水温的周期性变化影响。进入准稳定温度场后,上、下游表面在水下的部位温度周期变化曲线振幅较小,以 5 ℃为中心,振幅约 1 ℃;而水位以上部位温度周期变化曲线振幅较大,约以 3 ℃为中心,振幅约 5 ℃。

（b）上、下游二级配混凝土区域典型点温度及应力变化过程分析

图 8.11 给出了 640.00 m 高程上游二级配混凝土区域典型点温度及应力变化过程线。

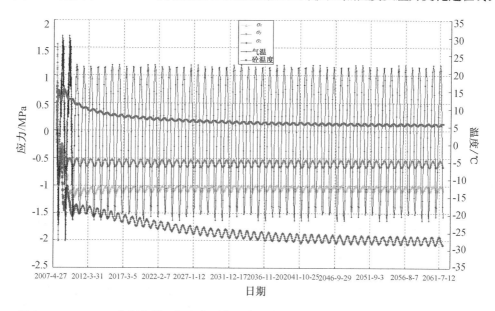

图 8.11　640.00 m 高程上游二级配典型点温度及应力变化过程线（2007 年 10 月 14 日浇筑）

从坝体上游二级配混凝土区域典型点温度及应力变化过程线可以看出,在浇筑约 15 年后,上、下游表面二级配混凝土进入准稳定温度场,之后,二级配混凝土区温度场只受外界气温或水温的周期性变化影响。

上、下游二级配区域混凝土在进入准稳定温度场后,应力随温度变化出现周期性变化,最大应力基本不随时间变化,最大应力的数值在上游表面附近不超过 1.0 MPa,下游表面附近不超过 1.5 MPa,满足设计要求。

（c）坝体内部三级配混凝土典型点温度及应力变化过程分析

图 8.12 为坝体内部三级配混凝土区域典型点温度及应力变化过程线。

从坝体内部三级配混凝土区域典型点温度及应力变化过程线可以看出,在浇筑约 50 年后,坝体内部混凝土基本进入稳定温度场,温度基本不再发生变化。在从施工期进入运行期稳定温度场的过程中,在前面 25～30 年内,随着温度的逐渐降低,应力在逐渐增长,但由于混凝土徐变的作用应力增长速度非常缓慢。30 年以后,应力只是以很小的振幅做周期性波动,基本不再增长。

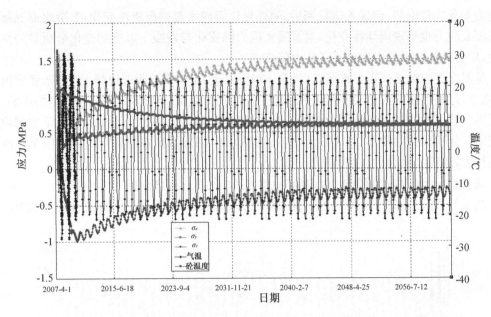

图 8.12　631.0 m 高程坝体内部三级配典型点温度及应力变化过程线（2007−7−29 浇筑）

从坝体内部三级配混凝土在施工期及运行期出现的最大应力来看，除底部 4 m 范围受强约束的混凝土最大应力与允许应力在相同数量级外，大坝其他部位三级配混凝土在施工期及运行期均不大，进入运行期以后，最大应力小于 1.0 MPa，满足设计要求。

底部 4 m 混凝土因为处在基础强约束区，在浇筑 5 年后会出现应力超标现象的主要原因是这个部位受基础约束太强，因此，在底部 5 m 范围内设置纵向诱导缝是必要的，它对于减小浇筑块底部的温度及应力具有一定的作用。

3）仿真计算结论

从大坝施工期及运行期的温度及应力变化来看，在采取工地现场实际的温控措施以后，大坝混凝土上、下游表面，上、下游二级配混凝土，坝体内部三级配混凝土在施工期及运行期前两年内温度及应力变化比较剧烈，以后随着时间的推移，温度及应力变化趋于平稳，并且时间越长，变化越缓慢。

上、下游表面附近混凝土在浇筑 10 年后基本进入准稳定温度场，此后，上、下游表面在水下的部位温度周期变化曲线的振幅较小，以 5 ℃为中心，振幅约 1 ℃；而水位以上部位温度周期变化的曲线振幅较大，约以 3 ℃为中心，振幅约 5 ℃。

二级配混凝土在浇筑约 15 年后，进入准稳定温度场。此后，应力随温度变化而波动，最大应力基本不超过运行期的前期水平，其量值在上游二级配区域不超过 1.0 MPa，下游二级配区域不超过 1.5 MPa，满足设计要求。

在浇筑约 50 年后，坝体内部混凝土基本进入稳定温度场。从施工期进入运行期过程中，在前面 25～30 年内，坝内温度逐渐降低，应力缓慢增长，底部 4 m 混凝土因为处在基础强约束区，在浇筑 5 年后会出现应力超标的现象；坝体内部最大温度应力基本在 1.0 MPa以内，在浇筑后 30 年以后，坝体内部的应力趋于稳定。

综合上述分析，可以认为，在采取现在的温控措施后，虽然局部部位在大坝施工期温度应力稍大，但进入运行期后，除底部 4.0 m 区域以外大坝的应力缓慢增长，坝体上游表面、上游二级配区域、坝体内部最大应力基本控制在 1.0 MPa 以内。仅大坝下游面在施工期存在局部超标现象,但超标深度不大,裂缝可控制在 50 cm 以内;进入运行期,大坝下游面应力基本控制在 1.5 MPa 以内。因此,从大坝施工期和运行期看,大坝所采用的温控标准和措施基本可行。

8.3　当前混凝土坝表面保温材料的比对

保温材料是指防止建筑物或设备热量散失(如蒸汽管道、暖房)或隔绝外界热量传入(如制冷管道、冷库)而使用的材料。对保温材料的基本要求是导热系数不大于 1.05 kJ/(m²·h·℃),密度不大于 500 kg/m³,强度不小于 0.4 MPa,较好的防腐性能,符合环保要求(如无毒、吸声性能好等),工艺性好,造价便宜等。

影响保温材料导热系数的因素有材料的化学成分、结构、孔隙率及孔隙特征、含水率、介质温度等,而孔隙率、含水率是影响导热系数的主要因素。

目前世界各地广泛使用的保温材料主要有聚乙烯泡沫塑料板、模塑聚苯乙烯泡沫塑料板(EPS)、挤塑聚苯乙烯泡沫塑料板(XPS)、聚氨酯硬质泡沫等。常用的施工方法有内贴法、外贴法和喷涂法。不论外贴还是内贴,都是采用黏性材料将保温材料粘贴在大坝混凝土表面,而喷涂法则是利用高压喷涂装置将保温材料直接喷涂在大坝混凝土表面。

8.3.1　聚氨酯硬质泡沫

聚氨酯硬质泡沫是以异氰酸酯、多元醇、发泡剂等为基本原料,具有防水保温一体功能的新型材料。这种材料在 20 世纪 90 年代中期引进国内,用于建筑保温防水,经过多年的使用,目前使用范围较广。

1) 聚氨酯硬质泡沫的主要理化特性

聚氨酯硬质泡沫由主料与其他辅助材料组合而成[2]。

(1) 发泡剂:在反应时加入低沸点氯氟烃,受热挥发形成气体,被聚氨酯料液包裹形成泡沫。对发泡剂的要求:一是低沸点,易形成气体;二是热导率低。氯氟烃可以刚好满足这些条件。

(2) 催化剂:催化剂主要用来控制主反应的快慢,催化剂加入量的多少可以将发生反应的时间控制在 1～15 s 之间,满足喷涂条件的反应时间一般为 3～5 s。

(3) 稳定剂:稳定剂主要用来控制泡孔的均匀程度以及泡孔的大小,稳定剂可以促进乳状液与溶液之间的混溶,同时可以降低体系的表面张力,增加泡沫的稳定性。

(4) 阻燃剂:阻燃剂是针对泡沫表面积大、易燃而采取的防范措施,一般采用长效阻燃剂。

聚氨酯硬质泡沫的主要理化性能见表 8.12。

表 8.12　聚氨酯硬质泡沫的主要理化性能

序号	项目		性能
1	密度(kg/m³)	内部密度	29～60
		皮密度	35～50

续表 8.12

序号	项目	性能
2	尺寸稳定性(%)	<2.0
3	吸水量(g/m²)	<150
4	抗压强度(MPa)	>0.17
5	导热系数 λ[kJ/(m²·h·℃)]	0.083
6	耐燃性[离火自熄时间(s)]	<3

2) 聚氨酯硬质泡沫的优点

(1) 保温性能好。聚氨酯硬质泡沫的导热系数在 0.083 kJ/(m²·h·℃)左右,比 XPS 板保温效果好,是目前较好的保温材料。

(2) 具有防水性能。聚氨酯硬质泡沫的泡沫孔是封闭的,封闭率达95%,雨水不会从孔隙间渗透。

(3) 因喷涂工艺使保温层间无接缝,形成整体性防护层,使得其有一定的防水性,比其他高分子卷材的保温效果更好,同时减少了维修工作量。

(4) 粘结性能好。能够和混凝土、木材、金属、砖石、玻璃等材料粘结得非常牢固,不怕被大风揭起。

(5) 适用于新、旧混凝土表面。只需清除表面的浮灰、污渍、杂物、颗粒即可喷涂。

(6) 施工简便、速度快。每工每日可喷涂 200 m² 以上(保温层喷涂厚度≥6 cm),有利于工期进度。

(7) 收头构造简单。喷涂发泡聚氨酯收头,不需做特别处理,工艺上大为简化。如使用卷材,在结构变化处需留凹槽,收头在凹槽内;若不能留凹槽,需用扁铁封钉收头,还要涂嵌缝膏。

(8) 经济效益好。如果把保温层和防水层分开,不仅造价高,而且工期长,但发泡聚氨酯可一次成型。

3) 聚氨酯硬质泡沫的缺点

(1) 气温一般在 10 ℃以下时聚氨酯发泡率降低。目前根据国内一些工程经验,采用调整材料配合比的办法可以在气温 10 ℃以下有限度地进行施工。

(2) 由于发泡聚氨酯喷涂成型速度快,因此不易喷得非常平整。

(3) 聚氨酯操作需专用的机械设备,如空压机、专用喷涂机等设备,设备布置需占压仓面施工部位。喷涂必须使用专业的喷枪进行喷涂,喷涂时要与坝面保持一定距离,且喷涂料的出料温度、喷涂压力及压差的控制需要受过专业培训的人员进行操作,才能达到喷涂质量的要求,因此操作有难度。

(4) 外形不美观。一来易受高温及紫外线的影响表面氧化变黄;二来保温层表面不平整,这是由于发泡造成表面看似不平整,但厚度可由喷涂遍数和材料使用量来控制。

4) 聚氨酯硬质泡沫的施工原则

根据工程所在地的气候条件、喷涂聚氨酯硬质泡沫的特性和喷涂工艺等,在施工过程中应遵循下列原则。

（1）喷涂顺序原则。在喷涂聚氨酯硬质泡沫材料时,应按照顺序的原则进行施工,如由上而下或由下而上进行喷涂,可以有效地控制喷涂质量。

（2）分层喷涂原则。在喷涂施工中分层喷涂是主要的施工工艺,喷涂聚氨酯硬质泡沫材料时,一般一次不得超过 15 mm,这样聚氨酯在发生反应时能得到充分的空间。如果喷涂太厚泡沫就有可能穿孔,从而得不到良好的闭孔率,直接导致泡沫的质量下降。

（3）均匀分散的原则。喷涂施工中,喷涂的聚氨酯硬质泡沫材料应该均匀分散,在喷涂前要正确地选用喷枪及喷枪嘴,主要选用平喷或者圆喷枪嘴,如在喷涂过程中不能做到均匀分散,喷涂后所形成的泡沫就会凹凸不平,影响喷涂质量,还将浪费聚氨酯材料。

（4）温度均衡原则。温度均衡主要指聚氨酯硬质泡沫材料在从原料桶内通过一级泵提取后直到喷枪喷出之前,要求物料温度能够均衡在聚氨酯硬质泡沫材料的最佳反应温度。

5）聚氨酯硬质泡沫的工程实例

石门子水库位于严寒地区,大坝为碾压混凝土拱坝,最大坝高 109 m。坝址区冬季寒冷,月平均气温在 0 ℃ 以下的时间长达 5 个月,多年平均气温 4.1 ℃,极端最高气温 33.2 ℃,极端最低气温 −31.5 ℃,日气温波动较大,属典型的干燥严寒气温剧变地区。为减少温度梯度变化及干缩造成的裂缝,最终选定了聚氨酯硬质泡沫作为大坝混凝土表面保温材料。

根据现场测试资料,坝面喷涂聚氨酯硬质泡沫后 20 d 内,当气温在 −12～3.5 ℃ 之间,温度变幅为 15.5 ℃ 的条件下,坝体内部温度在 4.1～6.8 ℃ 之间,内部温度变幅为 2.7 ℃。在 2000 年 10 月 26 日至 2001 年 2 月 22 日,整个冬季的外界气温在 −20 ℃ 左右时,下游 1 336.50 m 高程坝体内部混凝土温度由 25 ℃ 降到 20 ℃,聚氨酯保护层下混凝土表面的温度从 8 ℃ 降到 6 ℃ 左右稳定,均在 0 ℃ 以上,使第 1 年冬季坝体混凝土的内外温差从 40 ℃ 减小到 14 ℃,内外温差消减率 65%。2000 年 7 月,当外界气温为 30 ℃ 的高温时,聚氨酯保温层下坝体深处的混凝土 5 cm 温度基本保持在 17 ℃,1 cm 深处的混凝土温度为 20 ℃,混凝土表面的温度为 22 ℃;无聚氨酯保温层下坝体 5 cm 深处的混凝土温度为 25 ℃,1 cm 深处的混凝土温度为 27 ℃,混凝土表面的温度基本上与外界气温同步变化,有时甚至较外界气温还高。相比较而言,有聚氨酯保温层下坝体 5 cm 深处的混凝土温度比无保温层的混凝土降低了 8 ℃,比 1 cm 深处的混凝土温度降低 7 ℃,混凝土表面的温度降低得更多。

8.3.2　挤塑聚苯乙烯泡沫塑料板(XPS)

挤塑聚苯乙烯泡沫塑料板(简称 XPS)是以聚苯乙烯树脂加上其他辅料与聚合物,加热混合并注入发泡剂,然后挤塑成型的硬质泡沫塑料板。它具有完美的闭孔蜂窝结构、极低的吸水性(体积吸水率低于 0.1%)、低导热系数[导热系数为 0.108 kJ/(m² · h · ℃)]、高抗压性(抗压范围达 150～500 kPa)、抗老化性,是一种理想的绝热保温材料,也是传统的保温绝热板模塑聚苯乙烯泡沫塑料板(EPS)的替代产品。它具有重量轻(密度仅 32 kg/m³)、运输方便、易于切割等优点,用于坝体表面保温能很好地保持大坝相对恒温、恒湿,减少温度梯度变化及干缩造成的裂缝[2]。

1）XPS 的性能

（1）吸水性

吸水率是衡量保温材料性能的一项重要指标,吸水率高会使绝热性能变差,因为水会加速传热速度,水分子在绝热材料内部热胀冷缩蒸发、冻结、解冻,破坏了保温材料的结构,使板材的抗压性能、抗老化性能及保温性能下降。

XPS具有中心发泡、表面光滑的完全的闭孔式结构,正反面都没有缝隙,使漏水、冷凝和结冰、解冻循环等情况所产生的湿气无法渗透,吸水性低,使板材的性能可达到持续发挥。表8.13是几种保温材料吸水率和水蒸气渗透性能对比情况。

表8.13 几种保温材料吸水率和水蒸气渗透性能对比

性能	XPS	EPS	喷涂聚氨酯	泡沫玻璃
吸水率(%)	0.3	2.0~4.0	5.0	0.5
水蒸气渗透性(mg/Pa·m·s)	63	115~287	144~176	0.28

(2) 导热系数

低导热系数是所有保温材料要具备的条件,XPS板是以PS为原料,以挤塑方式生产的紧密的闭孔蜂窝结构泡沫塑料,其完美的闭孔蜂窝结构能更有效地阻止热传导作用。在相同的热阻下各种常用保温材料的性能比较如表8.14所示。

表8.14 几种常用保温材料在相同热阻下的性能比较

保温材料	放热系数 [kJ/(m²·h·℃)]	导热系数 [kJ/(m²·h·℃)]	容重 (kg/m³)	达到热阻要求的厚度(mm)
水泥膨胀珍珠岩	0.248	0.578	400	143
沥青膨胀珍珠岩板	0.248	0.433	400	107
加气混凝土	0.248	0.686	500	170
水泥膨胀蛭石板	0.248	0.506	350	125
水泥聚苯板	0.248	0.325	300	80
EPS	0.248	0.152	20~30	38
硬质聚氨酯泡沫板	0.248	0.083	60	21
XPS	0.248	0.101	40~50	25

(3) 抗压性

XPS的抗压缩强度高,通常可达150kPa以上,最高可达500kPa,是屋面、高速公路及停车场理想的保温、绝热、隔水材料。表8.15是几种保温材料的密度和抗压性能对比情况。

表8.15 几种常用保温材料的密度和抗压强度对比

性能	XPS	EPS	喷涂聚氨酯	泡沫玻璃
密度(kg/m³)	21~48	12~32	—	107~147
抗压强度(kPa)	104~690	35~173	104~414	448

2) XPS的主要技术指标

根据有关资料,XPS的主要技术指标见表8.16[2]。

表 8.16 XPS 的主要技术指标

序号	指标名称	单位	技术指标
1	表观密度	kg/m³	>20
2	压缩强度	MPa	≥0.2
3	吸水率	%	≤2.0
4	导热系数	kJ/(m² · h · ℃)	≤0.108
5	尺寸稳定性	%	≤2.0

3）XPS 的施工工艺

XPS 保温板的施工方法与 EPS 保温板的施工方法大体一致。

（1）内贴法。模板搭建好之后，在浇筑混凝土之前，在模板上涂刷一层界面剂，然后将 XPS 粘贴在模板内侧，拆模后 XPS 留在混凝土表面上。界面剂最好用热熔胶，立模时可将 XPS 粘在模板上，拆模时又不致把 XPS 拉下来。

（2）外贴法。粘贴前先清除混凝土表面的浮灰、油垢及其他杂物，用水清洗干净，经外观检查合格。在要贴 XPS 保温板的混凝土表面将聚合物砂浆刮平整，刷界面剂再贴 XPS，用膨胀螺栓加固。在 XPS 上刷界面剂，贴耐碱网格布，再抹聚合物砂浆刮平，待牢固后刷防水涂料。

4）XPS 的缺点

（1）混凝土表面外侧使用外保温技术导致 XPS 的聚合物砂浆保护层承受相当大的热应力。由于聚苯板的保温隔热性能较好，在南方盛夏季节持续高温，其保护层温度可达到 80 ℃，此时如突降暴雨所引起的温差以及墙面阳光照射部位与背阴部位的温差可达 50 ℃，易引起保护层开裂。同时，高温会加速聚苯乙烯等有机材料老化。因此，提高保护层的抗裂性和聚苯板的抗老化性是施工技术和材料技术领域的重要研究课题。

（2）在设计中需要注意 XPS 板分隔缝的设置，注意保护层间断部位以及不同构造的结合部位的处理是否得当。膨胀螺栓的设置数量应该满足在不考虑粘结固定作用的情况下，膨胀螺栓的锚固作用也能单独承受负风压的设计荷载。

（3）XPS 挤塑聚苯板保温技术对施工环境的要求比较高。施工现场环境温度和基层墙面温度不得低于 5 ℃，风力不得大于 5 级。施工面上应避免阳光直晒，必要时可在脚手架上搭设防晒布，遮蔽墙面。雨天施工要采取有效措施，防止雨水冲刷墙面。

（4）施工中应保持墙面基层干燥，XPS 要铺设平整，拼接严密，防止接缝处高差过大，聚合物砂浆保护层抹厚要均匀[2]。

5）XPS 板的工程实例

目前该材料多用于房屋建筑工程内外墙体保温，我国严寒地区某混凝土重力坝和其他几座大坝使用该材料对混凝土表面进行保温的实践和试验研究工作正在开展中。

8.3.3 模塑聚苯乙烯泡沫塑料板(EPS)

模塑聚苯乙烯泡沫塑料板(EPS)俗称苯板，是硬质板，它是以发泡聚苯乙烯为母料，通过热化、膨胀、压制定型、板材切割、加工等工艺形成的板状保温材料。按发泡的方式可分为两类：一类是通过加热在模型中发泡，叫作模塑法；另一类是通过挤压发泡，叫作挤塑法。在聚苯乙烯泡沫的成型过程中聚苯乙烯颗粒中的戊烷受热汽化，在颗粒中膨胀形成许多封闭的空腔[2]。

EPS 以其密度分级，常用的有 16 kg/m³、18 kg/m³、20 kg/m³、22 kg/m³ 等几种规格。EPS 具有重量轻、不易吸水、保温性能好、造价低廉的优点，因此应用于工业与民用建筑保温层、彩钢板墙及公路防冻保温层等方面。由于其良好的保温性及经济性，20 世纪 90 年代初我国北方部分地区将聚苯乙烯保温板用于渠道、蓄水池的冬季防冻保温，水利部于 1994 年颁发的行业规范中已将聚苯乙烯保温板推荐为渠道混凝土衬砌板下层保温防冻胀的材料。

1）EPS 的特性

（1）密度。EPS 的密度由成型阶段聚苯乙烯颗粒的膨胀倍数决定，介于 10～60 kg/m³，工程中常用密度为 15～30 kg/m³ 的 EPS。密度是 EPS 的一个重要指标，与各项力学性能有着密切的关系[2]。

（2）耐久性。EPS 在水和土壤中的化学性质稳定，不会被微生物分解，也不会释放出对微生物有利的营养物质。EPS 在紫外线照射下一段时间后表面由白色变为黄色，材料在某种程度上呈现脆性。因此，EPS 与许多高分子土工材料一样，不允许长时间暴露在紫外线下。EPS 在大多数溶剂中性质稳定，但可被汽油或煤油溶解。

（3）热传导性。EPS 的封闭空腔结构决定了其具有优良的隔热性，因此 EPS 最初在道路工程和冻胀地基上用于隔温层，以满足我国北方严寒季节道路、基础工程的防冻害要求。但 EPS 的吸水量对其热传导性的影响很明显，随吸水量的增大，导热系数也增大。有资料表明，EPS 体积吸水率小于 1％时，其导热系数可增大 5％；体积吸水率达到 3％～5％时，导热系数可增大 15％～20％。EPS 最大的体积吸水率不大于 6％，其导热系数小于 0.148 kJ/(m² · h · ℃)，因此，EPS 是一种优良的隔温材料。

2）EPS 的主要技术指标

EPS 保温材料由粘结剂、EPS 板、防水涂料组成。

粘结剂由矿物型胶凝材料、优化级配的骨料及特殊的添加剂组成。其拉伸粘结强度不小于 0.10 MPa，透水性（24 h）不大于 3.0 mL。

防水材料是一种双组分、丙烯酸类高聚物改性的水泥基防水材料，由无机（水泥基）材料和高分子材料复合而成。当两种组分按一定比例拌和后，其中的聚合物乳液失水成为具有粘结性和连续性的弹性膜层，水泥因与乳液中的水发生反应而产生硬化，水泥硬化体分散、填充在聚合物膜层牢固地形成一个坚固而有弹性的防水层。防水涂料可以提高聚苯板的机械强度和耐久性，其拉伸强度不小于 0.12 MPa。EPS 保温板材料的做法为人工涂刷粘结剂＋人工粘贴聚苯板＋防水涂料。

根据有关资料，EPS 主要技术指标和物理性能见表 8.17 和表 8.18。

表 8.17　EPS 主要技术指标

序号	指标名称	单位	技术指标
1	表观密度	kg/m³	＞20

序号	指标名称	单位	技术指标
2	抗压强度	MPa	≥0.15
3	弯曲强度	MPa	≥0.18
4	吸水率	%	≤4.0
5	导热系数	kJ/(m²·h·℃)	0.13~0.16
6	尺寸稳定性	%	±5

表 8.18 EPS 物理性能

项目	单位	物理性能指标					
		Ⅰ型	Ⅱ型	Ⅲ型	Ⅳ型	Ⅴ型	Ⅵ型
表观密度≥	kg/m³	15	20	30	40	50	60
压缩强度(相对变形 10%)	kPa	60	100	150	200	300	400
导热系数≤	kJ/(m²·h·℃)	0.147 6		0.140 4			
尺寸稳定性≤	%	4	3	2	2	2	1
吸水率≤	%	6	4	2	2	2	2

3) EPS 的施工工艺

(1) 内贴法:模板搭建好之后,在浇筑混凝土之前,在模板上涂刷一层界面剂,然后将 EPS 粘贴在模板内侧,拆模后 EPS 留在混凝土表面上。界面剂最好用热熔胶,立模时可将 EPS 粘在模板上,拆模时又不致把 EPS 拉下来。拆模后在 EPS 表面刷防水涂料[2]。

(2) 外贴法:为方便检查混凝土外观施工质量,一般情况下,EPS 板都采用外贴施工方法。施工程序:基面处理→配制专用粘结砂浆→EPS 涂抹砂浆→粘贴 EPS→刷表面防水剂。

4) EPS 的优点

EPS 的操作工艺简单,易施工,只需在保温板上涂抹粘结剂,然后将涂抹好的 EPS 粘贴在混凝土面上,最后在 EPS 表面涂刷一道防水涂料。

EPS 较轻,易于转运,适合高空粘贴作业。人工粘贴作业时,采取安全带措施后可使用固定在模板支架上的软梯或在模板下支架上进行,施工方便。

EPS 粘贴后不易脱落,耐久性强,可作为永久保温材料。混凝土面粘贴 EPS 厚度均匀,不因人为操作因素而出现厚度不均匀的现象;涂刷防水剂后的 EPS 表面与没有粘贴的混凝土面颜色相近,外观较好。

5) EPS 的缺点

EPS 本体机械强度较差,在外力作用下较易断裂,表面较易破损,但可采用涂抹水泥基柔性防水涂料的方法进行处理。

6) EPS 的工程实例

我国观音阁碾压混凝土重力坝施工中,坝面采用聚苯乙烯泡沫塑料板保温,板的厚度为

5 cm,采用内贴法施工。

8.3.4 聚乙烯泡沫塑料板

聚乙烯泡沫塑料板的优点是导热系数 $\lambda = 0.13 \sim 0.15$ kJ/(m² · h · ℃),隔热效果好;气泡是闭孔型,能防水,使用时不致因潮湿有水而影响保温效果;重量轻,密度为 24 kg/m³;抗拉强度为 $0.2 \sim 0.4$ MPa;柔性好,富有弹性,延伸率为 110%~255%;能紧贴各种形状的混凝土表面和高低不平的混凝土仓面;无毒,无臭,耐低温,难燃烧;可重复使用 10 次以上;聚乙烯泡沫塑料还可以和塑料薄膜、编织袋、牛皮纸等复合使用[2]。

聚乙烯泡沫塑料板的缺点是抗拉强度较低,风速较大时容易被撕裂,应与编织布复合使用,以提高其抗拉强度;在用于水平层面保温时,要用压条压紧,以免被大风吹掉。

8.3.5 聚乙烯气垫薄膜

聚乙烯气垫薄膜本来是用于商品包装,分单膜单泡和双膜单泡两种,幅面宽度一般为 0.5 m 或 1.0 m。单膜单泡厚度为 5 mm,双膜单泡厚度为 4 mm。抗拉强度大于 5 MPa,不易燃烧,是运输、存放方便的轻质卷材。由于材质十分柔软,可以与混凝土表面紧密贴合,除了保温之外,还可以防风和保湿[2]。

聚乙烯气垫薄膜的施工方法有内贴法和外贴法两种。

8.3.6 保温被

我国葛洲坝大坝混凝土曾于 1983 年首先试用了三种保温被[2]:

(1)弹性聚氨酯被。因其为易吸水聚氨酯泡沫,所以将 $2 \sim 3$ cm 厚的弹性聚氨酯泡沫塑料外包 0.3 mm 厚的塑料布,平面尺寸 2 m×0.9 m,重 $2 \sim 3.5$ kg/床,导热系数 $\lambda = 0.155$ kJ/(m² · h · ℃)。

(2)棉被。平面尺寸 1.5 m×1.0 m,重 $4 \sim 4.5$ kg/床,受潮后重 $10 \sim 20$ kg/床。

(3)矿渣棉被。在涤纶布套内将矿渣棉平铺 5 cm 厚,外包 $0.3 \sim 0.4$ mm 厚塑料布封闭,平面尺寸 1 m×2 m,矿渣棉导热系数 0.159 kJ/(m² · h · ℃),每床干重 16 kg,受潮后重 $40 \sim 50$ kg,一人拖动困难,施工不便,矿渣棉被受潮后结成一团,须全部拆开,洗晒并重新缝制包装后才能重复利用。

上述三种保温被的保温效果都不错,缺点是受潮后保温作用下降。葛洲坝工程中保温被主要用于夏季施工,将预冷的混凝土入仓经平仓振捣后覆盖保温被,防止热量倒灌,减少温度回升。

保温被也可用于侧面保温,挂在预埋的插筋上,并用压条压紧,使它与混凝土表面贴合紧密。同时可在保温被外面覆盖一层雨布,以避免雨水湿透而降低保温效果。

8.4 寒冷地区混凝土坝的临时保温措施

寒冷地区春季经常出现倒春寒,有的地区甚至在气温较高的 6、7、8 月份也有寒潮出现。下文就以新疆阿勒泰地区混凝土坝施工期临时保温为例,加以阐述。

8.4.1 浇筑间歇期临时保温

1）临时保温方案

KLSK 水利枢纽工程 RCC 重力坝坝址区寒潮频繁，可以说是无时不在，即便是在夏季也会有寒潮出现。以往的寒潮统计资料表明：在大坝施工期间（每年 4 月至 10 月份），各月多年平均寒潮侵袭次数为 1.47 次～2.67 次。除 6、7 月份平均寒潮次数少于 2 次外，其他可施工月份平均寒潮次数均在 2 次以上。

为了防止寒潮对混凝土裸露表面的冷击，需要采取临时保温措施。临时保温是指大坝施工期间，每 3.0 m 浇筑层浇筑结束后，在历时约 10～12 天的间歇期中，给浇筑层面和上、下游面覆盖保温被进行临时保温。浇筑层面临时保温被在浇筑上层混凝土前揭去，而上、下游面临时保温被一直到其实施永久保温前揭去。根据当地气候条件和中国水科院的仿真计算成果，临时保温被的厚度如下：在 6—8 月份高温季节施工时，覆盖 2 cm 厚聚氨酯保温被[等效放热系数为 98.58 kJ/(m² · d · ℃)]，在其他月份施工时覆盖 3 cm 厚聚氨酯保温被[等效放热系数为 66.82 kJ/(m² · d · ℃)]。

2）效果分析

从现场实际的监测结果来看，进行上述临时保温完全可以消除大坝施工期间（4—10 月份）寒潮侵袭带来的冷击作用。个别坝段因施工原因未进行临时保温，则在寒潮侵袭时出现了表面裂缝。如 31♯坝段固结灌浆盖板高程 626.00 m 浇筑层面上游二级配区出现的表面裂缝就是由于 2007 年 5 月 20 号—5 月 23 号连续 4 天降温 11.3 ℃，而降温期间因固结灌浆的干扰未覆盖保温被，导致表面出现 12 cm 左右的表面裂缝。在认识到临时保温的重要性后，建设方加强了对临时保温的控制，在后续施工期间未发生类似的情况。

可见，高寒地区 RCC 重力坝施工过程中采取临时保温措施是必需的，中国水科院提出的施工期间不同月份临时保温被的厚度是合适的。施工期间的临时保温见图 8.13。

图 8.13 施工期间的临时保温

8.4.2 越冬面保温

1) 越冬面保温

(1) 越冬面保温目的

本坝施工工期为 3 年,因此存在两个越冬水平面。越冬水平面保温的目的有二:

① 保证越冬水平面在越冬期间表面不出现裂缝,如保温能力不够,会导致越冬期间越冬面上出现众多的表面裂缝。如加拿大的雷威尔斯托克坝,该坝在施工中经历了 1980 年、1981 年、1982 年三个冬季,由于保温能力不足,每次冬季结束拆除保温层时,在层面上都发现了不少裂缝。

② 控制底部越冬面以下的混凝土温度,在越冬期间不能使这部分混凝土降温过多,从而保证来年新浇混凝土与旧混凝土的上、下层温差不至过大,以有效防止在来年新浇混凝土中出现水平裂缝。辽宁省观音阁碾压混凝土大坝就曾因为上、下层温差过大在越冬面附近出现了水平裂缝。因此,要想控制越冬面新旧混凝土约束引起的裂缝,必须要进行严格的上、下层温差控制。

(2) 越冬面保温方案

根据仿真计算研究成果,如果只满足越冬期间越冬面应力不超标,则根据工地现场近几年的冬季温度变化情况,只覆盖 20 cm 棉被即可。但要想严格控制上、下层温差,确保来年越冬面附近新浇混凝土不出现水平裂缝,则须覆盖 26 cm 厚棉被。

根据中国水科院的仿真计算成果,在具体实施越冬面保温时,温控工作小组最终采用的方案如下:

坝体水平层面:在越冬水平层面上铺设一层塑料薄膜(厚 0.6 mm),然后在其上面铺设两层 2 cm 厚的聚乙烯保温被,再在上面铺设棉被,保温被总厚度不小于 26 cm,最后在顶部铺设一层三防帆布。

上、下游面顶部(腰带)保温:越冬面与上、下游表面交接的拐角处,因为存在双向散热的问题,在冬季温度下降快,需进行重点保护。在越冬面以下 2.6 m 范围内,在上、下游面保温的基础上再喷涂 5 cm 厚聚氨酯硬质泡沫。

图 8.14 越冬面覆盖棉被保温

越冬面保温被的揭开时间:关于越冬顶面保温被的揭开时间,是严寒地区越冬保温一个比较重要的问题,仿真计算结论指出,越冬面保温被揭开时,内表温差(内外温差＝混凝土温度-外界气温)不宜过大,否则,揭开时混凝土应力增长过大,很可能在越冬顶面产生表面裂缝。保温被的最佳揭开时间是当外界气温高于或等于越冬顶面混凝土温度时,这样可消除揭开时空气冷击产生的不利影响。如果必须在外界气温低于越冬面混凝土温度时揭开,则从计算结果来看,内外温差不宜超过 3 ℃。2008 年具体揭开时间应根据当年 4 月份实际气温变化情况和越冬面混凝土的实测温度来决定。适时分层揭保温棉被的情况见图 8.15。

图 8.15　适时分层揭保温棉被

研究结果表明,逐步揭开保温被比尽早完全揭去保温被对 2008 年施工更有利。为避免越冬面冷击,保温被采用逐步解开的方式。2007 年越冬面的保温被揭开方式见表 8.19。

表 8.19　越冬面保温被子逐步揭开进程

日期	揭开被子层数	揭开被子的厚度(cm)	备注
2008-3-8	2	2	棉被
2008-3-17	1	2	棉被
2008-3-20	1	2	棉被
2008-3-23	1	2	棉被
2008-3-27	2	4	棉被
2008-3-29	2	4	棉被
2008-4-1	1	2	棉被
2008-4-3	1	2	棉被
2008-4-5	3	6	聚乙烯保温被

(3) 越冬期温度场检测

2007—2008 年度越冬期温度场监测成果见图 8.16。

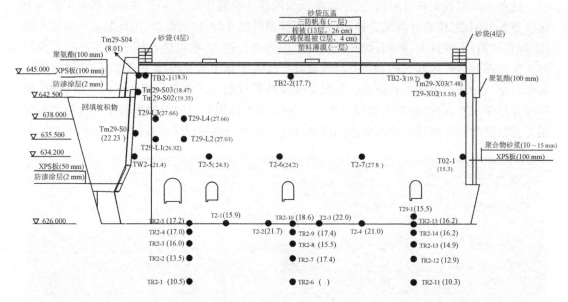

图 8.16　29[#]坝段 2008 年 1 月 22 日坝体及表面温度分布示意图(日均气温−24.64 ℃)

图 8.16 给出了越冬保护后温度场的实际观测结果:

① 在越冬面的坝体拐角处温度较低,最低处为 7.48 ℃,与上游保护层外侧的温差达 32.12 ℃,保温效果显著;

② 坝体中心处与下游混凝土表面的温差为 8.9 ℃,小于设计允许内外温差 19.0 ℃的规定;

③ 坝体内部温度场分布较均匀,温差变化不大;

④ 坝基的温度分布符合一般规律,温度梯度较小,坝体与坝基间的温差较小,有效地降低了基础约束应力。

⑤ 越冬层面的温度较高,有利于降低来年新浇混凝土与旧混凝土之间的上、下层温差,削减了下层混凝土对新浇混凝土的约束应力,降低了产生水平裂缝的风险。

上述观测结果表明,主坝所采用的永久保温和越冬层面保温是合适的。

2) 遭遇极端低温时越冬面保温效果评估

为了评估 26 cm 厚棉被的保温效果,根据当地历史上的极端低温情况,假定在冬季遭遇−40 ℃低温且持续 10 天极端情况时,研究越冬面上的应力变化情况。中国水科院的仿真计算结果如下:

在越冬面上游拐角处,遭遇−40 ℃低温时前三天温度下降较快,每天分别降低 0.49 ℃～0.33 ℃,之后 7 天低温持续过程中,混凝土温度仍继续下降,每天降低值在 0.27 ℃～0.18 ℃。从上游拐角点在此期间的应力变化过程来看,在历时 10 天的低温持续过程中,混凝土应力随温度下降增长较快,在极端低温结束时达到最大值,但不超过 1.0 MPa。

二级配混凝土在历时 10 天的低温持续过程中,混凝土应力随着温度的下降增长较快,在极端低温结束时达到最大值,但不超过 1.0 MPa。对三级配区域混凝土,若在 1 月份遭遇持续 10 天的−40 ℃低温时,由于混凝土龄期仅有 2～3 个月,此时混凝土的允许拉应力约 1.1～1.3 MPa。而三级配区域大面积混凝土在此期间顺水流方向水平应力 σ_x 最大可达到

1.2～1.3 MPa(图 8.17),因此,越冬层三级配区域混凝土存在产生纵向裂缝的风险。

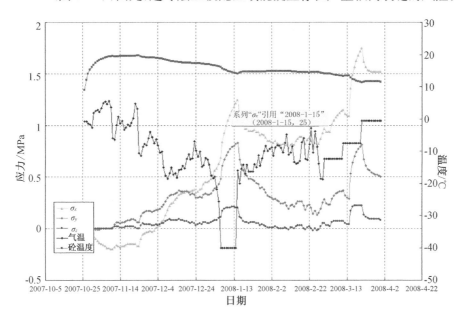

图 8.17　2007 年越冬面三级配区域典型点温度及应力变化过程线(假定遭遇极端低温)

由图 8.17 可见,如遭遇历史上出现的极端低温情况,26 cm 厚的棉被并不能保证本 RCC 重力坝越冬面不出现裂缝。但考虑到最近 10 年当地的极端低温情况,采用 26 cm 厚棉被进行越冬面保温是合适的。

3) 保温效果分析

为了评价越冬面保温的效果,中国水科院根据大坝浇筑的实际边界条件及温控措施进行了仿真计算,新疆水科院在越冬面埋设了温度计、测缝计进行了现场监测。图 8.18、图 8.19 为仿真计算温度与现场实测温度过程线。从计算与实测过程线来看,计算结果与实测结果温度场变化规律完全一致,数值上略有差异。表明计算成果是可以反映越冬面温度场变化的。

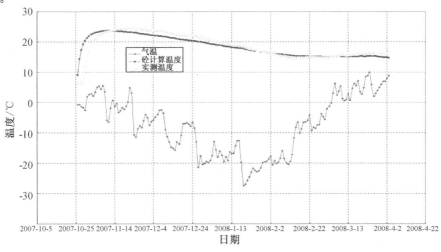

图 8.18　2007 年越冬面上游二级配混凝土实测温度与计算温度过程线

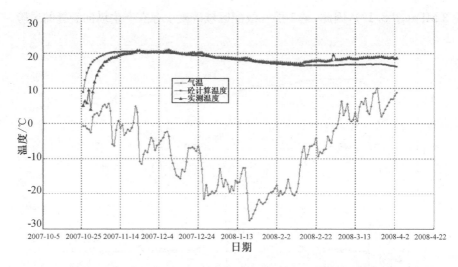

图 8.19 2007 年越冬面三级配混凝土实测温度与计算温度过程线

对于 2007 年越冬面,在 2008 年 4 月 5 号开工前揭开保温被用高压水枪清洗后进行裂缝普查,未发现裂缝,表明保温被的厚度是足够的。另外,在 2008 年浇筑混凝土以后,2007 年越冬面附近上、下层温差为 12 ℃,小于设计提出的 15 ℃控制指标。

为了监测 2007 年越冬面的开合度情况,新疆水科院在越冬面上埋设了测缝计,KB2-1 测缝计位于 2007 年越冬面上游面,KB2-1 测缝计位于 2007 年越冬面上游二级配区域。截至 2009 年 3 月,测缝计的测值过程线如图 8.20 所示。

从测缝计的测值可以看出,在经历 2008 年冬季以后,2007 年越冬面并未出现开裂现象,表明越冬保温温控措施是成功的。

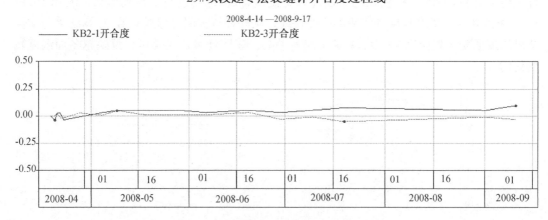

图 8.20 2007 年越冬面上游面测缝计实测开合度过程线

8.5 永久保温的措施

我国经过三十多年的工程实践和科学试验,为在温带、亚热带地区修建混凝土坝创造了大批新技术,积累了丰富的经验,形成了一套成熟的混凝土筑坝技术。而在严寒地区修建混凝土高坝的工程实践不多,许多技术难题缺乏经验和资料。尤其是在新疆西北地区,极端最低气温接近-50℃,极端气温温差高达90℃,最高月与最低月平均气温差达到近70℃,昼夜温差平均15℃左右,且气候干燥,风大,多风,水分蒸发量大且快。针对气候特点带来的诸多新问题,项目参与方通力协作,经过不断探索试验,改进完善工艺措施,使诸多技术难题得以解决。其中混凝土温控就是诸多新问题中的难题,就该项难题以 KLSK 水利枢纽工程和 BEJSK 水利枢纽工程为例加以阐述。

8.5.1 XPS 保温板材料在 KLSK 水利枢纽工程碾压混凝土大坝上的应用

在新疆如此寒冷的地方修建碾压混凝土重力坝国内缺乏实践,参建各方对有些问题还需要时间继续研究。但作为业主单位、设计单位,自工程立项之日起已经做了大量的基础工作,请了国内多位专家召开多次会议进行了不同层次的温控、防裂咨询。业主单位还组织考察了大量国内外已建、在建碾压混凝土坝工程,2005 年开始就委托三家科研单位进行了不同专题的三维有限元温控仿真计算。在施工现场自 2005 年开始就投入大量资金进行了保温材料专题试验,对不同厚度的 XPS 板、聚氨酯硬质泡沫进行了保温效果的对比试验,对沥青防渗进行了初步的工艺试验及温度观测,已经积累了两年多的观测资料。各位院士、专家也帮助出主意、想办法,在坝体配合比优化、保温材料的选择、浇筑温度及控制措施、施工期仓面控制措施、越冬层面的处理措施上进行了大量的研究工作,耗资巨大,形成了目前基本可以确定的大坝总体温控方案。

上、下游坝面保护层厚度可采用 8~10 cm 厚度的 XPS 挤塑板或聚氨酯硬质泡沫,厚度 8 cm 材料作为基本确定方案,厚度 10 cm 方案作为比选方案。保温材料应随坝面上升及时铺设,以避免风、干等因素造成表面裂缝。力争做到上游坝面不出现危害性裂缝、下游坝面原则上不出现危害性裂缝。全年进行保温,常用 3 种保温材料的导热特性对比见表 8.20。

表 8.20 3 种保温材料的导热特性

序号	材料	导热系数[W/(m·K)]
1	XPS 挤塑板	≤0.028
2	聚氨酯硬质泡沫	≤0.024
3	聚苯乙烯泡沫板	≤0.040

1) 永久保温方案

根据中国水科院的温控研究成果,鉴于该地区严酷的气候条件,为了防止上、下游表面出现裂缝,尤其是要防止上游面出现劈头裂缝,必须采用永久性保温材料进行保温,形成永久性保温层,既可保温又可保湿。该工程上、下游面永久保温的具体方案如下。

上游面:地面以上采用聚氨酯防渗涂层(厚 2 mm)+粘贴 XPS 板(厚 10 cm)的保温防渗结构,其等效放热系数为 1.01 kJ/(m²·h·℃);地面以下采用聚氨酯防渗涂层(厚 2 mm)+粘贴 XPS 板(厚 5 cm)+回填坡积物的保温防渗结构。XPS 保温板是一种挤塑聚苯乙烯泡沫塑料板,其导热系数为 0.028 W/(m·K)。

下游面:采用粘贴 XPS 板(厚 10 cm)+外涂防裂聚合物砂浆(厚 1~1.5 cm)的保温结

构,其等效放热系数为 $1.01\,\mathrm{kJ/(m^2 \cdot h \cdot ℃)}$。

上游面基础强约束区受温度应力的影响,极易出现劈头裂缝。鉴于基础强约束区(高度约 21 m)位于地面以下,根据现场情况,温控工作小组提出聚氨酯防渗涂层(厚 2 mm)+粘贴 XPS 板(厚 5 cm)+回填坡积物的方案,利用回填坡积物,降低了保温板的厚度,不但节省了投资,而且保温效果很好。XPS 板的施工情况见图 8.21、图 8.22、图 8.23。

图 8.21　XPS 板的施工情况(一)

图 8.22　XPS 板的施工情况(二)

图 8.23　XPS 板的施工情况(三)

2）施工工序流程

KLSK 大坝上、下游面 EL647.00 m 以下采用搭设双层脚手架进行保温施工，大坝 EL647.00 m 以上采用移动式吊篮进行保温施工，具体施工工序流程图见图 8.24。

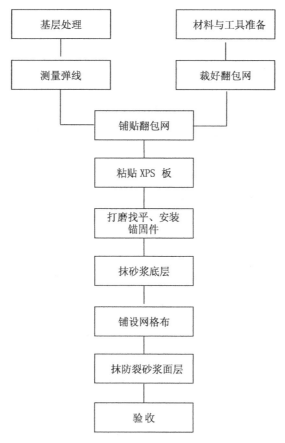

图 8.24　施工工序流程图

3）XPS 保温板施工工艺

（1）材料准备

① 上游面粘结胶浆的配制：用低速搅拌器搅拌成均匀的糊状胶浆。胶浆净置 5 分钟。使用前再搅拌一次使其具有适宜的黏稠度。搅拌时，宜采用中速的搅拌器。粘结胶浆中不得掺入砂、骨料、速凝剂、聚合物等其他添加剂。粘结胶浆应随用随搅，已搅拌好的胶浆料必须在 2 小时内用完。

② 下游面粘结砂浆的配制（采用业主提供的专用粘结砂浆）：粘结砂浆每 25 kg/袋加水 6.5～7 L 机械搅拌 5 min 后净置 5 min，再次搅拌至无结块得到 32.5 L 浆料。使用前再搅拌一次使其具有适宜的黏稠度。搅拌时，宜采用中速的搅拌器。粘结砂浆中不得再掺入砂、骨料、速凝剂、聚合物等其他添加剂。粘结砂浆应随用随搅，已搅拌好的胶浆料必须在 2 h 内用完。板间拼缝高差不大于 1.5 mm，否则应用砂纸或角磨机打磨平整。缝宽超出 2 mm 时应用相应厚度的保温板填塞。

③ 保温板的切割：应尽量使用标准尺寸的保温板，需使用非标准尺寸的聚苯板时，应采

用电热丝切割器或专业刀具进行加工。

④ 网格布的准备：应根据工作面的要求剪裁网格布，标准网格布应留出搭接长度。墙面的搭接长度 65 mm，阴阳角搭接长度为 200 mm。

（2）翻包网

翻包网宽度按 100 mm＋100 mm＋聚苯板厚度的总和进行裁剪。

（3）弹线

首先应弹好水平线；需设置变形缝处，则应在墙面弹出变形缝线及变形缝宽度线。

（4）铺贴翻包网

① 先在墙体边缘或尽端处涂抹粘结胶浆，宽度为 100 mm，厚度为 1 mm。

② 然后将窄幅标准网格布的一端 100 mm 压入粘结胶浆内，余下的部分甩出备用并保持清洁。

③ 压入粘结胶浆的 100 mm 标准网格布必须完全嵌入胶浆中，不允许有网眼外露。

④ 铺设标准网薄面抹灰防护层 3～5 mm，加强型为 5～7 mm。

⑤ 应在下列系统端部位铺贴翻包网：管道或其他设备需预留的洞口处；墙体尽端部位；变形缝等需要终止的部位。

（5）粘贴保温板

XPS 保温板采用点框法粘贴。

① 用不锈钢抹子，沿保温板的周边涂抹配制好的粘结胶浆，其宽度为 20～30 mm，厚 10 mm。在板的下侧涂抹胶浆时，应在板中间留 50 mm 不涂抹胶浆。采用标准尺寸（600 mm×3 000 mm）XPS 板，应在板的中间部分均匀布置 10 个点，每个点直径为 100 mm，厚 10 mm，中心距 100 mm。采用非标准尺寸板时，粘结胶浆的涂抹面积与聚苯板的面积之比不得小于 1/3，中间部分不少于 3 个点。

② 保温板抹完粘结胶浆后，应立即将板平贴在基层墙体上滑动就位。粘贴时应轻柔、均匀挤压。为了保证板面的平整度，应随时用一根长度不小于 3 m 的靠尺进行压平操作。

③ XPS 板施工应自下而上，沿水平方向横向铺贴，每排板错缝 1/2 板长。

④ 在墙角处，保温板应垂直交错连接，保证拐角处板材安装的垂直。为保证交错连接，并保持阳角垂直，建议在一面贴每层板时，就把阳角处与之搭接的另一面的一块板同时贴上，保持交错连接。

⑤ 粘贴 XPS 板应注意以下事项：

操作应迅速，在 XPS 保温板安装就位之前，粘贴胶浆不得有结皮。

XPS 板的接缝应紧密且平齐；仅在保温板边需翻包网格布时，才可以在保温板的侧面涂抹粘结胶浆，其他情况下均不得在 XPS 板侧面涂抹粘结胶浆，或挤入粘结胶浆（包括嵌缝用的 EPS 板条），以免引起开裂。

洞口角部的 XPS 板应尽量采用整块裁出洞口，如有拼接，XPS 板缝必须至少距离洞口的角部 200 mm。

⑥ 粘贴 XPS 板时，板缝应挤紧，相邻板间应平齐，板缝间隙不得大于 1.6 mm。局部板缝间隙大于 1.6 mm 时，应用 XPS 板条塞满，板条不得粘结，更不得用粘结剂直接堵缝，板间高差大于 1.6 mm 的部位应打磨平整。

（6）安装锚固件

使用定制长度的锚固件,直接嵌入 XPS 板中,起到辅助锚固的作用,确保其安全性。因为其材料是尼龙材料,不会产生冷桥或生锈。安装锚固件数量不少于 5 个/m²。任何面积大于 0.1 m² 的单块板必须加固定件,数量视形状及现场情况而定,小于 0.1 m² 的单块板应根据现场情况决定是否加固定件。固定件加密原则是阳角、孔洞边缘四周应加密,其间距不大于 300 mm,距基层边缘不小于 60 mm。

(7) 铺设网格布

① 涂抹面层胶浆前,应先检查 XPS 板是否干燥,表面是否平整,并去除板面的有害物质、杂质或表面变质部分。

② 标准网格布的铺设:在保温板表面均匀涂抹一层面积略大于一块网格布的抹面胶浆,厚度为 2 mm,在胶浆未结皮前立即将网格布置于其上,网格布的弯曲面朝里,从中央向四周用抹刀抹平,可先使用"T"字方式,将网格布埋入粘结胶浆中,然后将网格布全部埋入胶浆,不得有网眼外露。

③ 网格布应自上向下沿外墙一圈一圈铺设。

④ 当遇到洞口时,应在洞口四角处沿 45°方向补贴一块 200 mm×300 mm 的标准网格布,以防止开裂。

⑤ 铺设网格布应注意以下事项:

不得在雨中铺设网格布。

标准网格布应相互搭接至少 65 mm。

在拐角部位,标准网格布是连续的,并从每边双向绕角后包墙的宽度不小于 200 mm。

施工时,应避免阳光直射,否则应在脚手架上搭上防晒布来遮挡墙面,并应避免在风、雨气候条件下施工。

涂层干燥前,墙面不得沾水以免引起颜色变化。

⑥ 找平及修补

待用于铺贴玻纤网的胶浆稍干硬至可以碰触时,立即用抹子涂抹第二道粘结胶浆以找平墙面,并且网格布需全部被覆盖。

⑦ 阴阳角施工方法

施工阴阳角是外保温工程施工的重点和难点,必须先将阴阳角错缝贴好,通过垂线和靠尺控制其偏差。施工完毕后,在阴阳角处 2 个墙面弹出 2 条垂直线,用此线来检查 XPS 板的施工垂直度,并用 90°靠尺板复核。

4) 质量控制实施细则

(1) 基层处理的平整度标准要求为 4 mm 之内。

(2) 基层表面必须粘结牢固,无剥落、空鼓、污垢、脱模剂、涂料以及质量缺陷。

(3) 粘结胶浆确保不掺入砂及速凝剂、防冻剂聚合物等其他添加剂。

(4) 应尽量使用标准尺寸的 XPS 板。

(5) XPS 板到场,施工前应进行验收,确认是否符合规范标准。

(6) 粘结胶浆的涂抹面积与 XPS 板的面积之比不小于 1/3。

(7) XPS 板的接缝应紧密且平齐。

(8) 板与板之间缝隙不得大于 1.6 mm,如大于 1.6 mm,则应用 XPS 板条填实后磨平。

(9) 板与板之间不得有粘结剂。

(10) 操作应迅速,在安装就位前,粘结胶浆不得有结皮。

(11) 洞口的 XPS 板应用整块 XPS 板裁出洞口,不得拼接。

(12) XPS 板施工完毕后,至少需静置 24 小时才能打磨,以防止 XPS 板移动。

(13) 整个墙面的 XPS 板都需打磨找平。

(14) 不得在雨中铺设网格布。

(15) 标准网搭接至少 65 mm,阴阳角转角翻包 200 mm。

(16) 全部粘结胶浆和网格布铺设完毕后,至少静置养护 24 小时方可进行下一道工序。

(17) 保护已完工的部分免受雨水的渗透和冲刷。

5) 质量控制及验收

(1) 施工工序质检流程见图 8.25。

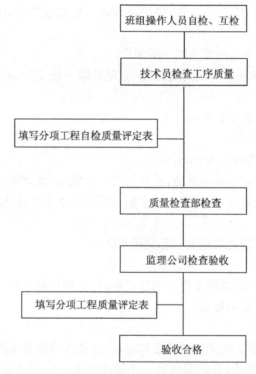

图 8.25 施工工序质检流程

(2) 铺贴翻包网的验收

基层上所有洞口周边及墙体终端处都需粘贴铺贴翻包网。

压入粘结胶浆内的一端须达到 100 mm,余下的部分甩出备用并应保持清洁。

压入粘贴胶浆的 100 mm 标准网格布必须完全嵌入胶浆中,不允许有网眼外露。

(3) 保温板的安装验收

粘贴 XPS 保温板应采用点框法。

采用标准尺寸(600 mm×3 000 mm)保温板,板周边涂抹的粘结胶浆应均匀地在板的中间部分布置 10 个点。当采用非标准尺寸时,已粘贴上墙的 XPS 板与墙体接触面上展开的粘结胶浆面积也应不少于该板面积的 1/3。

XPS 板施工应自下而上,沿水平方向横向铺贴,每排板应错缝。

仅在 XPS 板边需翻包网格布时,才可以在 XPS 板的侧面涂抹粘结胶浆,其他情况下均不得在 XPS 板侧面涂抹粘结胶浆,或挤入粘结胶浆(包括嵌缝用的 XPS 板板条),以免引起开裂。XPS 板安装的允许偏差规定见表 8.21。

表 8.21　XPS 板安装的允许偏差规定表

序号	项目		允许偏差	
1	表面平整		5 mm	用 2 m 靠尺检查
2	垂直度	每层	5 mm	用 2 m 托线板进行检查
		全高	$H/1\,000 \leqslant 20$	用经纬仪或吊线检查
3	阴阳角垂直度		5 mm	用 2 m 托线板进行检查
4	阴阳角方正度		5 mm	用 20 cm 方尺检查
5	接缝高差		1.5 mm	用直尺检查

注:上表中 H 为结构基层全高。检查数量:按每 20 m 检查一处,每处 3 延长米,但每层不少于 2 处。

(4) 填缝的验收

大于 2 mm 的 XPS 板缝需用板条进行填缝,填入缝隙的板条应与两边的 XPS 板紧密连接。

(5) 锚固件的验收

XPS 板施工完毕,静止 24 小时后,再打锚固件,以防止保温板移动而减弱板材与基层墙体的粘贴强度。等保温板粘贴牢固,一般在 8～24 小时内固定安装完毕,按设计要求的位置用冲击钻钻孔,该工序完成后,尽快进行下道工序。

安装锚固件时不允许敲坏 XPS 板。

锚固件施工完毕后应与保温板面齐平或略低,随后随机抽查是否有锚固件突出 XPS 板面。

安装锚固件的数量为不少于 5 个/m^2。

阳角、孔洞边缘四周应加密,其间距不大于 300 mm。

(6) 铺设网格面的验收

压入胶浆中的网格布应无褶皱。

标准网应相互搭接,搭接处至少 65 mm,加强网须对接,其对接边缘应紧密。

网格布应自上而下沿外墙一圈一圈铺设。

当遇到洞口时,应在洞口四角处沿 45°方向补贴一块 200 mm×300 mm 的标准网格布以防止开裂。

铺设的标准网格布周边应甩出 65 mm 以上与相邻基层面标准网格布搭接。

铺设的标准网格布被切坏时,必须在切口上加一块新网格布,新旧网格布之间的最小搭接长度为 65 mm。

(7) 表面找平的验收

经找平施工后的表面网格布应全部被胶浆覆盖,不能有网眼外露,表面平整度应控制在 ±4 mm 之间。

(8) XPS 保温板材料验收要求

XPS 保温板材料验收要求见表 8.22。

表 8.22　XPS 保温板的规格尺寸及允许偏差(单位:mm)

指标	允许尺寸	允许偏差
长度	≥2 000	±10.0
宽度	≤600	±5.0
厚度	<50	±2.0
厚度	≥50	±3
板边平直		±2.0
板面平整度		≤1.0
对角线差		±3.0

XPS 保温板的外形应基本平整,无明显膨胀和收缩变形,熔结良好,无明显掉粒,不得有油渍和杂质,不得有不正常的气味。

XPS 保温板的表观密度应符合要求。

(9)粘结胶浆验收

现场随机检查粘结胶浆是否按规定的配合比配制。

现场随机检查涂胶面积及涂胶点的布置、数量是否符合规定。

现场随机检查板缝间是否有粘结胶浆。

(10)网格布验收

应检查网格布的网眼是否均匀一致,有无跳丝、破损,标准网格布应达到 160 g/m²。

6)保温效果分析

从现场实际监测资料来看(图 8.16、图 8.26、图 8.27),在坝体基础强约束区上、下游面粘贴永久保温板后第一次过冬时(2007 年),即使外界气温在 −20～−30 ℃,坝体上游表面(地面以下)混凝土温度仍然在 20 ℃左右,上游面与越冬面拐角处温度较低,但也在 5 ℃以上。而下游面虽然只粘贴 10 cm 厚 XPS 板,表面混凝土温度在 2007 年冬季也在 10 ℃以上。另外,在实施上、下游面永久保温以后,坝体内部的温度场比较均匀,即使上、下游表面的温度梯度也较小,混凝土内外温差只有 10 ℃左右,满足设计提出的内外温差小于 16 ℃的要求。因此,从仿真计算分析来看,温度应力较小,不会出现表面裂缝。

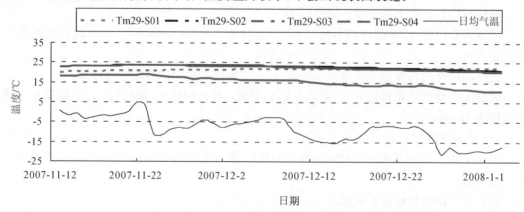

图 8.26　29# 坝段上游面侧表面测点 2007 年冬季温度变化过程线

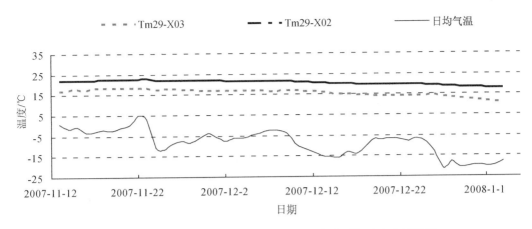

图 8.27　29[#]坝段下游面侧表面测点 2007 年冬季温度变化过程线

2007 年 10 月、2008 年 9 月在粘贴永久保温板以前建设方组织各有关单位对大坝主河床坝段上、下游面进行了裂缝普查,除底部固结灌浆盖板(3 m 厚)个别坝段出现裂缝外,未发现有其他裂缝出现。大坝于 2008 年 9 月下旬下闸蓄水,在经过 2008 年冬季后,2009 年 3 月建设方组织有关单位及专家对上游廊道(距上游面约 8.0 m)进行检查,未在廊道内发现劈头裂缝及水平裂缝,可见上、下游永久保温的效果是显著的。

7) 存在的问题

大坝上游面粘贴的 10 cm 厚 XPS 保温板,水库蓄水后随着水库水位的不断上升,XPS 保温板承受的水的浮力随之不断增大,当浮力大于粘贴力后,XPS 保温板逐渐脱落,漂浮在水中,在水面形成大量的垃圾,同时大坝的保温系统失效。

部分脱落的 XPS 保温板漂浮在水面后呈现压缩和卷曲现象,个别脱落的保温板被水浸透,完全失去原有的性能,从而导致脱落。XPS 保温板脱落后漂浮于水面的情况见图 8.28。

图 8.28　XPS 保温板脱落后漂浮于水面的情况

初期混凝土表面有保温层防护,在运行期部分区域由于冰拔作用保温层脱落,底层防水层失效,水渗透进入混凝土内部,冬季结冰引起冻胀,从而造成混凝土破坏,经过多次冻融循环混凝土呈疏松状,需要在库水位较低时对混凝土破损部位进行修复。坝体 XPS 保温板脱落情况见图 8.29。

图 8.29　坝体 XPS 保温板脱落情况

8.5.2　喷涂聚氨酯泡沫材料在混凝土大坝上的应用

1）BEJSK 水利枢纽大坝环境说明

本工程位于额尔齐斯河流域,阿勒泰地区布尔津县,海拔高度约 800 m,年平均温度在 4 ℃左右,冬长夏短,冬季极限气温接近－45 ℃,夏季在 37 ℃左右,是我国年温差最大的地区。坝体为混凝土双曲拱坝,坝底高程为 EL555 m,坝顶高程为 EL649 m,最大坝高为 94 m,坝体长度约为 320 m。大坝上游面保温防水工程主要工序为:聚脲防水层施工→聚氨酯保温层施工→防老化面漆层施工。大坝下游面保温防水工程主要工序为:聚氨酯保温层施工→防老化面漆层施工。

2）大坝防水及保温材料概述

一年中施工工期短,混凝土施工过程中经历几个寒冬季节,混凝土均达不到设计龄期的情况下过冬。大坝上、下游表面混凝土温度梯度、内外混凝土温差均很大,为了消减大坝表面温度梯度,控制大坝表面温度应力,防止大坝危害性裂缝的产生,混凝土的保温工作至关重要。同时,一年当中的年度温差、水下水上温度温差在后续使用过程中会对坝体混凝土产生温度应力,导致混凝土开裂。为了保证坝体结构混凝土的温度处于持续稳定环境,对坝体进行充分的保温也是非常必要的。硬泡聚氨酯的导热系数低于 0.024 W/(m・K),具有优良的保温性能、良好的防水性能、粘结能力强、本体力学性能优异。

聚脲防水涂料性能指标、硬泡聚氨酯性能指标、防老化面漆性能指标见表 8.23～表 8.26。

表 8.23　聚脲防水涂料的物理性能

序号	项目	技术指标
1	固体含量(％)	≥98
2	凝胶时间(s)	≤45
3	表干时间(s)	≤120

续表8.23

序号	项目	技术指标
4	拉伸强度(MPa)	≥16
5	断裂伸长率(%)	≥450
6	撕裂强度(N/mm)	≥50
7	低温弯折性(℃)	≤−40
8	不透水性	0.4 MPa,2 h 不透水
9	加热伸缩率——伸长和收缩(%)	≤1.0
10	粘结强度(MPa)	≥2.5
11	吸水率(%)	≤5.0

表8.24　聚脲防水涂料的耐久性能指标

序号	项目		技术指标
1	定伸时老化	加热老化	无裂纹及变形
		人工气候老化	无裂纹及变形
2	热处理	拉伸强度保持率(%)	80～150
		断裂伸长率(%)	≥400
		低温弯折性(℃)	≤−35
3	碱处理	拉伸强度保持率(%)	80～150
		断裂伸长率(%)	≥400
		低温弯折性(℃)	≤−35
4	酸处理	拉伸强度保持率(%)	80～150
		断裂伸长率(%)	≥400
		低温弯折性(℃)	≤−35
5	盐处理	拉伸强度保持率(%)	80～150
		断裂伸长率(%)	≥400
		低温弯折性(℃)	≤−35

表8.25　硬泡聚氨酯性能指标

序号	项目	技术指标
1	密度(kg/m³)	≥45
2	导热系数[W/(m·K)]	≤0.024
3	压缩性能(形变10%)(kPa)	≥200

续表 8.25

序号	项目	技术指标
4	尺寸稳定性(%)70 ℃(48 h)	≤1.5
5	闭孔率(%)	≥92
6	吸水率(%)	≤2

表 8.26　防老化面漆性能指标

序号	项目	技术指标
1	密度(kg/m³)	≥45
2	导热系数[W/(m·K)]	≤0.024
3	压缩性能(形变 10%)(kPa)	≥200
4	尺寸稳定性(%)70 ℃(48 h)	≤1.5
5	闭孔率(%)	≥92
6	吸水率(%)	≤2

本工程采用聚脲弹性体技术解决坝体的防水抗渗功能。聚脲防水涂料具有良好的弹性变形能力、优异的耐磨性能,基层适应性好。在三点弯曲实验中,当裂缝为 10 mm 时聚脲未断裂,如图 8.30 弯曲实验所示。

图 8.30　三点弯曲实验

为了解决聚氨酯保温层不耐老化的问题,在聚氨酯保温层表面涂刷一层防老化面漆涂层,确保聚氨酯保温层在空气中裸露及紫外线的照射下不发生老化,以达到其保温的效果。

3) 工艺控制

由于该项目是跟进保温,但在实际施工中,大坝的主体工程进度难以为保温防水施工让出工作量,因此,只能配合大坝主体施工的情况,在每年主体工程收尾阶段施工保温防水工程。但此时的气候已进入了低温期,对聚氨酯喷涂和聚脲的施工造成了一定的困难,从技术上必须加以控制才能保证施工质量,主要采取了如下措施。

聚氨酯发泡受温度的影响很大。发泡依靠热量而进行,如果没有热量,体系中的发泡剂就无法蒸发,从而无法生成泡沫塑料。热量来自化学反应产生和环境提供两个方面。化学反应热不受外界因素的影响,环境提供的热量则随环境温度的变化而变化。当环境温度高时,环境能给反应体系提供热量,可增加反应速度,缩短反应时间,表现为泡沫发泡充分,泡沫表层和芯部密度接近。当环境温度低(如 15 ℃以下)时,部分反应热就会散发到环境中。热量的损失一方面造成泡沫熟化期延长,增大了泡沫成型收缩率(温度越低,成型收缩率越高);另一方面增加了泡沫材料的用量。实验表明:同一发泡材料,环境温度为 15 ℃时的发泡体积比 25 ℃时的发泡体积小 25%,从而提高了泡沫的生产成本。当环境温度低于 15 ℃时,施工应注意通过调节喷涂设备的温控装置以弥补温度下降给原料带来的反应限制,尽可能模拟聚氨酯反应所需的最好温度。喷涂聚氨酯基面处理见图 8.31。

图 8.31　喷涂聚氨酯基面处理

基层墙体温度对聚氨酯的发泡效率也有很大的影响。喷涂过程中,如果环境温度和建筑物基层墙体温度都非常低,硬泡聚氨酯第一遍喷涂完后,反应热量会迅速被基层吸收,从而减少了材料的发泡量。因此,在施工时应尽量缩短中午休息时间,在施工安排过程中宜合理安排工序,以保证硬泡聚氨酯的发泡率。硬质聚氨酯泡沫是异氰酸酯和组合聚醚双组分混合反应生成的高分子产品。其中异氰酸酯组分很容易和水反应生成脲,如果聚氨酯中脲键含量升高,则泡沫塑料变脆,泡沫与基材的粘结力降低。因此,要求待喷基材表面清洁干燥,相对湿度小于 80%,且无锈、无粉尘、无污染、无潮气,雨天不得施工。若有露或霜,应予以去除和干燥。

因此,主要采取了如下方法:提前预热黑白料筒的原料,可以通过原料先在桶内打循环,把料温提前升上去,或者通过外加热把原料桶的料加热;对坝面实施加热方法,采用热吹风机对坝体作业面进行加热除湿,确保坝面温度和湿度达标后,方可实施喷涂作业。

设定机器的固定料比为 1∶1,但由于设备计算是由体积计算,以及设备故障等因素,实际料比与机器固定料比有时会不符。当白料过量时,表现为泡沫密度低,颜色发白,泡沫强度下降,手感软,气温低时易收缩;当黑料过量时,表现为泡沫密度高,颜色深,泡沫强度高,手感硬而脆。因此,在操作过程中,要及时核对料比,查看过滤器是否堵塞,压力、温度指示是否正常,以确保黑、白料比例的准确性。料比的偏差对出方率和施工质量都有一定的影响。

喷涂聚氨酯之前,应做好遮挡以防污染相邻部位。聚氨酯喷涂选择高压喷涂发泡机,优先采用进口机械施工。开启高压无气喷涂机将聚氨酯保温硬泡均匀地喷涂于基层之上,喷涂应从模块坡口处开始。单层喷涂的泡沫厚度第一遍(俗称打底层,主要提高泡沫与基层的粘结力)一般在 10 mm 左右,喷枪与实物的间距为 800 mm 左右。现喷聚氨酯硬泡的配比应按现场工艺试验的成果准确计量,发泡厚度应均匀一致,每层 2～3 cm 左右,最后一遍为了保证混凝土面层的平整度质量,喷涂厚度应根据现场工艺试验成果确定。施工时先施工细部,后施工大面。喷涂过程中随时检查泡沫质量,如外观平整度,有无脱层、发脆发软、空穴、起鼓、开裂、收缩塌陷、花纹、条斑等现象,发现问题及时停机查明原因妥善处理。

喷涂聚氨酯完工情况见图 8.32。

图 8.32 喷涂聚氨酯完工情况

对于聚脲施工的要求,首先必须完全确认 A、B 料准确放置,并检测 A、B 料的含水率,含水率必须低于 1%,否则不能使用。确定准确无误后才能进行开机操作。正常喷涂开始后密切注意 A、B 的压力差,主要看压力表针摆动幅度偏差,压差超过 500 kPa,观察出料成膜情况,压差超过 800 kPa 需要停枪,并同时关闭加压泵。检修完喷枪后,必须卸压使 A、B 料压力一致,然后开始加压喷涂。喷枪使用时必须做到停枪立即锁死保险,检修必须关闭手动阀。出料先观测凝固状态,正常后才能进行喷涂施工。

(1) 混凝土基面打磨

在现场施工的过程中,使用角磨机对混凝土进行打磨,针对混凝土基面凸起以及接缝处进行打磨,保证其可以平稳缓慢地过渡变化,混凝土基面的平整度需要小于 3 mm,完成混凝土基面的打磨之后,对基面进行处理,保持干净。混凝土基面打磨施工情况见图 8.33。

图 8.33 混凝土基面打磨施工情况

（2）封闭底漆

在封闭底漆施工中,要保证基料混合均匀,然后将固化剂在保持连续稳定搅拌的状态下加入基料中,完全加入后,搅拌均匀并静置 3～5 min,然后再进行施工。封闭底漆施工需要刷两遍,第二遍要与第一遍垂直刷涂。

（3）修补气孔

在施工中,基层上面会出现很多气孔,这些气孔是一些外小内大的球形结构,所以修补使用的砂浆很难填补进去,在封闭底漆刷上之后,有缺陷的地方就会出现鼓泡等现象,所以需要对气孔进行修补,防止其影响喷涂聚脲防水涂层的施工效果。

（4）喷涂聚脲防水涂层施工

在以上工序都完成并保证质量之后,进行喷涂聚脲防水涂层的施工,在基材表面封闭底漆和气孔修补实干之后 7 天内再进行喷涂聚脲防水涂层的施工,喷涂距离控制在 80 cm,在发生走枪之后以后一枪覆盖住前一枪 3/4～4/5 为基准,速度大概为 1 步/2 s。第一遍的聚脲防水涂层施工要尽可能实施薄喷涂,速度要快,完成喷涂之后,要停留 1 min 左右,让聚脲防水涂层凝固,然后再进行下一层的喷涂,直到满足工程施工所需的聚脲防水涂层厚度为止。

（5）防老化面漆的处理

聚氨酯喷涂完成,并对表面进行修复平整后,进行面层防老化面漆处理。长期外露坝面,聚氨酯保温层需采用防老化(氟碳)面漆喷涂防护。喷涂次数为 2 次。

（6）搭接部位的施工

喷涂聚脲防水涂层两次施工间隔在 6 h 以上,需要搭接连成一体的部位,在第一次施工时应预留出 15～20 cm 的操作面同后续防水层进行可靠的搭接。施工后续聚脲防水层前,应对已施工的聚脲防水层边缘 20 cm 宽度范围内的涂层表面进行清洁处理,保证原有防水层表面清洁、干燥、无油污及其他污染物。局部可进行打磨施工。

采用搭接专用粘结剂对原有防水层表面 15 cm 范围内进行预处理,在 4～24 h 之内喷涂后续防水层,后续防水层与原有防水层搭接宽度至少 10 cm。在聚氨酯喷涂前应对聚脲搭接部位做有效遮挡,尽量减少和避免聚氨酯喷涂到聚脲搭接部位,聚氨酯的搭接部位宜设置成斜口,便于下次喷涂的搭接面积增加。喷涂聚氨酯防老化面漆施工情况见图 8.34。

图 8.34　喷涂聚氨酯防老化面漆施工情况

4）存在的问题

经过多年运行后，大坝表面喷涂的聚氨酯保温层系统表面出现了不同程度的损坏、老化、开裂，表面的防老化涂料已经剥离，保温层发生脱落，从而影响了大坝保温系统对大坝混凝土的防护作用，导致大坝混凝土产生裂缝，表面混凝土冻融破坏而老化，严重地影响了大坝的耐久性与安全性能。

（1）大坝表面的聚氨酯保温层长期外露，受日晒、冰拔、冰压力等因素影响，出现老化、表面疏松、开裂等现象，见图 8.35。

图 8.35　聚氨酯老化产生表面疏松、开裂等

（2）疏松、开裂的聚氨酯使得水进入聚氨酯保温层内部，在冬季时水结冰，不但导致聚氨酯保温层表面结冰，而且保温层内部也发生结冰。当水库水位下降时，冰层产生向下的拉拽力，导致聚氨酯保温层局部出现从坝面脱落、断裂等现象。

（3）当前聚氨酯保温层表面采用的涂层或抗冰涂料层不具备抗结冰的能力，结冰后与涂层粘结强度较大，导致冰层下沉时在保温层表面产生很大的横向拉拔力、竖向剪切力，将保温层拉拽脱落。

8.6　运行期间混凝土大坝的防冰破坏措施

冻融对混凝土结构危害极大，使混凝土强度降低，结构损伤，严重影响混凝土结构的强度、耐久性与大坝的安全性。随着工程技术人员对冻融破坏认识的不断加深，针对新建大坝抗冻采取了综合措施，包括混凝土抗冻标号设计、坝体排水设计、坝前防渗设计，同时结合坝体外保温设计，上述措施均有力提高了大坝混凝土的抗冻能力，极大提高了大坝混凝土的耐久性。坝体外保温是抗冻设计的重要环节，即在大坝的上游面设置保温措施，在大坝施工期及永久运行期对其进行保温，该措施提高了冬季坝体表面混凝土温度，在一定程度上避免了坝体受冻，减缓了冻融破坏，是坝体抗冻有力措施。但已投入运行的工程实践表明，冬季水位变动区，在冰推力、冰拔力的作用下，工程投入运行后，如果保温层脱落，即失去了大坝保温、防冻的意义。而且，水库蓄水后，库水位变动区域的施工会变得十分困难，因为在适宜的施工季节,水位会高于冬季水位,将保温层破坏区域淹没,如果采取修补措施,势必会将水位降低,露出冬季水位变动区保温层被破坏的区域,这就需要泄水,一方面,将大量的用于发电和灌溉的水以及城市用水白白放掉,影响发电效益、经济效益和社会效益;另一方面,由于保温层以及聚脲涂层的破坏,冻融加剧,势必会给百年大计的大坝安全运行带来安全隐患。为杜绝冰层对大坝保温层的破坏,当前主要的措施包括气泡防冰系统、流动水防冰系统和涂刷有机涂料防冰拔防冰系统。现就这三种措施分别加以叙述。

8.6.1　气泡式防冰系统

1) 气泡式防冰技术简介

气泡防冰设备是根据水的结冰机理和气泡运动理论研发的产品,经国内外多个工程项目实际验证,达到了消除静冰压力、冰拔力理想的防冰效果,为水工建筑物、闸门以及受冰害影响的混凝土构筑物开辟了全新的防冰方法。

气泡防冰设备按不同的防冰部位设有温度、压力、水位变化等传感器,配合电气控制,按设计程序规定要求的方式智能化自动运行。水下防冰工作装置与主管路之间设有支管路和集控阀组,按不同的工作方式控制水下防冰工作装置气泡发生器的工作状态。

水下防冰工作装置由气泡发生器、气泡混合器、主管及其附件组成,可以生成满足要求的气泡群,不同的气泡发生器可生成的气泡群数量不同,同一规格的气泡发生器生成气泡群的数量可以调节,在环境温度变化时可以调节供气量,满足不同环境温度下的防冰要求。

本技术可以解决诸如面板堆石坝、重力坝、拱坝、各种类型的表孔闸门、桥墩、码头等冰害问题,彻底消除静冰压力、冰拔力、冰爬力对所述构筑物的冰害影响。

2) 应用实例

现以新疆 BEJSK 水利枢纽砼双曲拱坝为例,阐述该系统的防冰效果。该设备投入运行后,可以消除静冰压力、冰拔力、冰爬力对大坝保温层作用力,保护大坝保温层免受冰害的破坏。

(1) 工程情况简介

BEJSK 水利枢纽混凝土拱坝工程等别为 2 等,工程规模为大(2)型。水库总库容 2.21 亿 m³,电站装机 220 MW,大坝为常态混凝土双曲拱坝,坝顶高程 649 m,最大坝高 94 m,坝顶弧长 311.506 m,坝顶厚 10 m,坝底厚 27 m,是我国在纬度最高、温差最大、风沙最强、极度干燥地区建设的第一座大型混凝土双曲拱坝。大坝建成至 2018 年,冬季库区水面被坚冰封冻,大坝迎水面聚氨酯发泡层被冰层挤压,导致松散,随着春季冰层融化断裂,水体渗透,聚氨酯发泡层被冰块撕裂拉断,导致大面积脱落,需每年进行大量保温层修补工作,既费时又费力并伴随极大安全隐患。

(2) 总体布置

① 基本参数

工程所在地:BEJSK 水利枢纽位于布尔津河干流河段出山口处。坝址区多年平均气温为 5 ℃,极端最高气温 39.4 ℃,极端最低气温−41.2 ℃。

坝顶高程:649 m。冬季水位变幅按 10 m 设计(水位:646～636 m)。拱坝全长:311.506 m。大坝防冰范围:约 400 m(包括中间溢洪道部分)。

② 布置原则

根据工程布置及现有设施与条件,对大坝结构不做任何改动,不增加建筑物,采取因地制宜措施方针,布置防冰设备主机系统、控制系统、管路系统以及水下防冰工作装置。

防冰设备主机及电控系统安装在右岸现有隧洞内,供气管路沿管道沟铺设至拱坝右岸桩号 0＋319.646 位置,水下防冰工作装置布置于拱坝左岸迎水面、右岸迎水面以及拱坝中心线表孔弧门上游侧。考虑拱坝坝面喷涂聚氨酯、聚脲、面漆等轻型材料,水下防冰工作装置以分段固定悬吊方式安装,以免对坝面产生破坏。依照拱坝迎水面双曲面曲度,将水下防冰工作装置分层分段布置,以适应水位变化。防冰设备工作时,为保证两层工作装置临界水位的防冰效果,系统会根据水位状况自动选取相应的防冰工作装置和工作模式。

空压机及后处理设备布置。空压机及后处理设备可布置在右岸隧洞内,为满足空压机等设备的工作环境温度,隧洞内温度保持在 5～30 ℃之间,并合理设计自动排风装置。空压机室内的设备根据各设备使用、安装、调试、维护等所需的工作空间进行合理布置。空压机后连接储气罐、过滤器、吸附式干燥机等后处理设备,为保证整套防冰系统的可靠性与安全性,其中的空压机、过滤器与吸附式干燥机均采用一用一备原则设计,以便防冰设备出现设备故障或维修时还能够保证其正常运行,提高设备运行的可靠性,此功能通过 PLC 控制设置在管路上的电磁阀进行自动控制。各设备间通过不锈钢管路连接,管路上的各阀门、传感器等功能性组件根据各组件的连接形式采用螺纹、法兰或其他密封性连接方式,充分保证压缩空气管路的密闭性。整套防冰系统通过电气控制系统自动控制,电气控制柜与空压机、吸附式干燥机、电磁阀、传感器之间通过电缆管连接电缆进行信号通信,自动监控各设备的运行情况。

管路布置。水下防冰设备设一条主管路,多条支管路。主管路以防冰设备主体气源部分为起点,沿管路沟铺设至拱坝坝顶区域,在坝顶外侧坝面安装若干托管支架,保证供气管路安装安全可靠。由主管路一定间隔距离作为分气点引出支路并安装现地阀组箱,利用现地阀组箱平衡阀组分别对多组水下防冰工作装置进行单独供气和控制。支管路沿拱坝坝面铺设并在坝面上安装固定管夹。支管路分别由硬管和软管组成,硬管为不锈钢材质,软管采用高压气动软管。

水下防冰工作装置布置。由于本工程为双曲拱坝,针对坝型,按照坝面曲面度不同,分组设置水下防冰工作装置,以桩号为基准分段。

③ 布置方案

长度 35.5 m,高度 0.4 m,吊点距 18 m,斜撑间距 0.75 m,无竖向支撑,DN50 60.3/53.1,DN25 33.7/27.5 挠度:15 mm,单元自重:453.4 kg。

长度 35.5 m,高度 0.35 m,吊点距 18 m,斜撑间距 0.75 m,无竖向支撑,DN50 60.3/53.1,DN25 33.7/27.5 挠度:20 mm,单元自重:450.6 kg。

长度 35.5 m,高度 0.35 m,吊点距 21 m,斜撑间距 0.75 m,无竖向支撑,DN50 60.3/53.1,DN25 33.7/27.5 挠度:13 mm,单元自重:450.6 kg。

长度 35.5 m,高度 0.3 m,吊点距 21 m,斜撑间距 0.75 m,无竖向支撑,DN50 60.3/53.1,DN25 33.7/27.5 挠度:17 mm,单元自重:448.1 kg。

长度 35.5 m,高度 0.3 m,吊点距 18 m,斜撑间距 0.75 m,无竖向支撑,DN50 60.3/53.1,DN25 33.7/27.5 挠度:37 mm,单元自重:448.1 kg。

长度 35.5 m,高度 0.35 m,吊点距 35.5 m,斜撑间距 0.75 m,无竖向支撑,DN50 60.3/53.1,DN25 33.7/27.5 挠度:191 mm,单元自重:450.6 kg。

④ 结论

300 mm 高,吊点距 18 m 时,悬臂挠度控制,悬臂挠度 37 mm;吊点距 21 m 时,跨中挠度控制,跨中挠度 17 mm;350 mm 高,吊点距 18 m 时,悬臂挠度控制,悬臂挠度 19 mm;吊点距 21 m 时,跨中挠度控制,跨中挠度 13 mm;400 mm 高,吊点距 18 m 时,悬臂挠度控制,悬臂挠度 15 mm;若采用 300 mm 高,建议吊点距 21 m;若采用 350 mm 高,建议吊点距 18 m 或 21 m 均可。

(3) 电气系统

电气控制系统以可编程控制器(PLC)为核心,自动控制和检测气泡防冰设备各单元的运行。当气泡防冰设备主要单元发生故障时,自动切换到备用单元(空压机、干燥机等),达到防冰工作的不间断运行,保证防冰效果,同时发出故障警报信号,传送至现地控制柜触摸屏和上位机并记录。

① 系统组成

气泡防冰设备电气控制系统由电气控制柜、液位传感器、温度传感器、压力传感器、阀组箱加热保温装置、各种动力电缆和信号电缆等组成。

电气控制柜:放置在空压机室内,采集各种传感器信号并进行处理,控制气泡防冰设备的运行。

液位传感器:布置在桁架上,实时检测库区水位信号并将信号传输给电气控制系统。

温度传感器:布置在室外,用于检测环境温度,并将实时环境温度数值传输给电气控制系统。

压力传感器:布置在气泡防冰设备供气管路,用于检测供气管路各点的压力,并将压力信号传输给电气控制系统。

阀组箱加热保温装置:自动控制坝上气泡防冰设备各阀组箱内加热器工作,维持阀组箱内温度在 0 ℃以上。

动力电缆:为各动力驱动设备供电。

信号电缆:传输各种控制信号。

② 控制方式

气泡防冰设备电气控制柜设有控制方式选择开关,分别为"手动控制""自动控制"和"远程控制"。

(a) 手动控制:所有装置的控制由单独的继电器回路完成。空压机、干燥机的启停由各本体控制屏进行控制,各电磁阀由电气控制柜上的控制按钮进行控制,不进行联控。

(b) 自动控制:所有装置的控制均由 PLC 控制完成。

气泡防冰设备启停:电气控制系统 PLC 通过环境温度传感器实时检测环境温度,当环境温度降低到结冰温度(常规设置为 0 ℃),气泡防冰设备自动投入运行。当环境温度回升到 5 ℃以上,气泡防冰设备自动停止运行。

空压机启停:气泡防冰设备设置两台空压机,在"自动控制"模式下,这两台空压机互为备用,轮流工作。首次启动时,A 空压机工作,B 空压机待机,当 A 空压机运行 24 h 后(此时间可设置),自动转换到 B 空压机工作,A 空压机待机。当 A 空压机或 B 空压机发生故障时,停止轮换,自动切换到无故障空压机运行,将故障信息上传至上位机,并发出声光报警信号。

干燥机启停:气泡防冰设备设置两台干燥机,在"自动控制"模式下,这两台干燥机互为备用,轮流工作。首次启动时,A 干燥机工作,B 干燥机待机,当 A 干燥机运行 24 h 后(此时间可设置),自动转换到 B 干燥机工作,A 干燥机待机。当 A 干燥机或 B 干燥机发生故障时,停止轮换,自动切换到无故障干燥机运行,将故障信息上传至上位机,并发出声光报警信号。

供气电磁阀启闭:电气控制系统 PLC 根据环境温度的不同,按照一定的时间间隔去启、闭供气电磁阀,进而控制水下防冰工作装置的启停,达到节省能源的目的。

水下防冰工作装置运行:电气控制系统 PLC 通过读取液位传感器信号确定水下防冰工作装置距离水面的距离。当库区水位下降,水下防冰工作装置脱离水面并在水面上 7 cm 时,气泡防冰设备电气控制系统关闭水下防冰工作装置的供气电磁阀。当库区水位上升,水下防冰工作装置距离水面 7 cm 时,气泡防冰设备电气控制系统开启水下防冰工作装置的供气电磁阀。

压力报警:电气控制系统 PLC 通过读取压力传感器信号确定气泡防冰设备供气管路各点的压力值。当压力值超过 0.8 MPa,气泡防冰设备自动停止运行并发出声光报警;当该压力值低于 0.3 MPa,气泡防冰设备发出声光警报,同时将报警信息上传至上位机。

(c) 远程控制:气泡防冰设备电气控制系统预留远程通信接口,以便与上位机监控系统通信。通信的内容包括气泡防冰设备的运行状态、故障信息和上位机下达的运行、停止指令。

运行状态:气泡防冰设备将空压机的运行状态(运行时间、出口温度、排气压力、故障信息)、干燥机的运行状态(运行时间、AB 塔温度、进气压力、故障信息)、实时环境温度、供气管路各点压力值和水位信号传送至上位机监控系统。

故障信息:气泡防冰设备将空压机、干燥机的故障信息、压力报警信息传送至上位机监控系统。

远程启停:允许上位机监控系统远程启停气泡防冰设备。当气泡防冰设备电气控制柜上的控制方式转换开关处于"远程控制"时,其接受上位机监控系统的远程控制。在"远程控制"方式下,气泡防冰设备的工作方式与"自动控制"方式保持一致。

③ 电气控制柜

控制柜结构及外形尺寸:电气控制柜由坚固的自支持的钢板构成,并装有带密封件的手柄和安全锁。控制柜顶部设置吊装耳环。盘、柜顶留有供电电缆进线的敲落孔。控制柜面板由薄钢板制成,钢板厚度为 2 mm,盘、柜高为(2 200+60) mm,其中 60 mm 为盘、柜顶挡板的高度,盘、柜深为 600 mm,盘、柜宽为 800 mm。电气盘、柜底部设置安装紧固的地脚螺栓孔,用螺栓固定。控制柜内外均经酸洗、镀锌、喷塑,柜内元器件安装采用条架结构。板前接线,板前检修。控制柜的防护等级为 IP45。

照明和插座:控制柜内装有一盏照明灯和一个插座,以方便运行和维修。灯是白炽灯,并带有护线和电源开关。欧式插座为双联、10 A、两极、三线式。灯和插座的电源为单相交流 220 V。

接地及屏蔽:控制柜内底部装有接地铜母线,该铜母线截面不小于 5 mm×40 mm 并安装在柜的宽度方向上。柜的框架和所有设备的其他不载流金属部件都和接地母线可靠连接。接地铜母线上不少于 4 个接线柱,并设有明显的接地标志。控制柜内采取有效措施防止电磁干扰,以确保控制设备长期安全稳定运行。

防雷保护器:为防止雷电通过交流进线侵入,损害电气盘内电子设备,盘内交流工作电源进线侧装有防浪涌保护器。

组件布置:控制柜组件接触可靠、互换性好,布置均匀、整齐、装配平整划一,尽可能对称,便于检修、操作和监视。不同电压等级的交流回路分隔。

柜内接线:控制柜的左、右两侧设置端子排,以连接柜内外的导线。每个端子一般只连接一根导线。柜内组件用绝缘铜导线直接连接,不允许在中间搭接或"T"接。盘、柜内导线整齐排列并适当固定。强电和弱电布线分开,以免互相干扰,活动门上器具的连线是耐伸曲的软线。柜内连接导体的颜色,交流回路 U、V、W 分别为黄、绿、红色,中性线 N 为黑色,接地线为黄绿相间的颜色;直流正极回路褐色,直流负极回路蓝色。

柜内加热除湿:控制柜内设置自动加热和除湿装置,同时配置温度检测元件,可以根据环境温度来自动投退加热器,保证柜内设备的正常工作。

(4)防冰效果

2018 年 8 月,BEJSK 水利枢纽拱坝上游面安装了冬季防冰整套气泡防冰设备,防冰范围包括拱坝上游面与表孔弧门上游侧,2018 年冬季的实际运行表明,气泡防冰设备防冰效果显著,解决了困扰该项目多年的冬季运行聚氨酯保温层脱落问题。见图 8.36。

图 8.36　气泡防冰设备施工后效果图

8.6.2　流动水防冰系统

1)流动水防冰技术简介

为防止上游库面在冬季结冰对上游坝面保温板的破坏,在 KLSK 水利枢纽工程主坝上游面布设水流扰动设施。在坝前布设 T 字形抽水管路,三相污水泵安装在 T 字形抽水管路系统底部,抽水管路采用 $\phi 60$ 钢管制作,每间隔 200 mm 开 $\phi 6$ mm 孔洞,钢管两端采用钢板封口(钢板中间开 $\phi 6$ mm 孔洞),污水泵和钢管采用 $\phi 65$ 皮管连接。通过水泵将水库深层的水抽至库水面悬挂的花管内,扰动表层水体,防止坝前结冰,从而有效保护大坝上游面的保温设施。

2）施工布置

（1）供水。采用水泵自行抽水，从上游库区取水。

（2）供电。主要用电设备为 WQ10-6-0.55 水泵用电，从右岸供电系统就近接引。

3）系统建设

抽水设备主要选用 WQ10-6-0.55 水泵，顺着大坝上游面防浪墙滑下，出水管用 ϕ60 钢管加工成花管状（钢管上钻孔 ϕ6@200 mm，端头用钢板封堵），水泵于钢管间用 ϕ60 橡胶管进行连接，水泵按照 5 m 间距进行布设。

4）系统安装

各个管、泵等在加工厂制作完成后运输至坝面。根据大坝上游面防浪墙将尼龙绳合理裁剪，将抽水系统捆绑牢固，沿大坝上游面缓慢放至水中，如有必要需在坝面做相应的固定端（用 8# 铁丝固定在保温板上）用来控制抽水系统与坝面的距离。另外，须保持钢管（制作的花管）距水面为 10 cm。待抽水管路系统就位后，将尼龙绳固定在坝面的钢管架上，查看沙袋是否牢固地压在钢管架上。为确保抽水系统供电安全，防冰冻系统重新采购优质的配电箱、电缆及相关的各类电器元件。配电箱、电缆及相关的各类电器元件必须符合国家标准要求，电缆负荷须满足负荷要求。供电主线路及配电箱全部用钢筋三脚架架空，配电箱上方盖防雪三防帆布或保温被防止雪水进入配电箱，抽水系统设置独立的电源开关，水泵电源线采用阻燃电缆线，并用钢管穿线，跨过防浪墙，挑空保温板面。见图 8.37。

图 8.37　流动水防冰系统

5）系统运行

当日气温低至上游水面结冰时须将所有布设的抽水系统开启，每天安排 3 班，每班 5 人运行系统。主要负责控制抽水系统的电源，做好施工记录，每天两次（10:00、17:00）观察水泵出水管的位置（根据上游水位高程），及时调整出水管的高度（保持距水面 10 cm），如发现某个系统出现故障时，立即将该抽水系统进行更换检修。当坝前结冰层太厚时，必须派人进行人工除冰。

6）相关措施

冬季现场施工安全尤为重要。施工部门负责人在每班上班前须对员工进行安全教育，严禁违章操作，还需要经常检查，杜绝一切事故隐患。保证个人防护用品的发放，并对防护用品按规定周期进行检查。坝前防冰冻工程建设运行期间安全隐患主要为施工用电和高空作业，作业人员应熟悉施工工艺，每班做好班前安全技术交底，作业人员须系好安全带，专职安全员进行监督。系统运行期间为低温季节，坝面极易结冰，当接近坝面边缘观察或调节出水管高度时应系好安全带，防止坠落。坝前除冰作业时，必须三人以上同行，需穿防滑鞋和救生衣，并携带救援绳等救援工具。

为确保防冰系统运行安全，连接配电箱与水泵之间的电缆采用新购的阻燃电缆，且配电箱与水泵之间的电缆线不得有接头。所有供电线路均不得与保温及其他易燃材料接触。电线断电保护器必须在线路出故障后及时起跳闸保护作用，值班人员巡视发现跳闸，必须尽快排查，保证系统运行安全。在每台配电箱边上配一台灭火器，并在彩钢板房内设置不少于10 台灭火器作为备用。房内放置 2 台轻型大功率、高扬程消防水泵及消防皮管，当发现着火点时，立即切断动力电源，并在最短的时间内将消防水泵提至最近点放入水中，接上备用电源。

7）运行时段

每年冬季 11 月中旬至次年的 4 月初。

当气温低至河床结冰时，将所有水泵开启，每天安排 3 班每班 5 人运行，主要负责清除电缆上的积雪及检查线路，控制每台抽水系统电源并做好记录，每天两次（10:00、17:00）观察水泵及出水管的位置（相对水位），及时安拆水泵及调整出水管高度，保证水泵及出水管在水面下 10 cm 以达到最佳效果。当发现某个抽水系统出故障时，立即将该抽水系统提到坝顶进行检修。遇到需检修的水泵被冰冻住时，运行人员须下到河床冰面上，将水泵四周的结冰用大锤砸开，将水泵拉起进行更换，冰住的水管需人工抬到坝顶用加热的方法将出水管中的出水小孔结冰化开，以保证最佳出水效果。

运行过程中，运行人员每天必须到冰面上，根据防冰冻效果，调整水泵到坝前的相对位置，对坝前结冰的部位进行人工破冰，用捞勺将碎冰从水面中捞出。

8.6.3　涂刷有机材料防冰拔防冰系统

1）KLSK 大坝上游面混凝土原保温措施及现状

KLSK 水利枢纽工程大坝坝体混凝土永久保温措施于 2007 年开始，与大坝混凝土浇筑同步施工，于 2011 年 10 月完工。运行至 2014 年，由于水位变化、冰拔等原因，大坝上游面部分区域 XPS 保温板脱落。针对出现的此类问题，2014 年对大坝上游面水位变动区域进行保温恢复。保温材料选用了低密度喷涂聚氨酯（密度为 40 kg/m³），厚度为 6 cm，恢复保温后运行至今已有 5 年多时间，目前 2014 年喷涂的聚氨酯保温层在冰拔力的作用下又出现了局部脱落及破坏现象。

经过现场勘察对产生局部脱落及破坏的原因进行分析如下：（1）由于坝体表面聚氨酯保温层长期外露，表面出现老化、疏松、开裂等；（2）由于发泡聚氨酯表面吸水，水渗透至聚氨酯保温层内部，在冬季水与聚氨酯保温层表面形成结冰面，当水位降低时，在冰层向下拉拽力的作用下，聚氨酯保温层局部出现脱落、断裂等现象；（3）原喷涂在聚氨酯保温层表面的防老化涂层不具备抗冰拔能力,结冰后与涂层粘结强度较大,导致融冰时在保温层表面产生很大的横向拉拔力、竖向剪切力,将保温层拉坠而脱落。因此要解决该问题,必须解决保温材料的防冰拔、老化、开裂等问题。

2) 大坝上游面混凝土保温措施防冰拔防护方案比选

(1) 坝体温控要求

从中国水科院的研究报告来看,关于水位变动区恢复保温情况,以 35♯坝段为例,采用三维有限元仿真计算了 3 种方案:① 不再恢复保温;② 喷涂 3 cm 厚聚氨酯保温层;③ 喷涂5 cm 厚聚氨酯保温层。3 种方案不同高程上游面混凝土在冬季运行期的应力超标深度如表8.27 所列[3]。

表 8.27　上游面不同水位高程各方案应力超标深度 d

保温措施	上游水位变动区高度(m)			
	730.5	733.5	736.5	738.0
不贴保温板	$d > 1.4$	$0.68 < d < 1.4$	$0.68 < d < 1.4$	$0.68 < d < 1.4$
喷涂 3 cm 厚聚氨酯	$0.25 < d < 0.68$	$0.00 < d < 0.25$	$0.25 < d < 0.68$	$0.25 < d < 0.68$
喷涂 5 cm 厚聚氨酯	0.00	0.00	$0.00 < d < 0.25$	$0.00 < d < 0.25$

从表 8.27 可以得出以下结论:① 如果水位变动区内的上游面保温板完全脱落,并在后续运行中不再恢复保温,则该高程范围内的上游表面及其内部的最大拉应力会超过混凝土的允许拉应力,不能满足抗裂要求,超标深度在 1.0 m 左右,局部可超过 1.4 m;② 如果水位变动区内的上游面保温板完全脱落后补喷 3 cm 厚聚氨酯保温层,则在这个高程范围内的上游表面及其内部的最大拉应力会超过混凝土的允许拉应力,不能满足抗裂要求,超标深度在0.7 m 以内;③ 如果水位变动区内的上游面保温板完全脱落后补喷 5 cm 厚聚氨酯保温层,则在较低的高程(730.5 m 和 733.5 m)的上游面及其内部的最大拉应力低于混凝土的允许拉应力,满足抗裂要求,在较高的高程(736.5 m 和 738.0 m)的上游面的最大拉应力值略高于混凝土的允许拉应力,但超标深度较小,在 0.25 m 以内。综合表 8.27 计算数据表明,在水位变动区域内至少喷涂 5 cm 厚聚氨酯进行保温,以控制温度裂缝的产生与发展,考虑一定的安全裕度,建议喷涂 6 cm 厚聚氨酯保温层[4]。

(2) 保温材料对比与选择

当前市场上的建筑保温材料主要有 EPS 外墙保温材料、XPS 外墙保温系统以及聚氨酯泡沫,三种常用建筑外保温材料的对比如表 8.28 所列。

表 8.28　三种外保温材料性能对比表

项目	模塑聚苯板 EPS	挤塑聚苯板 XPS	聚氨酯泡沫 PUF
导热系数[W/(m·K)]	0.038～0.041	0.028～0.030	0.019～0.024
保温层厚度(mm)	63	30	20

从表 8.28 中可以看出,三种常用保温材料均满足现行建筑节能标准达到 65%,其中聚

氨酯的厚度最小、节能率最高。因此聚氨酯也是目前世界公认的最佳保温绝热材料,导热系数仅为 0.019～0.024 W/(m·K)。结合工程现场实际情况,鉴于喷涂聚氨酯能达到保温层连续无接缝、和整体坝体成无缝保温壳体、有一定的防水抗渗性能等优点,经比选后确定采用喷涂聚氨酯硬泡(密度 70 kg/m³)作为防冰拔涂层的基底保温材料。不同密度喷涂聚氨酯泡沫的性能比对如表 8.29 所列,硬泡聚氨酯材料性能指标如表 8.30 所列。

表 8.29　不同密度喷涂聚氨酯物理性能表

序号	项目	技术性能指标			
		Ⅰ 型	Ⅱ 型	Ⅲ 型	
1	表观密度(kg·m⁻³)	≥35	≥45	≥55	≥70
2	压缩性能(形变 10%)(kPa)	≥150	≥200	≥300	≥500
3	导热系数((23±2)℃)[W/(m·K)]	≤0.024	≤0.024	≤0.024	≤0.024
4	闭孔率(%)	≥90	≥92	≥95	≥95
5	吸水率(%)	≤3	≤2	≤1	≤1
6	不透水性(无结皮)(0.2 MPa,30 min)	—	不透水	不透水	不透水
7	尺寸稳定性(70 ℃,48 h)(%)	≤1.5	≤1.5	≤1	≤1

表 8.30　硬泡聚氨酯材料性能指标

序号	项目	技术指标	
		A 型	B 型
1	表观密度(kg·m⁻³)	≥70	≥50
2	压缩强度(kPa)	≥500	≥300
3	导热系数[W/(m·K)]	≤0.024	
4	不透水性(无结皮)(0.2 MPa,30 min)	不透水	
5	尺寸稳定性(70 ℃,48 h)(%)	≤1.5	
6	闭孔率(%)	≥92	
7	吸水率(%)	≤2	
8	防火等级	B2	

(3)防冰拔涂层施工工艺对比与选择

防冰拔涂层材料为有机高分子材料,该涂层材料能在聚氨酯保温层表面形成致密性好且具有连续相的膜层,所以涂层材料具有很好的防渗功能。另外,该涂层材料具有较好的伸长率,且耐低温性能好。聚氨酯保温层表面涂刮防冰拔涂层可有效阻止水渗透至聚氨酯内,在其表面形成结冰面。

施工方法一:环氧腻子找平聚氨酯保温层→涂刷专用界面剂→涂刷双组分聚脲涂层→增厚→涂刷双组分聚脲涂层→最终涂刷疏水性聚脲涂层。施工方法一试验块见图 8.38。

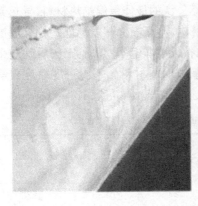

图 8.38　施工方法一试验块

施工方法二:柔性腻子找平聚氨酯保温层表面、封闭气孔→涂刷专用界面剂→涂刷改性聚脲弹性面漆。

施工方法三:涂刷聚合物底漆→涂刷抗冰拔面漆(环氧类材料)。施工方法二和方法三试验块见图 8.39。

图 8.39　施工方法二和方法三试验块

施工方法四:涂刷环保型柔性改性环氧涂料(腻子)找平→涂制 GMT 双组分改性环氧界面剂→单组分(脂肪族)聚脲防水涂料。施工方法四试验块见图 8.40。

以上施工方法首先均需对喷涂聚氨酯表面进行打磨,磨除喷涂聚氨酯表面的凸凹不平,使其表面平顺或平缓,然后用吹风机吹净打磨的表面至无粉尘。

经过一个冬季对水位变动区聚氨酯保温层和其表面涂层情况的观察,通过对目前保温层表面状态的分析,发现冰的挤压破坏是聚氨酯泡沫的最大破坏形式。

3)应用结论

大坝混凝土表面原保温层脱落原因主要有以下几点:

(1)坝体表面聚氨酯保温层长期外露出现老化、开裂;

(2)由于原发泡聚氨酯密度较低,表面吸水率高,水渗透至聚氨酯保温层内部,在冬季水与聚氨酯保温层表面形成结冰面;

图 8.40　施工方法四试验块

（3）原喷涂于聚氨酯保温层表面的防老化层无防渗功能，且保温层表面凸凹不平，容易在表面形成牢固的结冰面，当水位变动时，原聚氨酯保温层容易在冰挤压力和拉拔力的作用下发生破坏。

单独涂层防护不能承受水位变动时冰盖失衡对涂层的挤压破坏，涂层出现了撕裂现象，所以需要进一步研究更好的防止冰挤压力、剪切力和拉拔力破坏的防护措施。

参考文献

［1］邓铭江.严寒地区碾压混凝土筑坝技术及工程实践［J］.水力发电学报，2016，35（9）：111-120.

［2］石泉，周富强，吴艳.严寒地区大体积混凝土温度场变化规律研究与实践［M］.北京：中国水利水电出版社，2010.

［3］夏世法.某高寒地区 RCC 重力坝温度控制和温度应力研究报告［R］.中国水利水电科学研究院，2007.

［4］夏世法.某高寒地区 RCC 重力坝施工阶段温度控制跟踪仿真及反馈分析研究报告［R］.中国水利水电科学研究院，2008.